图解地基基础施工细部做法100讲

主编　于林平　周　永

哈爾濱工業大學出版社

内 容 简 介

本书根据国家最新颁布的规范及标准编写而成，详细介绍了地基基础施工细部做法，内容全面，条理清晰。全书内容包括：地基处理细部做法、桩基础工程施工细部做法、土方工程施工细部做法、基坑工程施工细部做法、浅基础工程施工细部做法、地基基础工程季节性施工细部做法。

本书可供地基基础施工技术人员、现场管理人员、相关专业大中专院校的师生学习参考。

图书在版编目（CIP）数据

图解地基基础施工细部做法100讲/于林平主编.—哈尔滨：哈尔滨工业大学出版社，2016.11

ISBN 978-7-5603-5798-0

Ⅰ.①图… Ⅱ.①于… Ⅲ.①地基-基础（工程）-工程施工-图解 Ⅳ.①TU753-64

中国版本图书馆CIP数据核字（2016）第003948号

策划编辑 郝庆多
责任编辑 王桂芝 段余男
出版发行 哈尔滨工业大学出版社
社 址 哈尔滨市南岗区复华四道街10号 邮编 150006
传 真 0451-86414749
网 址 http://hitpress.hit.edu.cn
印 刷 哈尔滨工业大学印刷厂
开 本 787mm×1092mm 1/16 印张16.5 字数420千字
版 次 2016年11月第1版 2016年11月第1次印刷
书 号 ISBN 978-7-5603-5798-0
定 价 39.00元

编　委　会

主　编　于林平　周　永

参　编　周东旭　沈　璐　于海洋　牟英娜

苏　健　马广东　杨　杰　齐丽丽

张润楠　远程飞　邵　晶　姜　媛

韩　旭　白雅君

前　言

随着我国经济的快速发展,建筑物的设计和架构日新月异,在满足人们的行为所需的同时,也给人类的进步和发展提供了依据。虽然各种各样的建筑物在人们强大的想象力下被建造了起来,可是每个建筑物都少不了一个重要的施工工程,那便是地基基础工程,它是建筑工程的重要组成部分,有着举足轻重的地位,地基基础建设质量的高低将会直接影响到建筑工程的根基,因此其施工质量的问题也会关系到整个工程质量的好坏。随着社会的不断进步和发展,工程建设的数量越来越多,同时对工程建筑的质量要求也不断地提高,只有做好了工程建设中地基施工的建设,才能有效地保证工程建设的质量。地基基础工程施工技术复杂、难度大、工期长,近几年全国各地兴起了大量现代化建筑,促进了建筑施工领域新材料、新技术、新设备、新工艺的不断发展。与此同时,许多新的设计、施工规范、技术规程及有关规定相继发布实施,对加强建筑工程质量验收管理起到了极大的推动作用。对每一位施工人员的技术水平、处理现场突发事故的能力提出了新的要求,直接关系着施工现场工程施工的质量、进度、成本、安全以及工程项目的按期完成。为了满足广大从事地基基础工程施工技术人员的实际要求,我们编写了此书。

本书可供地基基础施工技术人员、现场管理人员、相关专业大中专院校的师生学习参考。由于编者水平有限,不足之处在所难免,恳请有关专家和读者批评指正,提出宝贵意见。

编　者

2016.01

目 录

第1章　地基处理细部做法

1.1　灰土地基施工细部做法

第1讲　灰土地基施工工艺

(1)基土清理。铺设灰土前先检验基土土质,清除松散土并打两遍底夯,要求平整干净。如果有积水、淤泥,应清除或晾干;如果局部有软弱土层或古墓(井)、洞穴等,应按设计要求进行处理,并办理隐藏验收手续和地基验槽记录。

(2)弹线、设标志。做好测量放线,在基坑(槽)、管沟的边坡上钉好水平木桩;在室内或散水的边墙上弹上水平线;或在地坪上钉好标准水平木桩,作为控制摊铺灰土厚度的标准。

(3)灰土拌和。灰土的配合比除设计有特殊规定外,一般为2∶8或3∶7(灰土体积比)。基础垫层灰土必须过标准斗,严格控制执行配合比。拌和时必须均匀一致,至少翻拌3次;拌和好的灰土颜色应一致,要求随用随拌。

灰土施工时,应适当控制含水量,检验方法是:手握成团,落地开花。如土料水分过多或不足时,应翻松晾晒或洒水润湿,控制其含水量在14%~20%左右。

(4)基坑(槽)底或基土表面应将虚土、树叶、木屑、纸片等清理干净,并打两遍底夯,局部有软弱土层或孔洞时应及时挖除,然后用灰土分层回填夯实,要求坑底平整干净。

(5)分层铺灰土。每层的灰土铺摊厚度,可根据不同的施工方法,按表1.1选用。夯实机具可根据工程大小和现场机具条件用人力或机械。各层虚铺厚度都用木耙找平,与坑(槽)边壁上的标志木桩一致,或用尺、标准杆检查。

表1.1　灰土最大虚铺厚度

夯具种类	质量/t	虚铺厚度/mm	备注
石夯、木夯	0.04~0.08	200~250	人力送夯,落距400~500 mm每夯搭接半夯
轻型夯实机械	—	200~250	蛙式或柴油打夯机
压路机	机重6~10	200~300	双轮

(6)夯压密实。夯压的遍数应根据设计要求的干土质量密度经现场试验确定,一般不少于4遍,并控制机械碾压速度。打夯应一夯压半夯,夯夯相连,行行相连,纵横交叉。基础垫层灰土,每层夯压后都应按规定用环刀取样送验,分层取样试验,符合要求后方可进行上层施工。

取样频率:每单位工程不应少于3点,1 000 m^2以下工程,每100 m^2至少1点;3 000 m^2以下工程,每300 m^2至少1点,每一独立基础下至少应有1点,基槽每20延长米应有1点。压实系数一般为0.93~0.95,也可按照表1.2规定的干质量密度执行。用贯入度仪检测灰土质量时,应先进行现场试验以确定贯入度的具体要求。

表1.2 灰土干质量密度标准

土料种类	灰土最小干质量密度/(g·cm^{-3})
黏土	1.45
粉质黏土	1.50
粉土	1.55

(7)留接槎规定。灰土分段施工时,要严格按施工规范的规定操作,不得在墙角、柱基及承重窗间墙下接槎。上下两层灰土的接槎距离不得小于500 mm,接缝处应密实,并做成直槎。当灰土地基高度不同时,应做成阶梯形,每阶宽不少于500 mm,如图1.1(a)所示;对做辅助防渗层的灰土,应将水位以下结构覆盖,并处理好接缝,如图1.1(b)所示;同时注意接缝质量,每层虚土应从留缝处往前延伸500 mm,夯实时应夯过接缝300 mm以上;接缝时,用铁锹在留缝处垂直切齐,再铺下段夯实。

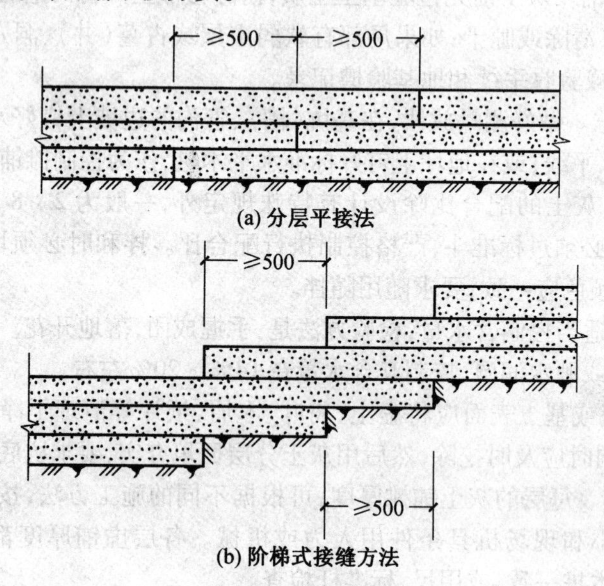

(a) 分层平接法

(b) 阶梯式接缝方法

图1.1 灰土垫层接缝方法

(8)找平和验收。灰土最上一层完成后,应拉线或用靠尺检查标准和平整度。高的地方用铁锹铲平,低的地方补打灰土,然后请质量检查人员验收。

(9)雨期、冬期施工。

1)基坑(槽)或管沟的灰土施工应连续进行,尽快完成。施工中应防止地面水流入槽坑,以免边坡塌方或基土遭到破坏。雨期应有防排水措施。刚铺完尚未夯实的灰土,如遭雨淋浸泡,则应将积水及松软灰土除去,重新补填新灰土夯实。稍受浸湿的灰土,应在晾干后再夯打密实。

2)冬期施工时,必须在基层不冻的状态下进行。土料必须覆盖保温,不得使用冻土及夹有冻土块的土料。夯实后的灰土用草袋等覆盖保温,以免受冻。当日拌和灰土应当日铺完,要做到随筛、随拌、随铺、随打、随盖,认真执行接槎、留槎和分层夯实的规定。气温在-10 ℃以下时,不宜施工。

第2讲　灰土地基施工注意要点

(1)灰土施工应严格按操作步骤进行,每层都应测定夯实后的干土质量密度,检验其密实度,符合设计要求后才能铺摊上层灰土,并应在试验报告中注明土料种类、配合比、试验日期、结论,试验人员签字。未达到设计要求的部位,均应有处理方法和复验结果。

(2)应将块灰熟化并认真过筛,以免因石灰颗粒过大遇水体积膨胀,将上层垫层、基础拱裂。

(3)房心灰土表面平整度偏差过大,致使地面混凝土垫层过厚或过薄,造成地面开裂、空鼓。应认真检查灰土表面标高和平整度,防止造成返工损失。

(4)管道下部应按要求填夯回填土,漏夯或不实造成管道下方空虚,易造成管道折断、渗漏。

(5)雨期、冬期不宜做灰土工程,否则应编好分项施工方案;施工时应严格执行技术措施,避免造成灰土水泡、冻胀等返工事故。

(6)对大面积施工,应考虑夯压顺序的影响,一般宜采用先外后内,先周边后中部的夯压顺序,并宜优先选用机械碾压。

(7)灰土拌和及铺设时应有必要的防尘措施,控制粉尘污染。

1.2　砂和砂石地基施工细部做法

第3讲　砂和砂石地基施工工艺

砂和砂石地基的施工过程可分解为以下三个阶段:

1. 准备阶段

(1)在施工开始前,应根据所选择的施工方法,做好垫层的设计即确定垫层断面的合理厚度和宽度,编制垫层铺筑的施工组织设计,并做有关试验得出现场砂和砂石的最佳含水量,从而确定夯实(压实)遍数以及振实时间。

(2)开挖基坑时,要避免震动坑底软弱土层,因此可先保留200 mm厚土层暂不挖去,等到铺砂前再挖至设计标高。

(3)铺筑前,要先验槽,浮土需清除,边坡要稳定。基坑两侧附近如果有低于基坑的孔洞、沟、井、墓穴等,应在未做地基前予以填实。

(4)冬期施工时,不得使用夹有冰块的砂石作垫层,应采取措施预防砂石内水分冻结。

(5)人工级配的砂、石材料,铺填前,应按照级配将砂、卵石拌合均匀。

2. 铺设阶段

(1)砂和砂石垫层的底面最好铺设在同一标高上,如果深度不同,施工需按先深后浅的顺序施工,土面应挖成阶梯或斜坡搭接,如图1.2所示。

(2)分段施工时,接头需做成斜坡,每层错开0.5~1.0 m,并应充分捣实。

(3)垫层应分层铺设,分层捣实,并应通过标桩控制每层砂垫层的铺设厚度。每层的铺设厚度、砂石最佳含水量控制及施工机具、方法的选用,见表1.3。

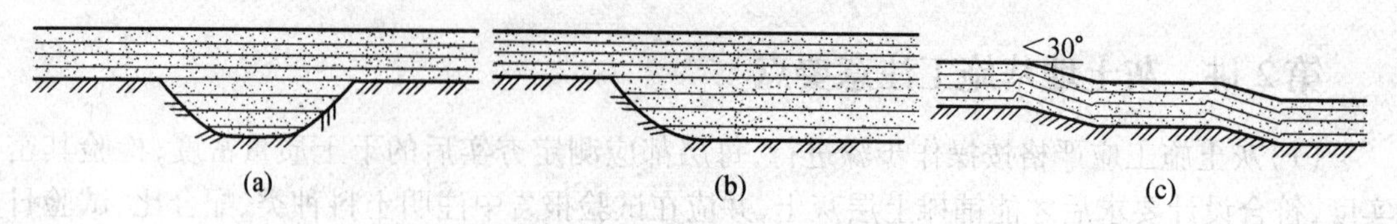

图1.2　砂和砂石垫层分层铺设

表1.3　砂垫层和砂石垫层铺设厚度及施工最优含水量

捣实方法	每层铺设厚度/mm	施工时最优含水量/%	施工要点	备注
平振法	200～250	15～20	用平板式振捣器往复振捣	不宜使用于细砂或含泥量较大的砂所铺筑的砂地基
插振法	振捣器插入深度	饱和	(1)用插入式振捣器 (2)插入间距可根据机械振捣大小决定 (3)不用插至下卧黏性土层 (4)插入振捣完毕后,所留的孔洞应用砂填实	不宜使用细砂或含泥量较大的砂所铺筑的砂地基
水撼法	250	饱和	(1)注水高度应超过每次铺筑面层 (2)用钢叉摇撼捣实,插入点间距为100 mm (3)钢叉分四齿,齿的间距80 mm,长300 mm,木柄长90 mm	
夯实法	150～200	饱和	(1)用木夯或机械夯 (2)木夯重40 kg,落距400～500 mm (3)一夯压半夯,全面夯实	
碾压法	250～350	8～12	6～12 t压路机往复碾压	适用于大面积的砂和砂石地基

注:在地下水位以下的地基其最下层的铺筑厚度可比上表增加50 mm。

(4)排水砂石层可采取人工铺设,也可用推土机、压路机来铺设。

(5)垫层铺设完毕应立刻进行下道工序施工,严禁推车及人在砂层上行走。

3.垫层捣实

(1)砂和砂石垫层地基的捣实,包括振实、夯实、压实等方法。其捣实效果与填土成分、夯实、压实遍数、振实时间等因素有关,具体可以通过试验确定。

(2)振捣夯实应做到振捣夯实面积有1/3交叉重叠,以防漏振、漏夯、漏压。

(3)在振动首层垫层时,不能将振动棒插入原土层或基槽边坡,防止软土混入砂垫层而降低砂垫层的强度,也不要扰动基坑四侧的土,避免影响和降低地基强度。

(4)每铺一层垫层,经密实度检验合格后才能进行上一层的施工。

(5)垫层竣工验收合格后,应立即进行基础施工与基坑回填。

第4讲 砂和砂石地基施工注意要点

(1)铺设垫层前应验槽,将基底表面浮土、淤泥、杂物清理干净,两侧应设一定坡度,以免振捣时塌方。

(2)垫层底面标高不同时,土面应挖成阶梯或斜坡搭接,并按照先深后浅的顺序施工,搭接处应夯压密实。分层铺设时,接头需做成斜坡或阶梯形搭接,每层错开0.5~1.0 m,并注意充分捣实。

(3)人工级配的砂砾石,应先将砂、卵石拌和均匀后,再铺夯压实。

(4)垫层铺设时,禁止扰动垫层下卧层及侧壁的软弱土层,避免被践踏、受冻或受浸泡而降低其强度。如果垫层下有厚度较小的淤泥或淤泥质土层,在碾压荷载下抛石可以挤入该层底面时,可采取挤淤处理。先在软弱土面上堆填块石、片石等,然后将其压入以置换并挤出软弱土再做垫层。

(5)垫层应分层铺设,分层夯或压实。基坑内预先安好5 m×5 m网格标桩,控制每层砂垫层的铺设厚度。

振夯压要做到交叉重叠1/3,以免漏振、漏压。夯实、碾压遍数、振实时间应利用试验确定。用细砂做垫层材料时,不宜使用振捣法或水撼法,避免产生液化现象。排水砂垫层可用人工铺设,也可用推土机、压路机来铺设。大面积施工可使用成组喷雾淋水器均匀喷水使砂层达到饱和状态。然后用成组电动插入式振动器按照顺序排列进行振动捣固使其密实(图1.3),最后由地下暗沟将密实砂层中多余的水排出。其振捣密实后的移位距离不能大于单一振动器振动有效半径的1.4倍。

(6)当地下水位较高或在饱和的软弱地基上铺设垫层时,需加强基坑内及外侧四周的排水工作,避免砂垫层泡水引起砂的流失,保持基坑边坡稳定。或采取降低地下水位措施,使地下水位下降到基坑底500 mm以下。

(7)当采用水撼法或插振法施工时,以振捣棒振幅半径的1.75倍为间距(通常为400~500 mm)插入振捣,依次振实,以不再冒气泡为准,直到完成,同时应采取措施控制注水与排水。垫层接头应重复振捣,插入式振动棒振完所留孔洞应用砂填实;在振动首层到垫层时,禁止将振动棒插入原土层或基槽边部,避免使软土混入砂垫层而降低砂垫层的强度。

(8)垫层铺设完毕,应进行下道工序施工,禁止小车及人在砂层上面行走,必要时应在垫层上铺板行走。

1.3 土工合成材料地基施工细部做法

第5讲 土工合成材料地基基层处理

(1)铺放土工合成材料的基层应平整,局部高差不大于50 mm。清除树根、草根及硬物,避免损伤破坏土工合成材料。

(2)对于不宜直接铺放土工合成材料的基层应先设置砂垫层,砂垫层厚度不宜小于300 mm,宜用中粗砂,含泥量不大于5%。

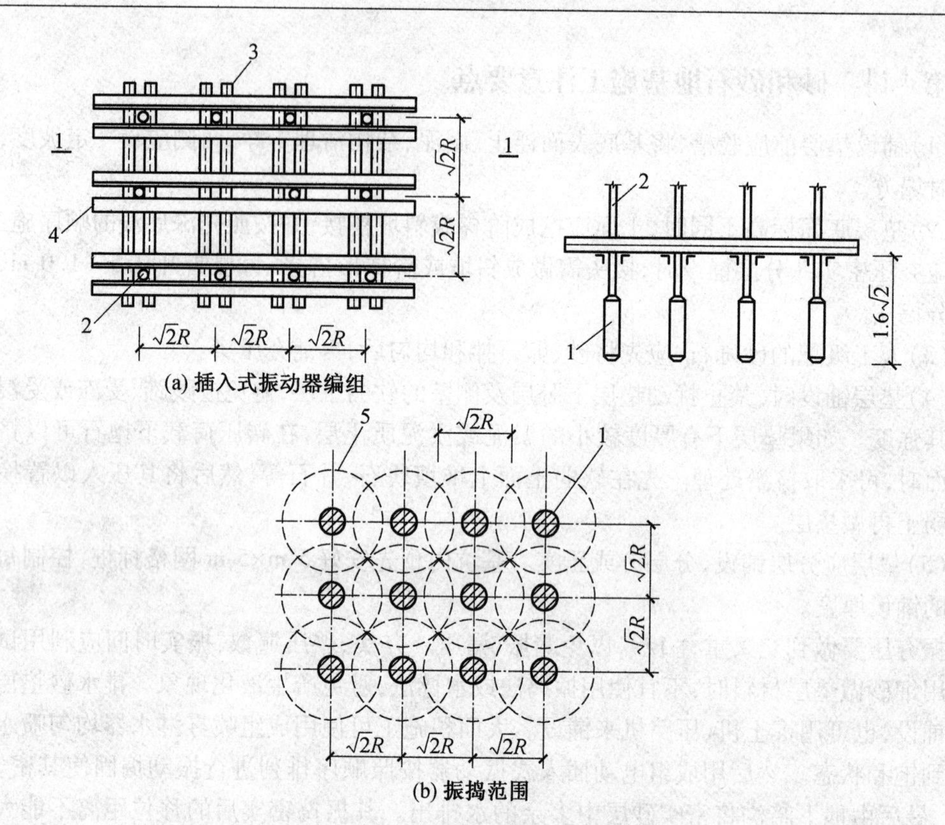

图1.3　插入式振动器编组及振捣范围

1—插入式振动器;2—硬质塑料导线管

3—框架横向固定梁;4—框架纵向固定梁;5—有效振动范围

R—有效振动半径

第6讲　土工合成材料铺放

(1)土工合成材料须按其主要受力方向铺放。

(2)铺放时应用人工拉紧,没有皱折,且紧贴下承层。应随铺随及时压固,以免被风掀起。

(3)土工合成材料铺放时,两端须有富余量。富余量每端不少于1 000 mm,且应按设计要求加以固定。

(4)相邻土工合成材料的连接,对土工格栅可采用密贴排放或重叠搭接,用聚合材料绳或特种连接件连接。对土工织物及土工膜可采用搭接或缝接。

(5)当加筋垫层采用多层土工材料时,上下层土工材料的接缝应交替错开,错开距离不小于500 mm。

(6)土工织物连接可采用搭接、缝合和胶合或U形钉钉合等方法。连接处强度不得低于设计要求的强度。

1)搭接法。搭接长度300~1 000 mm,如图1.4(a)所示,视建筑荷载、铺设地形、基层特性和铺放条件而定。一般情况下采用300~500 mm。荷载大、地形倾斜、基层极软,不小于500 mm,水下铺放不小于1 000 mm。在搭接处尽量避免受力,以防移动。当土工织物上铺有砂垫层时不宜采用搭接法，因为砂土极易挤入两层织物之间而将织物抬起。

2）缝合法。采用尼龙或涤纶将土工织物或土工膜双道缝合，如图 1.4（b）、（c）所示，两道缝线间距 10～25 mm，缝合处强度一般达织物强度的 80%。缝合法能节省材料，但施工费时。

3）胶合法。采用胶黏剂。将两块土工织物胶结在一起，黏接时搭接宽度不宜小于 100 mm，胶合后应停 2 h 以上，其接缝处的强度与土工织物的原强度相同。

4）U 形钉钉合法。用 U 形钉连接是每隔 1.0 m 用一 U 形钉插入连接，接缝方法最好是折叠式，如图 1.4（d）所示。U 形钉应能防锈。其强度低于缝合法和胶合法。

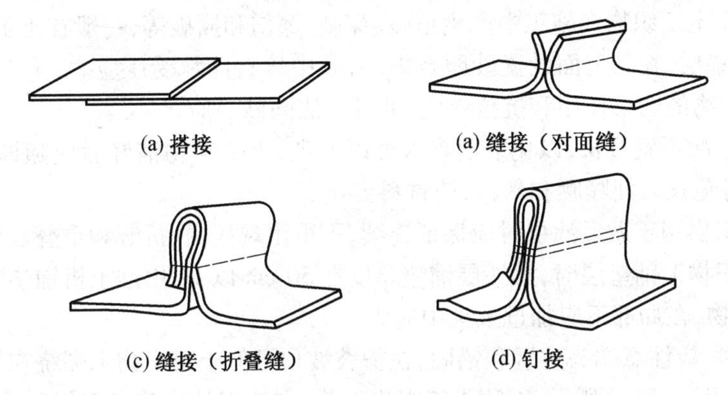

图 1.4　接缝连接方式

（7）在土工合成材料铺放时，不得有大面积的损伤破坏。对小的裂缝或孔洞，应在其上缝补新材料。新材料面积不小于破坏面积的 4 倍，边长不小于 1 000 mm。

第 7 讲　土工合成材料地基的回填

（1）土工合成材料垫层地基，无论是使用单层还是多层土工合成加筋材料，作为加筋垫层结构的回填料，材料种类、层间高度、碾压密实度等都应由设计确定。

（2）回填料为中、粗、砾砂或细粒碎石类时，在距土工合成材料（主要指土工织物或土工膜）80 mm 范围内，最大粒径应小于 60 mm，当采用黏性土时，填料应能满足设计要求的压实度并不含有对土工合成材料有腐蚀作用的成分。

（3）当使用块石做土工合成材料保护层时，块石抛放高度应小于 300 mm，且土工合成材料上应铺放厚度不小于 50 mm 的砂层。

（4）对于黏性土，含水量应控制在最佳含水量的±2% 以内，密实度不小于最大密实度的 95%。

（5）回填土应分层进行，每层填土的厚度应随填土的深度及所选压实机械性能确定。一般为 100～300 mm，但第一层填土厚度不小于 150 mm。

（6）填土顺序对不同的地基有不同要求：

1）极软地基采用后卸式运土车，先从土工合成材料两侧卸土，形成戗台，然后对称往两戗台间填土。施工平面应始终呈“凹”形（凹口朝前进方向）。

2）一般地基采用从中心向外侧对称进行。平面上呈“凸”形（凸口朝前进方向）。

（7）回填时应根据设计要求及地基沉降情况，控制回填速度。

（8）土工合成材料上第一层填土，填土机械只能沿垂直于土工合成材料的铺放方向运行。应用轻型机械(压力小于55 kPa)摊料或碾压。填土高度大于600 mm后方可使用重型机械。

(9)在地基中埋设孔隙水压力计,在土工织物垫层下埋设钢弦压力盒,在基础周围设沉降观测点,对台阶段的测试数据进行仔细整理。

第8讲 土工合成材料地基施工注意要点

(1)铺设应从一端向另一端进行,端部应先铺填,中间后铺填,端部必须精心铺设锚固,铺设松紧应适度,防止绷拉过紧或折皱,同时需保持连续性、完整性。

(2)为防止土工织物在施工中产生顶破、穿刺、擦伤和撕破等,一般在土工织物下面宜设置砾石或碎石垫层,在其上面设置砂卵石护层,其中碎石能承受压应力,土工织物承受拉应力,充分发挥织物的约束作用和抗拉效应,铺设方法同砂、砾石垫层。

(3)铺设一次不宜过长,以免下雨渗水难以处理,土工织物铺好后应随即铺设上面砂石材料或土料,避免长时间曝晒和暴露,使材料劣化。

(4)土工织物用于做反滤层时应保证连续,不得出现扭曲、折皱和重叠。

(5)土工织物上铺垫层时,第一层铺垫厚度在50 cm以下,用推土机铺垫时,应防止刮土板损坏土工织物,在局部不应加过重集中应力。

(6)铺设时,应注意端头位置和锚固,在护坡坡顶可使土工织物末端绕在管子上,埋设于坡顶沟槽中,如图1.5(a)所示,以防土工织物下落;在堤坝处应使土工织物终止在护坡块石之内,路基应终止在排水沟底部(图1.5b),避免冲刷时加速坡脚冲刷成坑。

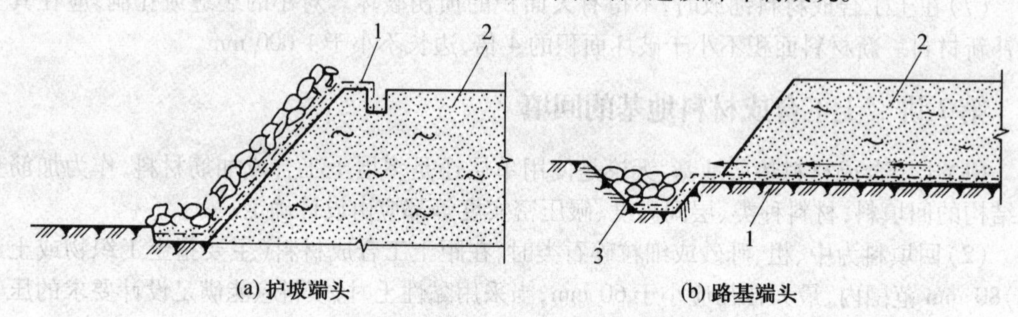

图1.5 土工纤维的端头锚固

1—土工纤维;2—堆筑护坡或路基;3—排水沟

(7)对于有水位变化的斜坡,施工时直接堆置于土工织物上的大块石之间的空隙,应填塞或设垫层,以避免水位下降时,上坡中的饱和水因来不及渗出形成显著水位差,使土挤向没有压载空隙,引起土工织物鼓胀而造成损坏。

(8)所用土工合成材料的品种与性能和填料土类,应根据工程特性和地基土条件,通过现场试验确定,垫层材料宜用黏性土、中砂、粗砂、砾砂、碎石等内摩阻力高的材料。如工程要求垫层排水,垫层材料应具有良好的透水性。

(9)土工合成材料如用缝接法或胶接法连接,应保证主要受力方向的连接强度不低于所采用材料的抗拉强度。

1.4　粉煤灰地基施工细部做法

第9讲　粉煤灰地基施工工艺

(1)基层处理。粉煤灰地基铺设前,应清除地基土上垃圾,排除表面积水,平整后用8 t压路机预压两遍,或用打夯机夯击2~3遍,使基土密实。

(2)分层铺设、分层夯(压)密实。分层铺设厚度用机械夯实时为200~300 mm,夯完后厚度为150~200 mm;用压路机压实时,每层铺设厚度为300~400 mm,压实后为250 mm左右;对小面积基坑(槽),可用人工摊铺,用平板振动器或蛙式打夯机进行振(夯)实,每次振(夯)板应重叠1/3~1/2,往复振(夯),由两侧或四周向中间进行,振(夯)遍数由现场试验达到设计要求的压实系数为准。大面积换填地基,应采用推土机摊铺,选用推土机预压两遍,然后用压路机(8 t)碾压,压轮重叠1/3~1/2,往复碾压,一般碾压4~6遍。

(3)粉煤灰铺设含水量应控制在最优含水量范围内,如含水量过大时,需摊铺晾干后再碾压。粉煤灰铺设后,应于当天压完;如压实时含水量过小,呈现松散状态,则应洒水湿润再压实。

(4)在夯(压)实时,如出现“橡皮土”现象,应暂停压实,可采取将地基开槽、翻松、晾晒或换灰等办法处理。

(5)每层铺完夯(压)后,取样检测密实度合格后,应及时铺筑上一层或及时浇筑其上混凝土垫层。

(6)冬期施工,最低气温不得低于0 ℃,以免粉煤灰含水冻胀。

第10讲　粉煤灰地基施工注意要点

(1)施工前应检查粉煤灰材料,并对基槽清底状况、地质条件予以检验。

(2)施工过程中应检查铺筑厚度、碾压遍数、施工含水量控制、搭接区碾压程度、压实系数等。

(3)施工结束后,应按设计要求的方法检验地基的承载力。一般可采用平板载荷试验或十字板剪切试验,检验数量,每单位工程不少于3点,1 000 m^2以上的工程,每100 m^2至少有1点;3 000 m^2以上的工程,每300 m^2至少有1点。

1.5　强夯地基施工细部做法

第11讲　强夯地基施工机具设备

(1)夯锤。国内、外的夯锤材料,特别是大吨位的夯锤,多数采用以钢板为钢壳和内灌混凝土的锤,如图1.6所示。目前也有为了运输方便和根据工程需要,浇筑成在混凝土的锤上能临时装配钢板的组合锤,如图1.7所示。由于日益增加的锤重,锤的材料已趋向于由钢材铸成。

夯锤的平面一般有圆形和方形等形状,其中也有气孔式和封闭式两种。实践证明,圆形和带有气孔的锤较好，它可以克服方形锤由于上、下两次夯击着地不完全重合，而造成夯击能量损失和锤着地时倾斜的缺点。夯锤中宜设置若干个上、下贯通的气孔。它可以减小起吊夯锤时的吸力(在上海金山石油化工厂的试验工程中测出，夯锤的吸力达3倍锤重)；又可减少夯锤着地前的瞬时气垫的上托力，从而减少能量的损失。国内外的资料报道中，锤底面积一般取决于表层土质，对砂质土和碎石类土一般为3~4 m^2，对黏性土或淤泥质土等软弱土不宜小于6 m^2。锤底静压力值可取25~40 MPa，对于细颗粒土锤底静压力宜取小值。

(2)起重设备。起重设备宜采用带有自动脱钩装置的履带式起重机或采用三角架、龙门架作起重设备。国外有采用轮胎式起重机或专用三足起重架和轮胎式强夯机，用于吊40 t夯锤，落距可达40 m。国外所使用的履带式起重机都是大吨位吊机，通常在100 t以上。由于100 t吊机，其卷扬机能力只有20 t左右，如果夯击工艺采用单缆锤击法，则100 t吊机最大只能起吊20 t的夯锤。由于我国绝大多数强夯工程只具备小吨位起重机的工作条件，只有采用自动脱钩的办法使夯锤形成自由落体进行强夯。采用履带式起重机(图1.8~1.10)时，可在臂杆端部设置辅助门架，或采取其他安全措施，防止落锤时机架倾覆。起重机的超重能力：当直接用钢丝绳起吊时，应大于夯锤的3~4倍，当采用自动脱钩时，总重应大于1.5倍锤重。

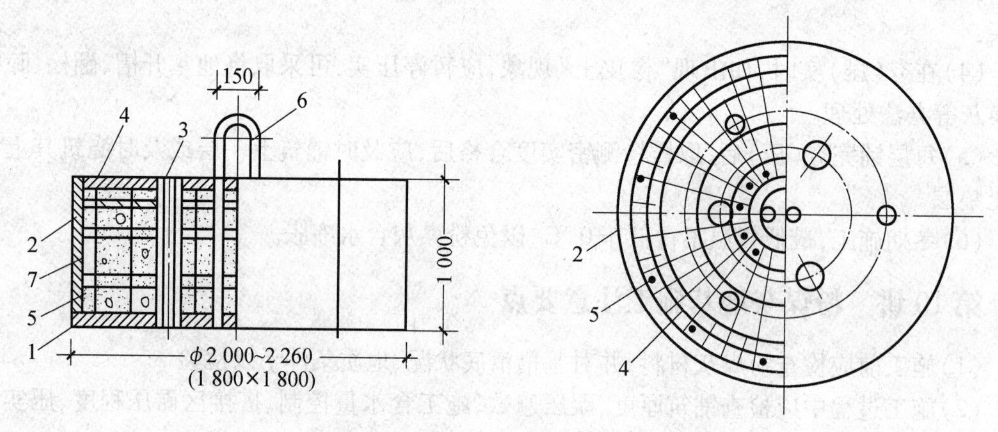

图1.6 混凝土夯锤构造(圆柱形重12 t、方形重8 t)

1—30 mm厚钢底板；2—18厚钢板外壳；3—6×DN159钢管；

4—水平钢筋网片ϕ16@200；5—钢筋骨架ϕ14@400；6—ϕ50吊环；7—C30混凝土

(3)脱钩装置。当锤重超出卷扬机的能力时，使用滑轮组并借助脱钩装置起落，且宜采用自由脱钩，常用吊式落钩如图1.11所示，注意施工时应有足够的强度并灵活使用。

第12讲 强夯地基施工工艺

(1)做好强夯地基的地质勘察，对不均匀土层适当增多钻孔和原位测试工作，掌握土质情况，作为制定强夯方案和对比夯前、夯后加固效果之用。必要时进行现场试验性强夯，确定强夯施工的各项参数。

(2)强夯前应平整场地，周围作好排水沟，按夯点布置测量放线确定夯位。地下水位较高时，应在表面铺0.5~2.0 m厚中(粗)砂或砂砾石、碎石垫层，以防设备下陷和便于消散强夯产生的孔隙水压力，或采取降低地下水位后再强夯。

(3)强夯应分段进行，顺序从边缘夯向中央；对厂房柱基亦可一排一排地夯，起重机直线

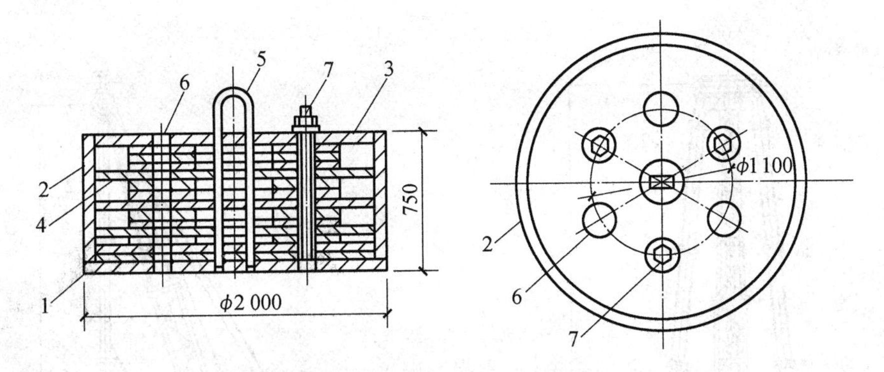

图1.7　装配式钢夯锤(可组合成6 t、8 t、10 t、12 t)

1—50 mm厚钢板底盘;2—15 mm厚钢板外壳;3—30 mm厚顶板

4—中间块(50 mm厚钢板);5—φ50吊环;6—φ200 mm排气孔;7—M48 mm螺栓

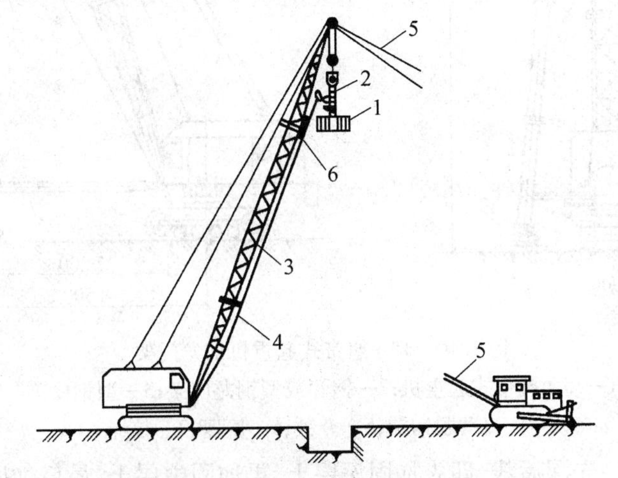

图1.8　用履带式起重机强夯

1—夯锤;2—自动脱钩装置;3—起重壁杆;4—拉绳;5—锚绳;6—废轮胎

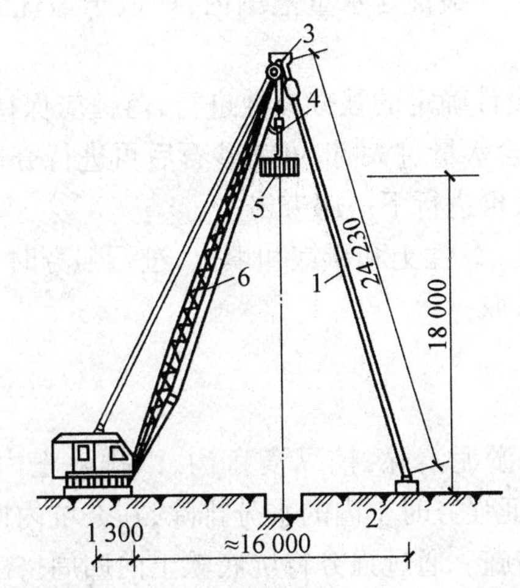

图1.9　15 t履带式起重机加钢辅助桅杆

1—φ325×8 mm钢管辅助桅杆;2—底座;3—弯脖接头;4—自动脱钩器;5—12 t夯锤;6—拉绳

行驶,从一边向另一边进行。每夯完一遍,用推土机整平场地,放线定位即可进行下一遍夯

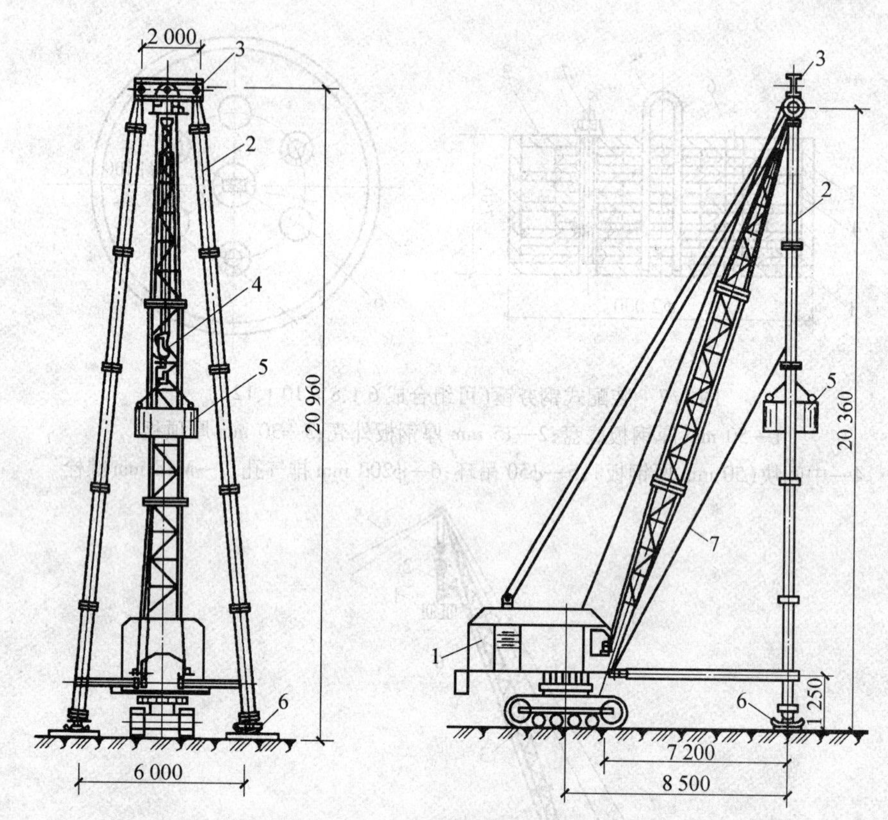

图1.10 15 t履带式起重机加龙门架

1—15 t履带式起重机;2—钢管或型钢龙门架;3—型钢横梁

4—自动脱钩器;5—夯锤;6—底座;7—拉绳

击。强夯法的顺序是:先深后浅,即先加固深层土,再加固中层土,最后加固表层土。最后一遍夯完后,再以低能量满夯一遍,如有条件以采用小夯锤夯击为佳。

(4)回填土应控制含水量在最优含水量范围内,如低于最优含水量,可钻孔灌水或洒水浸渗。

(5)夯击时应按试验和设计确定的强夯参数进行,落锤应保持平稳,夯位应准确,夯击坑内积水应及时排除。坑底上含水量过大时,可铺砂石后再进行夯击。在每遍夯击之后,要用新土或周围的土将夯坑填平,再进行下一遍夯击。

(6)对于高饱和度的粉土、黏性土和新饱和填土,进行强夯时,很难控制最后两击的平均夯沉量在规定的范围内,可采取:

1)适当将夯击能量降低。

2)将夯沉量差适当加大。

3)填土采取将原土上的淤泥清除,挖纵横盲沟,以排除土内的水分,同时在原土上铺500 mm的砂石混合料,以保证强夯时土内的水分排除,在夯坑内回填块石、碎石或矿渣等粗颗粒材料,进行强夯置换等措施。通过强夯将坑底软土向四周挤出,使在夯点下形成块(碎)石墩,并与四周软土构成复合地基,一般可取得明显的加固效果。

(7)雨期填土区强夯,应在场地四周设排水沟、截洪沟,防止雨水流入场内;填土应使中间稍高;土料含水率应符合要求;认真分层回填,分层推平、碾压,并使表面保持1% ~2%的

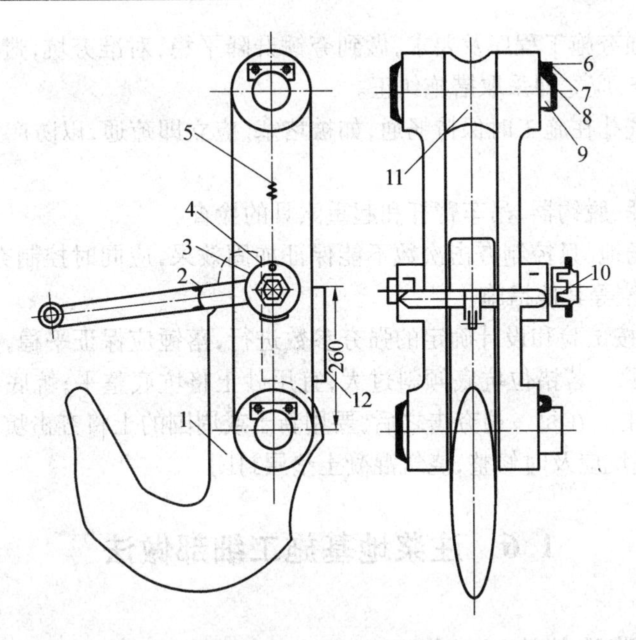

图1.11　脱钩装置图

1—吊钩；2—锁卡焊合件；3—螺栓；4—开口销；5—架板；6—螺栓
7—垫圈；8—止动板；9—销轴线；10—螺母；11—鼓形轮；12—护板

排水坡度；当班填土当班推平压实；雨后抓紧排除积水，推掉表面稀泥和软土，再碾压；夯后夯坑立即推平、压实，使高于四周。

(8)冬期施工应清除地表的冻土层再强夯，夯击次数要适当增加，如有硬壳层，要适当增加夯次或提高夯击动能。

(9)做好施工过程中的监测和记录工作，包括检查夯锤重和落距，对夯点放线进行复核，检查夯坑位置，按要求检查每个夯点的夯击次数和每击的夯沉量等，并对各项差数参数及施工情况进行详细记录，作为质量控制的根据。

第13讲　强夯地基施工注意要点

(1)为避免强夯振动对周边设施的影响，施工前必须对附近建筑物进行调查，必要时采取相应的防震或隔震措施，影响范围约10～15 m。施工时应由邻近建筑物开始夯击逐渐向远处移动。

(2)如无经验，宜先试夯取得各类施工参数后再正式施工。试验区数量应根据建筑场地复杂程度，建筑规模及建筑类型确定。对透水性差，含水量高的土层，前后两遍夯击应有一定间歇期，一般2～4周。夯点超出需加固深度的1/3～1/2，且不小于3 m。施工时要有排水措施。

(3)在起夯时，吊车正前方、吊臂下和夯锤下严禁站人，需要整平夯坑内土方时，要先将夯锤吊离并放在坑外地面后方可下人。

(4)六级以上大风天气，雨、雾、雪、风沙扬尘等能见度低时暂停施工。

(5)施工时要根据地下水径流排泄方向，应从上水头向下水头方向施工，以利于地下水、土层中水分的排出。

(6)严格遵守强夯施工程序及要求,做到夯锤升降平稳,对准夯坑,避免歪夯,禁止错位夯击施工,发现歪夯,应立即采取措施纠正。

(7)夯锤的通气孔在施工时保持畅通,如被堵塞,应立即疏通,以防产生“气垫”效应,影响强夯施工质量。

(8)加强对夯锤、脱钩器、吊车臂杆和起重索具的检查。

(9)对不均匀场地,只控制夯击次数不能保证加固效果,应同时控制夯沉量。地下水位高时可采用降低水位等其他措施。

(10)夯击时应按试验和设计确定的强夯参数进行,落锤应保证平稳,夯位应准确,夯击坑内积水应及时排除。若错位坑底倾斜过大,宜用砂土将坑底整平;坑底含水量过大时,可铺砂石后再进行夯击。在每一遍夯击之后,要用新土或周围的土将夯击坑填平,再进行下一遍夯击。强夯后,基坑应及时修整,浇筑混凝土垫层封闭。

1.6 注浆地基施工细部做法

第14讲 注浆地基施工工艺

清整地基底面→确定注浆孔位置→钻注浆孔→封闭地基底面的表面裂隙→对第一组钻孔注浆直至孔口→对第二组钻孔注浆直至孔口→……注完所有注浆孔→验收。

(1)首先应清整地基底面的施工场地。

(2)根据预先确定的注浆孔布置的位置,定出孔位,并用钻机钻到钻孔所需要的深度,孔径一般为55~100 mm,同时探测地质情况,岩石地基还应用压力水冲洗孔内石料碎屑等杂物。

(3)然后在孔内插入38~50 mm的射管,管底部1.0~1.5 m的管壁上钻有注浆孔,在射孔之外安装有套管,在射管与套管之间用砂填塞。地基表面裂隙用1∶3水泥砂浆或黏土、麻丝填塞,然后拔出套管,用压浆泵将水泥浆压入射管而透入岩土中,水泥浆必须连续一次压入不得中断。工艺流程如图1.12所示。

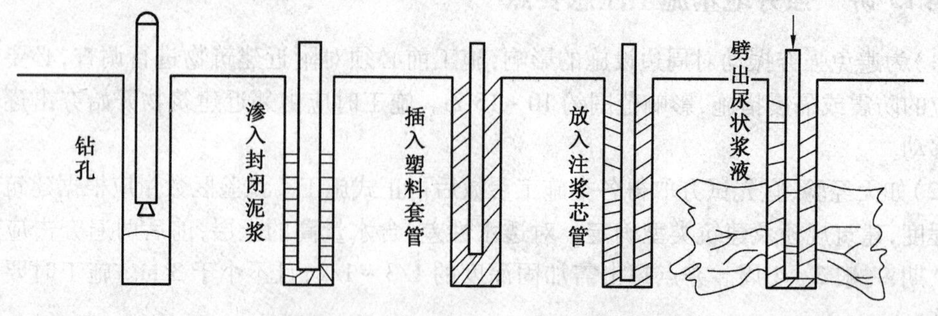

图1.12 注浆施工工艺流程图

(4)浆体必须经过搅拌机充分搅拌均匀后方可开始压注,并应在注浆过程中不停地缓慢搅拌,搅拌时间必须小于浆液初凝时间。浆体在泵送前,应经过筛网过滤。

(5)压力与流量是注浆施工中两个不可缺少的施工参数,无论采用何种注浆方式,均需要详细记录注浆时间、注浆压力和流量。注浆流量通常为7~10 L/min。对充填型注浆,流量可适当加大，但不应超过20 L/min。施工过程中还应经常抽查浆液的配比以及主要性能指标、注浆的顺序等。

(6)如果进行第二次注浆，浆液的黏度应较小，不宜采用自行密封式密封圈装置，应采用两端加水加压的膨胀密封型注浆芯管。

(7)注浆后，应立即拔管，如果不及时拔管，浆液会把管子凝住而增加拔管的难度。拔管时，最好使用拔管机。用塑料阀管注浆时，注浆芯管每次上拔高度为330 mm；使用花管注浆时，花管每次上拔或下钻的高度宜为500 mm。拔出管后，应立即冲洗注浆管，以便保持通畅洁净。拔出管后剩下的孔洞，应用水泥砂浆或土料填塞。

(8)若注浆过程中出现冒浆现象，要根据不同原因造成的冒浆进行处理。若是因为注浆深度较浅而造成浆液上抬较多，则可采取加强注浆孔密闭的方法，即采用间歇注浆法，即是让一定数量的浆液注入土中后，暂停工作，让浆液凝固，几次反复，就可以将上抬的通道堵死；如果地层灌筑不进，则应结束注浆。

(9)注浆宜间隔进行，第一组孔注浆完成后，再注第二组孔、第三组孔等。

第15讲　注浆地基施工注意要点

(1)注浆开始前，需做好充分的准备工作，包括机械设备、仪表、管路、注浆材料、水和电的检查以及必要的试验。其中塑料单向阀管每一节都要进行检查，要求管口平整无收缩，事先将6节塑料阀管对接成2 m长度待用。准备插入钻孔内时应复查一遍，必须旋紧每一节螺栓。注浆芯管的聚氨酯密封圈应用前要进行检查，应无残缺及大量气泡现象。上部密封圈裙边向下，下部密封圈裙边向上，且均应抹上黄油。所有注浆管接头螺纹都应有充分的油脂。

(2)注浆开始前，需要通过试验来确定注浆段长度、注浆孔距、注浆压力等相关技术参数。注浆长度根据岩土裂隙发育程度、松散情况、渗透性和注浆设备能力等技术条件选定。在一般地质条件下，段长往往控制在5～6 m；在土质严重松散、渗透性强的情况下，通常为2～4 m。

(3)施工前，必须注意附近地下管线分布情况，就算是废弃的地下管线也会给施工质量带来麻烦，并经常使浆液流入废管而造成不必要的浪费。所以，对废管必须事先开挖，使之暴露，并采用灌水泥浆等方法封堵。

(4)对于砂砾石地基注浆，也可采用花管注浆法，通过吊锤直接将注浆花管打入砂砾层中。花管由厚壁无缝钢管、花管及锥形管尖组成，注浆装置及程序如图1.13所示。在冲洗管内淤砂后，即可自下而上分段拔管注浆。注浆方法可以为自流式，也可以为压力注浆。但都是注完一段后，将注浆管拔起一段高度，重复上述工序，这样一段一段地自下而上依次拔管，逐段注浆。此法设备简单，操作方便，适用于较浅的砂砾层，遇有大砾石层仍用边钻孔边设套管，在套管内下花管注浆的方法。

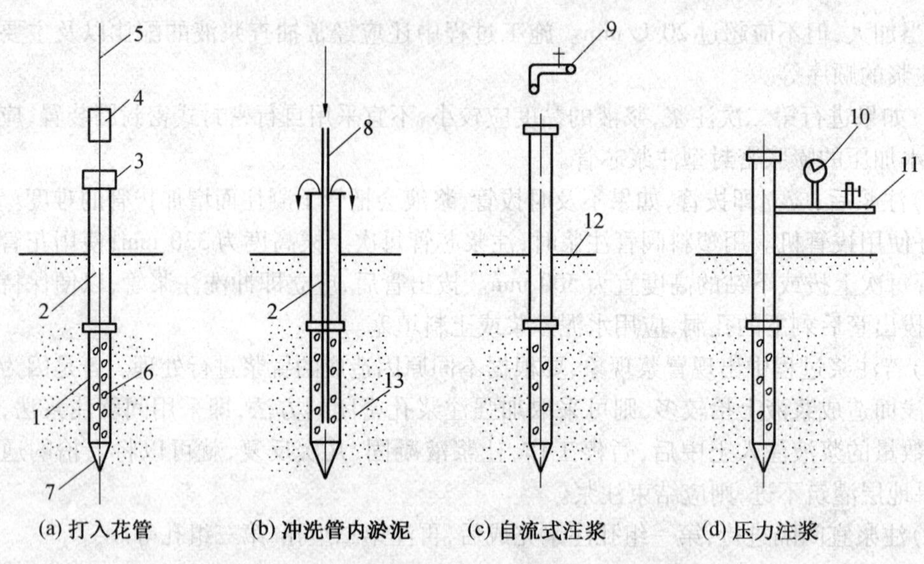

图 1.13　花管注浆装置及程序

1—花管;2—导管;3—钢箍;4—吊锤;5—导杆;6—管内淤砂;7—锥形管尖

8—冲洗管;9—注浆管;10—压力表;11—进浆管;12—自然地面;13—砂砾层

1.7　预压地基施工细部做法

第16讲　普通堆载预压法

普通堆载预压法(图1.14)是指在地基土表面分级堆土或其他荷载的办法来进行预压地基处理。等到地基承载力和沉降量达到预定标准后,再卸载,建造建(构)筑物。特点为:对各类软弱地基均有效;使用材料、机具方法简单直接,施工操作简便;但堆载预压需要一定的时间,对深厚的饱和软土,排水固结所需的时间较长;同时需要大量堆载材料,所以,在使用上受到一定的限制。

本法适于各类软弱地基,包括天然沉积土层以及人工冲填土层,如沼泽土、淤泥、淤泥质土和水力冲填土;较广泛用于冷藏库、油罐、机场跑道、集装箱码头、桥台等沉降要求比较高的地基。

(1)施工方法。堆载方法可大面积应用自卸汽车与推土机联合作业。对超软土地基的堆载预压,第一级荷载应用轻型机械或人工作业。作用于地基上的荷载不能超过地基的极限荷载,以免地基失稳破坏。堆载预压,必须分级堆载,以保证预压效果并避免塌滑事故。一般沉降速率控制在10~15 mm/d,边桩位移速率控制在4~7 mm/d。孔隙水压力增量不超过预压荷载增量的60%,并以这些参考指标控制堆载速率。

(2)施工注意事项。

1)施工前,在地下预埋孔隙水压计测定孔隙水压的变化;在堆载区周边的地表布置位移观测桩,用精密测量仪器观测水平与垂直位移;在堆载区周边的地下设置钻孔倾斜仪或其他观测地下土体位移的仪器,测量地基上的水平位移与垂直位移。

2)预压期间应及时整理变形与时间、孔隙水压力与时间等关系曲线,推测地基的最终固结变形量、不同时间的固结度和相应的变形量,方便分析地基处理的效果并为确定卸载时间提供依据。

3)预压后的地基需进行十字板抗剪强度试验及室内土工试验等,便于检验处理效果。

4)对于以抗滑稳定控制的重要工程,需在预压区内选择代表性地点预留孔位,在加载不同阶段进行不同深度的十字板抗剪试验与取土进行室内试验,用来验算地基的抗滑稳定性,并检验地基的处理效果。

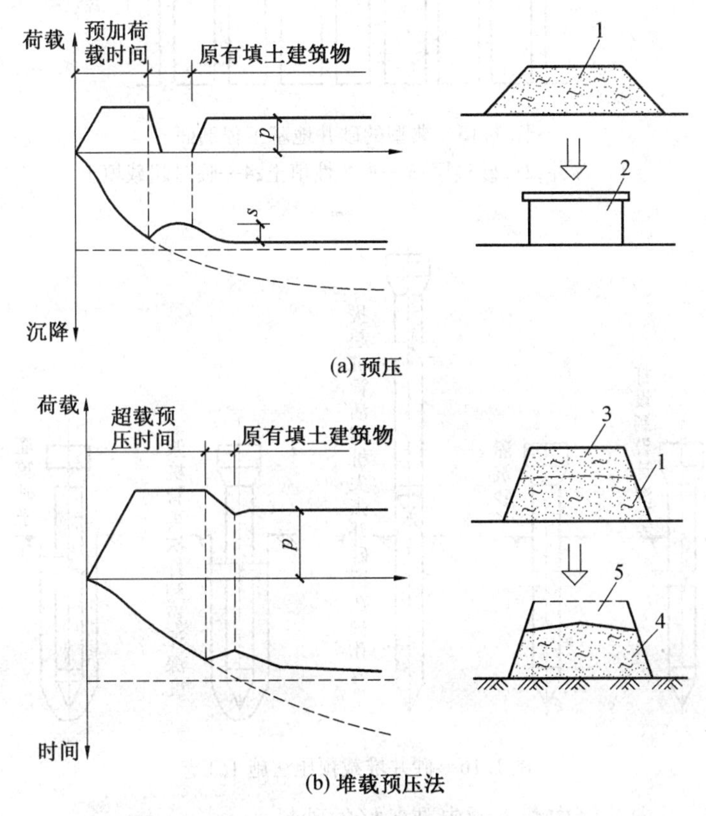

图1.14 堆载预压法

1—堆填土;2—建筑物;3—超载;4—填土建筑物;5—挖除

第17讲 砂井堆载预压法

砂井堆载预压法又叫做砂井排水堆载预压法,是指在软弱地基中用钢管打孔、灌砂设置砂井作为竖向排水通道,并在砂井顶部布置砂垫层作为水平排水通道,在砂垫层上部压载以增加土中附加应力,附加应力产生超静水压力,使土体中孔隙水快速通过砂井砂垫层排出,以达到加速土体固结,提高地基土强度的目的。图1.15为典型的砂井地基剖面。

该法适用于透水性低的饱和软弱黏性土的加固;多用于机场跑道、工业建筑油罐、水池、水工结构、道路、路堤、堤坝、码头岸坡等工程的地基处理。对于泥炭等有机沉积地基则不适合。

(1)施工方法。砂井堆载预压法施工工序如图1.16所示。

1)首先在地基底面上标注出砂井的位置,立好桩标。

2)桩机就位,桩尖对准桩标,并利用打桩机将井管打进地基中的预定深度。

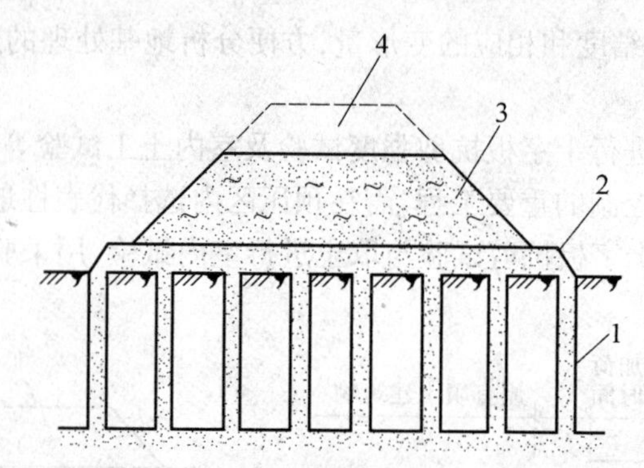

图 1.15　典型的砂井地基工程剖面

1—砂井;2—砂垫层;3—永久性填土;4—临时超载填土

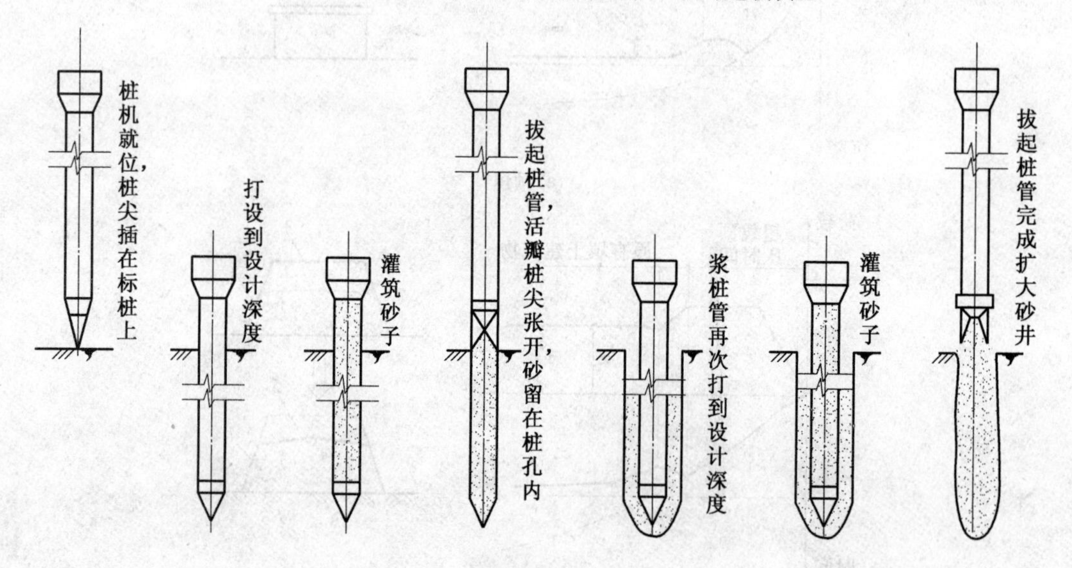

图 1.16　砂井堆载预压法施工工艺

3)吊起桩锤,并向井管内灌入预先准备好的砂料。

4)利用桩架上的卷扬机起吊振动锤,边振动边将桩管缓慢地拔出(或用桩锤,边锤边拔管,每拔升 30 ~50 cm,再复打桩管,以捣实挤密形成砂桩)。

5)反复进行拔管、冲击,直到将砂填充满井孔。

6)最后拔出井管。

(2)施工注意事项。

1)施工前需检查施工监测措施、沉降、孔隙水压力等原始数据、排水设施、砂井(袋装砂井)等位置。

2)砂井应确保达到要求的灌砂密实度,自上而下保持连续,不出现颈井,且不影响砂井周围土的结构;砂井的长度、直径和间距应符合设计要求;砂井位置的允许偏差是该井的直径,垂直度的允许偏差为 1.5%;其实际灌砂量不能少于计算的 95%。对灌砂量没有达到设计要求的砂量,应在原位将桩管打入灌砂复打一次。

3)当桩管内进入泥水,可先在井管内装入 2 ~3 斗砂将活门压住,堵塞缝隙。

4)采取锤击法沉桩管,管内砂子可用吊锤击实,或用空气压缩机向管内通气(气压通常为0.4～0.5 MPa)压实。

5)打砂井顺序应从外围或两侧向中间进行,砂井间距较大可采取逐排进行。打砂井后基坑表层会发生松动隆起,应进行压实。

6)灌砂井砂中的含水量应予以控制,对饱和水的土层,砂可采用饱和状态;对非饱和土及杂填土、或能形成直立孔的土层,含水量可采用7%～9%。

7)拔管速度控制在1～1.5 m/min,方便砂子留于井孔中形成密实的砂井;也可二次打入井管灌砂,形成扩大砂井;砂井也可采用水冲法成孔。其中振动沉管效率较高(每班可成井50～60根),同时可起到捣实砂子的作用,但振动力最好是30～70 kN,不宜过大,以免过分扰动软土。

第18讲　袋装砂井堆载预压法

袋装砂井是在普通砂井基础上发展的一项技术。因为黏性土固结所需要的时间与排水距离的平方成正比,所以,为了缩短软土地基的固结时间,加速沉降,从而提高承载力,尽量缩短排水距离,人为设定造成固结的排水通道,使孔隙水压力快速地消散。袋装砂井是用具有一定伸缩性及抗拉强度很高的聚丙烯或聚乙烯编织袋装满砂子,它有效地解决了大直径砂井中所存在的问题,使砂井的设计和施工更加科学化,确保了砂井的连续性;打设设备实现了轻型化,比较适合在软弱地基上施工,使用砂量大大减少,施工速度加快,工程造价降低,是一种非常理想的竖向排水体。

(1)施工方法。袋装砂井堆载预压法的施工工序如下:

标出地基底面砂井位置→定位、整理桩尖(活瓣桩尖或预制混凝土桩尖)→沉入导管、将砂袋放入导管→往管内灌水(减少砂袋与管壁的摩擦力)、拔管。

1)首先在地基底面上标注出各个砂井的位置。

2)将打设机具定位,并整理桩尖。

3)采用振动、撞击或静压方式将井管沉入地下。

4)向井管井中投放事先准备好的圆柱形砂袋。

5)拔出井管,并将砂袋填满孔中。

注意:也可先将沉管沉入土中放入袋子(下部装少量砂或吊重),然后借助振动锤的振动灌满砂,最后拔出套管。

(2)施工注意事项。

1)定位要准确,砂井要有较好的垂直度,以保证排水距离与理论计算一致。

2)袋中装砂宜用风干砂,不宜采用湿砂,防止干燥后,体积减小,造成袋装砂井缩短与排水垫层不搭接等质量事故。

3)聚丙烯编织袋,在施工时应防止太阳暴晒老化。砂袋入口处的导管口应设置滚轮,下放砂袋要仔细,以免砂袋破损漏砂。

4)施工中要经常检查桩尖与导管口的密封情况,以免管内进泥过多,造成井阻,影响加固深度。

5)确定袋装砂井施工长度时,需考虑袋内砂体积减小、袋装砂井在井内弯曲、超深以及伸入水平排水垫层内的长度等因素,避免砂井全部沉入孔内,造成顶部与排水垫层不连接,影响排水效果。

第19讲　塑料排水带堆载预压法

塑料排水带堆载预压法是将带状塑料排水带用插带机将其插入软弱土层中，组成垂直与水平排水体系，然后在地基表面堆载预压(或真空预压)，土中孔隙水沿塑料带的沟槽上升逸出地面，从而可加快软土地基的沉降过程，使地基得到压密，如图1.17所示。

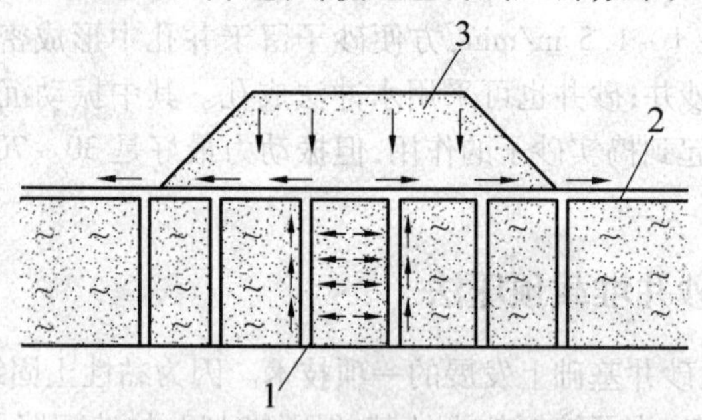

图1.17　塑料排水带堆载预压法

1—塑料排水带;2—土工纤维;3—堆载

适用范围和普通砂井堆载预压、袋装砂井堆载预压相同。

(1)施工方法。塑料排水带堆载预压法的施工工序如下：

标出地基底面打设导管的位置→定位→将塑料排水板通过导管从管下端穿出→将塑料板与桩尖连接贴紧管下端并对准桩位→打设桩管插入塑料排水板→拔管、剪断塑料排水板。

1)首先在地基底面上设置导管的位置。

2)将打设机具定位。

3)用打设机具将导管沉入地下，并插入塑料排水带。

4)拔出导管，并剪断塑料排水带。

(2)施工注意事项。

1)塑料板滤水膜在转盘与打设过程中应避免损坏，防止淤泥进入带芯，阻塞输水孔，影响塑料板的排水效果。

2)塑料板与桩尖锚固定要牢靠，防止拔管时脱离，将塑料板拔出。打设时，严格控制间距及深度，如塑料板拔起超过2 m以上，应进行补打；拔管后带上塑料排水板的长度不能超过500 mm。

3)桩尖平端与导管下端要连接紧，防止错缝，避免在打设过程中淤泥进入导管，增加对塑料板的阻力，或将塑料板拔出。

4)塑料板需接长时，为降低板与导管的阻力，应采用在滤水膜内平搭接的连接方法，搭接长度通常在200 mm以上，以确保输水畅通和有足够的搭接强度。

第20讲　真空预压法

真空预压法是以大气压力作为预压荷载，先在需要加固的软土地基表面铺设一层透水砂垫层或砾砂层，然后在其上覆盖一层不透气的塑料薄膜或橡胶布，四周密封好与大气隔离，在砂垫层内埋设渗水管道(砂井或塑料排水带)，然后与真空泵连接进行抽气，使透水材料保持较高的真空度，从而在土的孔隙水中产生负的孔隙水压力，将土中孔隙水和空气慢慢吸出,导致土体固结,如图1.18所示。

真空预压法适于饱和均质黏性土和含薄层砂夹层的黏性土,尤其适于新淤填土、超软土地基的加固。但不适宜在加固范围内有足够的水源补给的透水土层,以及无法堆载的倾斜地面及施工场地狭窄的工程。

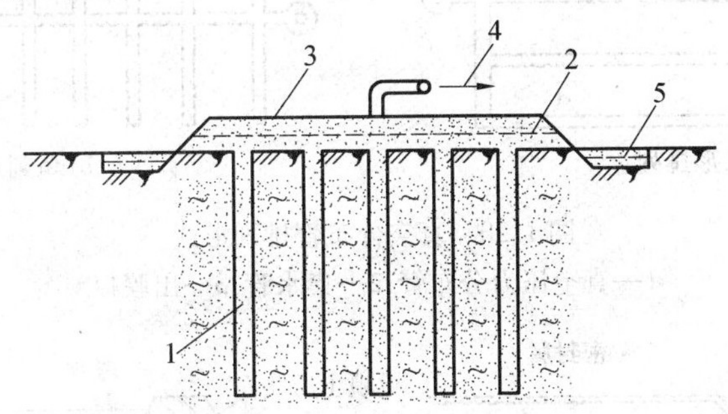

图1.18　真空预压法

1—砂井;2—砂垫层;3—薄膜;4—抽水、气;5—黏土

(1)施工方法。真空预压法为确保在较短的时间内达到加固效果,通常与竖向排水联合使用,其工艺流程如图1.19所示。

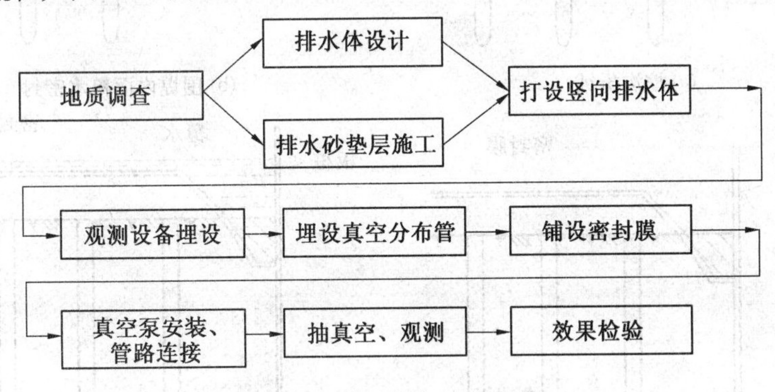

图1.19　真空预压工艺流程

1)设置排水通道。首先在软基表面铺设砂垫层及在土体中埋设袋装砂井或塑料排水带,其施工工艺参见加载预压法施工。

2)铺设膜下管道。真空滤水管通常设在排水砂垫中,其上宜有厚100~200 mm砂覆盖层。滤水管可使用钢管或塑料管,滤水管在预压过程中应能适应地基的变形。滤水管外应围绕铅丝、外包尼龙纱或土工织物等滤水材料。水平向分布滤水管可应用条状、梳齿状或羽毛状等形式,如图1.20所示。

3)铺设密封膜。密封膜的施工是真空预压法加固地基成败的关键之一。密封膜热合时应采用两条热合缝的平搭接,搭接长度应超过15 mm。在热合时,应根据密封膜材料、厚度,选择适宜的热温度、刀的压力和热合时间,使热合缝粘合牢固而不熔化。

因为密封膜系大面积施工,有可能出现局部热合不良、搭接不够等问题,影响膜的密封性。为保证在真空预压全过程的密封性,密封膜最好铺设3层,覆盖膜周边可采用挖沟折铺、平铺并用黏土压边,围埝沟内覆水以及膜上全面覆水等方式进行密封,如图1.21所示。当处理区内有充足水源补给透水层时,虽然在膜周边采取了上述措施,但在加固区内仍存在不密封因素,需采用封闭式板桩墙、封闭式板桩墙加沟内覆水或其他密封措施隔断透水层。

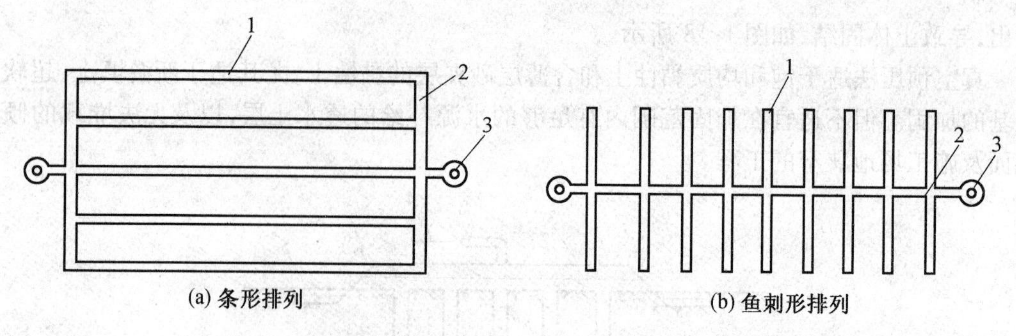

图1.20 真空分布管排列形式

1—真空压力分布管;2—集水管;3—出膜口

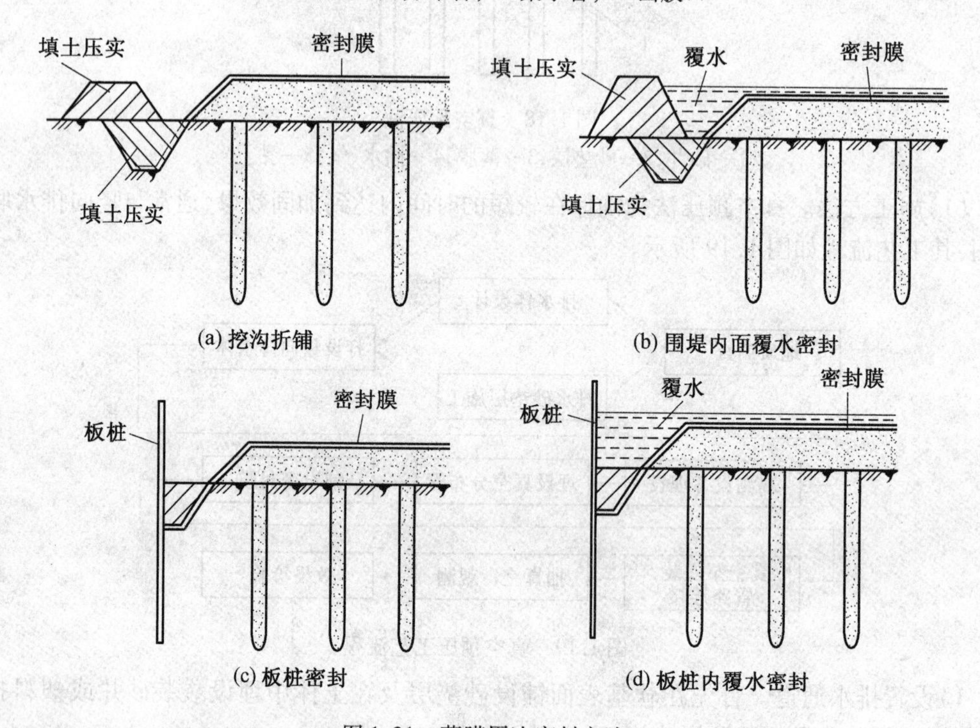

图1.21 薄膜周边密封方法

4)抽气设备及管路连接。

①射流真空泵。真空预压的抽气设备应采用射流真空泵。在应用射流真空泵时,要时刻注意泵的运转情况及其真空效率。通常情况下主要检查离心泵射水量是否充足。真空泵的布置应根据预压面积大小、真空泵效率以及工程经验确定,但每块预压区内至少应布置两台真空泵。

②管路连接。真空管路的连接点应严格进行密封,以确保密封膜的气密性。因为射流真空泵的结构特点,射流真空泵经管路进入密封膜内,形成连接密封,但系敞开系统,真空泵工作时,膜内真空度非常高,一旦由于某种原因,射流泵全部停止工作,膜内真空度随之全部消失,这将直接影响地基的加固效果,并延长预压时间。为防止膜内真空度在停泵后很快降低,在真空管路中应设置止回阀及截门。

5)抽真空。做好真空度、地面沉降量、深层沉降水平位移、孔隙水压力以及地下水位的现场测试工作，掌握变化情况，作为检验和评价预压效果的根据。并随时分析，如发现异常，应及时采取措施，避免影响最终的加固效果。

6）清整。真空预压结束后，应清除砂槽及腐殖土层，避免在地基内形成水平渗水暗道。

（2）施工注意事项。

1）真空预压的抽气设备应采用射流真空泵，真空泵的设置应根据预压面积大小、真空泵效率和工程经验确定，但每块预压区至少应布置两台真空泵。

2）密封膜热合黏结时最好采用平搭接，搭接宽度应大于15 mm，如图1.22所示。

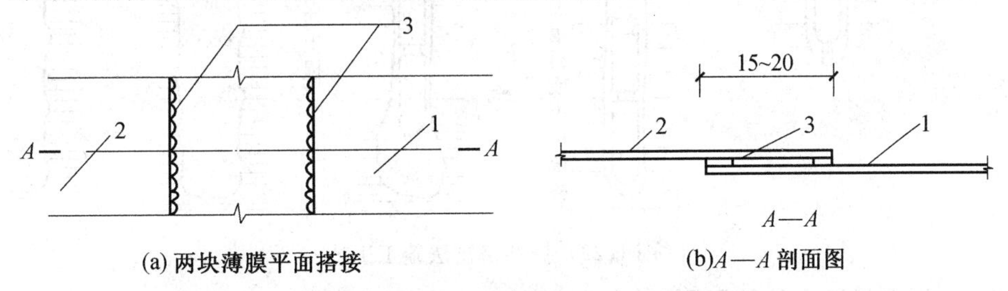

(a) 两块薄膜平面搭接　　(b)A—A 剖面图

图1.22　两块薄膜密合示意图

1—第一块薄膜；2—搭接上的第二块薄膜；3—两块薄膜热合二条缝

3）当地区有充足水源补给透水层时，应使用封闭式板桩墙、封闭式板桩墙加沟内覆水或其他密封措施隔断透水层。

4）真空预压的真空度可一次抽气到最大，当连续5 d实测沉降小于每天2 mm或固结度不小于80%，或符合设计要求时，可以停止抽气。

5）铺密封膜前，拣除贝壳和带尖角石子，填平打砂井、袋装砂井、塑料排水带时留下的孔洞，清理平整砂垫层。密封膜应认真检查，并及时补洞后再密封。

6）当用真空-堆载联合加固时，应先按照真空加固的要求抽气，真空度稳定后再将所需的堆载加上，堆载的膜上应铺放一层编织布保护密封膜，加载后继续抽气到设计要求后停止抽气。

1.8　振冲地基施工细部做法

第21讲　振冲挤密法

（1）施工方法。振冲挤密法的施工工序如下：

标出地基底面振冲点的位置→定位→成孔→分段振动→挤密，如图1.23所示。

1）清理平整场地、布置振冲点。

2）施工机具就位，在振冲点上安装钢护筒，使振冲器对准护筒的轴心，操纵振冲器的起吊设备通常采用8～15 t履带或轮胎式起重机，也可以应用自行井架施工平车或其他设备，如图1.24所示。

3）启动水泵和振冲器（图1.25），使振冲器慢慢沉入砂层，水压可用200～600 kPa，水量可用200～400 L/min，下沉速率最好控制在每分钟1～2 m范围内。

4）振冲器达设计处理深度后，将水压与水量降至孔口有一定量回水，但无大量细颗粒带

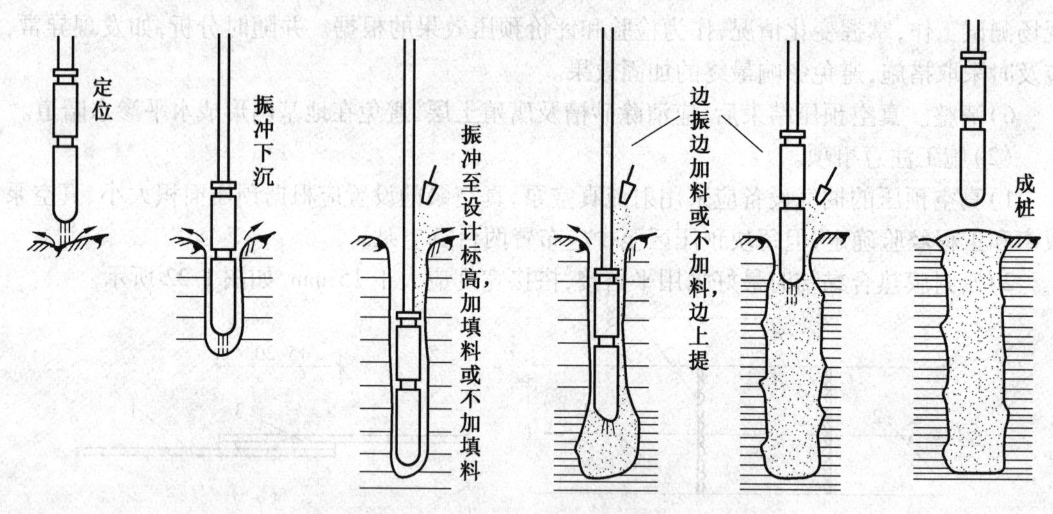

图1.23　振冲挤密法施工工艺

出的程度，将填料堆在护筒周围；采取自下而上地分段振动加密，每段长0.5～1.0 m。

5）填料在振冲器振动下依据自重沿护筒周壁下沉至孔底，在电流上升到规定的控制值后，将振冲器上提0.3～0.5 m。

6）重复上一步骤，直到完成全孔处理，详细记录各深度的最终电流值、填料量等。

7）关闭振冲器和水泵。

不加填料的振冲密实法施工方法和加填料的大体相同。使振冲器降到设计处理深度，留振至电流稳定值大于规定值后，将振冲器上提0.3～0.5 m。这样重复进行，直至完成全孔处理。在中粗砂层中施工时，如遇振冲器无法贯入，可增设辅助水管，加快下沉速率。

(2)施工注意事项。

1）振冲密实法施工一般可用功率为30 kW的振冲器。如果有条件，也可用较大功率的振冲器。

2）振冲密实法施工的关键是控制水量大小以及留振时间。水量的大小是确保地基中砂土充分饱和，受到振动能够发生液化；足够的留振时间（30～60 s）会使地基中的砂土完全液化，在停振后土颗粒就重新排列，使孔隙比减小，密实度提高。振密程度通常以电流超过原空振时电流25～30 A时，表示该深度处的桩体已经挤密。对粉细砂需加填料，加填料的作用是填充在振冲器上提后留下的孔洞；另外，填料作为传力介质，在振冲器的水平振动下，通过连续加填料将砂层进一步挤压加密。对中、粗砂，当振冲器上提后孔壁溶于塌落而自行填满下面的孔洞，因此可以不加填料就地振密。如干砂厚度大，地下水位低，则需采取大量补水措施，当砂处于或接近饱和状态时，才能施工。

3）振冲施工结束后，检查振冲施工各项施工记录，如果有遗漏或不符合规定要求的桩或振冲点，需补做或采取有效的补救措施。

4）整个加固区施工完后，桩体顶部向下1 m左右的土层，因为上覆压力小，桩的密实程度很难保证，应予以挖除另做垫层，也可另用振动或碾压等密实方法处理。

第22讲　振冲置换法

(1)施工方法。振冲置换法的施工工序如下：

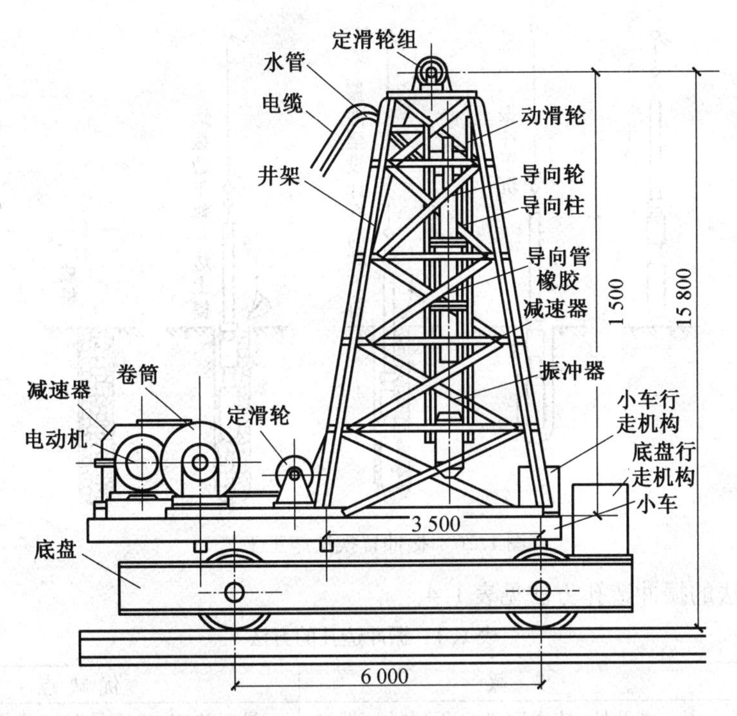

图1.24　自行井架式专用平车

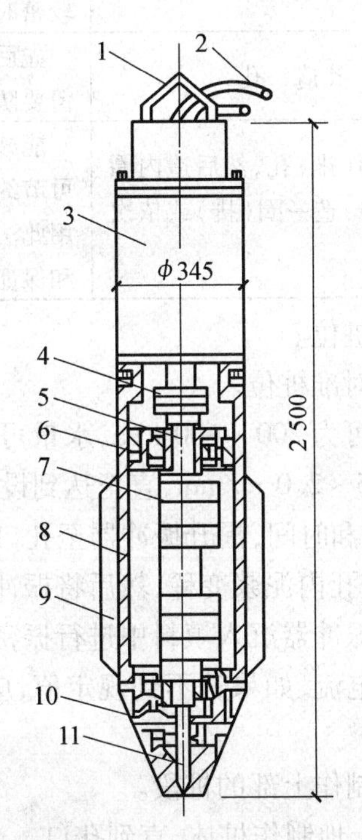

图1.25　振冲器构造

1—吊具;2—水管;3—电机;4—联轴器;5—轴;6—轴承

7—偏心块;8—壳体;9—翅片;10—头部;11—出水孔

标出地基底面振冲点的位置→定位→成孔→清孔→填料→振实,如图1.26所示。

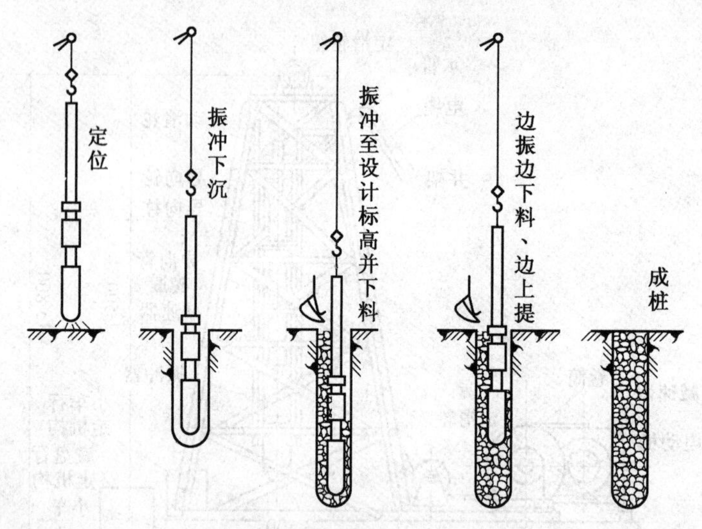

图1.26 振冲置换法施工工艺

振冲置换法的振冲造孔方法见表1.4。

表1.4 振冲造孔的方法

造孔方法	步 骤	优 缺 点
排孔法	由一端开始,依次逐步造孔到另一端结束	易于施工,且不易漏掉孔位。但当孔位较密时,后打的术士易发生倾斜和位移
跳打法	同一排孔采取隔一孔造一孔	先后造孔影响小,易保证桩的垂直度。但要防止漏掉孔位,并注意术士位的准确
帷幕法	先造外围2~3圈(排)孔,然后造内圈(排)。采用隔圈(排)造一圈(排)或依次向中心区造孔	能减少振冲能量的扩散,振密效果好,可节约桩数10%~15%,大面积施工常采用此法。但施工时应注意防止漏掉孔位和保证其位置准确

1)清理平整施工场地,布置桩位。

2)施工机具就位,使振冲器对准桩位。

3)启动水泵和振冲器,水压可为200~600 kPa,水量可为200~400 L/min,使振冲器徐徐沉入土中,造孔速度最好为0.5~2.0 m/min,直至达到设计处理深度以上(0.3~0.5 m),记录振冲器经过各深度的电流值和时间,提升振冲器至孔口。

4)重复上一步骤1~2次,使孔内泥浆变稀,然后将振冲器提出孔口。

5)向孔内倒入一批填料,将振冲器沉入填料中进行振密,这时电流随填料的密实而逐渐增大,电流必须大于规定的密实电流,如果达不到规定值,应向孔内继续加填料,振密,记录这一深度的最终电流值与填料量。

6)将振冲器提出孔口,继续制作上部的桩段。

7)重复步骤5)、6),自下而上地制作桩体,直到孔口。

8)关闭振冲器和水泵。

(2)施工注意事项。

1)振冲施工一般可用功率为30 kW的振冲器。在既有建筑物邻近施工时,最好用功率较小的振冲器。

2)施工前后进行振冲实验,以确定成孔合适的水压、水量、成孔速度以及填料方法;达到土体密度时的密实电流、填料量和留振时间。通常来说,密实电流不小于50 A,填料量每米桩长不小于0.6 m^3,每次搅拌时间控制在0.20～0.35 m^3,留振时间为30～60 s。

3)振冲前应按设计图纸要求定出桩孔中心位置并编好孔号,施工时需复查孔位和编号,并做好记录。

4)振冲置换造孔的方法包括排孔法,即由一端开始到另一端结束;跳打法,即每排孔施工时隔一孔造一孔,反复进行;帷幕法,即先造外围2～3圈孔,然后造内圈孔,这时可隔一圈造一圈或依次向中心区推进。振冲施工必须防止漏孔,所以要按上条要求做好孔位复查工作。

5)在粗砂中施工如果遇到下沉困难,可在振冲器两侧增焊辅助水管,加大造孔水量,但造孔水压宜小。

6)在施工场地上应预先开设排泥水沟系,将成桩过程中产生的泥水集中引进沉淀池。定期将沉淀池底部的厚泥浆挖出运送到预先安排的存放地点。沉淀池上部较清的水可重复使用。

7)填料和振料方法。大功率振冲器投料可不提出孔口,小功率振冲器下料困难时,通常采取成孔后,将振冲器略微提出孔口,从孔口往下填料,填料从孔壁间隙下落,每次填料厚度不应大于50 cm,边填边振,直到该段振实,然后将振冲器提升0.3～0.5 m,再从孔口往下填料,逐段施工。

8)如土层中夹有硬层时,应适当进行扩孔,即在硬层中将振冲器来回上下多次,使孔径扩大,以便于填料。由于在黏性土层中成孔,泥浆水太稠,使填料下降速度缓慢,因此,在成孔后,需停留1～2 min清孔,以便回水将稠泥浆带出地面,以降低孔内泥浆密度。填料宜“少吃多餐”,每次孔内应倒入填料数量,大约堆积在孔内0.8 m高,然后用振冲器振密后再继续加料。在强度较低的软土地基施工中,则要用“先护壁,后制桩”的施工方式。即在振冲开孔到达第一层软弱层时,加些填料进行初步挤振,将填料挤到这个软弱层周围以加固孔壁,接着再用同样方法处理以下第二、第三层软弱层,直至加固深度。

9)施工过程中,各段桩体均应符合密实电流、填料量以及留振时间三方面的规定。这些规定应通过现场成桩试验确定。

10)不加填料振冲加密应采用大功率振冲器,为了防止造孔中塌砂将振冲器包住,下沉速度宜快,造孔速度宜为8～10 m/min,到达深度后将射水量降到最小,留振至密实电流达到规定时,上提0.5 m,逐段振密直至孔口,通常每米振密时间约为1 min。

①振冲填料时,最好保持小水量补给,且边振边填,对称均匀;如果将振冲器提出孔口再加填料时,每次加料量以孔高0.5 m为佳。每根桩的填料总量必须符合设计要求或规范规定。

②填料密实度以振冲器工作电流达到规定值作为控制标准。完工后,应在距地表面1 m左右桩身部位加填碎石进行夯实,以确保桩顶密实度。密实度必须符合设计要求或施工规范规定。

③振冲地基施工时对原土结构造成扰动,强度降低。所以,质量检验应在施工结束后间歇一定时间,对砂土地基间隔1～2周,黏性土地基间隔3～4周,对粉土、杂填土地基间隔2～3周。桩顶部位因为周围土体约束力小,密实度较难达到要求,检验取样时应考虑此因

素。

④对用振冲密实法加固的砂土地基,假如不加填料,主要是对地基的密实度进行质量检验,可用标准贯入、动力触探等方法进行,但选点需有代表性。

1.9 高压喷射注浆地基施工细部做法

第23讲 高压喷射注浆地基施工工艺

在地基底面上标出桩位→定位→钻孔→插管→旋喷,如图1.27所示。

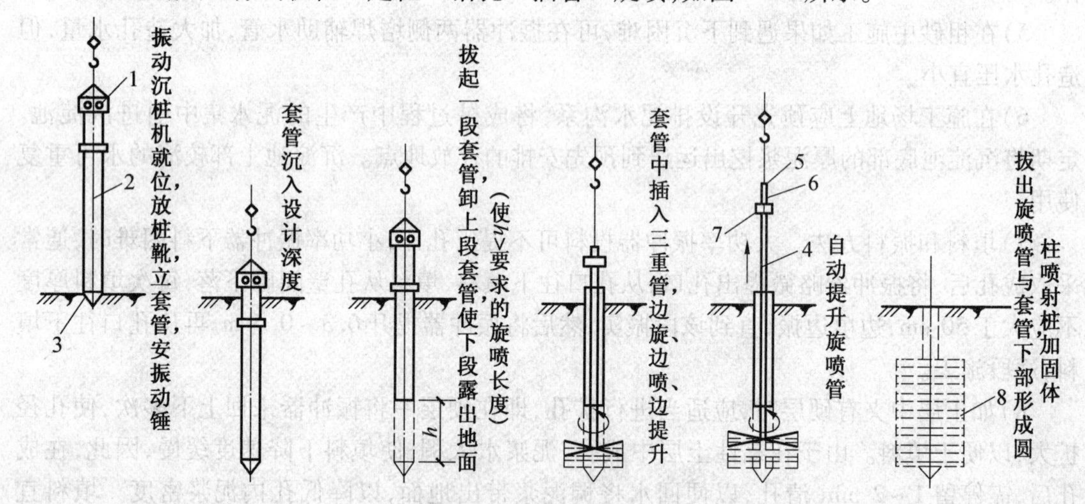

图1.27 高压喷射注浆地基施工程序图

1—振动锤;2—钢套管;3—桩靴;4—三重管;5—浆液胶管

6—高压水胶管;7—压缩空气胶管;8—旋喷桩加固体

(1)标出桩位。首先在地基底面上标出各个桩的位置。

(2)钻机就位。喷射注浆施工的第一道工序就是将使用的钻机设置在设计的孔位上,使钻杆头对准孔位中心。同时,为确保钻孔达到设计要求的垂直度,钻机就位后,必须进行水平校正,使其钻杆轴线垂直对准钻孔中心位置。喷射注浆管的允许倾斜度不能大于1.5%。

(3)钻孔。钻孔的目的是为将喷射注浆管插入预定的地层中。钻孔方法较多,主要视地层中地质情况、加固深度、机具设备等条件而定。一般单管喷浆(图1.28)大多使用KC76型旋转振动钻机,钻进深度可达30 m以上,适用于标准贯入度低于40的砂土和黏性土层,当遇到比较坚硬的地层时应用地质钻机钻孔。一般在二重管(图1.29)与三重管(图1.30)喷浆法施工中,采用地质钻机钻孔。钻孔的位置和设计位置的偏差不得大于50 mm。

(4)插管。插管是将喷射注浆管插入地层预定的深度,应用KC76型振动钻机钻孔时,插管与钻孔两道工序合二而一,即钻孔结束,插管作业同时完成。使用地质钻机钻孔完毕,必须拔出岩芯管,同时换上喷射注浆管插入预定深度。在插管过程中,为避免泥沙堵塞喷嘴,可边射水、边插管,水压力通常不超过1 MPa。如压力过高,则易将孔壁射塌。

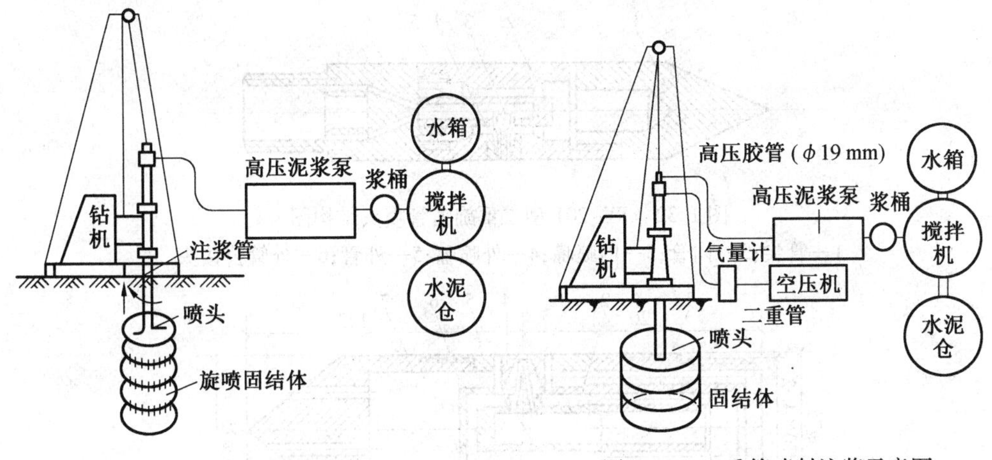

图1.28 单管喷射注浆示意图　　图1.29 二重管喷射注浆示意图

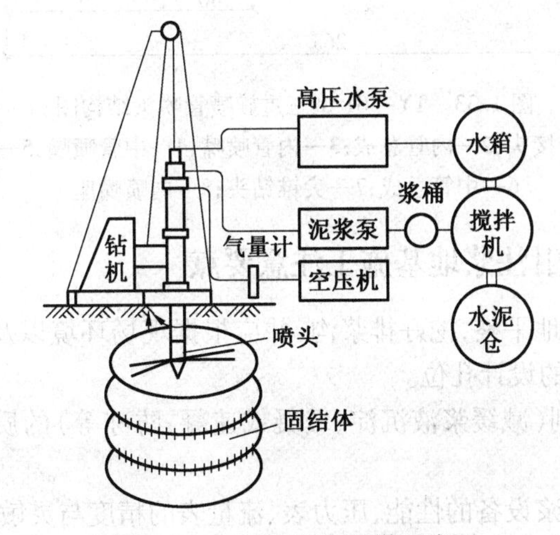

图1.30 三重管喷射注浆示意图

(5)旋喷作业。当旋喷管插入预定深度后，立刻按设计配合比搅拌浆液，开始旋喷后即旋转提升旋喷管。旋喷参数中关于喷嘴直径、提升速度、旋转速度、喷射压力、流量等应根据土质情况、加固体直径、施工条件以及设计要求由现场试验确定。

单管、二重管和三重管的喷头结构图如图1.31～1.33所示。

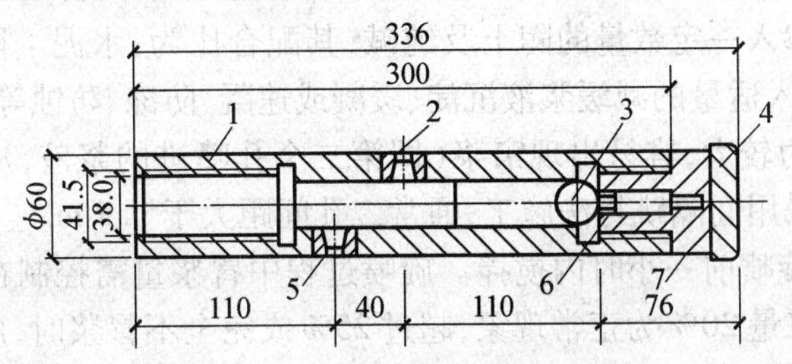

图1.31 单旋喷管喷头结构图

1—喷嘴杆；2—喷嘴；3—钢球$\phi18$；4—钨合金钢块；5—喷嘴；6—球座；7—钻头

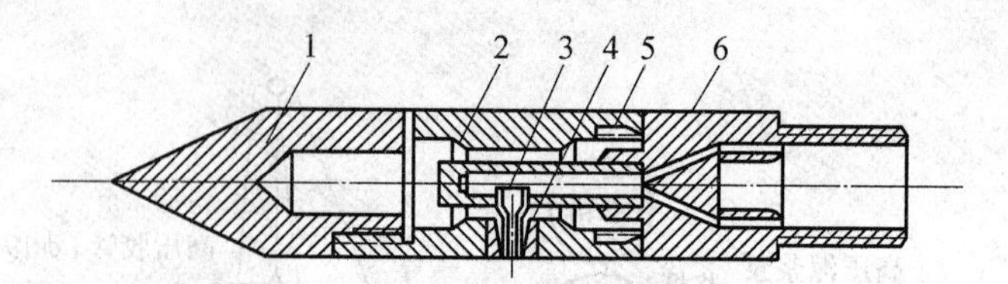

图 1.32 TY-201 型二重旋喷管喷头结构图

1—管尖;2—内管;3—内喷嘴;4—外喷嘴;5—外管;6—外管公接头

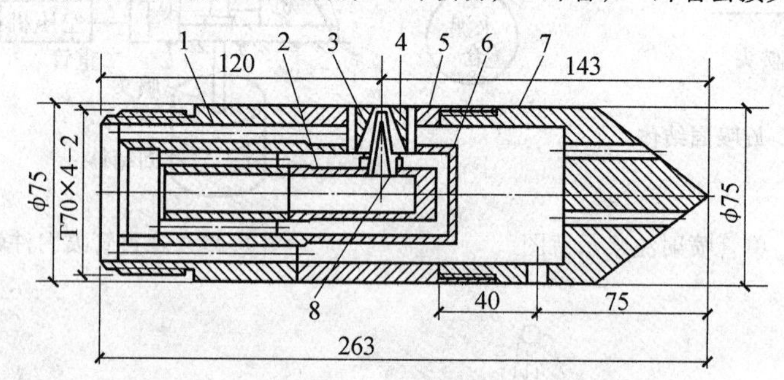

图 1.33 TY-301 型三重旋喷管喷头结构图

1—内母接头;2—内管总成;3—内管喷嘴;4—中管喷嘴;5—外管

6—中管总成;7—尖锥钻头;8—内喷嘴座

第 24 讲 高压喷射注浆地基施工注意要点

(1)施工前先进行场地平整,挖好排浆沟,并应根据现场环境以及地下埋设物的位置等情况,复核高压喷射注浆的设计孔位。

(2)检查水泥、外掺剂(减缓浆液沉淀、缓凝或速凝、防冻等)的质量证明或复试试验报告。

(3)检查高压喷射注浆设备的性能、压力表、流量表的精度与灵敏度。

(4)连接成套高压喷射注浆设备,试运转,确认设备性能符合设计要求。

(5)通过试成桩,确定符合设计要求的压力、水泥喷浆量、提升速度、旋转速度等施工参数。

(6)旋喷施工前,应将钻机定位设置平稳,旋喷管的允许倾斜度不得大于 1.5%。

(7)水泥浆的水灰比通常为 0.7 ~ 1.0。为消除纯水泥浆离析以及防止泥浆泵管道堵塞,可在纯水泥浆中掺入一定数量的陶土及纯碱,其配合比为:水泥 : 陶土 : 纯碱 = 1 : 1 : 0.03。根据需求可加入适量的减缓浆液沉淀、缓凝或速凝、防冻、防蚀等外加剂。

(8)因为喷射压力较大,容易出现窜浆(即第二个孔喷进的浆液,从相邻的孔内冒出),影响邻孔的质量,应采用间隔跳打法施工,通常二孔间距大于 1.5 m。

(9)水泥浆宜在旋喷前一小时内搅拌。旋喷过程中冒浆量需控制在 10% ~25%。根据经验,冒浆量低于注浆量 20% 为正常现象,超过 25% 或完全不冒浆时,应查明原因同时采取相应的措施。

(10)单管法与二重管法可用注浆管射水成孔到设计深度后,再一边提升一边进行喷射注浆。三重管法施工必须预先用钻机或振动打桩机钻成直径 150 ~ 200 mm 的孔,然后将三重注浆管插入孔内,按照旋喷、定喷或摆喷的工艺要求,由下而上进行喷射注浆,注浆管分段提升的搭接长度不能小于100 mm。相邻喷射注浆加固体的搭接长度需大于300 mm。

高压喷射注浆包括旋喷、定喷和摆喷，如图1.34所示。

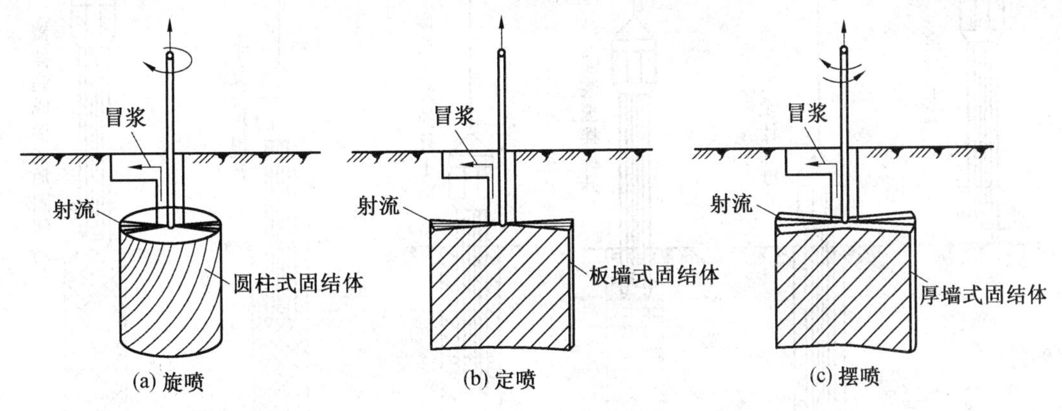

图1.34　高压喷射注浆示意图

(11)在插入旋喷管前先检查高压水及空气喷射情况，各部位密封圈是否封闭，插入后先进行高压水射水试验，合格后才能喷射浆液。如因塌孔插入困难，可使用低压(0.1～2 MPa)水冲孔喷下，但须把高压水喷嘴用塑料布包裹，避免泥土堵塞。

(12)喷射时，应先达到预定的喷射压力，喷浆量完成后再慢慢提升注浆管。中间发生故障时，应停止提升和旋喷，防止桩体中断，同时立即进行检查，排除故障；如果发现有浆液喷射不足，影响桩体的设计直径时，应进行复核。

(13)当处理既有建筑地基时，应采用速凝浆液或大间隔孔旋喷和冒浆回灌等措施，防止旋喷过程中地基产生附加变形和地基与基础间出现脱空现象，影响被加固建筑和邻近建筑。

(14)在高压喷射注浆过程中出现压力骤然降低、升高或大量冒浆等异常情况等故障时，应停止提升和喷射注浆，防止桩体中断，同时立即查明产生的原因并及时采取措施排除故障。如果发现有浆液喷射不足，影响桩体的设计直径时，应进行复核。

(15)当高压喷射注浆完毕，应快速拔出注浆管，用清水冲洗管路。为避免浆液凝固收缩影响桩顶高程，必要时可在原孔位采取冒浆回灌或第二次注浆等措施。

1.10　水泥土搅拌桩地基施工细部做法

第25讲　水泥土搅拌桩地基施工工艺

在地基底部标桩位→深层搅拌机定位→预搅下沉→制配水泥浆(或砂浆)→喷浆搅拌、提升→重复搅拌下沉→重复搅拌提升直至孔口→关闭搅拌机、清洗→移至下一根桩，重复以上工序，如图1.35所示。

(1)首先清整地基底部，对低洼处用黏性土回填、夯实，同时标出各个桩的位置。

(2)起重机悬吊搅拌机到指定桩位对中，当地面凹凸不平时，应使起重机平衡。桩位对中误差不超过10 cm，导向架和搅拌轴位应与地面垂直，偏离度不应大于1.5%。我国目前最常用的SJB-1型搅拌机是由江阴振冲器厂生产的双搅拌头、中心输浆方式的中型机械。它是由电机、减速器、搅拌轴、搅拌头、中心管、输浆管、单向球阀等部件组成，如图1.36(a)

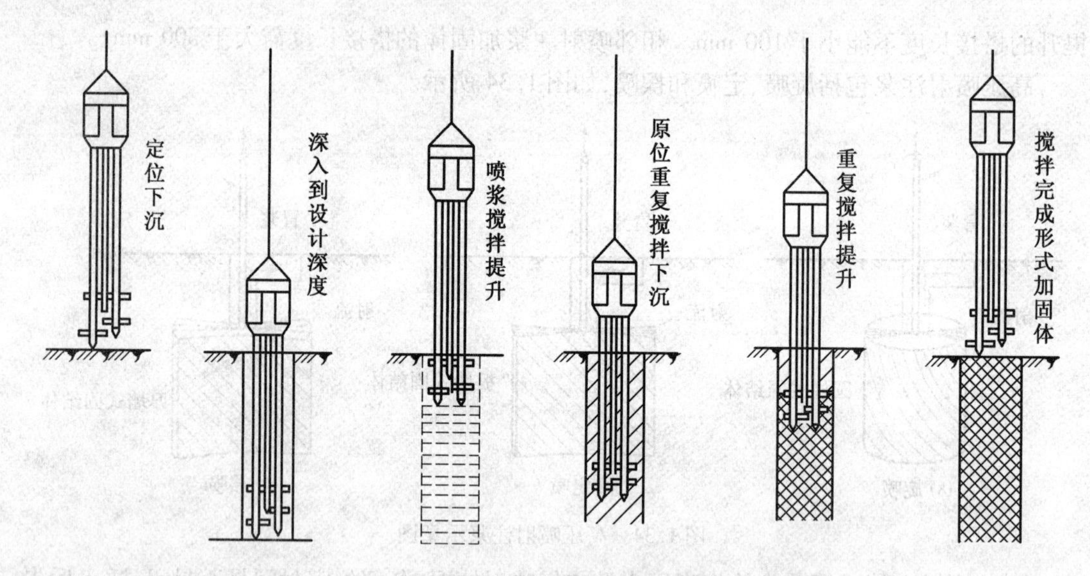

图1.35　深层搅拌法工艺流程

所示。常用的搅拌机械还包括GZB-600型搅拌机,如图1.36(b)所示。

(3)将搅拌机用钢丝绳挂在起重机上,用输浆胶管将贮料出罐砂浆泵与搅拌机连通,等到搅拌机正常后,启动、放松钢丝绳,使搅拌机设备自重沿着导向架切土下沉,下沉速度可由电流监控表控制,通常为0.38～0.75 m/min。工作电流不应大于70 A。如果下沉速度过慢,可从输浆系统补给清水以利钻进。深层搅拌机配套机械及布置如图1.37所示。

(4)等到搅拌机下沉到一定深度后,开始制备水泥浆,待压浆时倾入集料中。

(5)搅拌机下沉到设计深度后,提升20 cm,打开灰浆泵将泥浆压入土中,边喷射边旋转,同时严格按要求确定提升速度,通常为0.3～0.5 m/min,且须均匀提升。

(6)为使软土与水泥浆搅拌均匀,可再次将搅拌机边旋转边沉入土中,直至设计深度后再将搅拌机提升出地面。到这里,一根柱状加固体即告完成。

(7)移动搅拌机,重复步骤(2)～(6)完成下一根桩。

第26讲　水泥土搅拌桩地基施工注意要点

(1)施工前,应确定搅拌机械的灰浆泵输送量、灰浆输送管到达搅拌机喷浆口的时间以及起吊设备提升速度等施工工艺参数,并根据设计要求通过试验确认搅拌桩的配合比。同时,最好用流量泵控制输浆速度,使注浆泵出口压力维持在0.4～0.6 MPa,并应使搅拌提升速度与输浆速度同步。

(2)施工现场事先应进行平整,必须清除地上、地下一切障碍物。潮湿及场地低洼时应抽水和清淤,分层夯实回填黏性土料,禁止回填杂填土或生活垃圾。

(3)作为承重水泥土搅拌桩施工时,设计停浆(灰)面需高出基础底面标高300～500 mm(基础埋深大取小值、反之取大值),在开挖基坑时,应将施工质量较差部位用手工挖除,以防止发生桩顶以及挖土机械碰撞断裂现象。

(4)为确保水泥土搅拌桩的垂直度,要注意起吊搅拌设备的平整度及导向架的垂直度,水泥土搅拌桩的垂直度控制在不大于1.5%范围内,桩位布置偏差不得超过50 mm,桩径偏差不得大于4D%(D为桩径)。

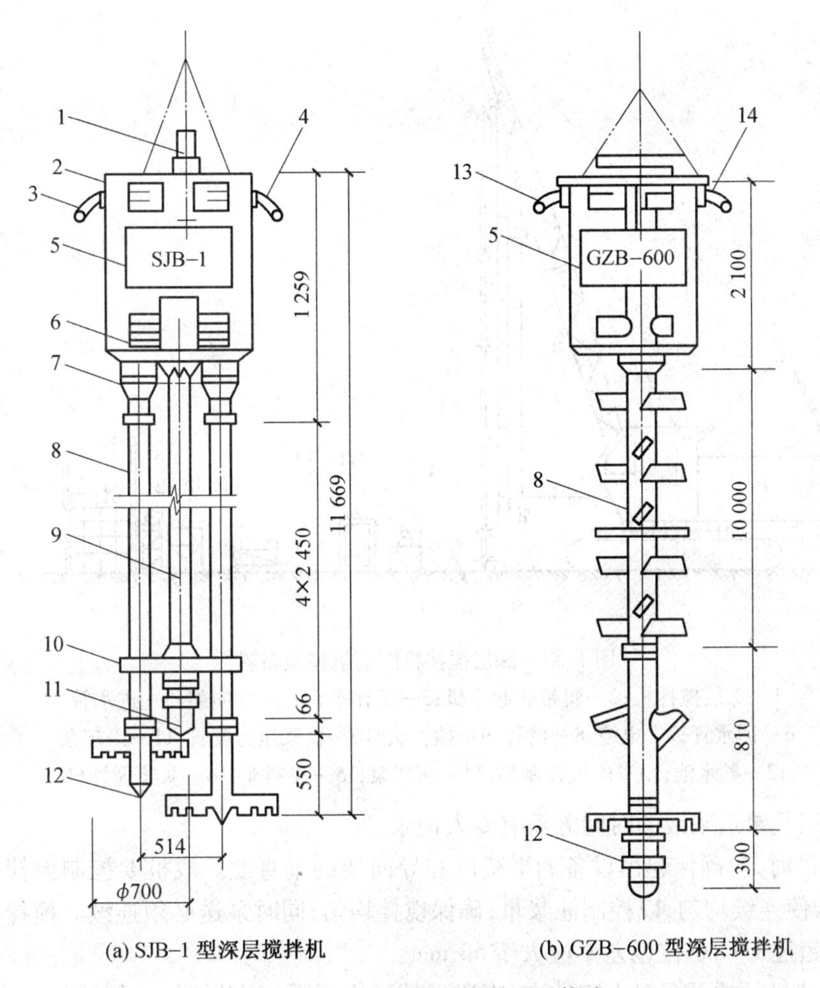

(a) SJB-1 型深层搅拌机

(b) GZB-600 型深层搅拌机

图 1.36 深层搅拌机的外形和构造

1—输浆管;2—外壳;3—出水口;4—进水口;5—电动机;6—导向滑块;7—减速器

8—搅拌轴;9—中心管;10—横向系板;11—球形阀;12—搅拌头;13—电缆接头;14—进浆口

(5)每天上班开机前,需先量测搅拌头刀片直径是否达到 700 mm,搅拌刀片出现磨损时应及时加焊,防止桩径偏小。

(6)预搅下沉时不能冲水,当遇到较硬土层下沉太慢时,才能适当冲水,但应缩小浆液水灰比或增加掺入浆液等方法来弥补冲水对桩身强度的影响。

(7)施工时由于故障停浆,应将搅拌头下沉至停浆点以下 0.5 m 处,等到恢复供浆时再喷浆提升。如果停机 3 h 以上,应拆卸输浆管路,清洗干净,以免恢复施工时堵管。

(8)壁状加固时桩和桩的搭接长度宜 200 mm,搭接时间不超过 24 h,如因特殊原因超过 24 h 时,应对最后一根桩进行空钻留出榫头以备下一个桩搭接;如间隔时间过长,与下一根桩不能搭接时,应在设计与业主方认可后,采取局部补桩或注浆措施。

(9)拌浆、输浆、搅拌等都应有专人记录,桩深记录误差不能大于 100 mm,时间记录误差不得大于 5 s。

(10)施工使用固化剂与外掺剂必须通过加固土室内试验检验,才能使用。固化剂应严格按预定的配合比拌制,制备好的浆液不能离析,泵送必须连续,拌制浆液罐数、固化剂和外

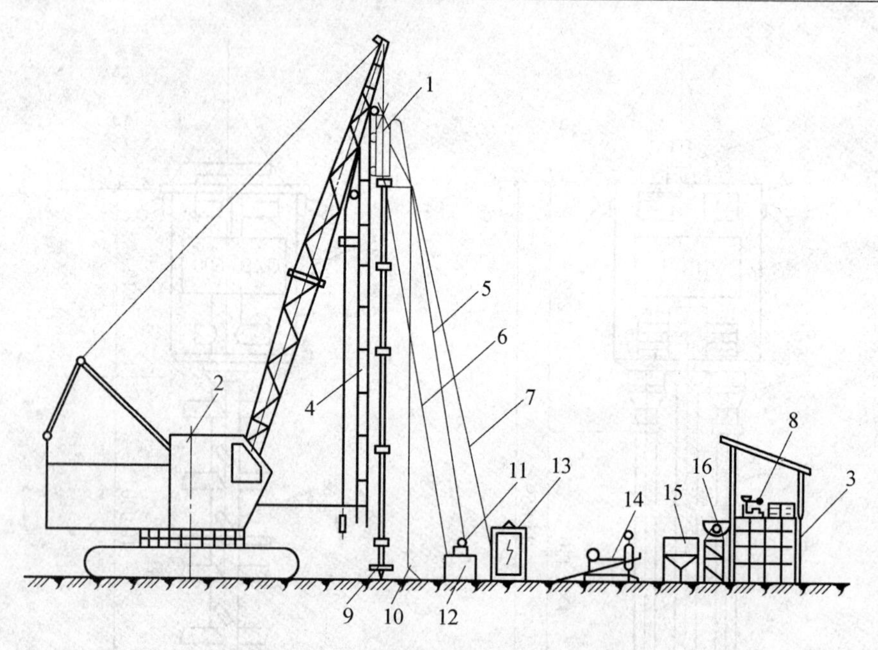

图1.37 深层搅拌机配套机械及布置

1—深层搅拌机;2—履带式起重机;3—工作平台;4—导向架;5—进水管
6—回水管;7—电缆;8—磅秤;9—搅拌头;10—输浆压力胶管;11—冷却泵
12—贮水池;13—电气控制柜;14—灰浆泵;15—集料斗;16—灰浆搅拌机

掺剂的用量以及泵送浆液的时间等需有专人记录。

(11)起吊时,应确保起吊设备的平整度和导向架的垂直度。成桩要控制搅拌机的提升速度及次数,使连续均匀,以控制注浆量,确保搅拌均匀,同时泵送必须连续。搅拌桩的垂直度偏差不应超过1%,桩位偏差不应大于50 mm。

(12)搅拌机预搅下沉时不宜冲水;当遇到较硬土层下沉太慢时,才能适量冲水,但应考虑冲水成桩对桩身强度的影响。

1.11 土和灰土挤密桩复合地基施工细部做法

第27讲 成孔

1.锤击沉管法

锤击沉管法包括桩机就位、沉管、拔管、移位四大工序。其施工要求为:

(1)桩机安装就位后,使其平稳,然后吊起桩管,对准桩孔位,并在桩管和桩锤之间垫好缓冲材料,缓缓放下,使桩管、桩尖、桩锤在同一垂线上。借锤的自重和桩管自重将桩尖压入土中,与打夯机配套的设备的桩管如图1.38所示。

(2)桩尖开始入土时,先低锤轻击或低锤重打,待桩尖沉入土中1~2 m,且各方面正常后,再用预定的速度、落距锤击沉管至设计标高。

(3)施工顺序:当沉管速度小于1 m/min时,宜由里向外打;当桩距为2~2.5倍桩径或桩距小于2 m时,应采用跳点、跳排打的方法施工。

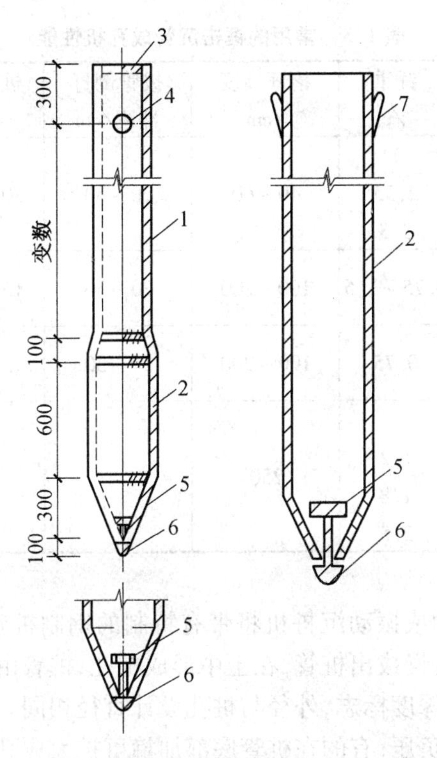

图 1.38　桩管构造

1—ϕ275 mm 无缝钢管；2—ϕ300×10 mm 无缝钢管

3—10 mm 厚封头板(设 ϕ30 mm 排气孔)；4—ϕ45 mm 管焊于桩管内穿 M10 螺栓

5—重块；6—活动桩尖；7—吊环

(4)夯击沉管时，当桩的倾斜度超过 1% ~1.5% 时，应拔管填孔重打，若出现桩锤回跳过高、沉桩速度慢、桩孔倾斜、桩靴损坏等情况，应及时回填挤密，每次成孔拔管后，应及时检查桩尖。

(5)用柴油锤沉桩至设计深度后，应立即关闭油门，及时匀速(≤1.0 m/min，软弱层及软硬交界处应≤0.8 m/min)拔管。有困难时，可用水浸湿桩管周围土层或旋活桩管后起拔，拔出桩管后应立即检查并测量桩孔直径和深度，如发现缩颈现象，可用洛阳铲扩孔或上下串动桩管扩孔。缩颈严重时，可在桩孔内充填干砂、生石灰、水泥、干粉煤灰和碎砖碴等，稍停一段时间后，再将桩管沉入孔中，如采用这种办法仍无效，可采用素混凝土或碎石填入缩孔地段，用桩管反复挤密后，在其上再作土桩或灰土桩，也可用预制混凝土桩打到缩颈处以下的桩孔中，成为上段为土桩而下段为混凝土的混合桩。

(6)在建筑物的重要部位，荷载、基础形式或尺寸变异大处以及土层软弱的地方，需严格控制成孔、制桩质量。必要时应采取加密桩或设短桩的措施，并认真做好施工记录，控制每根桩的总锤击数、总填料量及最后 1 m 的锤击数和最后两阵 10 击的贯入度。其值可按设计要求和施工经验确定。沉管的贯入度应在桩尖未破坏、锤击未偏心、锤的落距符合要求、桩帽和弹性垫层正常等条件下测定。

(7)施工中应注意施工安全，成孔后桩机应撤离一定的距离，并及时夯填桩孔(未夯填的桩孔不得超过 10 个)，并在孔口加盖。常用的锤击沉管成孔机性能见表 1.5。

表1.5 常用的锤击沉管成孔机性能

名称	功率	锤重 /t	落锤高度 /cm	拔管倒打 冲程/cm	桩架高 /m	桩管直径 /mm	桩管长 /m
蒸汽打桩机	蒸发量 /(t·h^{-1})	1 2.55 3.5	40~60	20~30	30~34	320 480	23
电动落锤打桩机	卷扬机 23 kW	0.75~1.5	100~200	20~30	15~17	320	10~12
柴油机自由落锤 打桩机	40马力	0.75	100~200	20~30	13~17	320	11~15
柴油锤打桩机	柴油耗量						
D1-12		1.2	250			273	6~8
D2-18	9L/h	1.8				320	10~15
D3-25	18.2L/h	2.5					

2.振动沉管法

振动沉管法是利用柴油或振动沉桩机将带有特制的钢制桩管打入土层中至设计标高，然后利用机械本身的动力缓慢拔出桩管，在土中形成桩孔，桩管由壁厚约10 mm的无缝钢管制成，桩管上有观测入土的深度标志，外径与桩孔设计直径相同。桩尖部的活瓣或锥形活动桩尖，在拔管时可通气消除负压，有的在桩管底部加箍可扩大成孔直径、减小拔管时的阻力。振动沉管法成孔挤密效果稳定，是国内常用的成孔方法，它形成的孔壁光滑、规整，施工技术和挤密效果易于掌握和控制。但是，这种方法成孔会受到桩架高度的限制，孔深一般不超过8~10 m。比较而言，冲击法和爆扩法成孔不受机械高度的限制，成孔深度可达到20 m以上。沉管法的施工顺序为桩机就位；沉管挤土；拔管成孔；桩孔夯填，如图1.39所示，同锤击沉管法相同。一般每机组每台班可成桩40个左右，每日施工2~2.5个台班、成桩100个左右。一台沉桩机应配备2~3台夯填机，以便成孔后能及时夯填成桩。常用的振动沉管成孔机性能见表1.6。

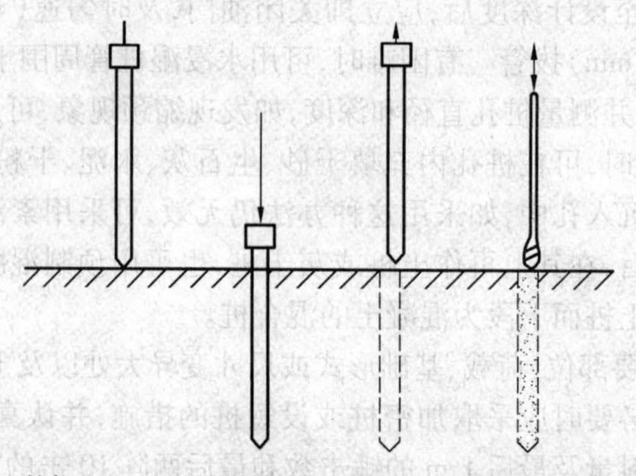

(a) 桩机就位　(b) 沉管挤土　(c) 拔管成孔　(d) 夯填桩孔

图1.39 沉管法成孔施工工艺程序

表1.6 常用的振动、振动冲击成孔机性能

桩机激振力/t	桩管沉入深度/m	桩管外径/mm	桩管壁厚/mm
7~8(振动沉管)	8~10	220~273	6~8
10~15(振动沉管)	10~15	273~325	7~10
15~20(振动沉管)	15~20	325	10~12.5
40(振动沉管)	20~40	370	12.5~15
振动力6、打击力60(振动冲击沉管)	8~11	273	6~8

振动沉管法施工应注意以下几点:

(1)桩机就位必须平稳,不发生移动或倾斜,桩管应对准桩孔。

(2)沉管开始阶段应轻击慢沉,等桩管方向稳定后再按正常速度沉管,对于最先完成的2~3个桩孔、建筑物的重要部位、土层有变化的地段或沉管贯入度出现反常现象等均应逐孔详细记录沉管的锤击数和振动沉入时间、出现的问题和处理方法。

(3)桩管沉至设计深度后及时拔出,应不在土中搁置时间太久,拔管困难时,可采取锤击沉管法相同的方法,即用水浸湿桩管周围土层或将桩管旋转后拔出。

(4)成孔后要及时检查桩孔质量,观测孔径和深度偏差是否超过允许值。轻微的缩颈可以削颈至能够顺利填夯施工。

3.冲击成孔法

冲击成孔法是利用冲击钻机将0.6~3.2 t重的锥形锤头提升0.5~2 m的高度后自由落下,反复冲击下沉成孔。锤头直径有350~450 mm,孔径可达500~600 mm。成孔后,分层填入土或灰土,用锤头分层击实。由于成孔深度不受机架限制,此方法特别适应于处理自重湿陷性厚度较大的土层。常用的冲击成孔机性能见表1.7。选用机型应与场地土质条件和桩孔设计直径相适应。

表1.7 常用的冲击成孔机性能

项目 机械型号	钻机卷筒提升能力/t	钻头最大质量/t	钻头冲击行程/m	冲击次数/(次·min^{-1})	钻机重量/t	行走方式
YKC-30	3.0	2.5	0.5~1.0	40、45、50	11.5	轮胎式
CZ-22	2.0	1.5	0.35~1.0	40、45、50	7.0	轮胎式
YKC20	1.5	1.0	0.45~1.0	40、45、50	6.3	轮胎式
飞跃-22	2.0	1.5	0.5~1.0	40、45、50	8.0	轮胎式
YKC-20-2	1.2	1.0	0.3~0.7	56~58	—	履带自行
简易冲击机	3.5	2.2	2.0~3.0	5~10	5.0	走管移动

4.爆扩成孔法

爆扩成孔法不需打桩机械,工艺简便,适用于缺少施工机械的新建工程场地。但是,对于含水量小于10%或大于23%的地基土,不宜选用爆扩挤密。爆扩成孔工艺有药管法和药眼法两种。

(1)药管法。药管法是用洛阳铲或扁锥头钢铲在土中挖成直径为6~8 cm、深度与设计深度相同的孔洞,然后往孔内放入直径为1.5~3.0 cm的炸药管和1~2个电雷管,引爆后即成桩孔。药管法适应于含水量较大的土层,其施工工艺如图1.40所示。

(2)药眼法。药眼法是用直径为1.5~3.0 cm的钢钎打入土中,达到预定的深度后拔出钢钎,再在土中形成小药眼,往药眼中直接填入炸药和1~2个电雷管,引爆后即成桩孔;其

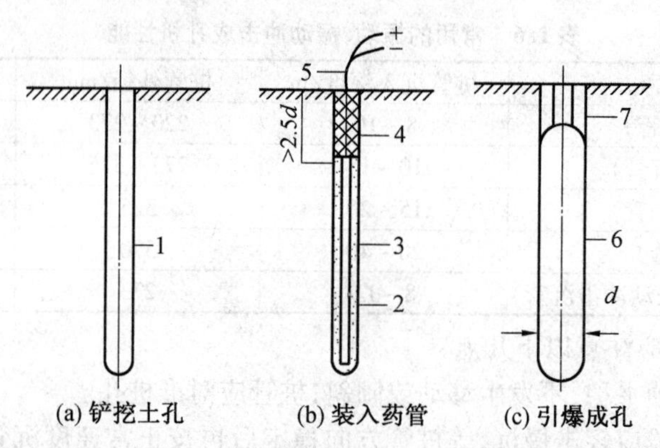

图1.40 药管法成孔施工工艺顺序

1—土孔;2—填砂;3—炸药管;4—封土层;5—导线;6—桩孔;7—削土层

施工工艺如图1.41所示。

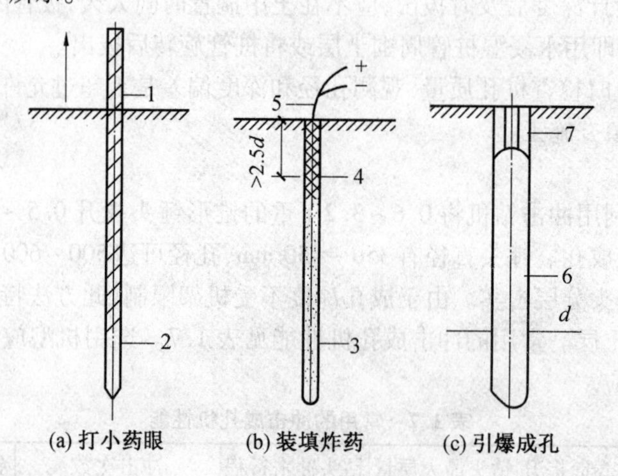

图1.41 药眼法成孔施工工艺顺序

1—药眼;2—钢钎;3—炸药;4—封土层;5—导线;6—桩孔;7—削土层

第28讲 桩孔夯填

夯实机具主要有两种:偏心轮夹杆式夯实机和卷扬机提升式夯实机(图1.42),实际工程中以后者最为常见。

(1)偏心轮夹杆式夯实机。这种夯实机是在一对同步反向偏心夹管轮之间夹一根底部连有夯锤的钢管,管和锤由夹管轮摩擦夹带提升后自由落下,夯击孔内土或灰土。夯锤质量为100~200 kg,长度为6~8 m,落距为0.6~1.0 m,夯击频率为40~50次1 min,夹杆直径为60~80 mm,下端直接用绳扣或焊接连接夯锤,夯实深度8 m左右,平均每10 min成一根桩。通常安装在翻斗车或拖拉机上行走,具有结构简单、行走方便等优点。但是,它需靠摩擦力提升夯锤且其夯锤偏小,须严格控制每次填料量,较难保证夯实质量。

(2)卷扬机提升式夯实机。这种夯实机是在小型轮胎式底盘上安装高度为2.5~3.0 m的支架和小型卷扬机,工作时通过卷扬机提升和放落夯锤,夯击孔内土或灰土。卷扬机的提升力一般不小于夯锤质量的1.5倍,夯锤质量一般为200~300 kg,落距为1~3 m,通常情况下,每10~15 min成一根桩,具有夯击能量大、一次可填入较多土料、夯实效果好等优点。但是，其需人工操作，劳动强度大。

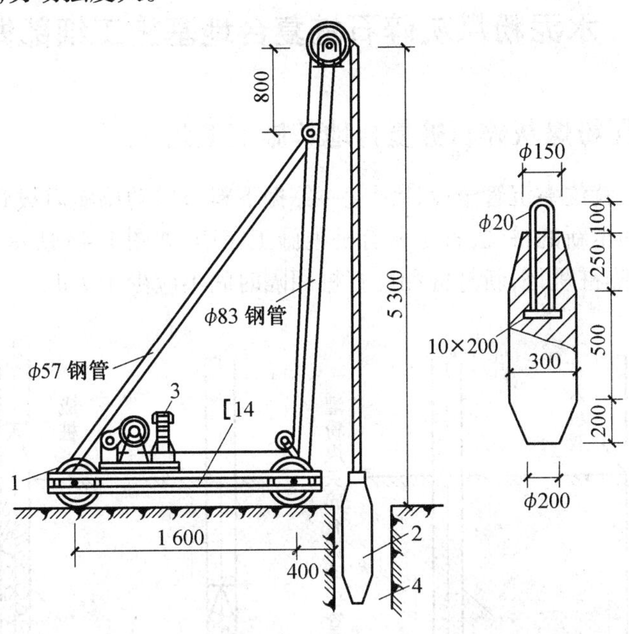

图1.42　卷扬机提升式夯实机

1—机架；2—铸钢夯锤，重450 kg；3—1 t卷扬机；4—桩孔

夯填施工前，应进行夯填试验，以确定每次合理的填实数量和夯填次数，据夯填质量标准确定检测方法达到的指标。依照《建筑地基处理技术规范》（JGJ 79—2012），桩孔内的填料应根据工程要求或处理地基的目的来确定，并应用压实系数 λ_c 控制夯实质量。

当用素土回填夯实时，压实系数 λ_c 应不小于0.95。当用灰土回填夯实时，压实系数 λ_c 应不小于0.97。也可用表1.2的标准来控制灰土的夯实质量。

(1)夯实机就位后应保持平整稳固，夯锤与桩孔中心要相互对中，使夯锤能自由下落孔底。

(2)夯填前应检查孔径、孔深、孔的倾斜度、孔的中心位置，合格后，还应检查桩孔内有无杂物、积水和落土，如有，清理干净后，在填料前应先夯实孔底（夯次不得少于8～10次），夯到有效深度或其下30～50 cm，直至孔底发出清脆声音为止。然后再保证填料的含水量接近或等于最优含水量的状态下，定量分层夯填。

(3)人工填料应指定专人按规定数量均匀填料，不得盲目乱填，更不允许用送料车直接倒料入孔。

(4)填料、夯击交替进行，均匀夯击至设计标高以上20～30 cm时为止。桩顶至地面间的空档可采用素土夯填轻击处理，待做桩上的垫层时，将超出设计桩顶的桩头及土层挖掉。

(5)为保证夯填质量，规定填入孔内的填料量、填入次数、填料的拌和质量、含水量、夯击次数、夯击时间均应有专人操作、记录和管理，并对上述项目按总桩数的2%进行抽样随机检查，每班抽样检查的数量不少于1～2次。对于施工完毕的桩号、排号、桩数逐个与施工图对照检查，如发现问题应立即返工或补填、补打。

1.12 水泥粉煤灰碎石桩复合地基施工细部做法

第29讲 水泥粉煤灰碎石桩复合地基施工工艺

标出桩位→桩机就位→沉管至设计深度→停振下料→振动捣实后拔管→留振→振动拔管→封桩顶→桩机移至新的桩位,直至所有桩位施工完毕,如图1.43所示。

注:应采取隔排隔桩跳打,新打桩和已打桩间隔时间不应少于7 d。

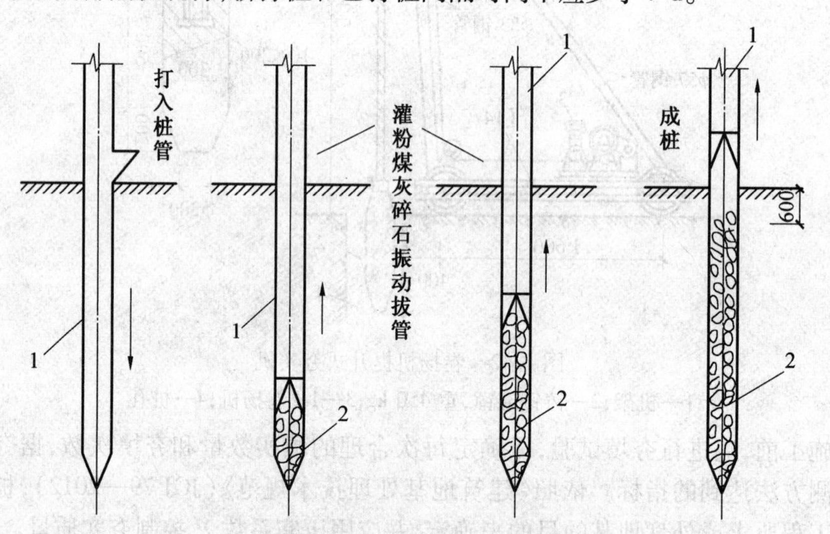

图1.43 水泥粉煤灰碎石桩工艺流程

1—桩管;2—粉煤灰碎石桩

(1)首先标记出各个桩位。

(2)桩机就位须平整、稳固,沉管和地面保持垂直,垂直度偏差不大于1%;如果带预制混凝土桩尖,需埋入地面以下300 mm。

(3)在沉管过程中用料斗在空中向桩管内投料,等到沉管至设计标高后须继续尽快投料,直到混合料与钢管上部投料口齐平。如果上料量不够,可在拔管过程中继续投料,以确保成桩标高,密实度要求。混合料应按照设计配合比配制,投入搅拌机加水拌和,搅拌时间不少于2 min,加水量利用混合料坍落度控制,一般坍落度为30~50 min;成桩后桩顶浮浆厚度通常不超过200 mm。

(4)当混合料加到钢管投料口齐平后,沉管在原地留振10 s左右,即可边振动边拔管,拔管速度控制在1.2~1.5 m/min,每提升1.5~2.0 m,留振20 s。桩管拔出地面确定成桩符合设计要求后用粒状材料或黏土封顶。

上述的成孔方法是沉管法,此外还有全螺旋钻孔法。它适用于黏性土、粉土、砂土,以及对噪声或泥浆污染要求较高的场地。施工时,先用长螺旋钻钻孔达到设计孔深后,提升钻杆,然后用高压泵将桩体混合料通过高压管路和长螺旋钻杆的内管压到孔内成桩。全螺旋钻孔法常用的机械是步履式全螺旋钻孔机,如图1.44所示。

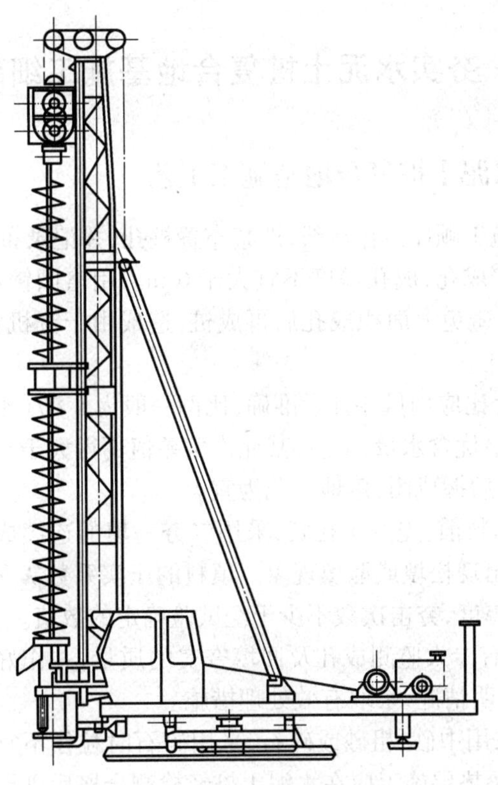

图1.44　步履式全螺旋钻孔机

第30讲　水泥粉煤灰碎石桩复合地基施工注意要点

混合料泵送量应与拔管速度相互配合，遇到饱和砂土或饱和粉土层，不能停泵待料；沉管灌筑成桩施工拔管速度应按匀速控制，拔管速度一般控制在1.2～1.5 m/min，如遇淤泥或淤泥质土，拔管速度应适当减慢。

(1)桩顶标高应高出设计标高0.5 m。用沉管法成孔时，需注意新施工桩对已成桩的影响，以免挤桩。桩管拔出地面确认成桩符合设计要求后，用粒状材料或黏土封顶。

(2)冬期施工时，混合料入孔温度不能低于5 ℃，对桩头和桩间土应采取保温措施。

(3)清土与截桩时，不得造成桩顶标高以下桩身断裂和扰动桩间土。

(4)褥垫层铺设最好采用静力压实法，当基础底面下桩间土的含水量较少时，也可采用动力夯实法，夯填度(夯实后的褥垫层厚度和虚铺厚度的比值)不得大于0.9。

(5)桩体经7 d达到一定强度后，才能进行基槽开挖；如桩顶离地面在1.5 m以内，最好用人工开挖；如大于1.5 m，下部700 mm应用人工开挖，以免损坏桩头部分。为使桩和桩间土更好地共同工作，在基础下宜铺一层150～300 mm厚的碎石或灰土垫层。

1.13　夯实水泥土桩复合地基施工细部做法

第31讲　夯实水泥土桩复合地基施工工艺

(1)按设计要求和施工顺序定位放线,严禁布置桩孔,并记录布桩的根数,以防止遗漏。

(2)采用人工洛阳铲成孔,成孔深度不宜大于6 m。用洛阳铲和螺旋钻机成孔时,按梅花形布置并及时成桩,以避免大面积成孔后再成桩,造成由于夯机自重和夯锤的冲击,或地表水灌入孔内而形成塌孔。

(3)回填拌和料配合比应用量斗计量准确,比例一般为1∶7(水泥∶土,体积比)。混合料含水量应满足土料的最优含水量(w_{op}),其允许偏差值不得大于±2%。水泥与土料应拌和均匀,含水量现场控制以后握成团,落地开花为宜。

(4)向孔内回填拌和料前,先夯实孔底,采用二夯一填的连续成桩工艺。每根桩要求一气呵成,不得中断,防止出现松填或漏填现象。填料的压实系数λ_c不应小于0.93,每层填料厚度不大于试验确定的厚度,夯击次数不少于经试验确定的数值。

(5)施工过程中,应有专人监测成孔及回填夯实的质量,并作好记录。如发现地基土质与勘察资料不符时,应查明情况,采取有效处理措施。

(6)褥垫层材料可采用中砂、粗砂或碎石,采用碎石时粒径不宜大于20 mm。垫层厚度一般为100~300 mm。褥垫层施工应在水泥土桩经检测合格后进行,铺设时应压(夯)密实,夯填度不得大于0.9。采用的施工方法应严禁使基底土层扰动。

第32讲　夯实水泥土桩复合地基施工注意要点

(1)水泥及夯实用土料的质量应符合设计要求。

(2)施工中应检查孔位、孔深、孔径、水泥和土的配比、混合料含水量等。对成桩质量,在施工过程中应及时抽样检验,抽样数量不应少于总桩数的2%。

对一般工程,可检查桩的干密度和施工记录。干密度的检验方法可在24 h内采用取土样测定或采用轻型动力触探击数N_{10}与现场试验确定的干密度进行对比,以判断桩身质量。

(3)施工结束后,应对桩体质量及复合地基承载力做检验,褥垫层应检查其夯填度。

(4)夯实水泥土桩地基竣工验收时,承载力检验应采用单桩复合地基载荷试验。对重要或大型工程,尚应进行多桩复合地基载荷试验。

(5)夯实水泥土桩地基检验数量应为总桩数的0.5%~1%,且每个单体工程不应少于3点。

1.14　砂(石)桩地基施工细部做法

第33讲　砂(石)桩地基施工工艺

标出桩位→桩机定位→向地基中打入桩管→边拔桩管边向管中灌入混合料→成桩→将桩机移至下一个桩位,直至所有砂石桩施工完毕→养护→铺设垫层。

砂石桩地基的成桩方法包括两种:振动成桩法与锤击成桩法,可采用振动沉管打桩机或锤击沉管打桩机。振动打桩机及配件如图 1.45 所示。下面以振动成桩法为例进行介绍。

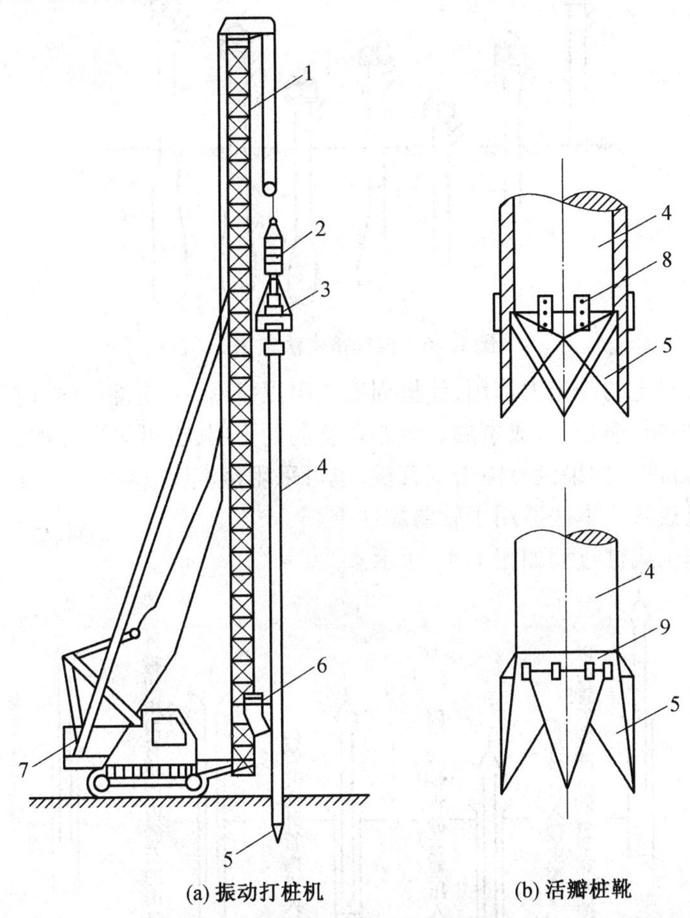

(a) 振动打桩机　(b) 活瓣桩靴

图 1.45　振动打桩机及配件

1—桩机机架;2—减振器;3—振动器;4—钢套管;5—活瓣桩尖
6—装砂石下料斗;7—机座;8—活门开启限位装置;9—锁轴

(1)首先标出所有砂石桩的位置。

(2)桩机定位。

(3)开动振动机,将套管打入土中,如果遇有坚硬难打的土层,可辅以喷气或射水助沉。

(4)将套管打入到预定的设计深度后,通过料斗投入套管一定量的砂。

(5)将套管提升到一定高度,套管内的砂就被压缩空气排砂于土中。

(6)又将套管打入规定深度,并予以振动,使排出的砂振密,于是,砂再次挤压周围土体。

(7)再一次投砂于管内,将套管提升到一定的高度。

(8)这样重复多次,一直打到地面,即成为砂桩,如图 1.46 所示。

(9)移动振动打桩机到下一个桩位,重复步骤(3)~(8)。

(10)养护后检验,并铺设垫层。

锤击成桩法的施工和振动成桩法的区别在于:

锤击法是将带有活瓣桩靴或混凝土桩尖的桩管,用锤击沉桩机打入土中,向桩管内灌砂后慢慢拔出,或在拔出过程中轻锤桩管,或将桩管压下再拔,砂从桩管内排入桩孔成桩并使

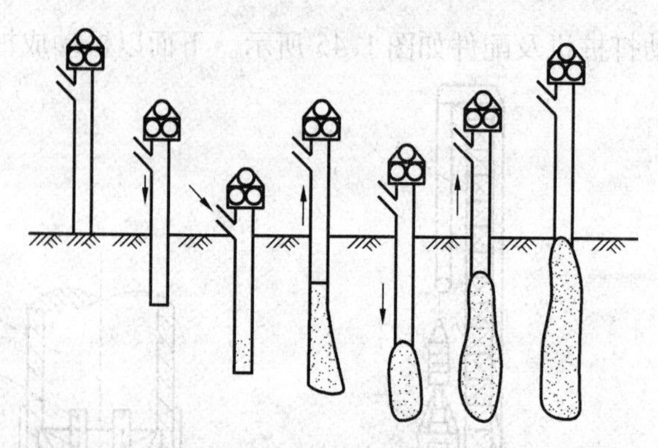

图1.46　振动挤密法施工

砂密实。因为桩管对土的冲击力作用,使桩周围土得以挤密,并使桩径向外扩展。但拔管不得过快,以免形成中断、缩颈,造成事故。对非常软弱的土层,也可采取二次打入桩管灌砂石工艺,形成扩大砂石桩。如果没有锤击沉管机,也可采用蒸汽锤、落锤或柴油打桩机沉桩管,另外配一台起重机拔管。本法适用于软弱黏性土。

锤击法双管施工成桩过程如图1.47所示。

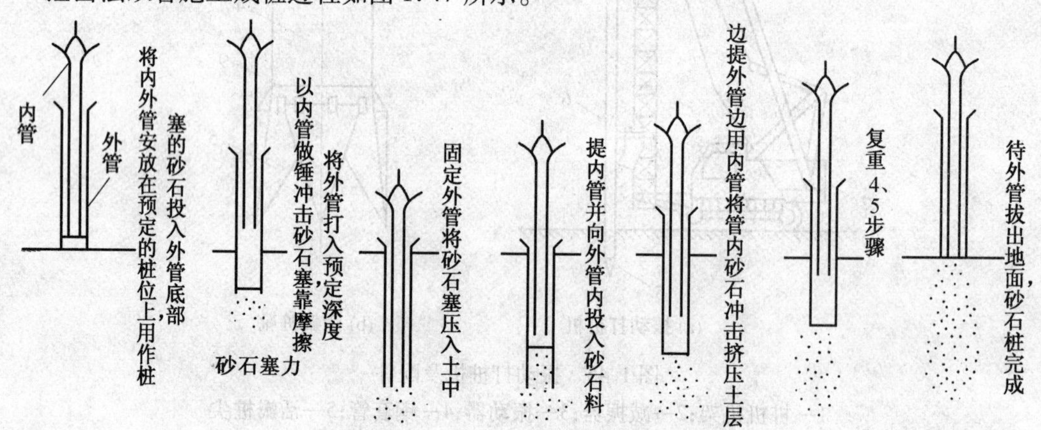

图1.47　锤击法双管施工成桩过程

第34讲　砂(石)桩地基施工注意要点

(1)打砂桩地基表面会发生松动或隆起,砂桩地基施工标高要比基础底面高1~2 m,以便于在开挖基坑时消除表层松土;如果基坑底仍不够密实,可辅以人工夯实或机械碾压。

(2)砂桩地基的施工顺序,应从外围或两侧向中间进行,如果砂石桩间距较大,也可逐排进行;以挤密为主的砂石桩施工时,需要间隔(跳打)进行,并直接由外侧向中间推进,以确保施工效果。

(3)施工前,应进行成桩挤密试验,桩数一般为7~9根。振动法应根据沉管和挤密情况,以确定填砂石量、提升高度与速度、挤压次数和时间、电机工作电流等,作为控制质量的标准,以确保挤密均匀和桩身的连续性。

(4)灌砂石时,含水量应予以控制,对饱和土层,砂石可采用饱和状态;对非饱和土或杂填土,或能够形成直立的桩孔壁的土层,含水量可采用7%~9%。

(5)施工结束后,应将基底标高下的松土层夯压密实,然后铺设并压实砂石垫层。

第2章　桩基础工程施工细部做法

2.1　混凝土预制桩施工细部做法

第35讲　桩的制作

预制桩是工程中常用的桩基础形式之一，因为预制桩能承受较大的荷载、坚固耐久、施工速度快，所以被广泛应用。

钢筋混凝土预制桩是指在预制构件厂或施工现场预制，利用沉桩设备在设计位置上将其沉入土中的桩，如图2.1所示。其特点为：能承受较大荷载，坚固耐久、施工速度快、便于在水上施工，抗腐蚀性能强，桩身质量容易保证和检查。但是造价比灌注桩高，当采用锤击或振动法施工时，噪音、污染大，不容易穿过较厚的硬土层等。其适用于不需考虑噪音污染以及振动影响的环境、水下桩基础工程、持力层以上是软弱土层，且持力层顶面起伏变化不大、桩长容易控制、减少截桩的情况下。

图2.1　钢筋混凝土预制桩施工

1. 预制桩的制作

混凝土预制桩常用的有混凝土实心方桩与预应力混凝土空心管桩。直径通常为250～550 mm，单桩长度依据打桩机桩架高度，一般不超过27 m；超过时，需分段制作，打桩时逐段连接。一般，较短（长度不大于10 m）的桩在预制厂制作。

较长（长度大于10 m）的桩，因为不便于运输，一般在施工现场附近露天预制；过长的桩可以分段制作，分段接长，如图2.2所示。

预制桩的制作方法包括并列法、间隔法、重叠法、翻模法等，现场制作预制桩大多采取重叠法，重叠层数不宜超过4层，层与层之间需涂刷隔离剂，上层桩或邻近桩的混凝土灌注，需在下层桩或者邻桩混凝土达到设计强度的30%以后才能进行。

图2.2　预制桩的现场制作

2. 预制桩制作施工要点

(1)采用工具式模板(木模板、钢模板),支在坚硬的地坪上;应确保桩的几何尺寸准确,使桩面平整挺直;桩顶面模板应和桩的轴线垂直;桩尖四棱锥面呈正四棱锥体,且桩尖位于桩的轴线上;底模板、侧模板和重叠法生产时,应严格检查桩面间是否都涂刷好隔离层,不能黏结。

(2)桩的主筋搭接应使用对焊,主筋接头配置在同一截面内的数量,当采用闪光对焊与电弧焊时,不超过50%,同一根钢筋焊接点距离不小于30 d与500 mm中的较小值。桩顶和桩尖直接受到冲击力容易产生很高的局部应力,桩尖通常采用粗钢筋或钢板制作,并与钢骨架焊接在一起。桩顶与桩尖钢筋配置如图2.3所示,应作特殊处理。钢筋骨架制作允许偏差必须符合施工质量验收规范的规定。

(3)采用间隔法制作时,混凝土应连续浇筑,不得留有施工缝。钢骨架可以采用绑扎或点焊,骨架主筋应采用对焊或搭接焊,主筋的接头位置应相互错开。

(4)预制桩的配筋需符合设计要求,混凝土的强度等级为C30～C40。现场制作混凝土预制桩时,混凝土浇筑应自桩顶向桩尖连续浇注捣实,一次完成不得中断,制作完成后,养护的时间不少于7 d。

(5)制作完成的预制桩应在每根桩上注明编号及制作日期,如设计不埋设吊环,则应标注绑扎点位置。预制桩的几何尺寸允许偏差为:横截面边长±5 mm,桩顶对角线之差为10 mm,混凝土保护层厚度±5 mm,桩身弯曲矢高不超过0.1%桩长,桩尖中心线10 mm,桩顶面平整度小于2 mm。预制桩制作质量还应满足下列规定。

1)桩的表面应平整、密实,掉角深度小于10 mm,且局部蜂窝及掉角的缺损总面积不能超过该桩表面全部面积的0.5%,同时不应过分集中。

2)因为混凝土收缩产生的裂缝,深度小于20 mm,宽度小于0.25 mm;横向裂缝长度不应超过边长的一半。

第36讲　桩的起吊、运输、堆放

1. 桩的起吊

钢筋混凝土预制桩应在混凝土达到设计强度等级的70%后才能起吊,达到设计强度等级的100%后方可运输和打桩。如图2.4所示。提前吊运必须在采取措施并经过强度及抗裂验算合格后才能进行。

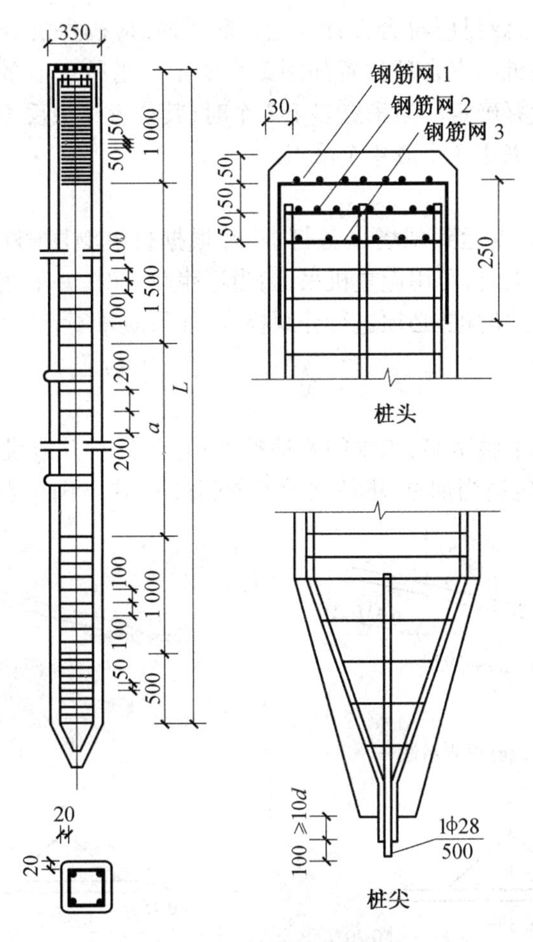

图2.3　预制桩的配筋构造

图2.4　桩的起吊和运输

起吊前，吊点位置与数目应符合设计规定。起吊时，应确保桩身平稳，防止其在起吊过程中过弯而损坏。预制桩吊点合理位置如图2.5所示。当吊点不多于3个时，其位置按照正负弯矩相等的原则计算确定。当吊点多于3个时，其位置按照反力相等的原则计算确定。长20～30 m的桩，通常采用3个或4个吊点。

2. 桩的运输

打桩前，桩从制作地点运到现场以备打桩，并根据打桩顺序随打随运，以免二次搬运。桩的运输方式在运距不大时，可用起重机吊运，当运距较大时，一般用平板拖车，并且桩下要安装活动支座。经过搬运的桩，必须进行外观检查，如果质量不符合要求，应视具体情况，与设计单位共同研究处理。

3. 桩的堆放

桩的堆放场地必须平整坚实，垫木间距应按照吊点确定，并应设置在同一垂线上，如图2.6所示。最下层垫木应适当加宽，堆放层数不能超过四层。不同规格的桩，应分别堆放。

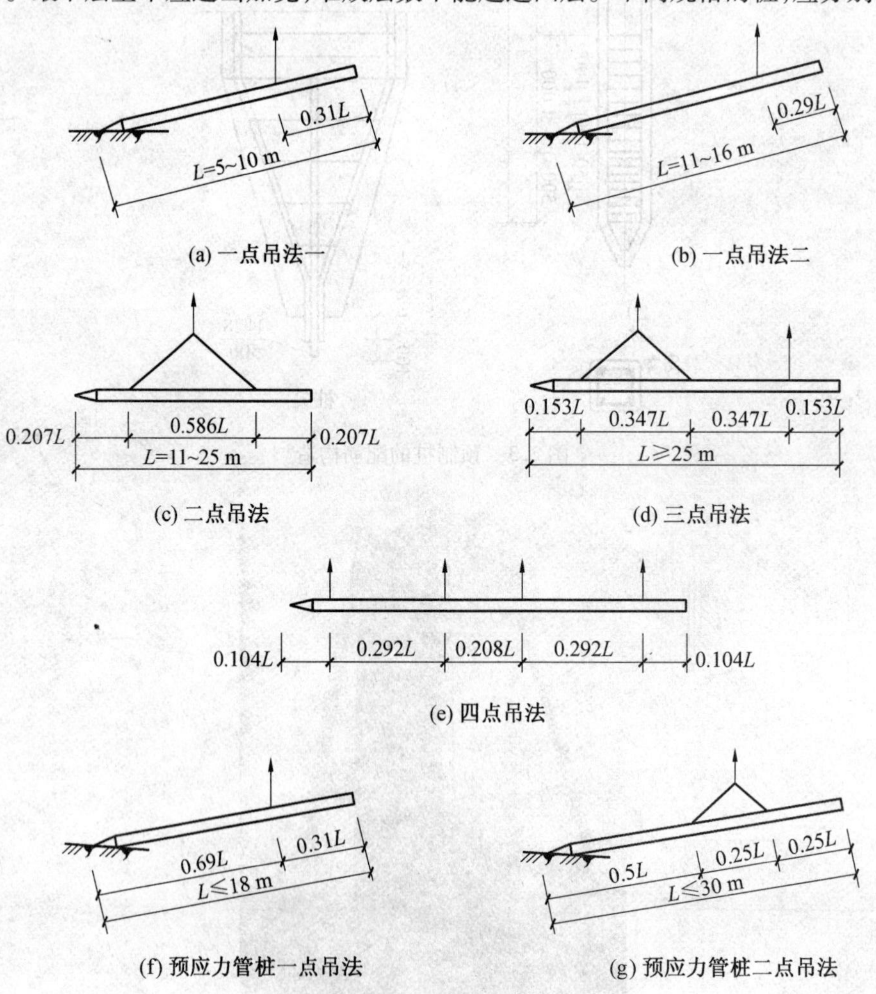

图2.5　桩的吊点位置

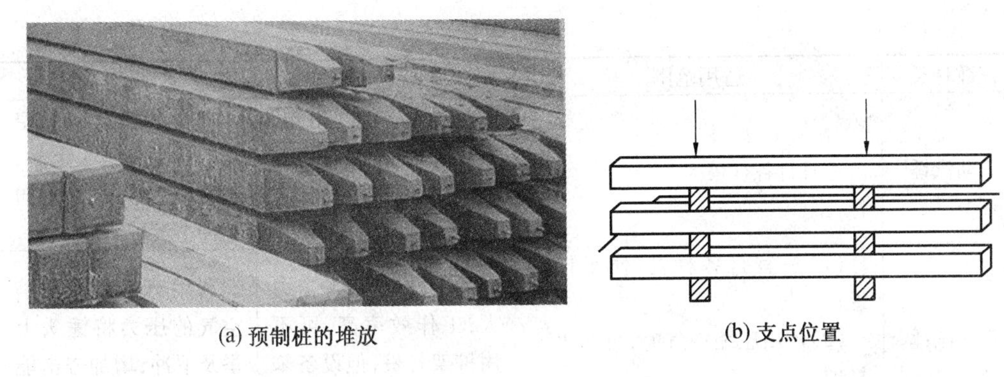

(a) 预制桩的堆放　(b) 支点位置

图2.6 预制桩的堆放与支点位置

第37讲 打桩设备及其选择

1. 桩锤的选择

施工中常用的桩锤包括:落锤、单动汽锤、双动汽锤、柴油锤和液压桩锤。如图2.7所示。目前使用最多的是柴油锤,它是利用燃油爆炸推动活塞往复运动而锤击打桩,活塞重量从几百公斤至数吨。各种桩锤的适用范围见表2.1。

在选择桩锤时,桩锤的类型应依据施工现场情况、机具设备条件以及工作方式和工作效率等条件选择。

桩锤类型选定之后,还需确定桩锤的重量,通常以锤重比桩稍重为宜,见表2.2。桩锤如果太重,所需动力设备大,不经济;而桩锤太轻,桩锤产生的冲击能量大部分被桩吸收,桩不易打入,且桩头容易打坏。所以打桩时,一般采用重锤低击和重锤快击的方法效果较好。

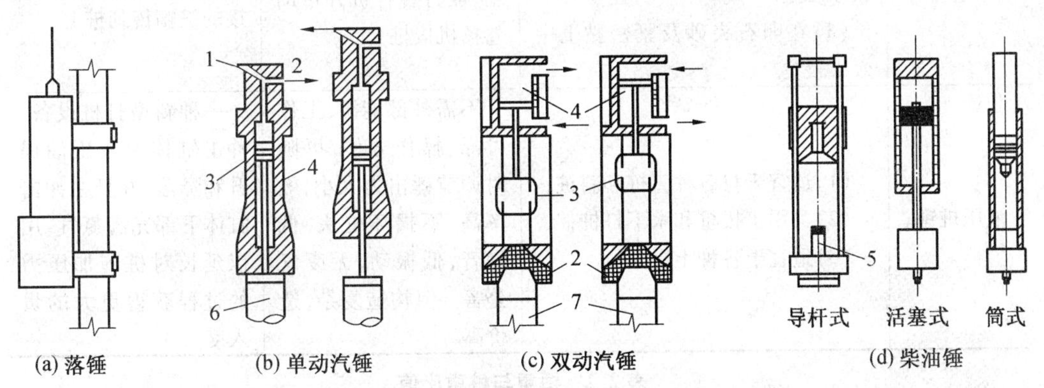

(a) 落锤　(b) 单动汽锤　(c) 双动汽锤　(d) 柴油锤

图2.7 各种桩锤示意图

1—进汽口;2—排汽口;3—活塞;4—汽缸;5—燃油泵;6—桩帽;7—桩

表2.1 桩锤适用范围

桩锤种类	适用范围	优缺点	附注
落锤	适宜打各种桩; 黏土、含砾石的土和一般土层均可使用	构造简单,使用方便,冲击力大,能随意调整落距,但锤击速度慢,效率较低	落锤是指桩锤用人力或机械拉升,然后自由落下,利用自重夯击桩顶

续表2.1

桩锤种类	适用范围	优缺点	附注
单动汽锤	适宜打各种桩	构造简单，落距短，不宜使设备和桩头损坏，打桩速度及冲击力较落锤大，效率较高	利用蒸汽或压缩空气的压力将锤头上举，然后由锤头的自重向下冲击沉桩
双动汽锤	(1)适宜打各种桩，便于打斜桩； (2)使用压缩空气时，可在水下打桩； (3)可用于拔桩	冲击次数多，冲击力大，工作效率高，可不用桩架打桩，但设备笨重，移动较困难	利用蒸汽锤或压缩空气的压力将锤头上举及下冲，增加夯击能量
柴油锤	(1)最宜用于打木桩、钢筋混凝土桩、钢板桩； (2)不适于在过硬或过软的土层中打桩	附有桩架、动力等设备，机架轻、移动便利，打桩快，燃料消耗少，重量轻和不需要外部能源。但在软弱土层中，起锤困难，噪音和振动大，存在油烟污染公害	利用燃油爆炸推动活塞引起锤头跳动
振动桩锤	(1)适宜于打钢板桩、钢管桩、钢筋混凝土桩和木桩； (2)宜用于砂土、塑性黏土及松软砂黏土； (3)在卵石夹砂及紧密黏土中效果较差	沉桩速度快，适应性大，施工操作简易安全，能打各种桩并帮助卷扬机拔桩	利用偏心轮引起激振，并将其通过刚性连接的桩帽传到桩上
液压桩锤	(1)适宜于打各种直桩和斜桩； (2)可用于拔桩和水下打桩； (3)适宜于各种土层	不需外部能源，工作可靠、操作方便，可随时调节锤击力大小，效率高，不损坏桩头，低噪音，低振动，无废气公害。但构造复杂，造价高	一种新型打桩设备，冲击缸体由液压油提升和降落，并且在冲击缸体下部充满氮气，用以延长对桩施加压力的过程获得更大的贯入度

表2.2 锤重与桩重比值

锤类别 / 土状态 / 桩类别	单动汽锤		双动汽锤		柴油汽锤		落锤	
	硬土	软土	硬土	软土	硬土	软土	硬土	软土
钢筋混凝土桩	1.4	0.4	1.8	0.6	1.5	1.0	1.5	0.35
木桩	3.0	2.0	2.5	1.5	3.5	2.5	4.0	2.0
钢桩	2.0	0.7	2.5	1.5	2.5	2.0	2.0	1.0

2. 桩架的选择

桩架为打桩的专用起重与导向设备，其作用主要是起吊桩锤、桩或料斗，插桩，给桩导向，控制并调整沉桩位置及倾斜度，以及行走与回转方式移动桩位。

桩架形式多种多样，按导管安装方式可分为无导杆桩架、悬挂式桩架及上下固定式桩架。

桩架按照行走方式的不同，可分为滚动式桩架、轨道式桩架、步履式桩架以及履带式桩架。

(1)滚动式打桩架。滚动式打桩架行走依靠两根滚管在枕木上滚。优点是结构比较简单、制作容易、成本低，缺点为转向不灵活，操作人员多，如图2.8所示。

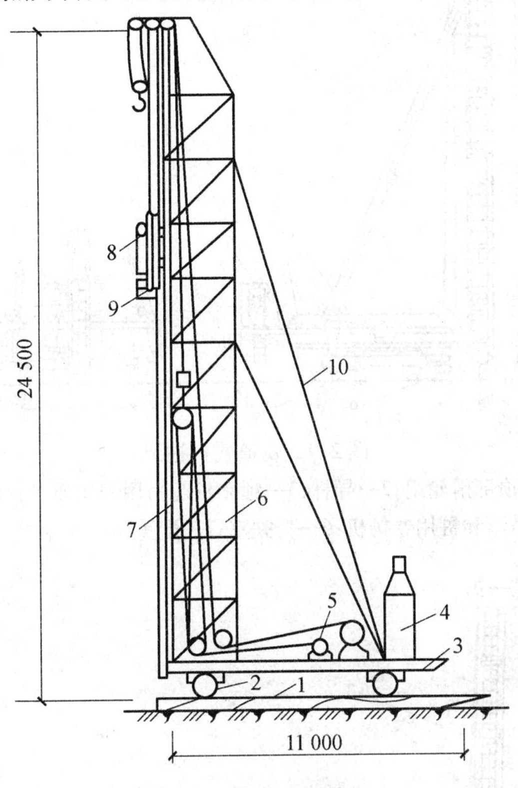

图2.8　滚动式打桩架

1—枕木；2—滚管；3—底架；4—锅炉；5—卷扬机

6—桩架；7—龙门架；8—蒸汽锤；9—桩帽；10—牵绳

(2)轨道式打桩架。轨道式打桩架使用轨道行走底盘，多电动机分别驱动，集中操纵控制，可以配合螺旋钻柴油锤、振动锤和沉管灌注桩应用，并能吊桩、吊锤、行走、回转移位，导杆能水平微调以及倾斜打斜桩，还装有升降电梯为打桩工人提供较好的操作条件(图2.9)。但其机动性能较差，需铺设枕木和钢轨，不利于施工。

(3)步履式打桩架。液压步履式打桩架以步履方式移动桩位与回转，不需铺枕木及钢轨，机动灵活，移动桩位方便，打桩效率高，是一种非常具有特色的打桩架底(图2.10)。

(4)履带式打桩架。履带式打桩架是以履带式起重机为主机的一种多功能打桩机。它可以悬挂筒式柴油锤、液压锤及振动锤，以分别施打各种类型的预制桩。

履带式打桩架按照整机结构，可分为悬挂式履带打桩架以及三点支撑式履带打桩架，按主机传动结构，可分为机械传动与全液压传动，或两种兼有的传动；按导杆结构，可分为框架式与圆管式结构，而圆管式结构又可分为单导向(单面型)、双导向(双面型)以及双层型。

1)悬挂式履带打桩架。悬挂式履带打桩架以通用型履带起重机为主机，用起重机吊杆

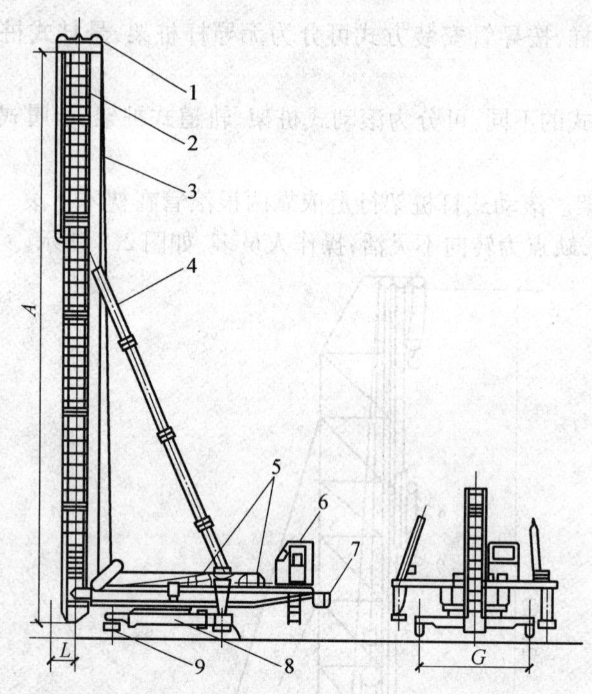

图2.9 轨道式打桩架

1—顶部滑轮组;2—导杆;3—锤和桩起吊用钢丝绳;4—斜撑
5—吊锤和桩用卷扬机;6—驾驶室;7—配重;8—底盘;9—轨道

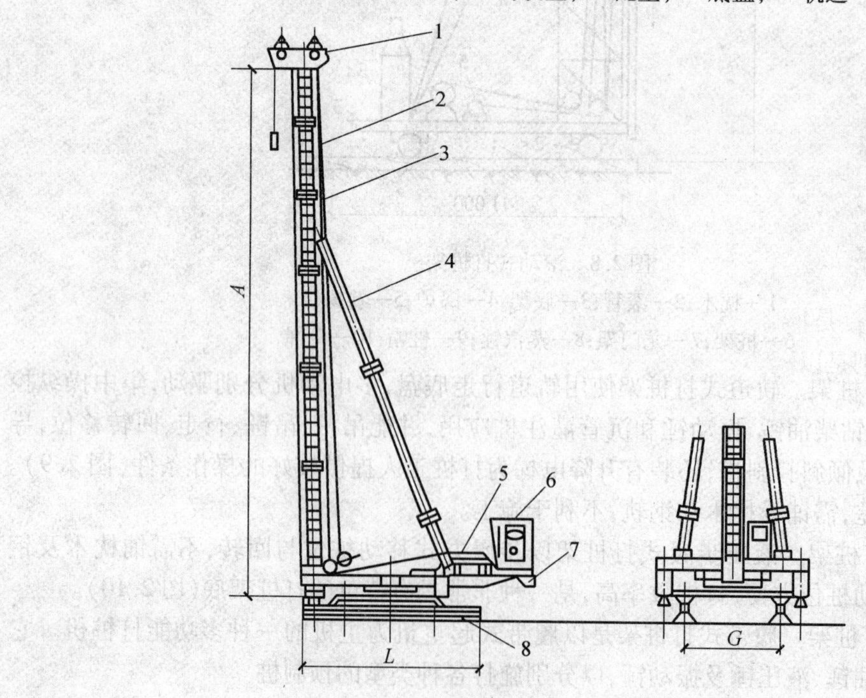

图2.10 步履式打桩架

1—顶部滑轮组;2—导杆;3—锤和桩起吊用钢丝绳;4—斜撑
5—吊锤和桩用卷扬机;6—驾驶室;7—配重;8—步履式底盘

悬吊打桩架导杆，在起重机底盘和导杆之间叉架连接（图 2.11）。

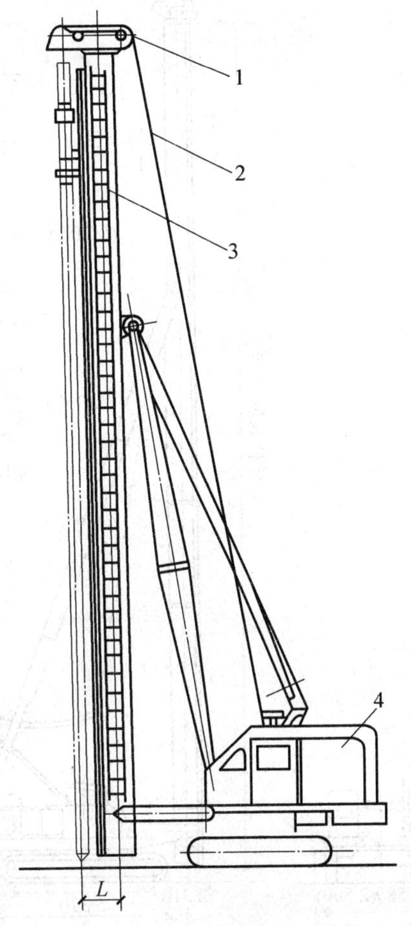

图 2.11　悬挂式履带打桩架
1—顶部滑轮组；2—锤和桩起吊用钢丝绳
3—导杆；4—履带起重机

这种桩架的优点是构造简单，操作方便，可用已有的履带起重机改装而成。缺点是垂直精度调节较差，特别是以机械传动的履带起重机改装而成的桩架，其垂直精度更不易掌握。

2）三点支撑式履带打桩架。三点支撑式履带打桩架是以专用履带式机械为主机，配以钢管式导杆及两根后支撑组成，是国内外最先进的一种桩架，通常采用全液压传动，履带中心距可调，导杆可单导向也可双导向，还能够自转 90°，图 2.12 为其中的一种。

桩架的选择应考虑下列几点：

①桩架种类及高度应根据桩锤的种类、桩的长度以及施工条件来确定。桩架高度应为：桩长+桩帽高度+桩锤高度+滑轮组高度+起锤工作伸缩的余位高度（1 ~ 2 m）。如果桩架高度不满足要求，则桩可考虑分节制作、现场接桩；如果采用落锤，还应考虑落距高度。

②桩的材料、材质、断面形状与尺寸、桩长以及桩的连接方式。

③桩的种类、桩数、桩的施工精度、桩距和桩的布置方式。

④作业空间、打入位置以及施工人员的熟练程度。

⑤桩锤的通用性和桩架台数，打桩的连续程度及工期。

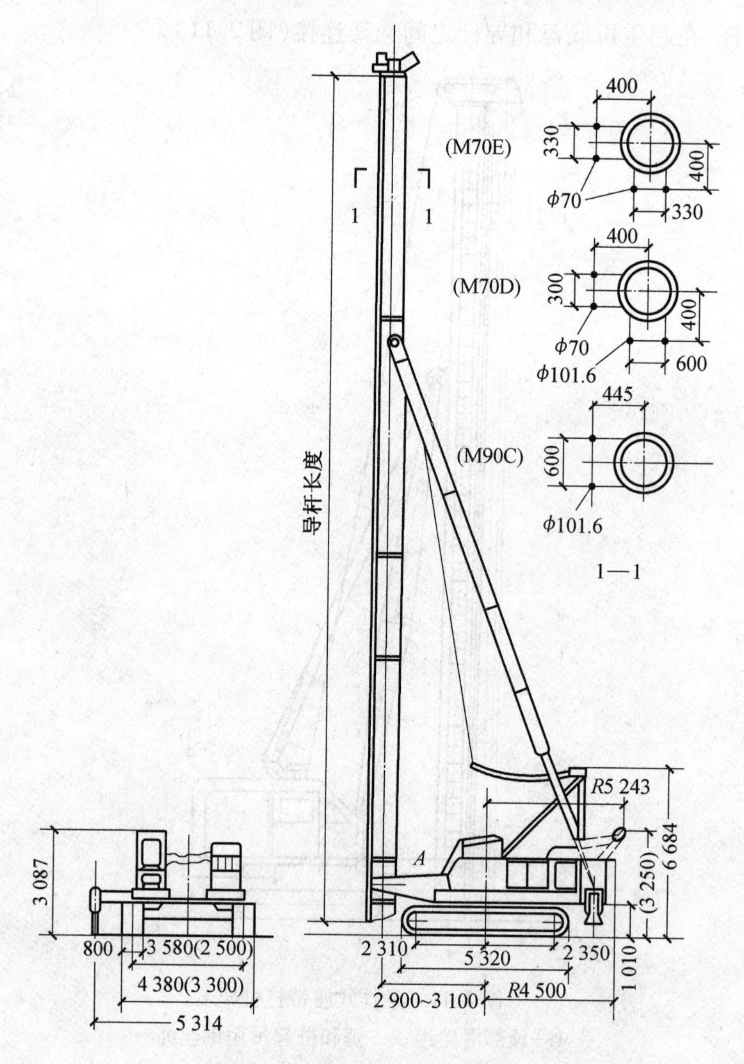

图2.12　三点支撑式履带打桩架

注:日车 DH508-105M 打桩架,

M90C 为单导向导杆,余者为双导向导杆。

3. 动力装置的选择

动力设备包括驱动桩锤用的动力设施,例如卷扬机、锅炉、空气压缩机和管道、绳索和滑轮等。打桩机的动力装置,主要依靠所选的桩锤性质而定。选用蒸汽锤则需配以蒸汽锅炉;用压缩空气来驱动,则需考虑电动机或内燃机的空气压缩机;用电源作为动力,则应考虑变压器容量和位置、电缆规格以及长度、现场供电情况等。

第38讲　锤击沉桩施工

1. 施工工艺

桩进入施工作业区后,按图2.13的顺序施工。

2. 施工要点

(1)定位放线:将基准点设置在施工场地外,并用混凝土予以固定保护,依据基准点利用

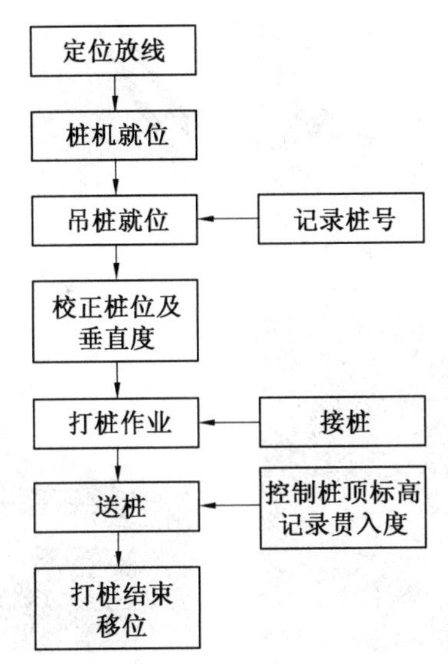

图 2.13　桩施工工艺过程

全站仪或钢尺配合经纬仪测量放线，桩位测量放线误差对群桩控制在小于 20 mm，对单排桩控制在小于 10 mm。放线经自检合格，报监理单位联合验收合格后才能施工。

(2) 桩机就位：打桩机就位后，检查桩机的水平度和导杆的垂直度，桩机须平稳，控制导杆垂直度不超过 0.5% 的高度，通过基准点或相邻桩位校核桩位。

(3) 吊桩就位：先拴好吊桩用的钢丝绳及索具，然后应用索具捆绑在桩上端吊环附近处，通常不宜超过 300 mm，再启动机器起吊预制桩，使桩尖垂直或按照设计要求的斜角准确地对准预定的桩位中心，慢慢放下插入土中，位置要准确，再在桩顶扣好桩帽或桩箍，就能除去索具。

(4) 稳桩，校正桩位及垂直度：桩尖插入桩位后，先较小落距冷锤 1 ~ 2 次，桩入土一定深度，再调节桩锤、桩帽、桩垫及打桩机导杆，使之与打入方向成为一直线，并使桩稳定。10 m 以内短桩可使用线坠双向校正；10 m 以上或打接桩必须用经纬仪双向校正，不得只进行目测。打斜桩时必须用角度仪测定、校正角度。观测仪器应设置在不受打桩机移动及打桩作业影响的地点，并经常和打桩机成直角移动。桩插入土时垂度偏差不应超过 0.5%。桩在打入前，应在桩的侧面或桩架上安装标尺，以便在施工中观测、记录。图 2.14 为垂直度校正。

(5) 开锤打桩(图 2.15)。

1) 打桩顺序。打桩顺序安排不合理，常常会造成桩位偏移、上拔，地面隆起过多，邻近建筑物以及地下管线破坏等事故。所以要合理确定打桩顺序。

①如果桩距小于 4 倍桩直径，对于密集群桩，从中间向两个方向或向四周对称施打，当一侧靠近建筑物时，由靠近建筑物处向另一方向施打。当基坑较大时，应将基坑分为数段，然后在各段范围内分别进行打桩(图 2.16)，但打桩需避免自外向内，或从周边向中间进行，防止中间土体被挤密，桩难以打入，或虽勉强打入，但使邻桩侧移或上冒。

图2.14　垂直度校正

图2.15　开锤打(沉)桩

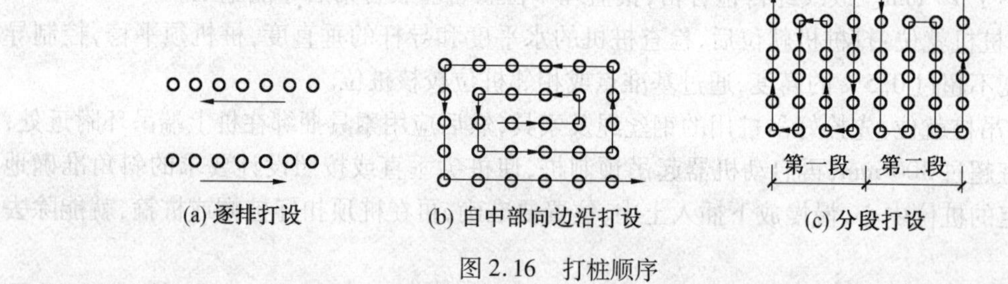

(a) 逐排打设　(b) 自中部向边沿打设　(c) 分段打设

图2.16　打桩顺序

②对桩底标高不一的桩,宜先深后浅;对于不同规格的桩,宜先大后小,先长后短;先群桩后单桩;先低精度桩后高精度桩。

③若桩距不小于4倍桩直径,则与打桩顺序无关。

打桩应用适合桩头尺寸的桩帽及弹性垫层,以缓和打桩时的冲击。桩帽利用钢板制成,并用垫木、麻袋、草垫等承托。桩帽或送桩帽和桩周围的间隙应为5~10 mm。打桩时桩锤、桩帽或送桩帽应与桩身在同一中心线上。

2)打桩。开动机器打桩。通常采用重锤低击(锤的重量大而落距小),开始时控制油门处于很小的位置,等到桩入土一定深度稳定后,逐渐加大油门按要求落距沉桩。采用"重锤轻击"使桩易于打入土中,不会打坏桩头,也不会产生桩身回跃(回弹);桩锤太轻时,则会出现"轻锤高击",极易损坏桩头,桩也很难打入土中。

(6)接桩形式和方法。混凝土预制长桩,受运输条件及打(沉)桩架高度限制,往往分成数节制作,分节打入,现场接桩。桩的连接可采用焊接、法兰连接以及机械快速连接(螺纹式、啮合式)(图2.17)。

焊接接桩的钢板应采用低碳钢,焊条宜采用E43,并应符合《钢结构焊接规范》(GB 50661—2011)的要求。接头宜采用探伤检测,同一工程检测量不应少于3个接头;法兰接桩的钢钣和螺栓应采用低碳钢。

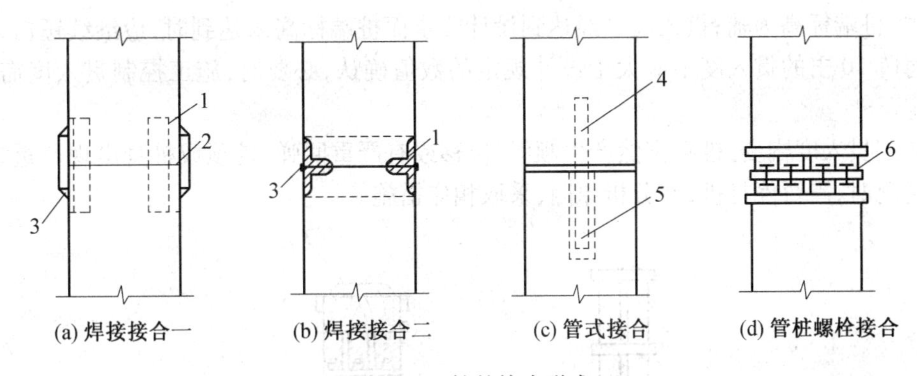

图2.17　桩的接头形式

1—角钢与主筋焊接;2—钢板;3—焊缝;4—预埋钢管;5—浆锚孔;6—预埋法

焊接接桩还需符合下列规定:下节桩段的桩头宜高出地面0.5 m;下节桩的桩头处应设导向箍。接桩时上下节桩段应保持顺直,错位偏差不得大于2 mm。接桩就位纠偏时,不得使用大锤横向敲打;桩对接前,上下端板表面应采用铁刷子清理干净,坡口处应刷至露出金属光泽;焊接宜在桩四周对称进行,等到上下桩节固定后拆除导向箍再分层施焊;焊接层数不能少于两层,第一层焊完后必须将焊渣清理干净,才能进行第二层(的)施焊,焊缝应连续、饱满;焊好后的桩接头应自然冷却后才能继续锤击,自然冷却时间不宜少于8 min;禁止采用水冷却或焊好即施打;雨天进行焊接时,应采取可靠的防雨措施;焊接接头的质量检查,对于同一工程探伤抽样检验不应少于3个接头。

采用机械快速螺纹接桩的操作和质量应符合下列规定:安装前应检查桩两端制作的尺寸偏差和连接件,无受损后才能起吊施工,其下节桩端宜高出地面0.8 m;接桩时,拆下上下节桩两端的保护装置后,应清理接头残物,涂上润滑剂;应使用专用接头锥度对中,对准上下节桩进行旋紧连接;可使用专用链条式扳手进行旋紧(臂长1 m卡紧后人工旋紧,再用铁锤敲击板臂),锁紧后两端板还应有1~2 mm的间隙。

采用机械啮合接头接桩的操作和质量应符合下列规定:将上下接头板清理干净,用扳手将已经涂抹沥青涂料的连接销逐根旋进上节桩Ⅰ型端头板的螺栓孔内,并用钢模板调节好连接销的方位;剔除下节桩Ⅱ型端头板连接槽内泡沫塑料保护块,在连接槽内灌入沥青涂料,并在端头板面周边抹上宽度20 mm、厚度3 mm的沥青涂料;当地基土、地下水含有中等以上腐蚀介质时,桩端板板面需要满涂沥青涂料;将上节桩吊起,使连接销与Ⅱ型端头板上各连接口对正,随即将连接销插入连接槽内;加压使得上下节桩的桩头板接触,接桩完成。

(7)送桩。当桩顶打到接近地面需要送桩时,应测出桩的垂直度并检查桩顶质量,合格后需及时送桩。送桩可用钢筋混凝土或钢材制作(图2.18),长度应根据桩顶标高而定。不得将工程桩用作送桩器。

送桩深度不应大于2.0 m;送桩的最后贯入度需参考相同条件下不送桩时的最后贯入度并修正。当送桩深度超过2.0 m且不大于6.0 m时,打桩机需为三点支撑履带自行式或步履式柴油打桩机;桩帽与桩锤之间应用竖纹硬木或盘圆层叠的钢丝绳作“锤垫”,其厚度应取150~200 mm。送桩后遗留的桩孔应立刻回填或覆盖。

(8)预制桩终止锤击。当桩端位于一般土层时,需以控制桩端设计标高为主,贯入度为辅;桩端达到坚硬、硬塑的黏性土、中密以上粉土、砂土、碎石类土以及风化岩时,应以贯入度控制为主,桩端标高为辅;贯入度已经达到设计要求而桩端标高未达到时,应继续锤击3阵,并按照每阵10击的贯入度不应大于设计规定的数值确认,必要时,施工控制贯入度需通过试验确定。

当遇到贯入度剧变,桩身突然产生倾斜、位移或有严重回弹、桩顶或桩身出现严重裂缝、破碎等情况时,需暂停打桩,并分析原因,采取相应措施。

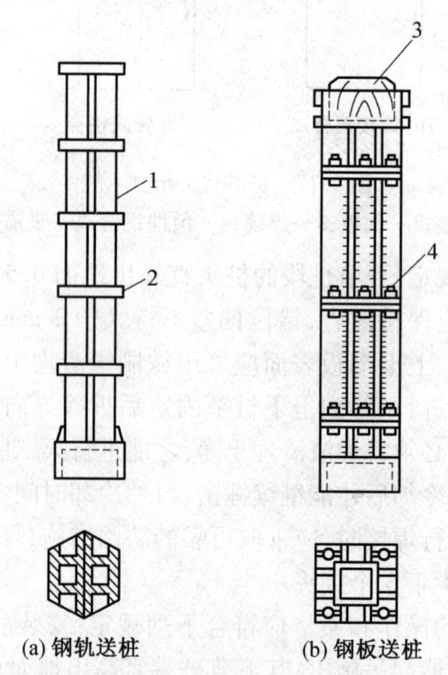

图2.18 钢送桩构造

1—钢轨;2—15 mm厚钢板箍;3—硬木垫;4—连接螺栓

第39讲 静力压桩施工

1. 施工工艺

施工程序为:测量定位→压桩机就位→吊桩、插桩→桩身对中调直→静压沉桩→接柱→再静压沉桩→送桩→终止压桩→检查验收→转移桩机(图2.19)。

2. 施工要点

(1)桩机就位。压桩时,桩机就位利用行走装置完成,它由横向行走(短船行走)与回转机构组成。将船体当作铺设的轨道,通过横向和纵向油缸的伸程和回程使桩机实现步履式的横向与纵向行走。

(2)吊桩、插桩。静压预制桩每节长度通常在12 m以内,插桩时先用起重机吊运或用汽车运到桩机附近,再利用桩机上自身设置的工作吊机将预制混凝土桩吊入夹持器中,夹持油缸将桩从侧面夹紧,就能开动压桩油缸。

(3)静压沉桩。压桩顺序应根据场地工程地质条件确定,并应符合以下规定:当场地地层中局部含砂、碎石、卵石时,宜先对这个区域进行压桩;当持力层埋深或桩的入土深度差别较大时,应先施压长桩后施压短桩。

压桩时先将桩压入土中1 m左右后停止,调节桩在两个方向的垂直度后,第一节桩下压

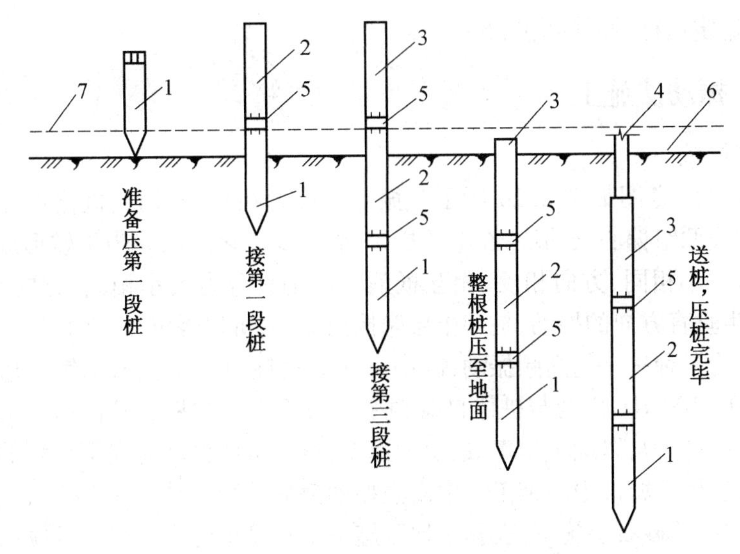

图2.19 静压桩工艺程序示意图

1—第一段桩；2—第二段桩；3—第三段桩；4—送桩

5—桩接头处；6—地面线；7—压桩架操作平台线

时垂直度偏差不得大于0.5%；压桩油缸继续伸程将桩压入土中，伸长完后，夹持油缸回程松夹，压桩油缸回程，重复上述动作就能实现连续压桩操作，直至将桩压入预定深度土层中。

压桩过程中应测量桩身的垂直度。当桩身垂直度偏差超过1%时，应找出原因并且设法纠正；当桩尖进入较硬土层后，禁止用移动机架等方法强行纠偏。压桩时宜将每根桩一次性连续压到底，且最后一节有效桩长不能小于5 m；抱压施工时抱压力不应大于桩身允许侧向压力的1.1倍。

在压桩过程中要认真记录桩入土深度与压力表读数的关系，以判断桩的质量和承载力。当压力表读数骤然上升或下降时，要停机对照地质资料进行分析，判断是否遇到障碍物或出现断桩现象等。出现下列情况之一时，应停止压桩作业，并分析原因，采取相应措施：压力表读数显示情况和勘察报告中的土层性质明显不符；桩很难穿越具有软弱下卧层的硬夹层；实际桩长和设计桩长相差较大；出现异常响声；压桩机械工作状态发生异常；桩身出现纵向裂缝与桩头混凝土出现剥落等异常现象；夹持机构打滑；压桩机下陷。

(4)接桩。压桩应连续进行，如需接桩按照前述接桩方式进行。

(5)送桩。当压力表读数达到事先规定值，便可停止压桩。若桩顶接近地面，而压桩力尚未达到规定值，可以送桩。静压送桩的质量控制应符合以下规定：

测量桩的垂直度并检查桩头质量，合格后才能送桩，压、送作业应连续进行；送桩需采用专制钢质送桩器，不得将工程桩当作送桩器；当场地上多数桩的有效桩长L不大于15 m，或桩端持力层为风化软质岩，可能需要复压时，送桩深度不宜大于1.5 m；除满足上述规定外，当桩的垂直度偏差不足1%，且桩的有效桩长大于15 m时，静压桩送桩深度不宜大于8 m，送桩的最大压桩力不宜超过桩身允许抱压压桩力的1.1倍。

(6)终止压桩。终压条件应符合以下规定：应根据现场试压桩的试验结果确定终压力标准；终压连续复压次数应根据桩长和地质条件等因素确定。对于入土深度不小于8 m的桩，复压次数可为2～3次；对于入土深度不到8 m的桩，复压次数可为3～5次；稳压压桩力不能小于终压力,稳定压桩的时间宜为5~10 s。

第40讲 振动法施工

1. 振动沉桩机械

振动沉桩设备示意图如图2.20所示。振动箱设置在桩头,用夹桩器将桩与振动箱固定。振动箱内装设两组偏心振动块,在电动机带动下,偏心块反向同步旋转形成离心力。离心力的水平分力大小相同、方向相反,相互抵消。而垂直分力大小相同、方向一致,相互叠加,使振动箱产生垂直方向的振动,桩和土层摩擦力减小,桩慢慢沉入土中。

振动桩锤分为三种——超高频振动锤、中高频振动锤以及低频振动锤。超高频振动锤的振动频率为50~100 Hz,因为与桩体自振频率一致而产生共振。桩振动对土体产生急速冲击,可显著减小摩擦力,以最小功率、最快的速度打桩,可使振动对周围环境的影响降到最小。该种振动锤适用于城市中心施工。中高频振动锤振动频率是20~60 Hz,适用于松散冲积层、松散以及中密的砂石层施工,在黏土地区施工中却显得能力不足。低频振动锤适用于打大管径柱,通常用于桥梁、码头工程,缺点是振幅大,产生噪音大,可采用下列方法来减少噪音:一是紧急制动法,即停振时,使马达反转制动,使其在最短时间内越过与土层的共振域;二是采用钻振结合法,即先钻孔,后沉桩,噪音可降至75 dB(分贝)以下;三是采用射水振动联合法。

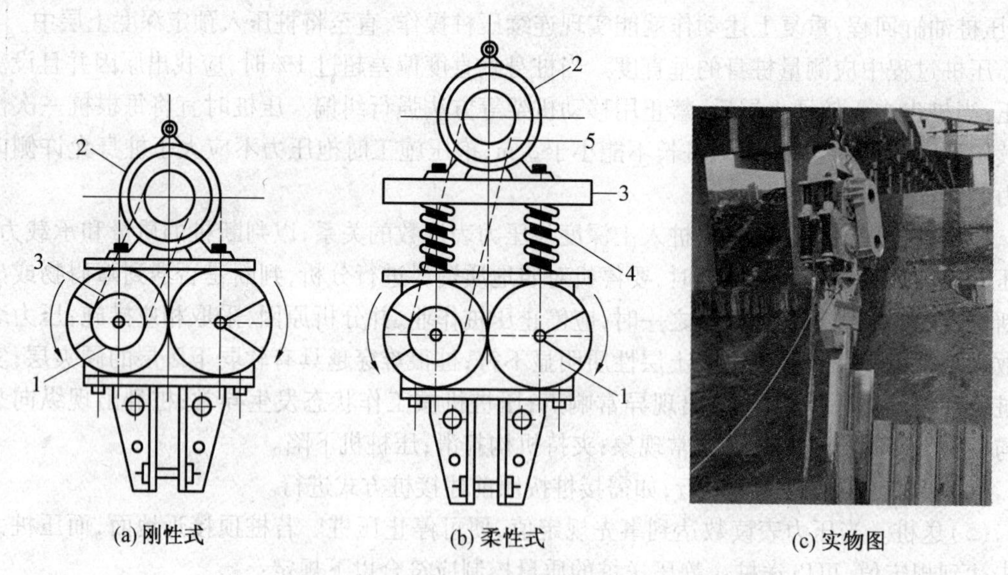

(a) 刚性式　(b) 柔性式　(c) 实物图

图2.20　振动桩锤构造示意图

1—激振器;2—电动机;3—传动带;4—弹簧;5—加荷板

2. 施工要点

振动沉桩器施工时,夹桩器必须夹紧桩头,以免滑动,否则会影响沉桩效率,损坏机具。沉桩时,应确保振动箱与桩身在同一垂直线上,当遇有中密以上细砂、粉砂或其他硬夹层时,如果厚度在1 m以上,可能发生沉入时间过长或穿不过现象,需会同设计部门共同研究解决。振动沉桩施工需控制最后三次振动,每次振动时间为5 min或10 min,以每分钟平均贯入度达到设计要求为准。摩擦桩以桩尖进入持力层深度为准。

2.2　混凝土灌注桩施工细部做法

第41讲　钻孔灌注桩施工

1. 干作业成孔灌注桩

干作业成孔灌注桩是先由钻孔设备进行钻孔，等到孔深达到设计要求后立即清孔，放入钢筋笼，然后进行水下浇筑混凝土施工形成桩，如图2.21所示。

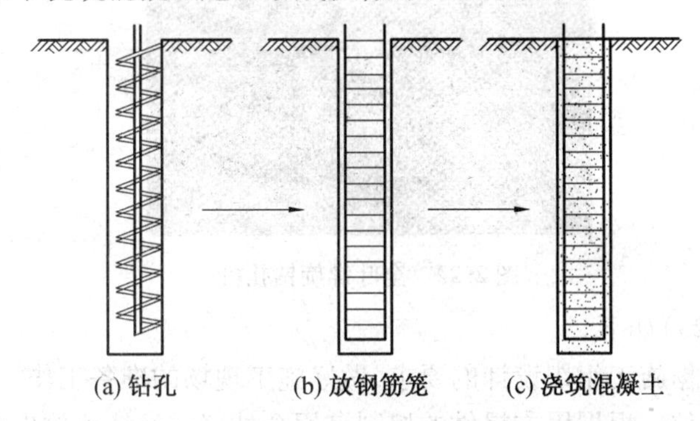

图2.21　干作业成孔灌注桩工艺过程

(1)施工设备。目前，在干作业成孔灌注桩施工中，通常采用螺旋钻孔机成孔。其利用动力旋转钻杆，向下切削土壤，通过螺旋叶片使得削下的土沿整个钻杆上升涌出孔外。成孔孔径通常为300～600 mm，最大可达800 mm，钻孔深度是8～20 m。常用的钻孔机械包括：全叶螺旋钻孔机、钻扩机、全套管钻机等。

1)全叶螺旋钻孔机。全叶螺旋钻孔机(图2.22)包括主机、滑轮组、螺旋钻杆、钻头、滑动支架、出土装置等部件，主要用于地下水位以上的黏土、粉土、中密以上的砂土或人工填土土层的成孔，成孔孔径一般为300～800 mm，钻孔深度为8～12 m。其配有多种钻头，以适应不同的土层。

2)钻扩机。钻扩机是钻孔扩底灌注桩的成孔机械。常用钻扩机为双管螺旋钻扩机，它的主要部分是由两根并列的开口套管组成的钻杆与钻头，钻头上装有钻孔刀和扩孔刀，利用液压操纵，可使钻头并拢或张开。开始钻孔时，钻杆与钻头顺时针方向旋转钻进土中，切下的土由套管中的螺旋叶片送到地面。当钻孔达到设计深度时，操纵液压阀使钻头慢慢撑开，边旋转边扩孔，切下的土也由套管内叶片输送到地面，直至达到设计要求。

3)全套管钻机。全套管钻机在成孔及混凝土浇筑过程中完全依靠套管护壁。钻孔直径最大可达到2.5 m，钻孔深度可达到40 m，拔管能力最大达到5 000 kN。全套管钻机施工的优点为：除了岩层以外，任何土层都适用；挖掘时可确切地分清持力层土质，所以可随时确定混凝土桩的深度；在软土中，由于有套管护壁，不会造成塌方；可钻斜孔，用于斜桩施工。缺点是：机身庞大沉重，套管上拔时所需反力大；因为套管的摆动易使周围地基扰动而秘散。

(2)施工工艺。干作业成孔灌注桩施工工艺流程如下：

场地清理→测量放线定桩位→桩机就位→钻孔取土成孔→清除孔底沉渣→成孔质量检查验收→吊放钢筋笼→浇筑孔内混凝土→养护成桩。

图 2.22　全叶螺旋钻孔机

主要过程(图 2.23)如下。

1)场地清理。根据施工组织设计的要求,做好施工现场的准备工作。

2)测量放线定桩位。根据甲方提供的控制点用全站仪或经纬仪放出点位与标高。

3)桩机就位。钻孔机就位时,必须保持平稳,不产生倾斜、位移,为准确控制钻孔深度,应在机架上或机管上作出控制的标尺,便于在施工中进行观测、记录。

4)钻孔取土成孔。调直机架挺杆,对准桩位,开动机器钻进、出土,达到控制深度后停钻、提钻。

5)清除孔底沉渣。钻到预定的深度后,一定要在孔底处进行空转清土,然后停止转动;提钻杆,不能曲转钻杆。孔底的虚土厚度超过质量标准时,需分析原因,采取措施进行处理。进钻过程中散落在地面上的土,必须随时清理运走。

(a) 钻机成孔　(b) 安放钢筋笼　(c) 浇筑混凝土　(d) 成桩

图 2.23　干作业成孔灌注桩的主要工艺过程

6)成孔质量检查验收。

①钻深测定。成孔至预定深度后,检查孔深、孔径、孔壁、垂直度及孔底虚土厚度。常用测深绳(锤)或手提灯测量孔深和虚土厚度,虚土厚度等于钻深的差值。虚土厚度通常不应超过 10 cm。

②孔径控制。钻进遇有含石块较多的土层，或含水量较大的软塑黏土层时，必须避免钻杆晃动引起孔径扩大，使得孔壁附着扰动土和孔底增加回落土。

7）吊放钢筋笼。按照施工图设计要求，对于钢筋笼钢筋绑扎情况进行检查验收后，完成吊装就位工作。钢筋笼放入前需先绑好砂浆垫块（或塑料卡）；吊放钢筋笼时，要对准孔位，吊直扶稳，慢慢下沉，避免碰撞孔壁。钢筋笼放到设计位置时，应立刻固定。遇有两段钢筋笼连接时，应采取焊接，以保证钢筋的位置正确，保护层厚度符合要求。

8）浇筑孔内混凝土。

①放串筒浇筑混凝土。在放串筒前再次检查钻孔内虚土厚度。浇筑混凝土时需连续进行，分层振捣密实，分层高度以捣固的工具而定，通常不得大于0.5 m。

②混凝土浇筑到桩顶时，应适当超过桩顶设计标高，以确保在凿除浮浆后，桩顶标高符合设计要求。

③混凝土浇筑至距桩顶1.5 m时，可拔出串筒，直接浇筑混凝土。桩顶上的钢筋插铁必须保持垂直插入，有足够的保护层及锚固长度，防止插偏和插斜。

④混凝土的坍落度通常为8～10 cm；为保证其和易性及坍落度，应注意调整灌孔砂率以及掺入减水剂、粉煤灰等。

⑤同一配合比的试块，每班不能少于一组。

2. 泥浆护壁成孔灌注桩

泥浆护壁成孔灌注桩是在成孔机械成孔时，用泥浆保护孔壁避免塌孔，并利用泥浆的循环带出部分渣土。适用于地下水位以下的黏性土、粉土、砂土、填土、碎石土和风化岩层；成孔机械有冲击钻机、回转钻机、潜水钻机等。

（1）施工工艺。泥浆护壁成孔灌注桩施工工艺如图2.24所示，具体是：场地平整→桩位放线，开挖浆池、浆沟→护筒埋设→钻机就位，孔位校正→钻孔，泥浆循环，清除废浆、泥渣→清孔换浆→终孔验收→下钢筋笼和钢导管→二次清孔→水下混凝土灌注→成桩养护。

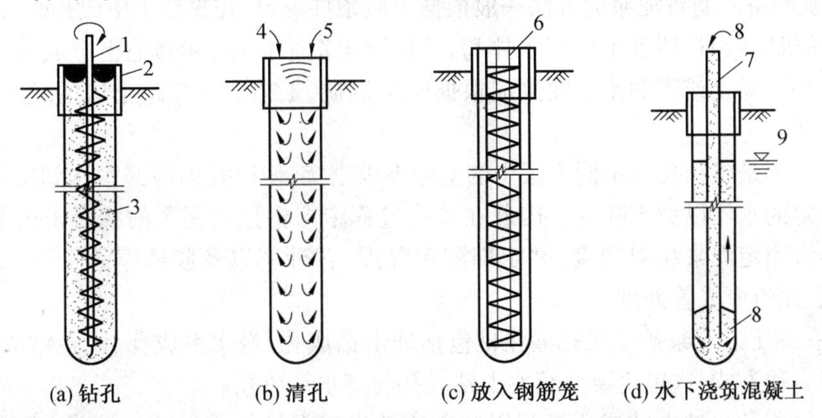

图2.24　泥浆护壁成孔灌注桩施工工艺流程图

1—钻机；2—护筒；3—泥浆护壁；4—压缩空气；5—清水

6—钢筋笼；7—导管；8—混凝土；9—地下水位

（2）施工要点。

1）桩位放线。将基准点设置在施工场地外，并用混凝土加以固定保护，根据基准点利用全站仪或钢尺配合经纬仪测量放线，放线经过自检合格，报监理单位联合验收合格后才能进入下一步施工。

2)埋设护筒。护筒是埋置在钻孔口处的圆筒。护筒在施工中指引钻头方向;提高孔内泥浆水头,以免塌孔,如图2.25所示。护筒起固定桩孔位置、保护孔口的作用,所以,护筒位置应埋设准确并保持稳定。护筒中心和桩位中心的偏差不得大于50 mm。

护筒通常用4~8 mm钢板制作,其内径应大于钻头直径,回转钻机成孔时应大于100 mm,冲击钻机成孔时应大于200 mm,以利钻头升降。护筒与坑壁之间用黏土分层填实,防止漏水。

护筒的埋设深度在黏性土中不得小于1.0 m,砂土中不得小于1.5 m。护筒下端外侧应采用黏土填实;其高度还需满足孔内泥浆面高度的要求;护筒顶面应高出地面0.4~0.6 m。在水面施工时宜高出水面1~2 m;如孔内有承压水,护筒的埋置深度需超过稳定后的承压水位2.0 m以上。

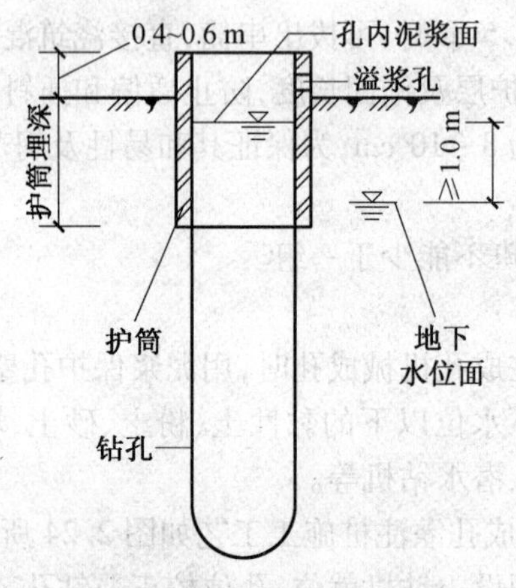

图2.25 护筒埋设示意

(3)泥浆配备。制备泥浆的方法一般根据土质条件确定:在黏性土中成孔时可以在孔中注入清水,钻机旋转时,切削土屑与水拌和,采用原土造浆护壁;在其他土中成孔时,泥浆制备需选用高塑性黏土或膨润土。泥浆应根据施工机械、工艺以及穿越土层情况进行配合比设计。

泥浆的作用是将钻孔内不同土层中的空隙渗填密实,使得孔内渗漏水达到最低限度,并保持孔内一定的水压以稳定孔壁。因此在成孔过程中严格控制泥浆的相对密度非常重要。施工中应经常测定泥浆相对密度,并定期测定黏度、含砂率以及胶体率等指标,及时调整。废弃的泥浆、泥渣应妥善处理。

(4)成孔施工。泥浆护壁成孔灌注桩包括冲击钻成孔、潜水钻成孔、回转钻成孔以及冲抓钻成孔等多种方式,这里主要介绍冲击钻成孔与潜水钻成孔。

1)冲击钻成孔。冲击钻成孔是利用冲击式钻机或卷扬机悬吊冲击钻头(又称冲锤)上下往复冲击,将硬质土或岩层破碎成孔,部分碎渣以及泥浆挤入孔壁中,大部分成为泥渣,用掏渣筒掏出的一种成孔方法,如图2.26所示。

冲击钻成孔时,应低锤密击,如果表土为淤泥、细砂等软弱土层,可加黏土块夹小片石反复冲击造壁,孔内泥浆面应维持稳定。直至孔深达护筒下3~4 m后,才加快速度,增大冲程,转入正常连续冲击。进入基岩后,应采用大冲程、低频率冲击,当出现成孔偏移时,应回

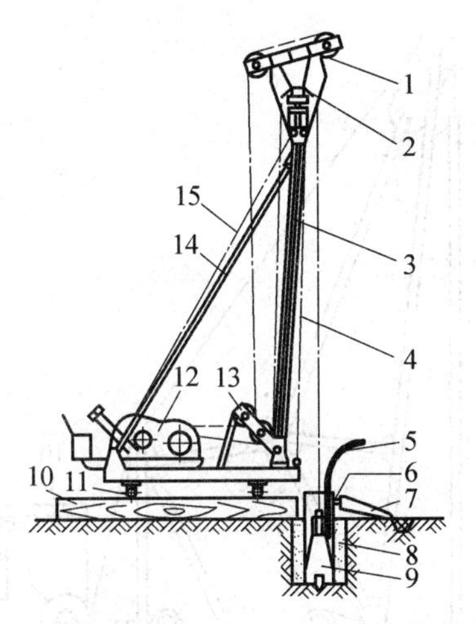

图2.26　冲击钻机示意图

1—副滑轮;2—主滑轮;3—主杆;4—前拉索;5—供浆管
6—溢流口;7—泥浆渡槽;8—护筒回填土;9—钻头;10—垫木
11—钢管;12—卷扬机;13—导向轮;14—斜撑;15—后拉索

填片石至偏孔上方300~500 mm处,再重新冲孔;当遇到孤石时,可预爆或采取高低冲程交替冲击,将大孤石击碎或挤入孔壁;每钻进4~5 m需验孔一次,在更换钻头前或容易缩孔处,都需验孔;进入基岩后,非桩端持力层每钻进300~500 mm以及桩端持力层每钻进100~300 m时,应清孔取样一次,并应做记录。

2)潜水钻成孔。潜水钻成孔是用潜水电钻机构中的密封的电动机、变速机构直接带动钻头在泥浆中旋转削土,同时用泥浆泵压送高压泥浆(或用水泵压送清水),使从钻头底端射出,与切碎的土颗粒进行混合,以正循环或反循环方式排除泥渣,如此连续钻进,直到形成需要深度的桩孔,如图2.27所示。

桩架就位后,将电钻吊入护筒内,需关好钻架底层的铁门。启动砂石泵,使电钻空转,等到泥浆输入钻孔后,开始钻进。钻进中要始终维持泥浆液面高于地下水位1.0 m以上,以起护壁、携渣、润滑钻头、降低钻头发热以及减少钻进阻力等作用。

钻进中应依据钻速进尺情况及时放松电缆线及进浆胶管,并使电缆、胶管以及钻杆下放速度同步进行。钻孔进尺速度应根据土层类别、孔径大小、钻孔深度及供水量确定。对于淤泥和淤泥质土不得大于1 m/min,其他土层以钻机不超负荷为准,风化岩或其他硬土层以钻机不出现跳动为准。

(5)清孔换浆。当钻孔达到设计深度后,应立即进行孔底清理。清孔目的是清除孔底沉渣与淤泥,控制循环泥浆相对密度,为水下混凝土灌注创造条件。

对于孔壁土质良好不易塌孔的桩孔,可用空气吸泥机清孔,气压是0.5 MPa,被搅动的泥渣随着管内形成的强大高压气流向上涌,从喷口排出,直到孔口喷出清水;对于稳定性差的孔壁应用泥浆(正、反)循环法或掏渣筒清孔、排渣。利用原土造浆的钻孔,可使钻机空转不进入,同时灌入清水,等孔底残余的泥块已磨浆,排出泥浆相对密度为1.1左右(以手触泥浆无颗粒感觉),即可认为清孔已合格。对于注入制备泥浆的钻孔,可采用换浆法清孔,直至换出泥浆相对密度小于1.15~1.25为合格。在清孔过程中,必须及时补充足够的泥浆,以保持浆面稳定。

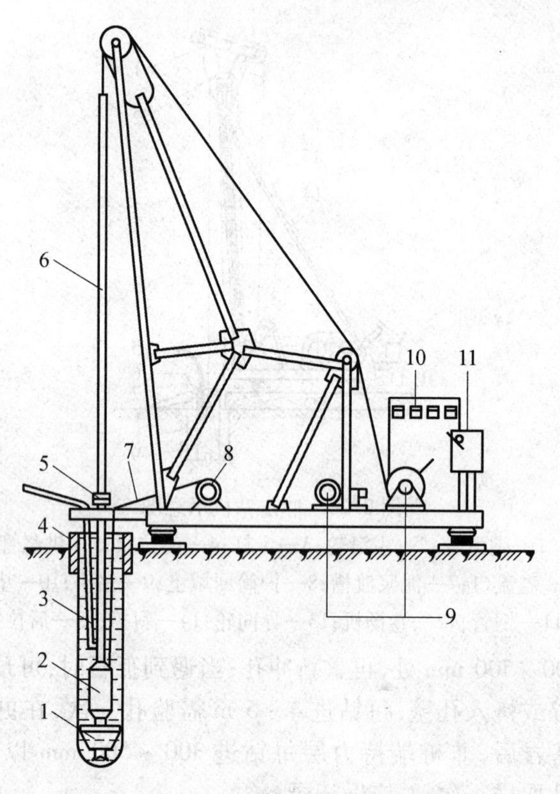

图2.27 潜水钻机示意图

1—钻头;2—潜水电钻;3—水管;4—护筒;5—支点;6—钻杆

7—电缆线;8—电缆盘;9—卷扬机;10—电流电压表;11—启动开关

清孔后,孔底500 mm内泥浆相对密度需小于1.25,含砂率不超过8%,黏度不得大于28 s。孔底残留沉渣厚度需符合下列规定:对端承型桩,不得大于50 mm;对摩擦型桩,不得大于100 mm;对抗拔、抗水平力桩,不得大于200 mm。

1)正循环排泥法:如图2.28(a)所示,当设置在泥浆池中的潜水泥浆泵,将泥浆与清水从位于钻机中心的送水管射向钻头后,放下钻杆至土面钻进,钻削下的土屑被钻头切碎,与泥浆混合,等到钻至设计深度后,潜水电钻停转,但泥浆泵仍继续工作,所以,泥浆携带土屑不断溢出孔外,流向沉淀池,土屑沉淀后,多余泥浆再溢向泥浆池,形成排泥正循环过程。

正循环排泥过程,需孔内泥浆相对密度达到1.1~1.15后,才能停泵提升钻机,然后钻机迅速移位,再进行下道工序。

2)反循环排泥法:如图2.28(b)所示,排泥浆用砂石泵和潜水电钻连接在一起。钻进时需先向孔中注入泥浆,采用正循环钻孔,当钻杆降低到砂石泵叶轮位于孔口以下时,启动砂石泵,将钻削下的土屑通过排渣胶管排到沉淀池,土屑沉淀后,多余泥浆溢向泥浆池,形成排泥反循环过程。

钻机钻孔到设计深度后,即可关闭潜水电钻,但砂石泵仍需继续排泥,直到孔内泥浆相对密度达到1.1~1.15为止。与正循环排泥法相比,反循环排泥法不用借助钻头将土屑切碎搅拌成泥浆,而直接通过砂石泵排土,所以钻孔效率更高。对孔深大于30 m的端承型桩,应采用反循环排泥法。

3)抽渣筒法是用一个下部带有活门的钢筒,将其放到孔底,做上下往复活动,提升高度

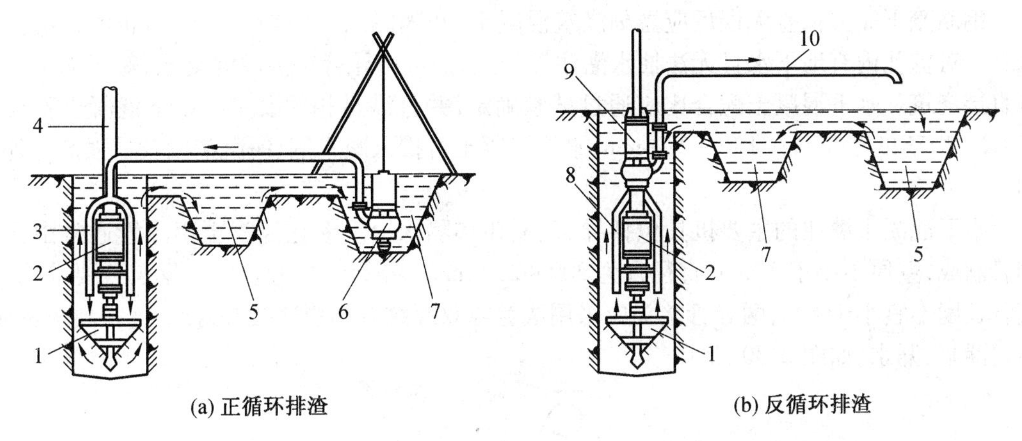

(a) 正循环排渣　(b) 反循环排渣

图2.28　循环排渣方式

1—钻头;2—潜水电钻;3—送水管;4—钻杆;5—沉淀池

6—潜水泥浆泵;7—泥浆池;8—抽渣管;9—砂石泵;10—排渣胶管

在2 m左右,当抽筒向下活动时,活门打开,残渣流进筒内;向上运动时,活门关闭,可将孔内残渣抽出孔外(图2.29)。排渣时,必须及时向孔内补充泥浆,防止亏浆造成孔内坍塌。

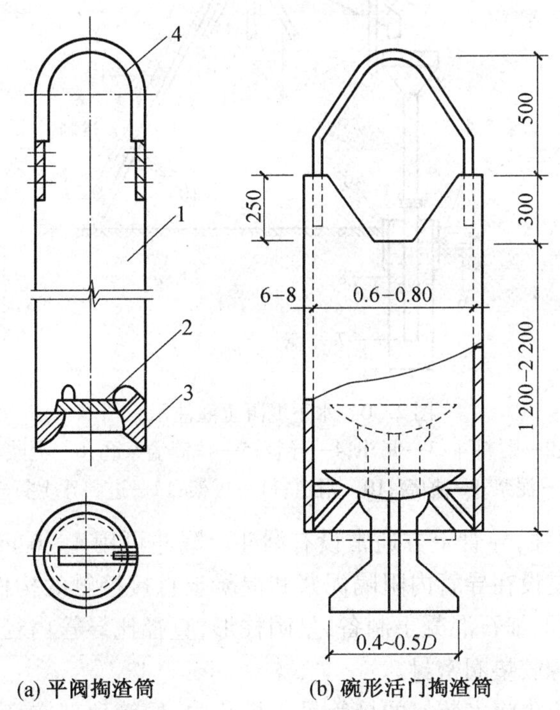

(a) 平阀掏渣筒　(b) 碗形活门掏渣筒

图2.29　掏渣筒

1—筒体;2—平阀;3—切削管轴;4—提环

(6)下钢筋笼,浇混凝土。清孔完毕后,应立刻吊放钢筋笼,并固定在孔口钢护筒上,及时进行水下混凝土浇筑。钢筋笼埋设前应在其上布置定位钢筋环,混凝土垫块或在孔中对称设置3~4根导向钢筋,以保证保护层厚度。钢筋笼吊放入孔时,不得碰撞孔壁。同时固定在护筒上,防止钢筋笼受混凝土上浮力的影响而上浮。

钢筋笼下完并检查无误后应立刻浇筑混凝土，间隔时间不应超过4 h，防止泥浆沉淀和塌孔。对桩孔内有地下水且无法抽水灌注混凝土时，可用导管法浇灌混凝土，对于无水桩孔可直接浇筑。水下混凝土配合比应通过试验确定，并且满足相关要求。水下混凝土不应低于C25，坍落度需控制在180～220 mm，水下混凝土可掺入减水剂、缓凝剂以及早强剂等外加剂。

水下混凝土灌注的主要机具包括导管、漏斗和隔水栓。灌注混凝土用导管通常由无缝钢管制成，壁厚不小于3 mm，直径宜为200～250 mm。导管的分节长度根据工艺要求确定，底管长度不宜小于4 m，两导管接头应采用法兰或双螺纹方扣快速接头，接头连接要求密实，不得漏浆、漏水，如图2.30所示。

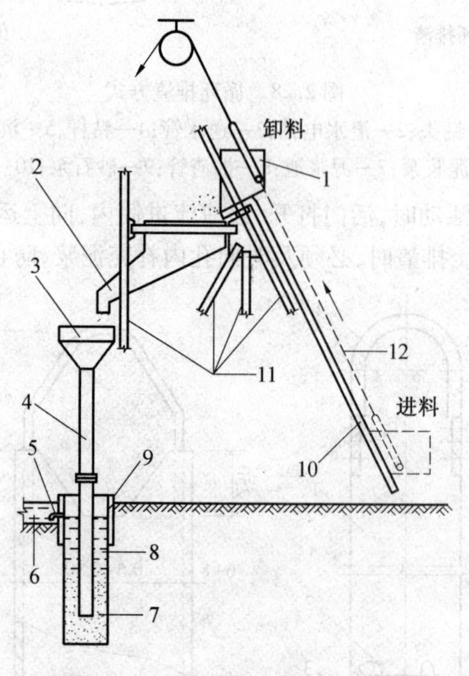

图2.30 水下混凝土灌注示意图

1—进料斗；2—贮料斗；3—漏斗；4—导管；5—护筒溢浆孔；6—泥浆池；7—混凝土
8—泥浆；9—护筒；10—滑道；11—桩架；12—进料斗上行轨迹

为方便混凝土灌注，导管上方通常设有漏斗。漏斗可用4～6 mm钢板制作，要求不漏浆、不挂浆。隔水栓是设在导管内阻隔泥浆和混凝土直接接触的构件。隔水栓一般与桩身混凝土强度等级相同的细石混凝土制备，呈圆柱形，直径比导管内径小20 mm，高度比直径大50 mm，顶部使用橡胶垫圈密封。

混凝土灌注前，应先将安装好的导管吊入桩孔内，导管顶部应高出泥浆面，且在顶部连接好漏斗；导管底部至孔底距离0.3～0.5 m，管内安装隔水栓，通过细钢丝悬吊在导管下口。

灌注混凝土时，先在漏斗中存储足够数量的混凝土，剪断隔水栓提吊钢丝后，混凝土在自重作用下与隔水栓一起冲出导管下口，并将导管底部最少埋入混凝土0.8 m。然后连续灌注混凝土，相应地不断提升导管并拆除导管，提升速度不宜过快，应确保导管底部位于混凝土面以下2～6 m，以免断桩。

当灌注接近桩顶部位时，应控制最后一次灌注量，致使桩顶的灌注标高高出设计标高

0.8～1.0 m,以满足凿除桩顶部泛浆层后桩顶标高能够达到其设计值。凿桩头后,还必须确保暴露的桩顶混凝土强度达到其设计值。

第 42 讲　沉管灌注桩施工

根据沉管工艺的不同,沉管灌注桩可分为振动沉管灌注桩与锤击沉管灌注桩。振动沉管灌注桩是利用振动沉桩机沉桩,通常在一般黏性土、淤泥、淤泥质土、粉土、湿陷性黄土,稍密及松散的砂土和填土中使用;但在坚硬砂土、碎石土及有硬夹层的土层中,由于易损坏桩尖,不宜采用。锤击沉管灌注桩是利用锤击打桩机沉桩,通常在黏性土、淤泥、淤泥质土、稍密的砂土及杂填土层中使用,但不得在密实的中粗砂、砂砾石、漂石层中使用。

1. 振动沉管灌注桩

振动沉管灌注桩成桩工艺如图 2.31 所示,主要工艺过程如下。

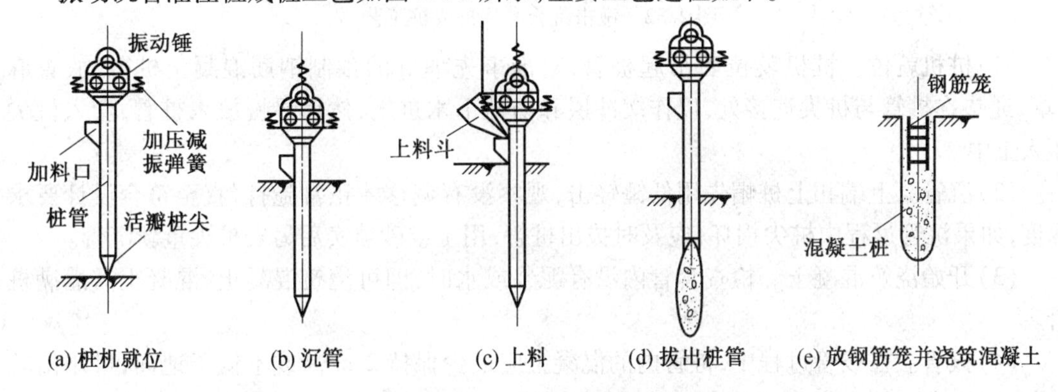

图 2.31　振动沉管灌注桩成桩工艺

(1)桩机就位。将桩管对正桩位中心,将桩尖活瓣式桩靴合拢或者桩端套上预制混凝土桩靴,采用锤击或者利用振动机和桩管自重,将桩尖压入土中。

(2)沉管。利用锤击设备或者开动振动箱,桩管即在强迫振动下快速沉入土中。沉管过程中,应时刻探测管内有无水或泥浆,如发现水或泥浆较多,需拔出桩管,用砂回填桩孔后重新沉管,通常在沉入前先灌入 1 m 高左右的混凝土或砂浆,封住活瓣桩尖缝隙,然后继续沉入。

(3)上料。桩管沉到设计标高后,停止振动,用上料斗将混凝土灌入桩管内,混凝土通常应灌满桩管或略微高于地面。

(4)拔管。拔起桩管是保障质量的重要环节。开始拔管时,应先启动振动箱片刻,然后开动卷扬机拔桩管。用活瓣桩尖时宜慢,用预制桩尖时可适当加速;在软弱土层中,拔管速度宜控制为 0.6～0.8 m/min,并用吊砣探测得桩尖活瓣确实已经张开,混凝土已从桩管中流出以后,才能继续抽拔桩管,边振边拔,桩管内的混凝土被振实而留在土中成桩,拔管速度需控制为 1.2～1.5 m/min。

(5)放钢筋笼并浇筑混凝土。当桩管沉到设计标高后,停止振动或锤击,检查管内没有泥浆或水进入后,即放入钢筋骨架,放钢筋笼时,应注意避免破坏孔口。应及时浇筑混凝土防止进入虚土,在灌注混凝土的同时进行拔管,拔管时一定要边振(打)边拔,当混凝土灌至桩顶时,混凝土在桩管内的高度需大于桩孔深度;当桩尖距地面 60～80 cm 时停振,借助余振将桩管拔出。同时混凝土浇筑高度应超过桩顶设计标高 0.5 m,适时修整桩顶,凿去浮浆后，应保证桩顶设计标高及混凝土质量。

2. 锤击沉管灌注桩

锤击沉管灌注桩成桩工艺如图2.32所示，主要工艺过程如下。

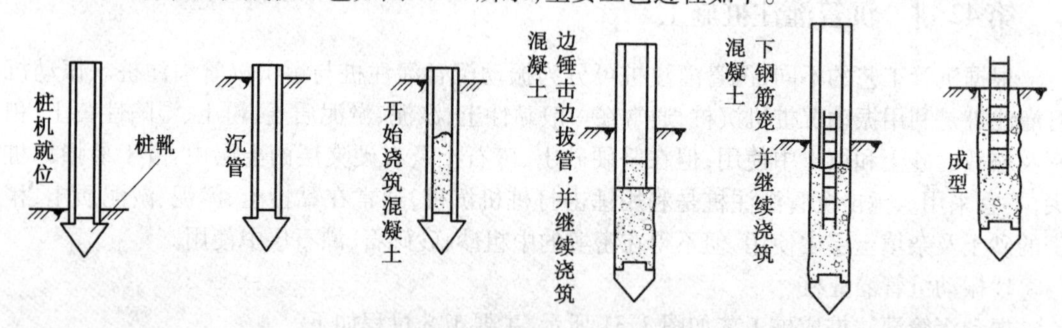

图2.32 锤击沉管灌注桩成桩工艺

(1)桩机就位。桩机就位后吊起桩管，对准事先埋好的预制钢筋混凝土桩靴，放置麻(草)绳垫在桩管与桩尖连接处，以作缓冲层和防地下水进入，然后慢慢放入桩管，套入桩尖压入土中。

(2)沉管。上端扣上桩帽先用低锤轻击，观察没有偏移才正常施打，直至符合设计要求深度，如果沉管过程中桩尖损坏，应及时拔出桩管，用土或砂填实后另安桩尖重新沉管。

(3)开始浇筑混凝土。检查套管内没有泥浆或水时，即可浇筑混凝土，混凝土需灌满桩管。

(4)拔管。在拔管过程中，桩管内的混凝土应最少保持2 m高或不低于地面，可用吊砣探测，不足时立即补灌，以防混凝土中断形成缩颈。每根桩的混凝土灌筑量，应确保制成后桩的平均截面积与桩管端部截面积的比值不小于1.1。

(5)下钢筋笼，浇筑混凝土。当混凝土灌到钢筋笼底标高时，应从桩管内插入钢筋笼或短筋，继续浇筑混凝土及拔管，直至全管拔完。

为了提高桩的质量以及承载能力，沉管灌注桩常采用单打法、复打法、反插法等施工工艺。

(1)单打法，即一次拔管。拔管时，先振动5~10 s，然后开始拔桩管，应边振边拔，每提升0.5~1 m停拔，振5~10 s后再拔管0.5 m，继续振5~10 s，如此反复进行直至地面。

(2)复打法，即第一次单打时不放钢筋笼，在混凝土初凝前第二次原位单打后插筋灌注混凝土后成桩。复打法施工时经常采用全部复打法，如图2.33(a)所示。有时按照需要进行局部复打，如图2.33(b)、(c)所示。成桩后的桩身混凝土顶面标高需不低于设计标高500 mm。全长复打桩的入土深度应接近原桩长，局部复打应超过断桩或缩颈区1 m以上。全长复打时，第一次浇筑混凝土需达到自然地面。复打施工必须在第一次浇筑的混凝土初凝以前完成，应随拔管及时清除黏在管壁上以及散落在地面上的泥土，同时前后两次沉管的轴线必须重合。

(3)反插法。先振动再拔管，每提升0.5~1.0 m，就将桩管下沉0.3~0.5 m(且不宜大于活瓣桩尖长度的2/3)，在拔管过程中分段注入混凝土，使管内混凝土面始终不低于地表面，或高出地下水位1.0~1.5 m以上，如此反复进行直到地面。反插次数按设计要求进行，并应严格控制拔管速度不能大于0.5 m/min。在桩尖的1.5 m范围内，应多次反插以扩大端

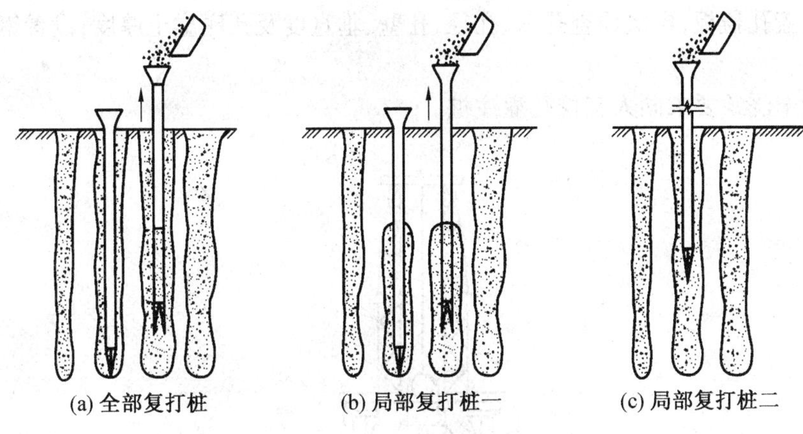

图2.33　复打桩示意图

部截面。在淤泥层中，当清除混凝土缩颈，或混凝土浇筑量不足，以及设计具有特殊要求时，宜用此法；但其在坚硬土层中容易损坏桩尖，不宜采用。

第43讲　螺旋钻孔灌注桩施工

螺旋钻孔灌注桩是利用电动机带动钻杆转动，使得钻头螺旋叶片旋转削土，土块随螺旋叶片上升排出孔口，到设计深度后，进行孔底清理。清孔的方式是在原深处空转，然后停止回转，提钻卸土或用清孔器清土。目前应用比较广泛的为长螺旋钻，钻孔直径350～400 mm；孔深可达10～20 m。

当软塑土层含水量较大时，可用疏纹叶片钻杆，以便快速地钻进。在可塑或硬塑黏土中，或含水量较小的砂土中使用密纹叶片钻杆，以便缓慢、均匀、平稳，地钻进。

螺旋钻孔机包括动力箱（内设电动机）、滑轮组、螺旋钻杆、龙门导架及钻头等组件，如图2.34所示。常用钻头类型有平底钻头、耙式钻头、筒式钻头以及锥底钻头四种，如图2.35所示。

1. 施工工艺

螺旋钻孔灌注桩施工工艺流程是：场地清理→测设桩位→钻机就位→取土成孔→清除孔底沉渣→成孔质量检查→安放钢筋笼→安置孔口护孔漏斗→浇筑混凝土→拔出漏斗成桩。

2. 施工要点

（1）钻机就位时，必须维持机身平稳，确保施工中不发生倾斜、位移；采用双侧吊线坠的方法或使用经纬仪校正钻杆垂直度；垂直度控制偏差不大于1%。安装有筒式出土器的钻机，为方便钻头迅速、准确地对准桩位，可在桩位上安装定位网环。

（2）调直机架钻杆，对准桩位，启动机器钻进、出土达到控制深度后停钻，提钻。

（3）钻至设计深度后，进行孔底清理。清孔的方式是在原深处空转，然后停止回转，提钻卸土或使用清孔器清土。

（4）用测深绳或手提灯测量孔深和虚土厚度，成孔深度和虚土厚度应满足设计要求；

检查成孔垂直度、检查孔壁是否存在胀缩、塌陷等现象；经过成孔质量检查后，应依照表逐项填好桩孔施工记录。然后盖好孔口盖板，移动钻孔机到下一桩位，禁止在盖板上行车走人。

(5)移走盖孔盖板，再次检查孔深、孔径、孔壁、垂直度及孔底虚土厚度；设置钢筋笼。具体要求同前。

(6)混凝土浇筑要求同人工挖孔灌注桩。

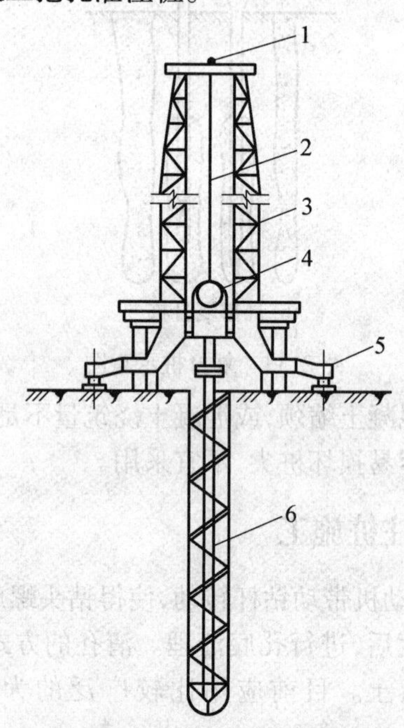

图2.34 螺旋钻机示意图

1—导向滑轮；2—钢丝绳；3—龙门导架；4—动力箱；5—千斤顶支腿；6—螺旋钻杆

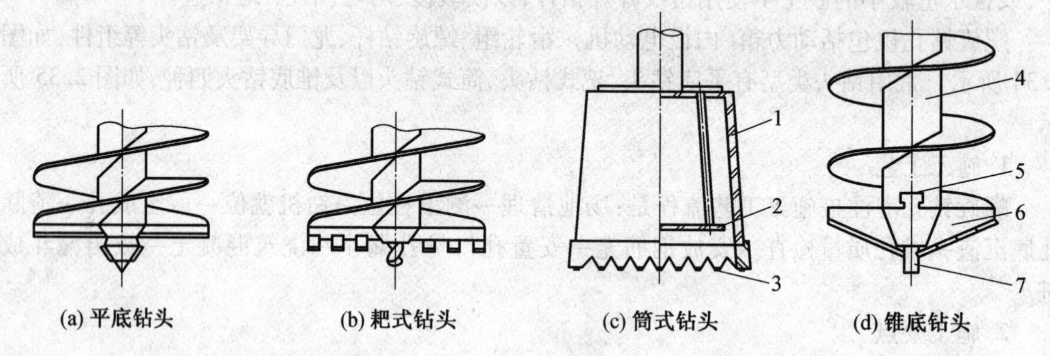

图2.35 钻头类型示意图

1—筒体；2—推土盘；3—八角硬质合金钻头；4—螺旋钻杆

5—钻头接头；6—切削刀；7—导向尖

第44讲 人工挖孔灌注桩施工

人工挖孔灌注桩是用人工挖土成孔，浇筑混凝土成桩；在挖孔灌注桩的础上，扩大桩底尺寸形成挖孔扩底灌筑桩。

人工挖孔灌注桩构造如图2.36所示。桩内径通常为800～2 500 mm，最大直径可达3 500 mm；孔深不应大于30 m。扩底灌筑桩桩底扩大端尺寸应符合$D\leqslant 3d$，$(D-d)/2:h=0.33\sim0.5$，$h_1\geqslant(D-d)/4$，$h_2=(0.10\sim0.15)D$的要求。

人工挖孔灌筑桩使用无地下水或地下水较少的黏土、粉质黏土，含有少量的砂、砂卵石、姜结石的黏土层采用，尤其适于黄土层。在地下水位较高，有承压水的砂土层、滞水层、厚度较大的流塑状淤泥、淤泥质土层中不应选用人工挖孔灌注桩。

1. 施工工艺

场地整平→放线、定桩位→挖第一节桩孔土方→支模浇灌第一节混凝土护壁→在护壁上二次投测标高及桩位十字轴线→安装活动井盖、垂直运输架、起重电动葫芦或卷扬机、活底吊土桶、排水、通风、照明设施等→第二节桩身挖土→清理桩孔四壁、校核垂直度和直径→拆上节模板、支第二节模板，浇筑第二节混凝土护壁→重复挖土、支模、浇筑混凝土护壁工序等循环作业直至设计深度→检查持力层→清理虚土、检查尺寸→吊放钢筋笼→浇筑混凝土。

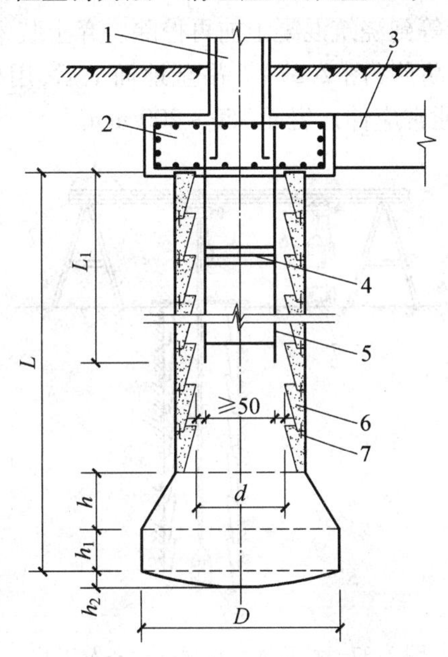

图2.36　人工挖孔桩构造图

1—柱；2—承台；3—地梁；4—箍筋；5—主筋；6—护壁；7—护壁插筋

L_1—钢筋笼长度；L—桩长

2. 施工要点

(1)人工挖孔桩当桩净距不足2.5 m时，应采用间隔开挖。相邻排桩跳挖的最小施工净距不能小于4.5 m。

(2)为防止塌孔并保证操作安全，人工挖孔桩多采用混凝土护壁。混凝土护壁的厚度不得小于100 mm，混凝土强度等级不得低于桩身混凝土强度等级，并应振捣密实；护壁应配置直径不得小于8 mm的构造钢筋，竖向筋需上下搭接或拉接。上下节护壁的搭接长度不得小于50 mm；每节护壁都应在当日连续施工完毕；护壁混凝土必须确保振捣密实，应根据土层渗水情况使用速凝剂。

(3)人工挖孔桩第一节井圈护壁应符合以下规定：井圈中心线与设计轴线的偏差不得大于20 mm；井圈顶面需比场地高出100～150 mm，壁厚应比下面井壁厚度增加100～150 mm。

(4)护壁施工采用一节组合式钢模板拼装而成，拆上节支下节，循环周转应用。模板用U形卡连接，上下设两半圆组成的钢圈顶紧，不另外设置支撑。混凝土用吊桶运输人工浇筑，上部留 100 mm 高作为浇灌口，拆模后用砌砖或混凝土堵塞，灌注混凝土 24 h 之后方可拆除护壁模板；发现护壁出现蜂窝、漏水现象时，应及时补强；同一水平面上的井圈任意直径的极差不宜大于 50 mm。

(5)当遇有局部或厚度不大于 1.5 m 的流动性淤泥以及可能出现涌土、涌砂时，护壁施工可按下列方法处理：将每节护壁的高度降低到 300 ~ 500 mm，并随挖、随验、随灌注混凝土；采取钢护筒或有效的降水措施。

(6)挖孔由人工自上而下逐层用镐、锹进行，遇到坚硬土层，用锤、钎破碎，挖土次序是先挖中间部分，后挖周边，允许尺寸误差为 50 mm，扩底部分采取先挖桩身圆柱体，然后按扩底尺寸从上到下削土修成扩底形。为避免扩底时扩大头处的土方坍塌，应采取间隔挖土措施，留 4 ~ 6 个土肋条作为支撑，等到浇筑混凝土前再挖除。弃土装入活底吊桶或箩筐内。垂直运输，采用手摇辘轳或电动葫芦(图 2.37)。吊至地面上后，用机动翻斗车或手推车移走。人工挖孔桩底部如为基岩，通常应伸入岩面 150 ~ 200 mm。

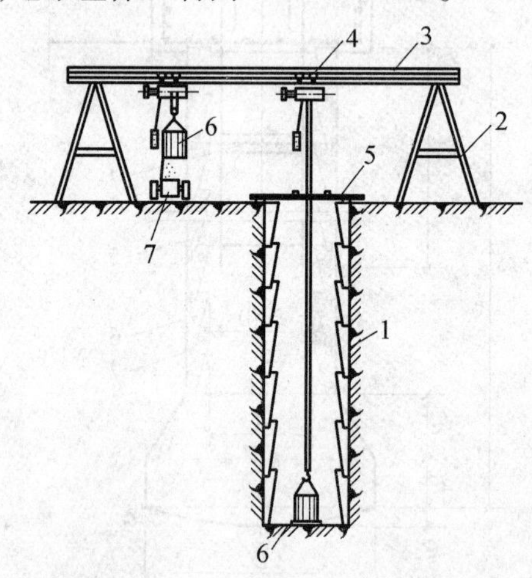

图 2.37 挖孔灌注桩成孔设备及工艺

1—混凝土护壁；2—钢支架；3—钢横梁；4—电动葫芦；5—安全盖板

6—活底吊桶；7—机动翻斗车或双轮手推车

(7)第一节护壁筑成后，将桩孔中轴线控制点引至护壁上，并进一步复核无误后，作为确定下节护壁中心的基准点，同时用水准仪将相对水准标高标定在第一节孔圈护壁上。

(8)逐层向下循环作业直至桩底，对需要扩底的进行扩底，检查验收合格后使用起重机吊起钢筋笼沉入桩孔就位，用挂钩钩住最上面一根加强箍，用槽钢作为横担，将钢筋笼吊挂在井壁上口，控制好钢筋笼标高和保护层厚度，起吊时防止钢筋笼变形及碰撞孔壁。钢筋笼太长时可分节起吊在孔口进行垂直焊接。

(9)人工挖孔浇筑混凝土必须使用溜槽；必须通过溜槽；当落距超过 3 m 时，应使用串筒，串筒末端距孔底高度不应大于 2 m。桩孔深度超过 12 m 时宜采用混凝土导管连续分层浇灌，振捣密实。

当孔内渗水较大时应事先采取降水、止水措施或采用导管法灌注水下混凝土。

(10)人工挖孔桩施工中，孔内必须安装应急软爬梯供人员上下；使用的电葫芦、吊笼等需安全可靠，并配有自动卡紧保险装置，不能使用麻绳和尼龙绳吊挂或脚踏井壁凸缘上下。电葫芦应用按钮式开关，使用前必须检验其安全起吊能力；每天开工前必须检测井下的有毒、有害气体,并应具有足够的安全防范措施。当桩孔开挖深度超过 10 m 时,应有专门向井下送风的设置,风量不宜少于 25 L/s;孔口四周必须安装护栏,护栏高度宜为 0.8 m;挖出的土石方应及时运离孔口,禁止堆放在孔口周边 1 m 范围内。

2.3　钢桩施工细部做法

第 45 讲　钢桩施工工艺

在地基底面上标出桩位→桩机定位→吊桩就位→校正钢桩垂直度→打桩→接桩→打桩→……直至将此桩位的打桩至设计标高→内切割桩管→精割、盖帽。

钢桩的沉桩质量和下节桩就位的准确度与垂直度密切相关,施工过程应用两台经纬仪架在桩的正面和侧面进行桩架导杆及桩的垂直度控制。通常情况下,由于桩身、桩锤及桩帽的自重较大,下节钢管桩不需锤击即可借助自重沉入土中一定深度,施工时,应注意使桩在自重下慢慢下沉,然后再行锤击。开始应使柴油锤处在不燃烧油料的空击状态,并随时检测沉桩质量状况,如发现偏差应及时纠正,必要时应将桩拔出重新插入,等到桩锤空打使桩下沉 1 ~ 2 m 以后,再次校正垂直度,准确无误后开始采用正常落距打桩,直至将桩打至桩顶高出地面 600 ~ 800 mm 时,停止锤击,准备和下一节桩电焊连接,接桩后再以相同步骤将桩打到设计深度。

钢桩的接桩通常采用电焊的方法,这与混凝土预制桩有所不同,所以应注意以下几点:

(1)施工时,应边打桩边焊接接长。焊接前,必须将桩端的铁锈、油污以及上节桩管端部泥砂、水等清除干净,并保持干燥,下节桩顶经过锤击后的变形部分应修整,并打焊接坡口以及将坡口磨光,再将内衬箍设置在下节桩内侧的挡块上,紧贴桩管的内壁并分段焊接,其作用是方便上、下节桩对接,同时还能确保焊接质量。

(2)吊上节桩,使其坡口搁在焊道上,使上、下节桩对口的缝隙为 2 ~ 3 mm,并用经纬仪校正上、下节桩管的垂直度。

(3)焊接时,应注意下列几点:

1)焊接时,应采用多层焊接,当管壁厚度不超过 9 mm 时,焊二层;管壁超过 9 mm 时,焊三层。焊完每层后立即清除焊渣,且各层的焊缝接头应错开。

2)应充分熔化内衬箍,确保根部焊透。

3)焊丝或焊条应烘干。

4)遇刮大风时,应采取一定的挡风措施;当气温低于 0 ℃或下雨、雪时,或无可靠措施保证焊接质量时,不得焊接。

5)焊接应对称进行,避免因焊缝收缩而产生附加内应力。

6)每个接头焊接完毕后,应冷却多于 1 min 后,才能继续锤击沉桩。

第 46 讲　钢桩施工注意要点

1. 钢管桩沉桩时的注意要点

(1)应密切注意观测钢管桩沉入情况,有无异常现象。如果发现桩身下沉过快、桩身倾斜、桩锤回弹过高、桩架晃动等情况时,应立刻停止锤击,查明原因后再开始继续施工。

(2)钢管桩在沉桩过程中应连续,尽可能避免长时间停歇中断。因为在锤击沉桩时,土体结构受桩管传来的振动荷载而遭到破坏,承载力降低,同时土体中孔隙水游离出来集中在钢管表面起润滑作用,如果停歇太久,游离水分丧失,土体结构恢复,这样会增加沉桩阻力。

(3)桩的分节长度需合适,应结合穿透中间的坚硬土层,接桩时,桩尖不应停留在坚硬土层中,否则当继续施工时,由于阻力过大可能导致桩身难以继续下沉。

(4)施工时,为了避免对周围建(构)筑物振动过大,可以在地面开挖防振沟,消除地面振动,并可与其他防振措施结合使用。沟宽通常取0.5~0.8 m,深度以土方不会坍塌为准。沉桩过程中,应加强邻近建筑物、地下管线的监测、保护。

(5)送桩套入钢桩顶端时,应保证其接触密贴,以减小锤击能量损失。

(6)在桩未打到支撑层以前,有时会遇到比较坚硬的中间层。如果用单纯打入法穿不过硬夹层时应采取辅助措施。例如预钻孔、施振或射水助沉。也可采取管内取土的方法助沉。如桩端就以中间硬夹层当作支撑层,则应验算下卧土层的沉降。

(7)打长桩时,可在导杆上装配能够升降的防振装置,在桩发生横向振动时,可以避免桩的弯曲变形。

2. 钢管桩切割

钢管桩打入地下,为方便基坑机械化挖土,基底以上的钢管桩要切割,因为周围被地下水和土层包围,只能在钢管桩的管内地下切割。切割设备包括等离子体切桩机、手把式氧-乙炔切桩机、半自动氧-乙炔切桩机、悬吊式全回转氧乙炔自动切割机等,以前两种应用较普遍。工作时可吊挂送入钢管桩内的任意深度,依靠风动顶针装置固定在钢管桩内壁,割嘴按事先调整好的间隙进行回转切割。

割出短桩头,用内胀式拔桩装置,籍吊车拔出,可以拔出地面以下15 m深的钢管桩,拔出的短桩焊接接长后再用。

3. 焊桩盖

为使得钢管桩与承台共同工作,设计在每个钢管桩加焊一个桩盖,并在外壁加焊8~12根ϕ20 mm的锚固钢筋,桩盖形式有平桩盖与凹面形两种。当挖土至设计标高,使得钢管桩外露,取下临时桩盖,按照设计标高用气焊进行钢管桩顶的精割,方法是先用水准仪在每根钢管桩上按照设计标高定上三点,然后按此水平标高固定一环当作割框的支承点,然后用气焊切割,切割清理平整后打坡口,放上配套桩盖焊牢(图2.38)。

4. 桩端与承台连接

钢管桩顶端与承台的连接通常采用刚性接头,将桩头嵌入承台内的长度不少于1d(d——钢管桩外径)长度或仅嵌入承台内100 mm左右,再利用钢筋进行补强或在钢管桩顶端焊以基础锚固钢筋,接着按常规方法施工上部基础。

5. 钢管桩的防腐措施

当钢管桩用在地下水有侵蚀性的地区时,可以采取下列防腐措施:

(1)腐蚀余裕厚度。腐蚀余裕厚度是实际管壁厚度与承载力所需要的管壁厚度之差,或由实际所需要的管壁厚度扣除可以承受设计荷重的壁厚确定。

通常当年间腐蚀量平均值不太大时往往采用这种方法确定。设计只要确保所需腐蚀余裕厚度不小于年间腐蚀量与使用年限乘积即可。这种方法计算简便,操作也容易,但钢材耗用量较大。此外,局部的腐蚀较大,如孔蚀。

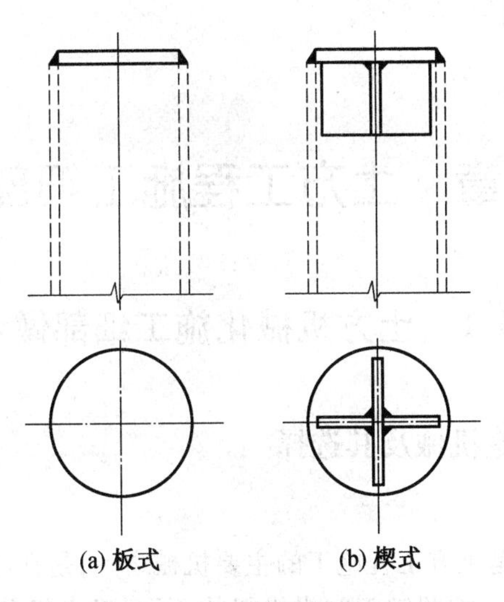

图2.38　桩盖形式

(2)混凝土包覆防腐。这种方法是用混凝土将钢管桩腐蚀非常激烈的区段加以包覆。混凝土厚度应大于6 cm。同时为避免混凝土产生裂纹或剥离,应用金属网或钢筋加强。包覆混凝土可在打入前采取喷射法施工,也可在打入后再在桩周围支模浇筑。

(3)涂漆防腐。在钢管桩表面涂以适当的油漆涂料,能够推迟腐蚀。在土中使用的桩,必须选择耐腐和耐剥离性均良好的涂料,一般为环氧煤焦油涂料。

(4)耐腐蚀性低合金钢防腐。在制作钢管桩的钢板带材料中,可以单独或组合添加铜、磷、铬、铝、锰等有效元素制备耐腐蚀性良好的低合金钢。

第3章　土方工程施工细部做法

3.1　土方机械化施工细部做法

第47讲　土方开挖机械及其选择

1. 施工机械

(1)推土机。推土机是土方工程施工的主要机械之一，是在履带式拖拉机上装设推土铲刀等工作装置而成的机械。按照铲刀的操纵机构不同，推土机分为索式及液压式两种。索式推土机的铲刀借助本身自重切入土中，在硬土中切土深度较小。液压式推土机(图3.1)因为用液压操纵，能使铲刀强制切入土中，切入深度较大。同时，液压式推土机铲刀还能够调整角度，具有更大的灵活性，是现在常用的一种推土机。

图3.1　液压式推土机外形图

推土机操作灵活，运转方便，所需工作面较小，行驶速度快，易于转移，可以爬30°左右的缓坡，所以应用范围较广。适用于开挖一至三类土。多用于挖土深度较浅的场地平整，开挖深度不大于1.5 m的基坑，回填基坑以及沟槽，堆筑高度在1.5 m以内的路基、堤坝，平整其他机械堆成的土堆；推送松散的硬土、岩石及冻土，配合铲运机进行助铲；配合挖土机施工，为挖土机清理余土并创造工作面。如两台以上推土机在同一地区作业时，前后距离需大于8.0 m，左右距离需大于1.5 m。在狭窄道路上行驶时，未征得前机同意，后机不得超越。另外，将铲刀卸下后，还能牵引其他无动力的土方施工机械，例如拖式铲运机、松土机、羊足碾等，进行土方其他施工过程的施工。

推土机的运距应在100 m以内，效率最高的推运距离为40～60 m。为了提高生产率，可采用下列方法：

1)下坡推土(图3.2)。推土机顺地面坡势沿着下坡方向推土，借助机械向下的重力作用，可增大铲刀的切土深度和运土数量，可提高推土机能力并缩短推土时间，一般可提高生产率30% ~40%。但坡度不宜大于15°,避免后退时爬坡困难。

2)槽形推土(图3.3)。当运距较远、挖土层较厚时,借助已推过的土槽再次推土,可以减少铲刀两侧土的散漏,这样作业可以提高效率10% ~30%。槽深1 m左右为宜,槽间土埂宽约0.5 m。在推出多条槽后,再将土埂推进槽内,然后运出。

另外,对于推运疏松土壤,且运距较大时,还应在铲刀两侧设置挡板,以增加铲刀前土的体积,减少土向两侧散失。在土层较硬的情况下,可以在铲刀前面装置活动松土齿,当推土机倒退回程时,即可将土翻松。这样,就可以减少切土时阻力,从而可以提高切土运行速度。

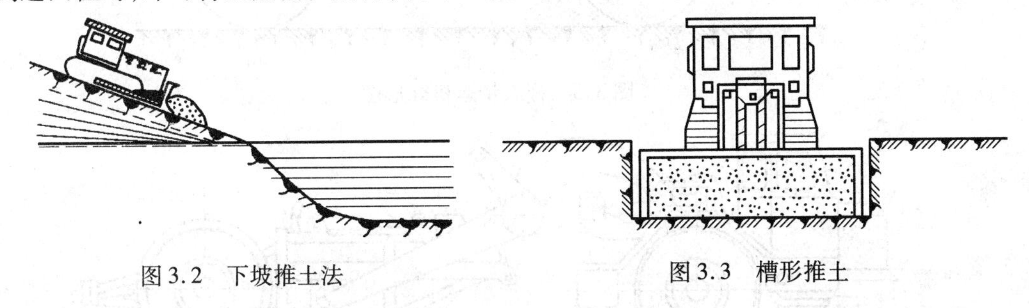

图3.2　下坡推土法　　图3.3　槽形推土

3)并列推土(图3.4)。对于大面积的施工区,可使用2或3台推土机并列推土。推土时两铲刀间距150 ~300 cm,这样可以减少土的散失而增大推土量,能提高生产率15% ~30%。但平均运距不得超过50 ~75 m,亦不宜小于20 m,且推土机数量不应超过3台,否则倒车不便,行驶不一致,反而影响生产率的提高。

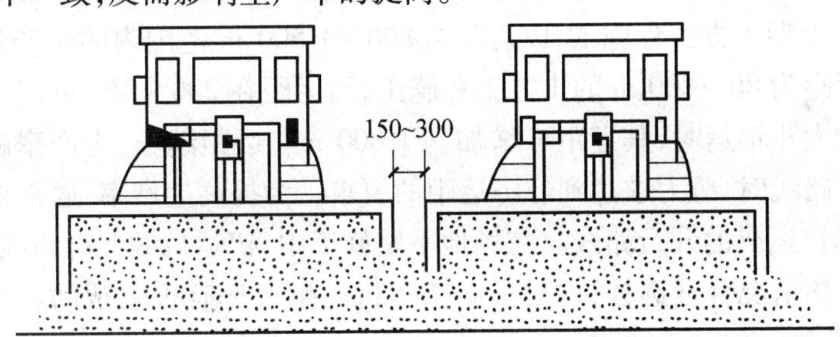

图3.4　并列推土

4)分批集中,一次推送。如果运距较远而土质又比较坚硬时,因为切土的深度不大,应采用多次铲土、分批集中、再一次推送的方法,使得铲刀前保持满载,以提高生产率。

(2)铲运机。铲运机是一种可以独立完成铲土、运土、卸土、填筑、整平的土方机械,按照行走机构可分为拖式铲运机(图3.5)与自行式铲运机(图3.6)两种。拖式铲运机由拖拉机牵引,自行式铲运机的行驶与作业都依靠本身的动力设备。

铲运机的工作装置是铲斗,铲斗前方有一个可以开启的斗门,铲斗前设置有切土刀片。切土时,铲斗门打开,铲斗下降,刀片切入土中。铲运机前进时,被切入的土进入铲斗;铲斗装满土后,提起土斗,放下斗门,将土运到卸土地点。

铲运机对行驶的道路要求较低,操纵灵活,生产率较高。可以在一至三类土中直接挖、运土,多用于坡度在200以内的大面积土方挖、填、平整及压实,大型基坑、沟槽的开挖,路基和堤坝的填筑,不适于砾石层、冻土地带和沼泽地区使用。坚硬土开挖时要用推土机助铲或与松土机配合。

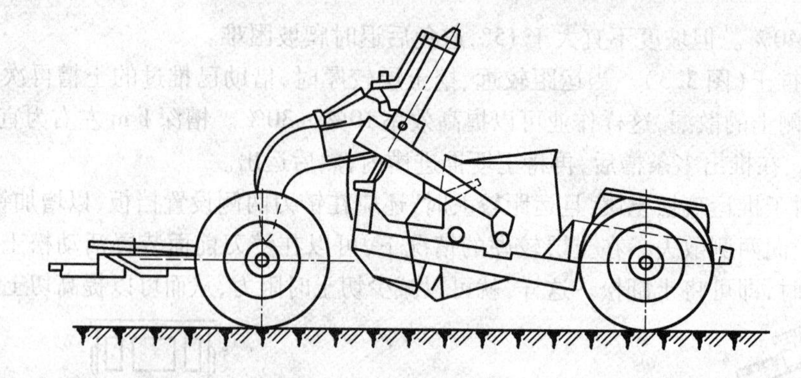

图3.5　拖式铲运机外形图

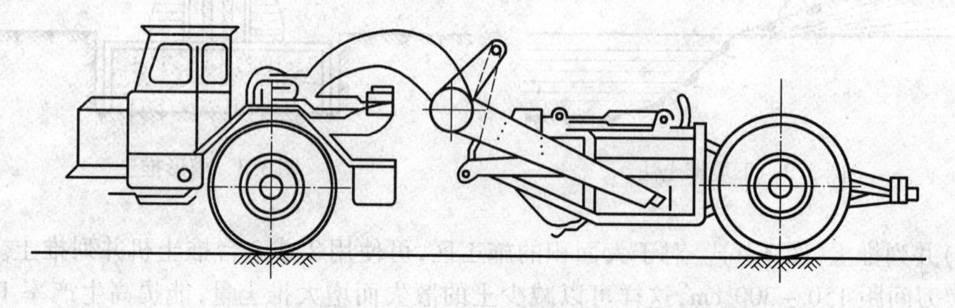

图3.6　自行式铲运机外形图

在土方工程中，常用铲运机的铲斗容量一般为2.5～8 m^3。自行式铲运机适用于运距为800～3 500 m的大型土方工程施工，以运距为800～1 500 m范围内的生产效率最高。拖式铲运机多用于运距为80～800 m的土方工程施工，而运距在200～350 m时效率最高。若采用双联铲运或挂大斗铲运时，其运距可增加到1 000 m。运距越长，生产率越低，所以，在规划铲运机的运行路线时，应力求达到经济运距的要求。为提高生产率，通常采用下述方法：

1）合理选择铲运机的开行路线。在场地平整施工中，铲运机的开行路线应依照场地挖、填方区分布的具体情况合理选择，这对提高铲运机的生产率有很大帮助。铲运机的开行路线，通常有以下几种：

①环形路线。当地形起伏不大，施工地段较短时，一般采用环形路线，如图3.7(a)，(b)所示。环形路线每一循环仅完成一次铲土和卸土，挖土与填土交替；挖填之间距离较短时，则可采用大循环路线（图3.7c），一个循环可以完成多次铲土和卸土，这样能够减少铲运机的转弯次数，提高工作效率。

②“8”字形路线。施工地段较长或地形起伏较大时，一般采用“8”字形开行路线，如图3.7(d)所示。这种开行路线，铲运机在上下坡时是斜向行驶，受地形坡度限制较小；一个循环中两次转弯方向不同，可防止机械行驶时的单侧磨损；一个循环完成两次铲土与卸土，减少了转弯次数及空车行驶距离，从而也可缩短运行时间，提高生产率。

尚需指出，铲运机应避免在转弯时铲土，因为铲刀受力不均易引起翻车事故。所以，为了充分发挥铲运机的效能，确保能在直线段上铲土并装满土斗，要求铲土区应有足够的最小铲土长度。

2）作业方法。为提高铲运机的生产效率，除了合理选择开行路线外，还可以根据不同的施工条件，采用不同的施工方法。

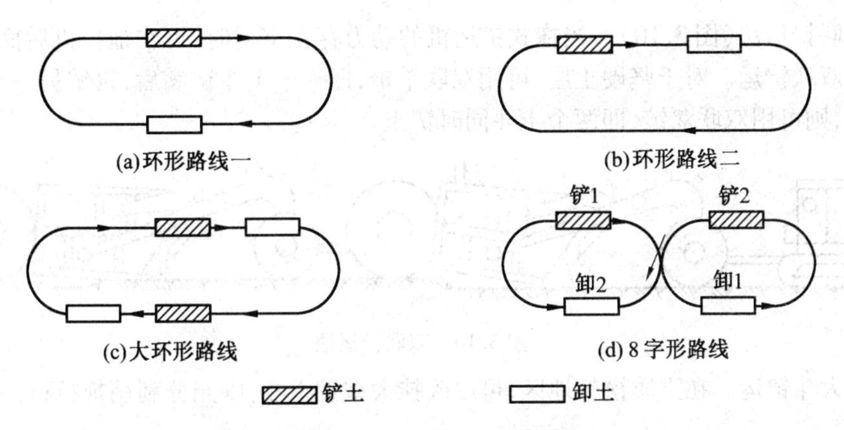

图3.7　铲运机开行路线

①下坡铲土。铲运机利用地形进行下坡推土，凭借铲运机的重力，加深铲斗切土深度，缩短铲土时间。但纵坡不应超过25°，横坡不大于5°，铲运机不能在陡坡上急转弯，避免翻车。

②跨铲法（图3.8）。铲运机间隔铲土，预留土埂可以在间隔铲土时形成一个土槽，减少向外撒土量；铲土埂时，铲土阻力减小。通常土埂高不大于300 mm，宽度不大于拖拉机两履带间的净距。

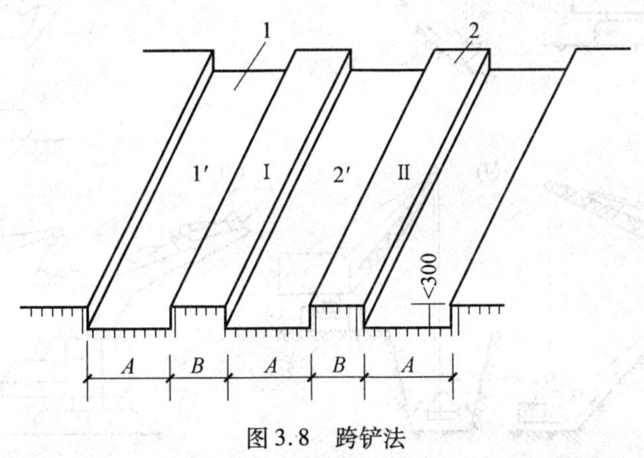

图3.8　跨铲法

1—沟槽；2—土埂；A—铲土宽；B—不大于拖拉机履带净距

③推土机助铲（图3.9）。地势平坦、土质坚硬时，可使用推土机在铲运机后面顶推，以增加铲刀切土能力，缩短铲土时间，提高生产效率。推土机在助铲的空隙可以兼作松土或平整工作，为铲运机创造作业条件。

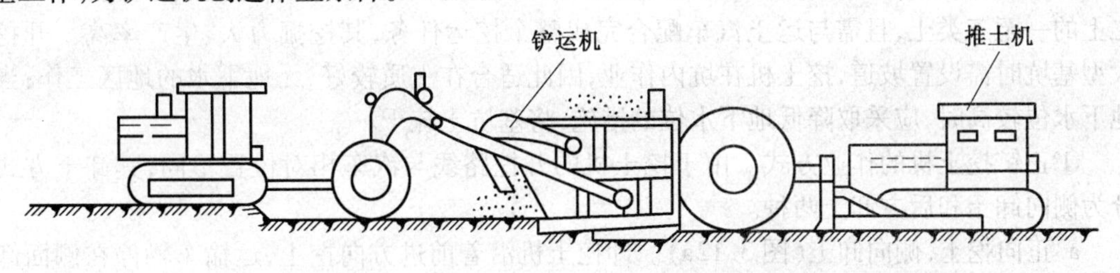

图3.9　推土机助铲

④双联铲运法(图3.10)。当拖式铲运机的动力存在富裕时,可在拖拉机后面串联两个铲斗进行双联铲运。对于坚硬土层,可用双联单铲,即一个土斗铲满后,再铲另一斗土;对于松软土层,则可用双联双铲,即两个土斗同时铲土。

图3.10　双联铲运法

⑤挂大斗铲运。在土质松软地区,可以改挂大型铲土斗,以充分利用拖拉机的牵引力来提升工效。

(3)单斗挖土机。单斗挖土机在土方工程中使用较广,种类很多,可以根据工作的需求,更换其工作装置。按其工作装置的不同,可分为正铲、反铲、拉铲以及抓铲等;按行走方式分履带式与轮胎式两种;按传动方式分为机械式与液压式两种,如图3.11所示。

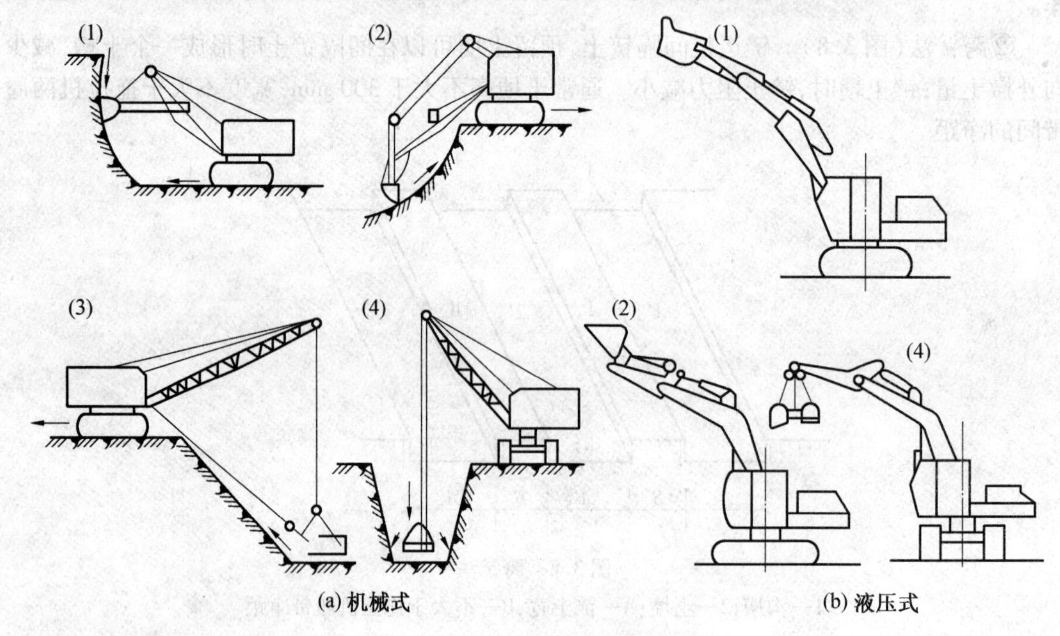

图3.11　单斗挖土机

1—正铲;2—反铲;3—拉铲;4—抓铲

1)正铲挖土机。正铲挖土机的挖土特点为:前进向上,强制切土。它适用于开挖停机面之上的一至三类土,且需与运土汽车配合完成整个挖运任务,其挖掘力大、生产率高。开挖大型基坑时需设置坡道,挖土机在坑内作业,因此适合在土质较好、无地下水的地区工作;当地下水位较高时,应采取降低地下水位的措施,将基坑土疏干。

①正铲挖土机的作业方式。由于挖土机的开挖路线与汽车相对位置不同,其卸土方式分为侧向卸土和后方卸土两种。

a. 正向挖土,侧向卸土(图3.12a)。即挖土机沿着前进方向挖土,运输车辆停在侧面卸土(可以停在停机面上或高于停机面)。此法挖土机卸土时动臂转角小,运输车辆行驶方便,因此生产效率高,应用较广。

b. 正向挖土，后方卸土（图3.12b）。即挖土机沿前进方向挖土，运输车辆停在挖土机后才会装土。这种方法挖土机卸土时动臂转角大、生产率低，运输车辆要倒车进入，通常在基坑窄而深的情况下采用。

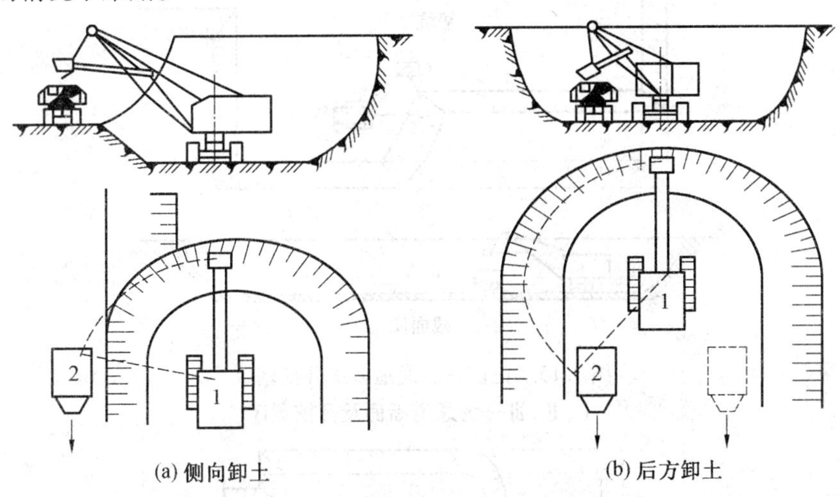

(a) 侧向卸土　　(b) 后方卸土

图3.12　正铲挖土机开挖方式

1—正铲挖土机；2—自卸汽车

②正铲挖土机的工作面。挖土机的工作面是指挖土机在一个停机点进行挖土的工作范围。工作面的形状及尺寸取决于挖土机的性能和卸土方式。依据挖土机作业方式的不同，挖土机的工作面分为侧工作面和正工作面两种。

挖土机侧向卸土方式就形成了侧工作面，根据运输车辆和挖土机的停放标高是否相同又分为高卸侧工作面（车辆停放处高于挖土机停机面）和平卸侧工作面（车辆与挖土机在同一标高）。

挖土机后向卸土方式则形成正工作面，正工作面的形状记尺寸是左右对称的，其中右半部与平卸侧工作面的右半部相同。

③正铲挖土机的开行通道。在正铲挖土机开挖大面积基坑时，必须对挖土机作业时的开行路线以及工作面进行设计，确定出开行次序和次数，称为开行通道。当基坑开挖深度较小时，可设置一层开行通道（图3.13），基坑开挖时，挖土机开行三次。第一次开行采取正向挖土、后方卸土的作业方式，为正工作面；挖土机进入基坑需挖坡道，坡道的坡度为1∶8左右。第二三次开行时选择侧方卸土的平侧工作面。

当基坑宽度略微大于正工作面的宽度时，为了减少挖土机的开行次数，可采取加宽工作面的办法，挖土机按“之”字形路线开行，如图3.14所示。

④提高生产效率的措施。挖掘机的生产率主要取决于每斗的装土量及每斗作业的循环延续时间。为了提高挖土机生产率，除了工作面高度必须符合装满土斗的要求外，还要考虑开挖方式以及运土机械的配合问题，尽可能减少回转角度，缩短每个循环的延续时间。

a. 分层挖土。将开挖面按照机械的合理挖掘高度分为多层开挖，如图3.15（a）所示。当开挖面高度无法成为一次挖掘深度的整数倍时，则可在挖方的边缘或中部先开一条浅槽当作第一次挖土运输路线，如图3.15（b）、（c）所示，然后逐次开挖直到基坑底部。这种方法多用于开挖大型基坑或沟渠。

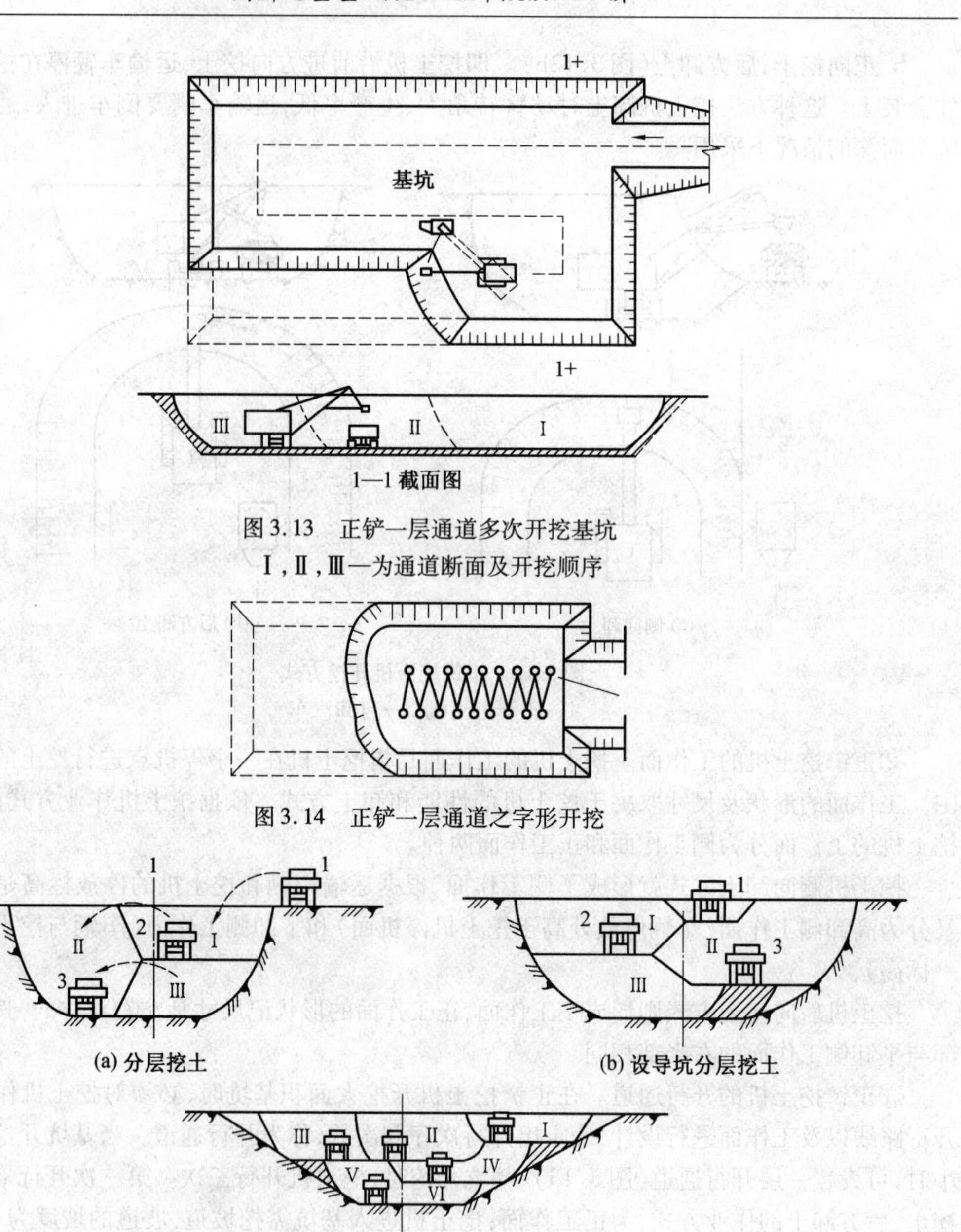

图 3.13　正铲一层通道多次开挖基坑

Ⅰ,Ⅱ,Ⅲ—为通道断面及开挖顺序

图 3.14　正铲一层通道之字形开挖

图 3.15　分层挖土法

Ⅰ、Ⅱ、Ⅲ、Ⅳ—挖掘机挖掘位置及分层 1、2、3—相应的汽车装土位置

b. 多层挖土。将开挖面按机械的合理开挖高度分为多层同时开挖,以增加开挖速度,土方可以分层运出,也可分层递送至最上层用汽车运出,如图 3.16 所示。这种方法适合开挖边坡或大型基坑。

c. 中心开挖法。正铲先在挖土区的中心开挖,然后转向两侧开挖,运输汽车按照“八”字形停放装土,如图 3.17 所示。挖土区宽度一般在 40 m 以上,以便汽车靠近装车。这种方法多用于开挖较宽的山坡和基坑。

d. 顺铲法。即铲斗从一侧向另一侧一斗一斗地顺序开挖,使得挖土多一个自由面,以减

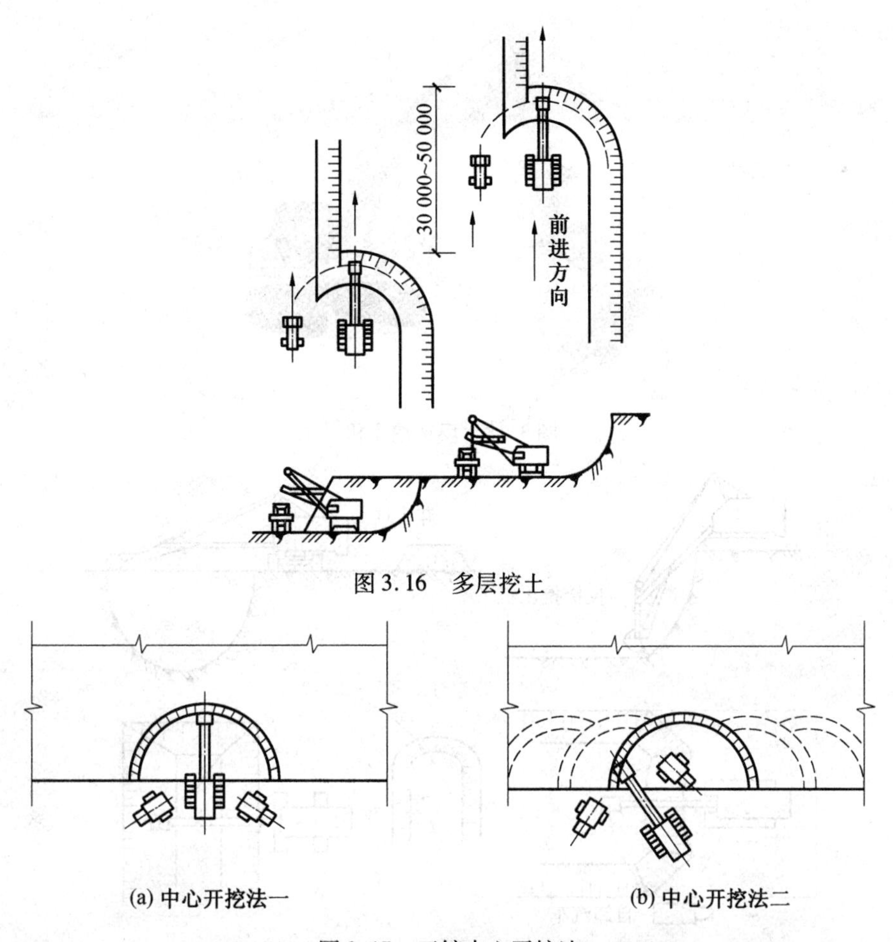

图3.16 多层挖土

图3.17 正铲中心开挖法

小阻力,容易挖掘,装满铲斗。适用于开挖坚硬的土。

e. 间隔挖土。即在开挖面上第一铲和第二铲之间保留一定距离,使铲斗接触土的摩擦面减少,两侧受力均匀,铲土速度增加,容易装满铲斗,提高效率。

2)反铲挖土机。反铲挖土机的挖土特点为:后退向下,强制切土。其挖掘力比正铲小,可以开挖停机面以下的一至三类土(机械传动反铲只适合挖一至二类土),如图3.18所示。不需设置进出口通道,多用于一次开挖深度在4 m左右的基坑、基槽、管沟,亦可用于地下水位较高的土方开挖。在深基坑开挖中,凭借止水挡土结构或井点降水,反铲挖土机通过下坡道,采取台阶式接力方式挖土也是常用方法。反铲挖土机能够与自卸汽车配合,装土运走,也可弃土在坑槽附近。

反铲挖土机的作业方式可分为沟端开挖与沟侧开挖两种,如图3.19所示。

①沟端开挖。挖土机停在基坑(槽)的端部,向后倒退挖土,运土车停在基槽两侧装土。其优点为挖土机停放平稳,装土或甩土时回转角度小,挖土效率高,挖的深度及宽度也较大。基坑较宽时,可多次开行开挖,如图3.20所示。

②沟侧开挖。挖土机沿着基槽的一侧移动挖土,将土运到距基槽较远处。沟侧开挖时开挖方向与挖土机移动方向互相垂直,所以稳定性较差,而且挖的深度和宽度都较小,一般只在无法采用沟端开挖或挖土不需运走时采用。

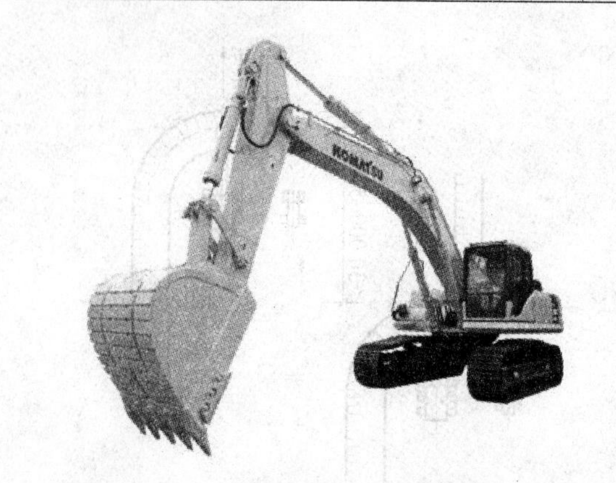

图3.18　反铲挖土机

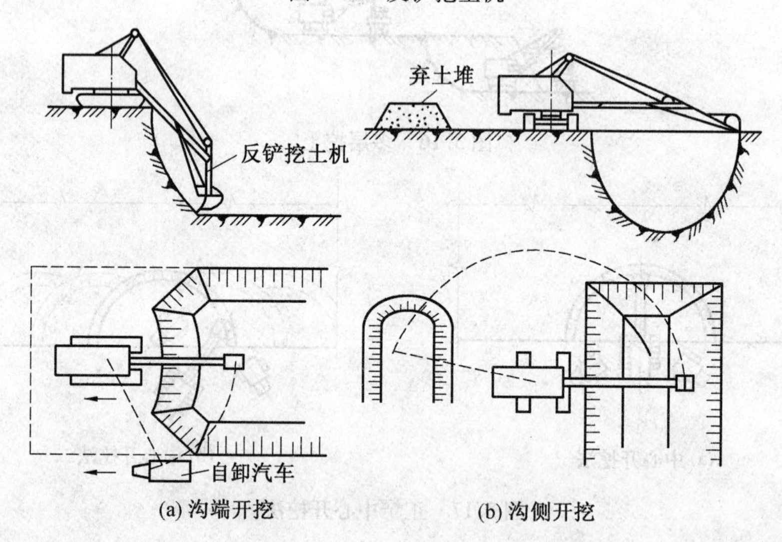

图3.19　反铲挖土机开挖方式

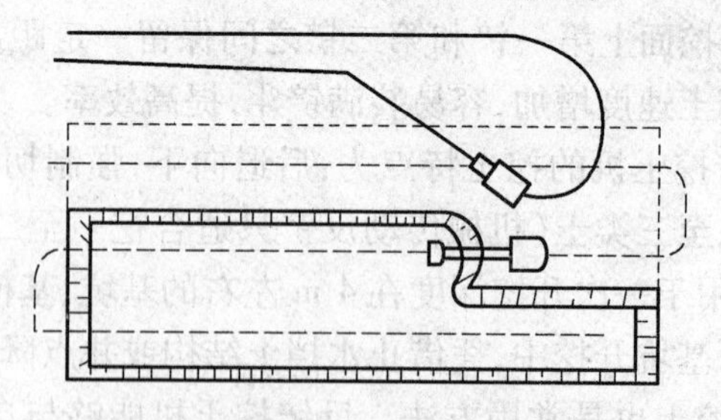

图3.20　反铲挖土机多次开行挖土

3)拉铲挖土机。拉铲挖土机(图3.21)的土斗用钢丝绳悬挂在挖土机长臂上,挖土时土斗在自重作用下降落地面切入土中。其挖土特点是:后退向下,自重切土;其挖土深度与挖土半径均较大,能开挖停机面以下的一至二类土,但不如反铲动作灵活准确。适合开挖较深、较大的基坑(槽)、沟渠,挖取水中泥土以及填筑路基、修筑堤坝等。

履带式拉铲挖土机的挖斗容量包括0.35 m^3,0.5 m^3,1 m^3,1.5 m^3,2 m^3等数种。其最大挖土深度由7.6 m(W_3-30)至16.3 m(W_1-200)。拉铲挖土机的开挖方式与反铲挖土机的开挖方式类似,可沟侧开挖,也可沟端开挖。

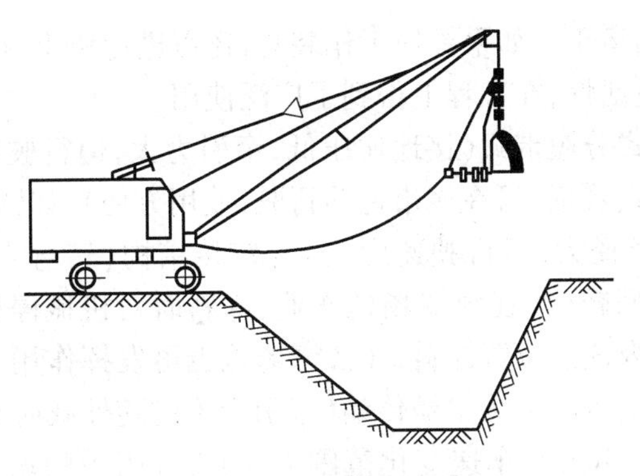

图3.21　履带式拉铲挖土机

提高生产效率的措施：

①三角开挖法。拉铲挖掘机按“之”字形移位，和开挖沟槽的边缘成45°角左右。本方法拉铲挖掘机的回转角度小，生产率高，而且边坡开挖整齐，适用于开挖宽度在8 m左右的沟槽。

②顺序挖土法。挖土时首先挖两边，维持两边低，中间高的地形，然后再顺序向中间挖。因为挖土时，只两面遇到阻力，比较省力，同时边坡可挖得比较整齐，铲斗不会出现翻滚现象。适用于开挖土质较硬的基坑。

③转圈挖土法。拉铲挖掘机在边线外顺圆周转圈挖土。挖土时形成四周低中间高，可避免铲斗翻滚，当挖到5 m以下时，则需要人工配合在坑内沿坑周围边坡往下挖一条宽50 cm，深40～50 cm的槽，然后进行开挖，直到槽底平，接着再人工挖槽，再用拉铲挖掘机挖土，这样循环作业，挖到设计标高时为止。适用于开挖圆形基坑。

4)抓铲挖土机。机械传动抓铲挖土机(图3.22)是在挖土机臂端用钢丝绳吊装一个抓斗。其挖土特点为：直上直下，自重切土。其挖掘力较小，可以开挖停机面以下的一至二类土。适用于开挖软土地基基坑，尤其是其中窄而深的基坑、深槽、深井，适用抓铲效果理想。抓铲还可用于疏通旧有渠道以及挖取水中淤泥等，或用来装卸碎石、矿渣等松散材料。抓铲也有采用液压传动操纵抓斗作业，其挖掘力及精度优于机械传动抓铲挖土机。

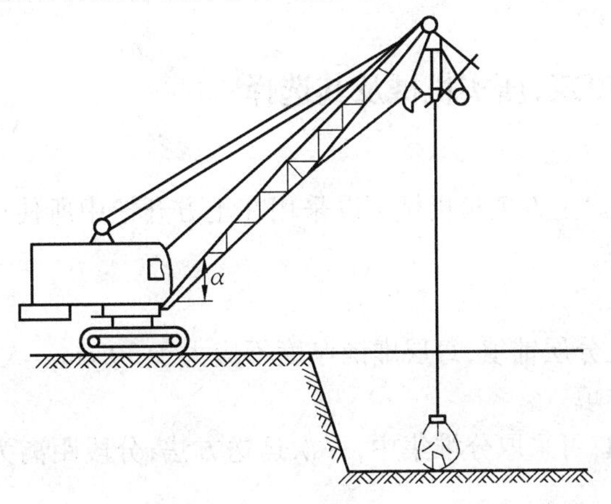

图3.22　履带式抓铲挖土机

(4)装载机。装载机是用一个装在专用底盘或拖拉机底盘前端的铲斗，铲装、运输以及倾卸物料的铲土运输机械。它利用牵引力及工作装置产生的掘起力进行工作，用来装卸松散物料,并可完成短距离运土。如果更换工作装置,还可进行铲土、推土、起重和牵引等多种作业,具有很好的机动灵活性,在工程上得到了广泛使用。

装载机按照行走方式分履带式(接地比压低,牵引力大,但行驶速度慢,转移不灵活)与轮胎式(行驶速度快,机动灵活,可在城市道路行驶,使用方便),如图3.23所示;按照机身结构分为刚性结构(转弯半径大,但行驶速度快)与铰接结构(转弯半径小,可在狭窄地方工作);按照回转方式分全回转(可在狭窄场地作业,卸料时对机械停放位置没有严格要求)、90°回转(可在半圆范围内任意位置卸料,在狭窄场地也可发挥作用)以及非回转式(要求作业场地比较宽);按照传动方式分为机械传动(牵引力不能随外载荷变化而自动变化,应用不方便)、液力机械传动(牵引力和车速变化范围大,随着外阻力的增加,车速能够自动下降。液力机械传动可减少冲击,减少动荷载,保护机器)以及液压传动(可充分利用发动机功率,降低燃油消耗,提升生产率,但车速变化范围窄,车速偏低)。当前,液力机械传动,带铰接车架的大型轮胎式前卸装载机,因为构造不复杂、机动性大、使用可靠,是我国目前应用最广泛的形式。

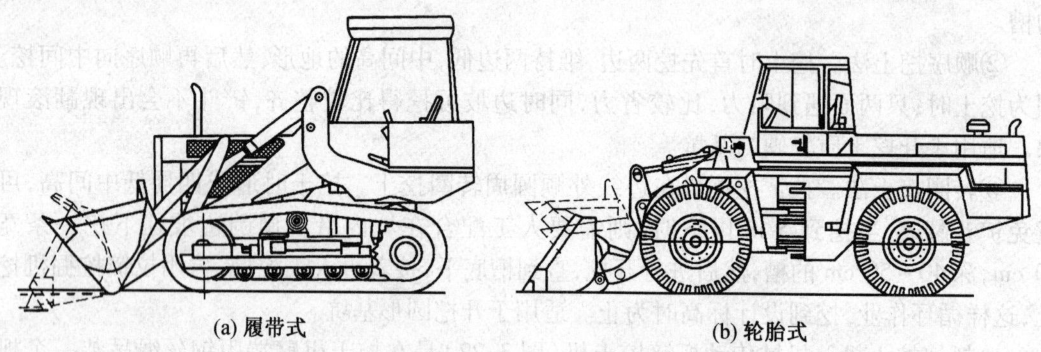
(a) 履带式　(b) 轮胎式

图3.23　单斗装载机

单斗装载机的作业过程为:机械驶向料堆,放下动臂,铲斗插入料堆,操纵液压缸使得铲斗装满,机械倒车退出,举升动臂至运输高度,机械驶向卸料地点,铲斗倾翻卸料,倒车退出并且放下动臂,再驶回装料处进行下一循环。单斗装载机通常与自卸汽车配合作业,可以有较高的工作效率。

第48讲　土方填筑、压实机械及其选择

1. 施工机械

(1)土方填筑机械。土方填筑机械可以采用在土方开挖中所使用的推土机、铲运机,此外还可以采用自卸汽车。

1)推土机填筑。

①填土应由下而上分层铺填,每层虚铺厚度不应大于30 cm。大坡度堆填土,不能居高临下、不分层次、一次堆填。

②推土机运土回填,可采取分堆集中,一次运送方法,分段距离为10~15 m左右,以减少运土漏失量。

③土方运到填方部位时,应提起一次铲刀,成堆卸土,并向前行驶0.5~1.0 m,借助推土机后退将土刮平。

④用推土机来回行驶进行碾压，履带需重叠一半。

⑤填土程序宜采用纵向铺填顺序，从挖土区段到填土区段，以40~60 m距离为宜。

2）铲运机填土方法。

①铲运机铺土，铺填土区段，长度不应小于20 m，宽度不应小于8 m。

②铺土应分层进行，每次铺土厚度不超过30~50 cm；每层铺土后，利用空车返回时将地表面刮平。

③填土程序一次尽可能采取横向或纵向分层卸土，以利行驶时初步压实。

3）自卸汽车填土方法。

①自卸汽车为成堆卸土，必须配以推土机推开摊平。

②每层的铺土厚度不大于30~50 cm。

③填土可利用汽车行驶作部分压实工作。

④汽车不得在虚土上行驶，卸土推平和压实工作须采取分段交叉进行。

（2）土方压实机械。常用的土方压实机械包括平碾压路机、振动压路机、平板式与附着式振动器、蛙式打夯机、振动打夯机以及内燃打夯机。

2. 施工机械的选择

土方填筑、压实机械的选择应依据施工的场地环境、机械调配状况以及填土的土质等因素综合考虑，见表3.1。

表3.1　填方压实机具的选择

项目	适用场合	作业特点
推土机	（1）推一至四类土；运距60 m内的推土、回填 （2）短距离移挖作填，回填基坑（槽）、管沟并压实 （3）堆筑高1.5 m内的路基、堤坝 （4）拖羊足碾压实填土 （5）大面积场地整平及垫层压实	操作灵活，运转方便，需工作面小，行驶速度快，易于转移，可挖土带运土且填土压实，但挖三类、四类土需用松土机预先翻松、压实，效果较压路机等差
铲运机	（1）运距800~1 500 m的大面积场地整平，挖土带运输回填、压实（效率最高为200~350 m） （2）填筑路基、堤坝，但不适于砾石层、冻土地带及沼泽地带使用 （3）开挖土方的含水率应在27%以下；行驶坡度控制在20°以内	操作简单灵活，准备工作少，能独立完成铲土、运土、卸土、填筑、压实等工序，行驶速度快，易于转移，生产效率高，但开挖坚土回填需用推土机助铲，开挖三类、四类土需用松土机预先翻松
自卸汽车	（1）运距1 500 m以内的运土、卸土带行驶压实 （2）密实度要求不高的场地整平压实 （3）弃土造地填方	利用运输过程中的行驶压实，较简单方便、经济、实用，但压实效果较差，只能用于无密实度要求的场合

续表 3.1

项目	适用场合	作业特点
平碾压路机	(1)爆破石渣、碎石类土、杂填土或粉质黏土的碾压 (2)大型场地整平、填筑道路、堤坝的碾压	操作方便,速度较快,转移灵活,但碾轮与土接触面积大,单位压力较小,碾压上层密实度大于下层,适于压实薄层填土
平板振动器	(1)小面积黏性土薄层回填土的振实 (2)较大面积砂性土的回填振实 (3)薄层砂卵石、碎石垫层的振实	为现场常备机具,操作简单、轻便,但振实深度有限,最适用于薄层砂性土壤振实
打夯机	(1)小型打夯机包括蛙式打夯机、振动夯实机、内燃打夯机等。小型打夯工具包括人工铁夯、木夯及混凝土夯等 (2)黏性较低的土(如砂土、粉土等),小面积或较窄工作面的回填夯实 (3)配合光辗压路机,对边缘或边角碾压不到之处的夯实	体积小,质量轻,构造简单,机动灵活,操纵方便,夯击能量大,夯实效率高,但劳动强度较大

注:对已回填较厚松散土层,可根据回填厚度和设计对密实度要求,选用强夯或重锤夯实。

第49讲 土方工程量的计算

土方工程量(以下简称土方量)是土方工程施工组织设计的重要数据,是利用人工挖掘组织劳动力,或采用机械施工计算机械台班及工期的依据。土方量的计算要尽可能精确。

1.场地平整土方工程量计算

在场地平整工作中,最简单的平整目的是为了放线工作的需求,在±0.300 m以内的人工平整不涉及土方量的计算问题。

所谓的场地平整土方量计算,是对挖填土方量较大的工地而言。通常先平整整个场地,后开挖建筑物基坑(槽),以便大型土方机械具有较大的工作面,能充分发挥其效能,也可减少与其他工作的互相干扰。场地平整前,要确定场地设计标高,计算挖填方工程量,确定挖填方的平衡调配,同时根据工程规模、工期要求、现有土方机械设备条件等,拟定土方施工方案。

场地平整时土方量计算,通常采用方格网法,其计算步骤如下:

1)在地形图上将整个施工场地划分成边长为10~40 m的方格网。

2)计算各方格角点的自然地面标高 H。

3)确定场地设计标高 H_0,同时根据泄水坡度要求计算各方格角点的设计标高 H_n。

4)确定各方格角点的挖填高度 h_n,即地面标高 H 和设计标高 H_n之差。

5)确定零线,即挖填方的分界线。

6)计算各方格内挖填土方量、场地边坡土方量,最后求出整个场地挖填方总量。

(1)确定场地设计标高。场地设计标高是进行场地平整及土方量计算的依据,合理地确定场地的设计标高,对于减少挖填方数量、节约土方运输费用、加快施工速度等均具有重要的经济意义。如图3.24所示,当场地设计标高为 H_0时,挖填方基本平衡,可以将土方移挖作填,就地处理;当设计标高为 H_1时,填方远远地超过挖方,则需要从场外大量取土回填;当设计标高是 H_2时,挖方远远超过填方,则要向场外大量弃土。所以,在确定场地设计标高时,必须结合现场的具体条件,反复进行比较,选择一个最佳方案。

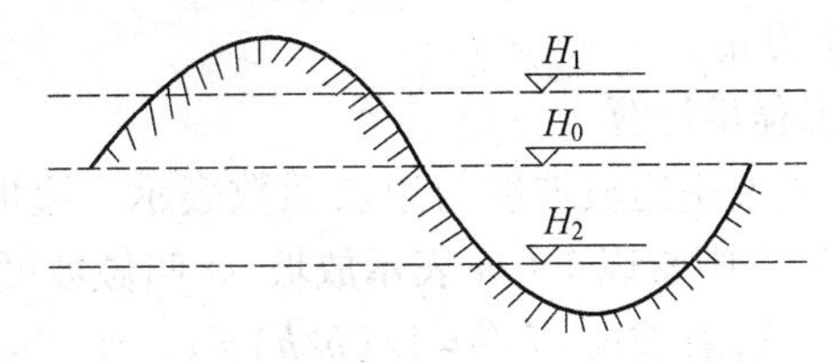

图3.24　场地设计标高的确定

确定场地设计标高 H_0时,应考虑下列因素:

1)满足生产工艺和运输的要求。

2)尽可能利用地形,使场内挖填方平衡,以减少土方运输费用。

3)有一定泄水坡度(≥0.2%),达到排水要求。

4)考虑最高洪水位的影响。

在工程实践中,尤其是大型工矿企业的项目,设计标高由总图设计规定,在设计图纸上规定出厂区或矿区各单体建筑、道路、区内广场等设计标高,方便施工单位按图施工。

如果设计文件没有规定时,或设计单位要求建设单位先提供场区平整的标高时,则施工单位可以根据挖填土方量平衡法自行设计。

在设计时要按照场地内挖填平衡的原则,首先确定一个理论上的设计标高 H_0,然后再考虑土的可松性,并进行经济比较,即将部分挖方就近堆在场外,或部分填方就近从场外取土而引起挖填方量变化。还有因为设计标高以上填方工程的用土量,或设计标高以下挖方工程的挖土量的影响,使得设计标高降低或提高,也需要重新调整设计标高。这时计算出的设计标高即 $H'_0=H_0+\Delta h$,按照 H'_0标高进行场地平整时,则整个场地表面为一个水平面。但实际施工时,因为排水需要,场地表面要有一定的泄水坡度(不小于0.2%),所以,还需根据场地泄水坡度的要求(单向泄水或双向泄水),计算出场地内各方格角点实际施工时所用的设计标高 H_n。

(2)计算场地平整土方量。场地土方量计算一般采用方格网法。方格网法具体步骤如下:

1)计算各方格角点的施工高度(挖填方高度),即自然地面标高 H 与经一系列调整后,最后确定的施工时所用的设计标高 H_n 之差。

各方格角点的施工高度按照下式计算

$$h_n=H_n-H \tag{3.1}$$

2)计算"零点"位置,确定零线。在每一个方格中具有一部分角点的施工高度为填方,另一部分为挖方,此时该方格边线上就存在着不挖不填的点,即为"零点"。将方格网中各个相邻边线上的零点连接起来,即为"零线"。它是确定方格中填方和挖方的分界线。

3)计算各方格挖填土方量。零线求出后,场地的挖填区也可一起标出,即可按方格的不同类型,根据方格底面积图形以及体积计算公式,逐个计算每个方格内的挖方量与填方量。

4)场地边坡土方量的计算。在场地平整施工中,沿着场地四周均需要做成边坡,以保持土体稳定,避免塌方,保证施工和使用的安全。边坡坡度大小应依照设计规定。边坡土方量的计算,可将边坡划为两种近似的几何形体,即三角棱锥体与三角棱柱体,根据各自体积计算公式,分别进行计算,求出边坡挖填土方量。

5）计算土方总量。将挖方区（或填方区）所有方格计算的土方量与边坡土方量汇总，即得该场地挖方与填方的总土方量。

2. 基坑（槽）开挖土方工程量计算

（1）边坡的坡度。土方边坡用边坡坡度与边坡系数表示。边坡坡度是挖土深度 h 和边坡底宽 b 之比（图 3.25）。工程中常以 $1:m$ 表示放坡，m 叫做坡度系数。

$$边坡坡度=h/b=1/(b/h)=1:m \tag{3.2}$$

（2）基槽土方量计算。如图 3.26 所示的基槽，如果考虑留工作面，其土方体积计算方法如下。

1）当基槽不放坡时

$$V=h(a+2c)l \tag{3.3}$$

2）当基槽放坡时

$$V=h(a+2c+mh)l \tag{3.4}$$

式中 V——基槽土方量，m^3；

h——基槽开挖深度，m；

a——基础底宽，m；

c——工作面宽，m；

m——坡度系数；

l——基槽长度（外墙按中心线计算，内墙按净长计算），m。

若基槽沿长度方向断面变化较大，则可分段计算，然后将各段土方量相加即得到总土方量，即

$$V=V_1+V_2+V_3+\cdots+V_n \tag{3.5}$$

式中 $V_1,V_2,V_3,\cdots,V_n$——各段土方量，m^3。

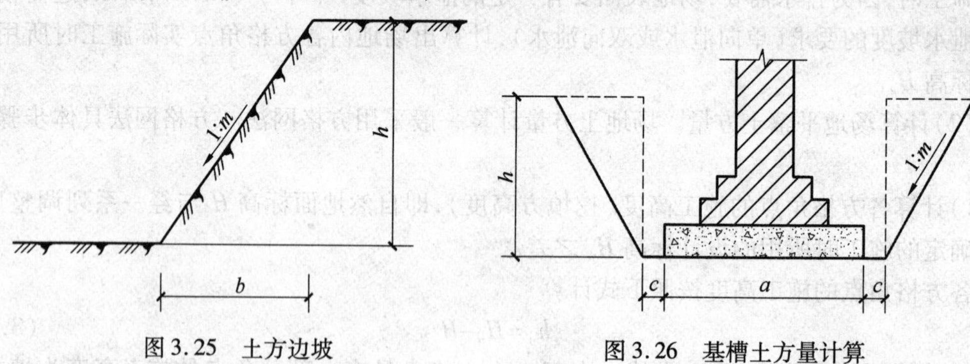

图 3.25 土方边坡 图 3.26 基槽土方量计算

（3）基坑、路堤土方量计算。基坑的外形有时复杂，而且不规则。通常情况下，都将其假设或划分成为一定的几何形状，同时采用具有一定精度而又和实际情况近似的方法进行计算。

基坑土方量的计算可以按照立体几何中的拟柱体（由两个平行的平面做底的一种多面体，如图 3.27a 所示体积公式计算，即

$$V=\frac{H}{6}(A_1+4A_0+A_2) \tag{3.6}$$

路堤土方量的计算可以沿长度方向分段后，再用相同的方法计算（图 3.27b）。即

$$V_1=\frac{L_1}{6}(A_1+4A_0+A_2) \tag{3.7}$$

式中　H——基坑深度,m;

L_1——第一段路堤长度,m,其余类推,最后汇总;

A_1、A_2——基坑上、下的底面积,m^2;

A_0——基坑中截面的面积,m^2;

V——总土方量,m^3。

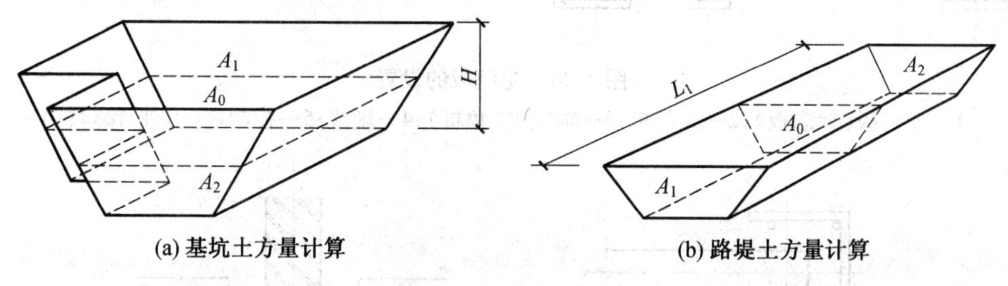

图3.27　基坑土方量计算

3.2　土方开挖细部做法

第50讲　场地平整

场地平整主要包括场地清理与定位放线。

1. 场地清理

场地清理包括清理地上与地下各种障碍物,如旧建筑、迁移树木、拆除或改建通信与电力设备、地下管线及建筑物,去除耕植物和河塘淤泥等。

施工现场场地的表面积水会影响施工,必须将地面水或雨水及时排走,使场地保持干燥,利于施工。地面排水通常可采用排水沟、截水沟、挡水土坝等措施。

2. 定位放线

(1)定位。建筑物定位就是将建筑设计总平面图中建筑物的轴线交点测定到地面上,用木桩标注出位置,桩顶钉上中心钉表示点位,称轴线桩,然后依据轴线桩进行细部测定。

为了进一步控制各轴线位置,应将主要轴线延长至安全地点并做标志,称为控制桩。为了方便开槽后施工各阶段中能控制轴线位置,应将轴线位置引测到龙门板上,用轴线钉标定。龙门板顶部标高通常为±0.000 m,以便控制挖基槽与基础施工时的标高,如图3.28所示。

(2)放线。放线就是依据定位确定的轴线位置,用石灰划出基坑(槽)开挖的边线,基坑(槽)上口尺寸的确定应依据基础的设计尺寸和埋置深度、土壤类别以及地下水情况确定是否留工作面或放坡,如图3.29所示。

工作面的留置要求为:砖基础不低于150 mm,混凝土及钢筋混凝土基础为300 mm。

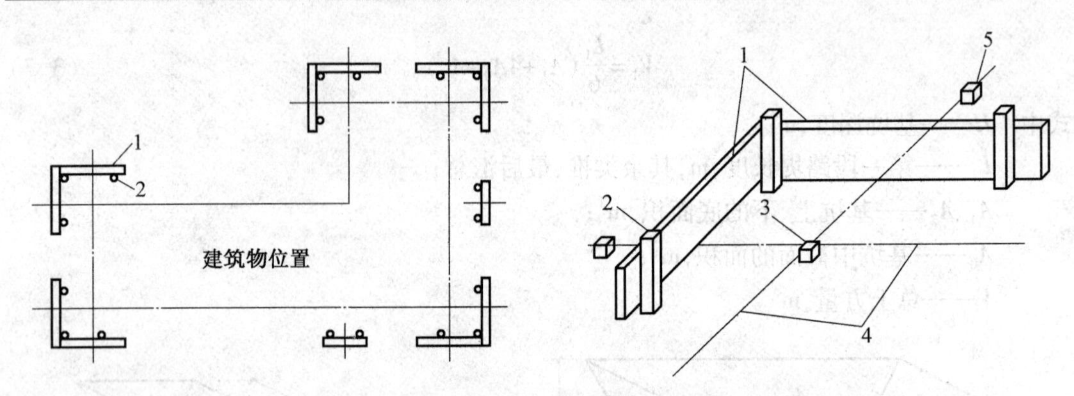

图3.28　龙门板的设置

1—龙门板(标志板);2—龙门桩;3—轴线桩(角桩);4—轴线;5—控制桩(引桩、保险桩)

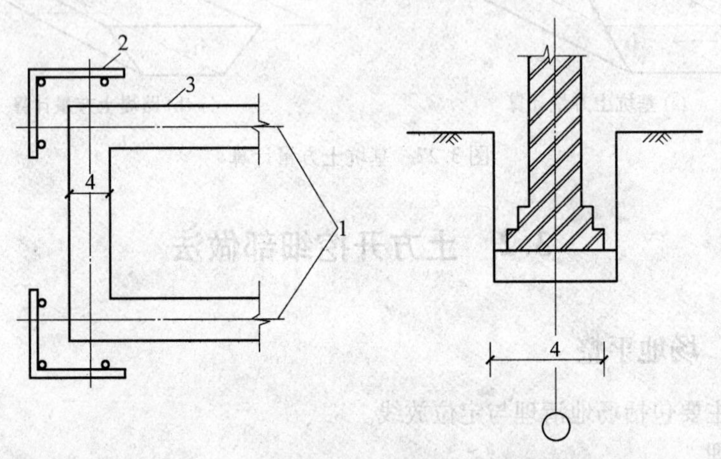

图3.29　放线示意图

1—墙(柱)轴线;2—龙门板;3—白灰线(基础边线);4—基础宽度

第51讲　土方开挖

土方开挖主要由场地开挖、边坡开挖及基坑(槽)开挖组成。

1.场地开挖

(1)小面积场地开挖。小面积场地开挖往往采用人工或人工配合小型机具开挖,由上而下、分层分段、从一端向另一端进行开挖。

(2)大面积场地开挖。大面积场地开挖通常选用推土机、铲运机或挖掘机等。

(3)边坡坡度。土方开挖应具有一定的边坡坡度,防止塌方和保证施工安全。确定挖方边坡坡度应依据土质、开挖深度、开挖方法、边坡留置时间的长短、边坡附近的各种荷载情况和排水等情况确定。临时性挖方边坡值见表3.2。

表3.2　临时性挖方边坡值

土的类别		边坡值(高:宽)
砂土(不包括细砂、粉砂)		1∶1.25～1∶1.50
一般性黏土	硬	1∶0.75～1∶1.00
	硬、塑	1∶1.00～1∶1.25
	软	1∶1.50或更缓
碎石类土	充填坚硬、硬塑黏性土	1∶0.50～1∶1.00
	充填砂地土	1∶1.00～1∶1.50

注:1.设计有要求时,应符合设计标准。

2.如果采用降水或其他加固措施,可以不受本表限制,但应计算负荷。

3.开挖深度:对软土不应超过4 m;对硬土不应超过8 m。

2.边坡开挖

(1)边坡的基本要求。为确保土方工程施工时土体的稳定,避免塌方,保证施工安全,当挖土超过一定深度时,应留出一定的坡度;土方边坡的坡度用其高度H与底宽度B之比来表示,边坡可做成直线形边坡、阶梯形边坡和折线形边坡,如图3.30所示。

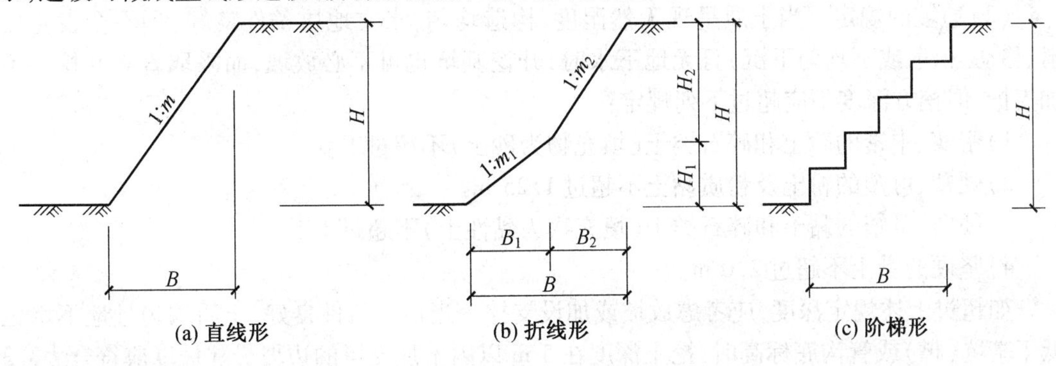

图3.30　土方边坡

土方边坡坡度为

$$\frac{H}{B}=\frac{1}{B/H}=\frac{1}{m} \tag{3.8}$$

式中　m——坡度系数。

场地边坡开挖应沿着等高线自上而下分层、分段依次进行,在边坡上采取多台阶同时进行开挖,上台阶比下台阶开挖进深不小于30 m,防止塌方。

边坡台阶开挖,应做成一定坡势,帮助排水。边坡下部设有护脚及排水沟时,在边坡修完以后,应及时处理台阶的反向排水坡,并进行护脚矮墙的砌筑和排水沟的疏通,以确保坡面不被冲刷和在影响边坡稳定性的范围内没有积水,否则,需采取临时性排水措施。

(2)边坡塌方的原因。

1)没有按规定放坡,使土体本身稳定性不够而塌方。

2)基坑边沿堆载,使土体中产生的剪应力大于土体的抗剪强度而塌方。

3)地下水和地面水渗入边坡土体,使土体的自重增大,抗剪能力降低,从而发生塌方。

(3)防止边坡塌方的措施。

1)边坡的留置应满足规范的要求,其坡度大小,应根据土的性质、水文地质条件、施工方法、开挖深度以及工期的长短等因素确定。施工时应随时观察土壁的变化情况。

2)边坡上有堆土或材料以及有施工机械行驶时,应维持与边坡边缘的距离。当土质良好时,堆土或材料应距离挖方边缘不小于0.8 m,高度不应超过1.5 m。在软土地基开挖时,应随挖随运,防止由于地面加载引起的边坡塌方。

3)做好排水工作,避免地表水、施工用水和生活废水浸入边坡土体,在雨期施工时,应特别注意检查边坡的稳定性,必要时增加支撑。

4)当基坑开挖完工后,可采取塑料薄膜覆盖、水泥砂浆抹面、挂网抹面或喷浆等方法进行边坡坡面防护,避免边坡失稳。

5)在土方开挖过程中,应时时观察边坡土体。当边坡出现裂缝、滑动等失稳迹象时,需暂停施工,必要时将施工人员和机械撤至安全地点。同时,应指定观察点,对土体平面位移和沉降变化进行观测,并和设计单位联系,研究相应的处理措施。

3. 基坑(槽)开挖

(1)地面排水。基坑(槽)与管沟开挖时上部应有排水措施,防止地面水流入坑内,防止冲刷边坡造成塌方和破坏基土。

(2)边坡的规定。当土质呈现天然湿度,构造均匀,水文地质条件良好(即不会发生塌滑、移动、松散或不均匀下沉)且无地下水时,开挖基坑也可不必放坡,而采取直立开挖且不加支护,但挖方深度不应超过下列规定:

1)密实、中密的砂土和碎石类土(填充物为砂土)不超过1.0 m。

2)硬塑、可塑的粉土及粉质黏土不超过1.25 m。

3)硬塑、可塑的黏土和碎石类土(填充物为黏性土)不超过1.5 m。

4)坚硬的黏土不超过2.0 m。

如超过上述规定深度,应考虑放坡或加设支撑。当地质条件良好,土质均匀且地下水位低于基坑(槽)或管沟底标高时,挖土深度在5 m以内不加支撑的边坡最陡坡度应符合表3.3的规定。放坡后基坑上口宽度由基础底面宽度和边坡坡度来决定,坑底宽度每边应比基础宽出15~30 cm,以利于施工操作。

表3.3 深度在5 m内的基坑(槽)、管沟边坡的最陡坡度(不加支撑)

土的类别	边坡坡度(高:宽)		
	坡顶无荷载	坡顶有静载	坡顶有动载
中密的砂土	1:1.00	1:1.25	1:1.50
中密的碎石类土(填充物为砂土)	1:0.75	1:1.00	1:1.25
硬塑的粉土	1:0.67	1:0.75	1:1.00
中密的碎石类土(填充物为黏性土)	1:0.50	1:0.67	1:0.75
硬塑的物质黏土、黏土	1:0.33	1:0.50	1:0.67
老黄土	1:0.10	1:0.25	1:0.33
软土(经井点降水后)	1:1.00	—	—

注:1. 静载指堆土或材料等,动载指机械挖土或汽车运输作业等。静载或动载距挖方边缘的距离应保证边坡直立壁的稳定,堆土或材料应距挖方边缘0.8 m以外,高度不超过1.5 m。

2. 当有成熟的施工经验时,可不受本表限制。

(3)大型深基坑。大型深基坑土方开挖方法主要包括:放坡挖土,盆式挖土,分层分段挖土,中心岛(墩)式挖土,深基坑逐层挖土,基础群分片挖土和多层接力挖土等,可依据基坑面积大小、开挖深度、支护结构形式、周围环境条件等因素选择。

1)放坡挖土法。基坑采用放坡开挖,应具有稳定的边坡坡度,以防止塌方和危害安全施工。确定挖方边坡的坡度应根据土质情况、场地大小、地下水情况以及基坑深度等而定,同时,还要考虑施工环境、相邻道路和边坡地面荷载等的影响,常用的场地、基坑边坡形式如图3.31所示。

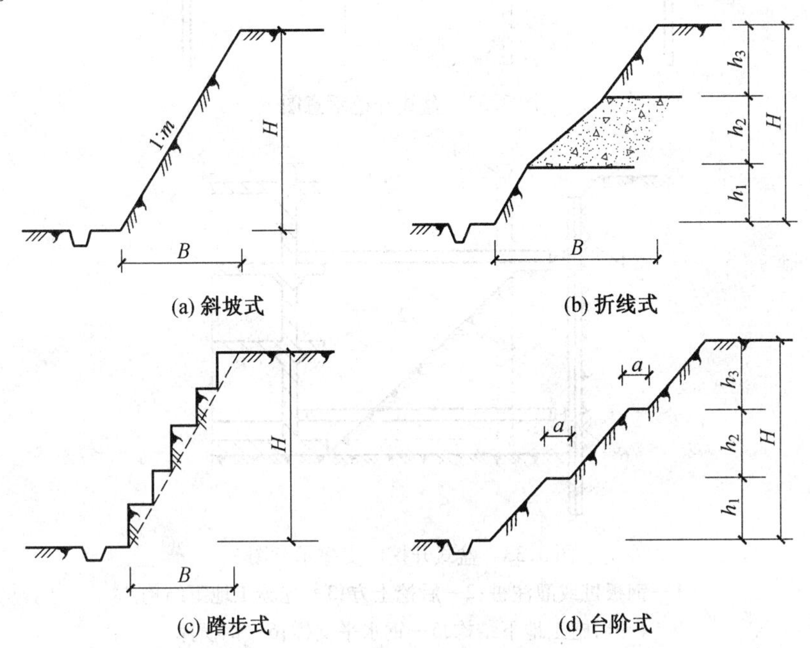

图3.31 场地、基坑边坡形式

1:m—土方坡度(=H:B);m—坡度系数(B/H);H—边坡高度;B—边坡宽度

开挖深度较大的基坑,当用放坡挖土,应设置多级平台分层开挖,每级平台的宽度不宜小于1.5 m。

放坡开挖重要基坑,需验算边坡稳定,可采用圆弧滑动简单条分法进行验算。安全系数对于一级基坑取1.38~1.43,二级基坑取1.25~1.30。

基坑放坡开挖,坡面和坑底应保留200~300 mm基土,用人工修坡清理并整平坑底,防止超挖使坡面失稳以及坑底土扰动。

2)盆式挖土法。盆式挖土是先分层开挖基坑中间部分的土方,基坑周边一定范围内的土暂不开挖(图3.32),可根据土质情况按1∶1~1∶2.5放坡,使之形成对四周围护结构的被动土反压力区,用于增强围护结构的稳定性。等到中间部分的混凝土垫层、基础或地下室结构施工完成后,再用水平支撑或斜撑对四周围护结构进行支撑,同时突击开挖周边支护结构内部分被动土区的土,每挖一层支一层水平横顶撑,直到坑底,最后浇筑该部分结构(图3.33)。本法优点为对于支护挡墙受力有利,时间效应小,但大量土方无法直接外运,需集中提升后装车外运。

3)分层分段挖土法。分层挖土是将基坑按照深度分为多层进行逐层开挖(图3.34);分层厚度,软土地基需控制在2 m以内;硬质土可控制在5 m以内为宜,开挖顺序可从基坑的某一边向另一边平行开挖,或是从基坑两头对称开挖,或从基坑中间向两边平行对称开挖,

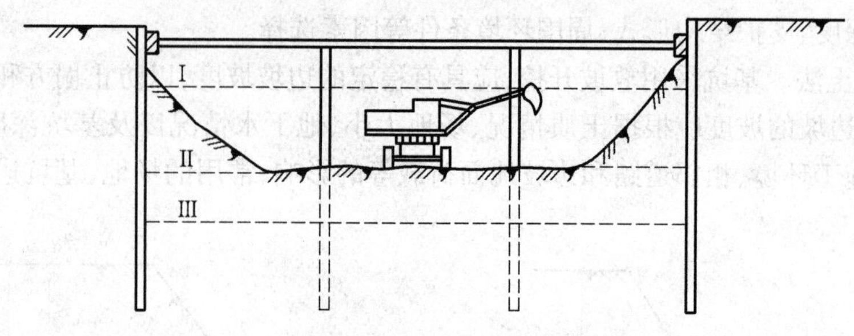

图3.32　盆式开挖示意图

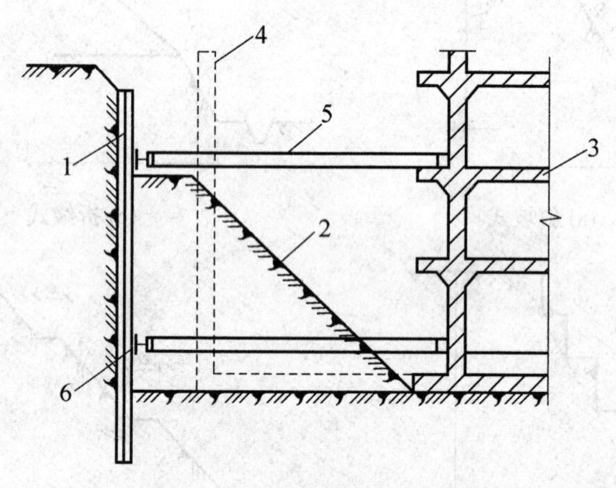

图3.33　盆式开挖内支撑示意图

1—钢板桩或灌注桩;2—后挖土方;3—先施工地下结构

4—后施工地下结构;5—钢水平支撑;6—钢横撑

也可交替分层开挖,可依据工作面和土质情况决定。运土可采取设坡道或不设坡道两种方式。设坡道土的坡度根据土质、挖土深度和运输设备情况而定,通常为1∶8～1∶10,坡道两侧要采取挡土或加固措施。不设坡道一般设钢平台或栈桥作为运输土方通道。

分段挖土是将基坑分成几段或几块分别进行开挖。分段和分块的大小、位置以及开挖顺序,根据开挖场地工作面条件、地下室平面与深浅以及施工工期要求而定。分块开挖,即开挖一块浇筑一块混凝土垫层或基础,必要时可在已封底的坑底和围护结构之间增加斜撑,以增强支护的稳定性。

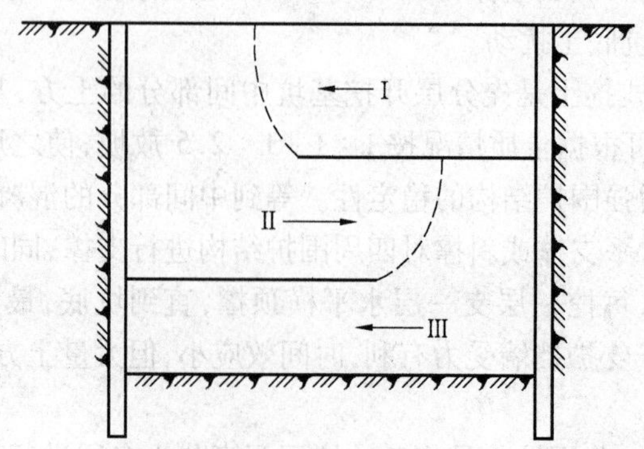

图3.34　分层开挖示意图(Ⅰ、Ⅱ、Ⅲ为开挖次序)

4)中心岛(墩)式挖土法。中心岛(墩)式挖土是先开挖基坑周边土方,在中间留土墩当作支点搭设栈桥,挖土机可从栈桥下到基坑挖土,运土的汽车也可利用栈桥进入基坑运土,可有效增加挖土和运土的进度(图3.35)。土墩留土高度、边坡的坡度、挖土分层与高差应经仔细研究判定。挖土亦分层开挖,通常先全面挖去一层,然后中间部分留置土墩,周围部分分层开挖。挖土大多用反铲挖土机,如基坑深度很大,则采用向上逐级传递方法进行土方装车外运。整个土方开挖顺序应按开槽支撑、先撑后挖、分层开挖、避免超挖的原则进行。

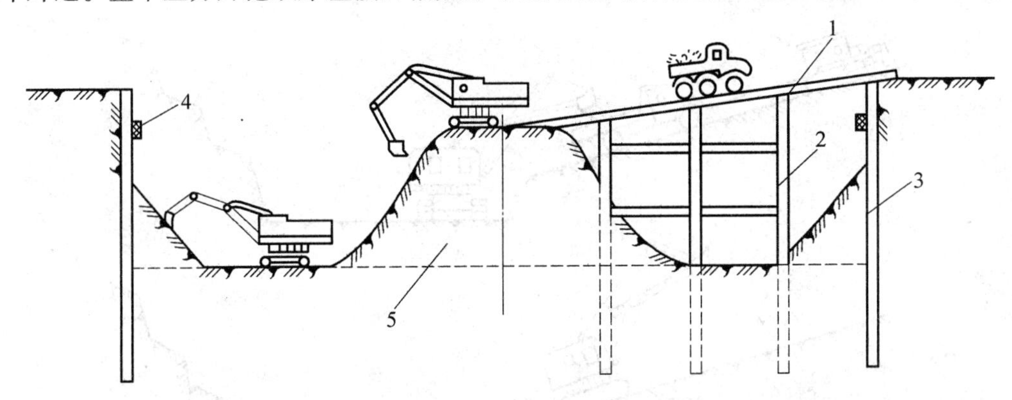

图3.35　中心岛(墩)式挖土示意图

1—栈桥;2—支架或工程桩;3—围护墙;4—腰梁;5—土墩

5)深基坑逐层挖土法。开挖深度大于挖土机最大挖掘高度(5 m以上)时,宜分2~3层开挖,并修筑10%~15%的坡道,以便挖土机和运输车辆进出。有些边角部位,机械挖掘不到,应用少量人工配合清理,将松土清到机械作业半径范围以内,再用机械掏取运走。人工清土所占比例,通常为1.5%~4%,控制好可达到1.5%~2%,修坡以厘米作为限制误差。大基坑宜另外配备一台推土机清土、送土、运土。挖土机、汽车进出基坑的运输道路,应尽可能利用正在开挖基坑的一开挖部分土方提前开挖,使它相互贯通作为车侧两侧相邻接的裙房或辅助工程基础进出坡道(图3.36),以缩减开挖土方量。

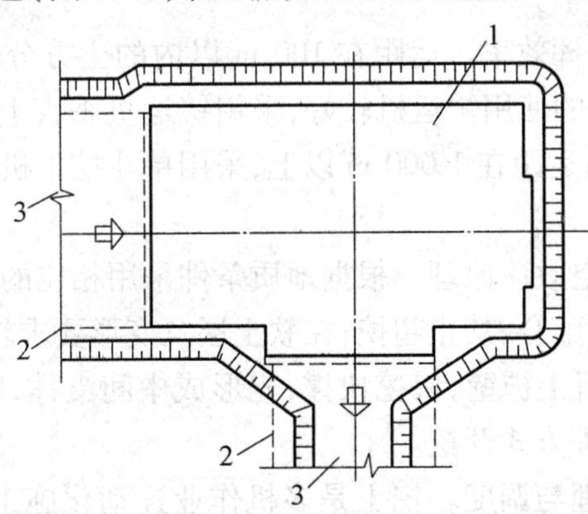

图3.36　用后开挖裙房部位作进出坡道

1—先施工主体结构基础;2—后施工裙房基础;3—挖土机、运输汽车进出坡道

对某些面积不大,而深度较大的基坑,通常也宜尽量利用挖土机开挖,不开或少开坡道,采用机械接力挖土、运土以及人工与机械合理的配合挖土,最后再采用搭设枕木垛的办法,使挖土机开出基坑,如图3.37所示。

(4)施工注意要点。

1)合理选择基坑土方开挖程序。地下建筑基础平面经常分成很多部位,平面布置复杂,

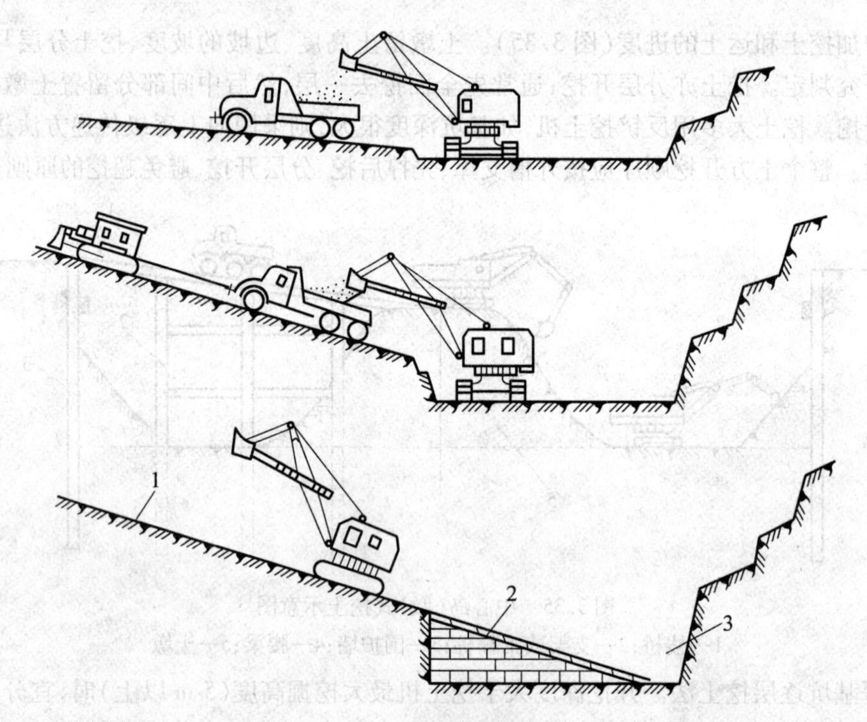

图 3.37 深基坑机械开挖

1—坡道;2—搭设枕木垛临时坡道;3—开挖的深基坑

且底标高变化大,常常难以满足所有部位标高开挖,必须注意选择适当的机械工作面,考虑恰当的机械开挖范围和标高,以免超挖而增加人工开挖量及垫层造型混凝土量;并应合理安排开挖程序,将整个基础(包括主体和裙房)适当分段,然后按照相邻近似的标高,分成若干层进行开挖,以提高挖土效率。

2)选择合适机械,以发挥效率。运距在 100 m 以内的土方分层开挖,使用推土机、装载机较好;运距在 800 m 以内的使用铲运机较好,采用铲运机垂直上坡坡度不能大于 1∶7,轻车下坡坡度不得大于 1∶5;运距在 1 000 m 以上,采用单斗挖土机开挖配合自卸翻斗汽车运土较好。

3)基坑开挖应遵循时空效应原理。根据地质条件采用相应的开挖方式,通常应“分层开挖,先撑后挖”,撑锚与挖土配合,禁止超挖;在软土层及变形要求较严格时,应采用“分层、分区、分块、分段、抽槽开挖,留土护壁,快挖快撑,先形成中间支撑,限时对称平衡形成端头支撑,减少无支撑暴露时间”等方式开挖。

4)搞好挖土的组织管理与调度。挖土是多机作业连动化施工,应做好每一环节的组织管理及调度工作,建立一套完整的指挥调度系统,按挖土进度需要均衡地进行施工。机械操作和汽车装土行驶必须听从现场指挥,所有车辆必须严格按规定的开行路线行驶,卸土到指定地点。

5)做好机械的表面清洁及运输道路的清理工作,以提高挖土和运输效率。

6)高层建筑不允许有较大的不均匀沉降,所以,对地基土质要求比较严格。当基坑土方开挖到设计基底标高后,应立即清底,由设计、建设监理部门共同进行鉴定、验槽,校核工程地质资料,检查地基土和工程地质勘察报告、设计图纸的要求是否相符,是否有破坏原状土体结构的扰动现象。经检查合格后，填写隐蔽工程记录，并且办理交接手续。同时，注意加强基坑土的保护，降低暴露时间，避免地基浸泡、受冻，使地基失稳或产生不均匀沉陷，产生基础结构裂缝，影响工程质量。基坑验槽后，应及时浇好垫层封闭基坑，当基坑底无法很快浇筑混凝土垫层时，应预留100～150 mm厚的土层暂不挖去，以保证基土不被破坏，等到垫层施工时，再挖到设计基底标高。

7）当基坑土方开挖可能影响邻近建筑物、管线安全使用时，必须采取可靠的保护措施。

8）对土质较差且施工工期较长的基坑，为保证大开挖后的边坡的稳定，不受雨水冲刷，减少水渗入土体，可在土坡表面抹一层钢丝网水泥砂浆或是喷一层细钢筋网混凝土，亦或铺设塑料薄膜保护，坡顶外1 m挖排水沟或筑挡水土堤，坑内必须设排水沟和集水井，用水泵抽除积水。

9）对设有内支撑或多层拉锚挡土系统的基坑，应按照施工组织设计确定的程序开挖，不得超深。挖土机械、运输车辆位于坑边时，宜采取搭设平台，铺设走道板等措施，以支撑重型设备，降低地面荷载对支护墙的侧压力。

10）开挖施工时，应保护井点、支撑等不受碰撞或损坏。避免因挖土过快，高差过大，使工程桩受侧压力而倾斜。同时，必须对平面控制桩、水准点、基坑平面位置、水平标高以及边坡坡度等定期进行复测检查。

11）当基坑深度较大时，应分层开挖，防止开挖面的坡度过陡，引起土体位移、底面隆起、桩基侧移等现象出现。

12）基坑开挖过程中，随着土的挖除，下层土由于逐渐卸载而有可能回弹，如搁置时间过长，回弹愈加明显。基坑开挖完毕，应及早浇筑垫层、施工基础和主体结构，逐步利用基础的重量来替代被挖去土体的重量，以减少或消除回弹影响。

13）雨期开挖土方，工作面不能过大，应逐段分期完成。坑面、坑底排水系统需保持良好，汛期应有防洪措施，避免坑外水浸入基坑。冬期开挖基坑，必须防止基础下的基土遭冻。如挖完土隔一段时间施工基础时，必须预留适当厚度的松土，或用保温材料覆盖防冻。

14）基坑开挖后应对围护排桩的桩间土体，根据不同情况采取砌砖、插板、挂网喷、抹豆石混凝土等处理方法进行保护。并应对工程桩进行保护，禁止碰撞损坏桩头。

15）基础结构完成后，应及时在基础与坑壁之间进行回填。回填土通常用原挖出的土（不得用腐殖土、冻土及含水量大的土等作为填料），分层回填夯实，使其达到设计密实度要求。

3.3　土方填筑与压实细部做法

第52讲　回填土料选择与填筑要求

为了确保填土工程的质量，必须正确选择土料和填筑方法。

对填方土料应按设计要求验收后才能填入。如设计无要求，一般按下列原则进行：

（1）碎石类土、砂土（使用细、粉砂时必须取得设计单位同意）和爆破石碴可用作表层以下的填料；含水量满足压实要求的黏性土，可用作各层填料；碎块草皮与有机质含量大于8%的土，只适用无压实要求的填方。含有大量有机物的土，容易降解变形而降低承载能力；含有水溶性硫酸盐大于5%的土，在地下水的作用下，硫酸盐会慢慢溶解消失，形成孔洞影响密实性。所以前述两种土以及淤泥和淤泥质土、冻土、膨胀土等都不应作为填土。

(2)填土应分层进行，并尽量采用同类土填筑。如采用不同土填筑时，应将透水性较大的土层设置在透水性较小的土层之下，不能将各种土混杂在一起使用，避免填方内形成水囊。

(3)碎石类土或爆破石碴作填料时，其最大粒径不能超过每层铺土厚度的2/3。使用振动碾时，不能超过每层铺土厚度的3/4。铺填时，大块料不应集中，且不得填在分段接头或填方和山坡连接处。

(4)当填方位于倾斜的山坡上时，应将斜坡做成阶梯状，以防填土横向移动。

(5)回填基坑与管沟时，应从四周或两侧均匀地分层进行，防止基础和管道在土压力作用下产生偏移或变形。

(6)回填以前，应清除填方区的积水及杂物，如遇软土、淤泥，必须进行换土回填。在回填时，应防止地面水流入，并预留一定的下沉高度(通常不得超过填方高度的3%)。

第53讲　填土压实方法

填土的压实方法一般包括：碾压、夯实、振动压实以及利用运土工具压实；对于大面积填土工程，多采用碾压及利用运土工具压实；对较小面积的填土工程，则宜用夯实机具进行压实。

1. 碾压法

碾压法是利用机械滚轮的压力压实土壤，使其达到所需的密实度。碾压机械包括平碾、羊足碾和气胎碾。

平碾又称光碾压路机(图3.38a)，是一种以内燃机作为动力的自行式压路机。按重量等级分为轻型(30～50 kN)、中型(60～90 kN)以及重型(100～140 kN)三种，适于压实砂类土及黏性土，适用土类范围较广。轻型平碾压实土层的厚度不大，但土层上部变得比较密实，当用轻型平碾初碾后，再用重型平碾碾压松土，就会得到较好的效果。如直接用重型平碾碾压松土，则因为强烈的起伏现象，其碾压效果较差。

羊足碾如图3.38(b)所示，一般无动力而靠拖拉机牵引，包括单筒、双筒两种。根据碾压要求，又可分为空筒、装砂、注水三种。羊足碾虽然和土接触面积小，但对单位面积土的压力非常大，土的压实效果好。羊足碾只能用来压实黏性土。

气胎碾又称轮胎压路机(图3.38c)，它的前后轮分别密排着4个与5个轮胎，既是行驶轮，也是碾压轮。因为轮胎弹性大，在压实过程中，土与轮胎均会发生变形，而随着几遍碾压后铺土密实度的提高，沉陷量逐渐减少，所以轮胎与土的接触面积逐渐缩小，但接触应力则逐渐增大，最后使土料得到压实。由于在工作时是弹性体，因此其压力均匀、填土质量较好。

碾压法主要用于大面积的填土，例如场地平整、路基、堤坝等工程。采取碾压法压实填土时，铺土应均匀一致，碾压遍数应一致，碾压方向应从填土区的两边逐渐压向中心，每次碾压需有15～20 cm的重叠；碾压机械开行速度不能过快，一般平碾不应超过2 km/h，羊足碾控制在3 km/h之内，否则会影响压实效果。

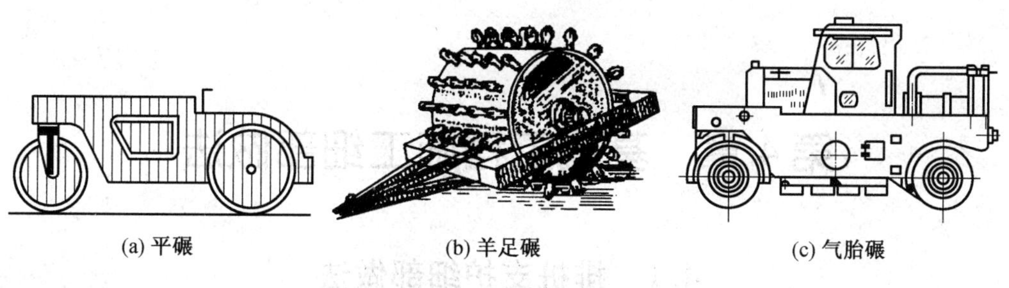
(a) 平碾　(b) 羊足碾　(c) 气胎碾

图3.38　碾压机械

2. 夯实法

夯实法是利用夯锤自由下落的冲击力来夯实土壤,通常用于小面积的回填土或作业面受到限制的环境下。夯实法分人工夯实与机械夯实两种。人工夯实所用的工具是木夯、石夯等;常用的夯实机械包括夯锤、内燃夯土机、蛙式打夯机和利用挖土机或起重机装上夯板后的夯土机等,其中蛙式打夯机轻巧灵活、构造简单,在小型土方工程中使用最广。

3. 振动压实法

振动压实法是将振动压实机放在土层表面,借助振动机构使得压实机振动土颗粒,土的颗粒发生相对位移而达到紧密状态。利用这种方法振实非黏性土的效果较好。

近年来,又将碾压与振动法结合起来而设计和制造了振动平碾、振动凸块碾等新型压实机械。振动平碾适用于填料为爆破碎石碴、碎石类土、杂填土或轻亚黏土的大型填方;振动凸块碾则适合亚黏土或黏土的大型填方。当压实爆破石碴或碎石类土时,可选择重8~15 t的振动平碾,铺土厚度为0.6~1.5 m,先静压,后振动碾压,碾压遍数由现场试验确定,通常为6~8遍。

第4章　基坑工程施工细部做法

4.1　排桩支护细部做法

第54讲　排桩支护的布置形式

1. 柱列式排桩支护

当边坡土质较好、地下水位较低时，可利用土拱作用，以稀疏钻孔灌注桩或挖孔桩支挡土坡，如图4.1(a)所示。

2. 连续排桩支护

连续排桩支护如图4.1(b)所示。在软土中一般无法形成土拱，支挡桩应该连续密排。密排的钻孔桩可以互相搭接，或在桩身混凝土强度还没有形成时，在相邻桩间做一根素混凝土树根桩将钻孔桩排连起来，如图4.1(c)所示。也可以使用钢板桩、钢筋混凝土板桩，如图4.1(d)，(e)所示。

3. 组合式排桩支护

在地下水位较高的软土地区，可采取钻孔灌注桩排桩与水泥土桩防渗墙组合的形式，如图4.1(f)所示。

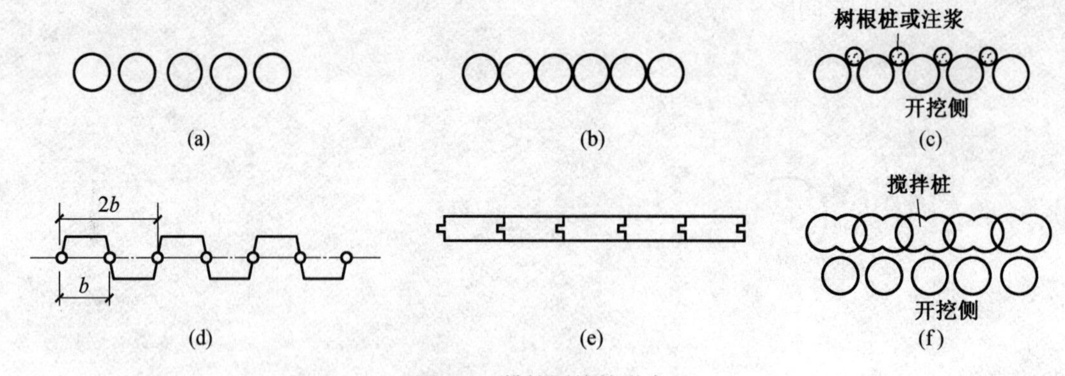

图4.1　排桩围护的形式

第55讲　排桩支护的基本构造及施工工艺

(1)钢筋混凝土挡土桩间距通常为1.0～2.0 m，桩直径为0.5～1.1 m，埋深是基坑深的0.5～1.0倍。桩配筋通过计算确定，一般主筋为ϕ14～32 mm。当为构造配筋时，每根桩不少于8根，箍筋选用ϕ8@100～200。

(2)对于开挖深度不超过6 m的基坑，在场地条件允许的情况下，选用重力式深层搅拌桩挡墙比较理想。当场地受限制时，也可先用ϕ600密排悬臂钻孔桩，桩与桩之间可使用树根桩密封，也可在灌注桩后注浆或打水泥搅拌桩作为防水帷幕。

(3)对于开挖深度为6~10 m的基坑,常常采用ϕ800~1 000的钻孔桩,后面加深层搅拌桩或注浆防水,并布置2~3道支撑,支撑道数根据土质情况、周围环境及围护结构变形要求而定。

(4)对于开挖深度超过10 m的基坑,以往常采用地下连续墙,设置多层支撑,虽然安全可靠,但价格昂贵。近年来,上海经常采用ϕ800~1 000大直径钻孔桩替代地下连续墙,同样采用深层搅拌桩防水,多道支撑或中心岛施工法,这种支护结构已经成功应用于开挖深度达到13 m的基坑。

(5)排桩顶部应设置钢筋混凝土冠梁连接,冠梁宽度(水平方向)不应小于桩径,冠梁高度(竖直方向)不应小于400 mm,排桩与桩顶冠梁的混凝土强度等级应大于C20。当冠梁作为连系梁时可按构造配筋。

(6)基坑开挖后,排桩的桩间土防护可采取钢丝网混凝土护面、砌砖等处理方法,当桩间出现渗水时,应在护面设泄水孔。当基坑面在实际地下水位之上且土质较好、暴露时间较短时,可不对桩间土进行防护处理。

4.2 水泥土桩墙支护细部做法

第56讲 基本构造

深层搅拌桩支护结构是将搅拌桩相互搭接形成,平面布置可采用壁状体,如图4.2所示。如果壁状的挡墙宽度不够时,可增加宽度,做成格栅状支护结构(图4.3),即在支护结构宽度内,不用整个土体都进行搅拌加固,可按照一定间距将土体加固成相互平行的纵向壁,再沿纵向按照一定间距加固肋体,用肋体将纵向壁连接在一起。这种挡土结构目前经常采用双轴搅拌机进行施工,一个轴搅拌的桩体直径为700 mm,两个搅拌轴的距离是500 mm,搅拌桩之间的搭接距离是200 mm。

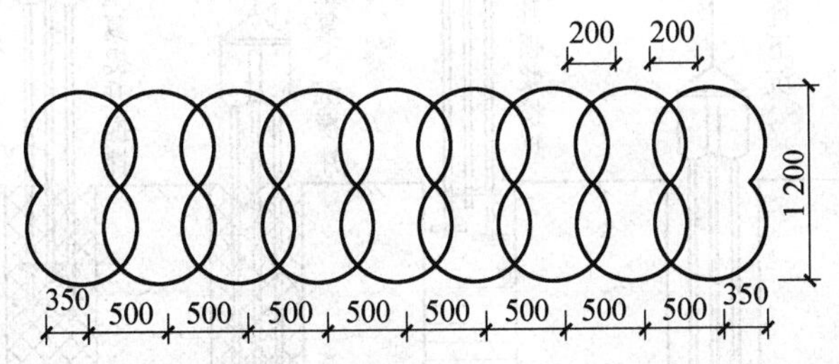

图4.2 深层搅拌水泥土桩墙平面布置形式——壁状支护结构

墙体宽度B与插入深度D应根据基坑深度、土质情况及其物理、力学性能,周围环境,地面荷载等计算确定。在软土地区,当基坑开挖深度h不超过5 m时,可按照经验取$B=(0.6\sim0.8)h$,尺寸以500 mm进位,$D=(0.8\sim1.2)h$。基坑深度通常控制在7 m以内,过深则不经济。按照使用要求和受力特性,搅拌桩挡土结构的竖向断面形式如图4.4所示。

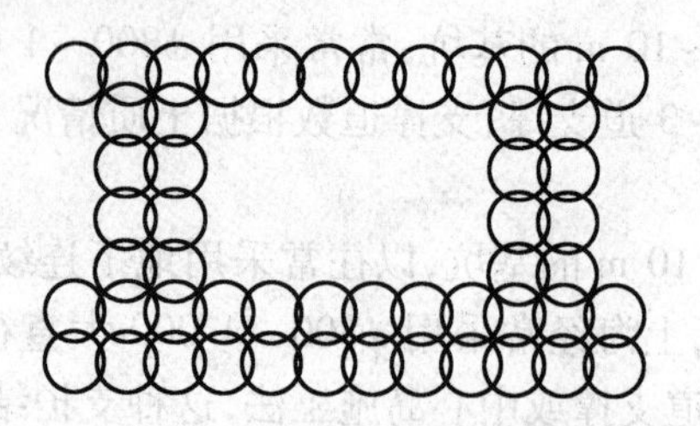

图4.3 深层搅拌水泥土桩墙

平面布置形式——格栅式

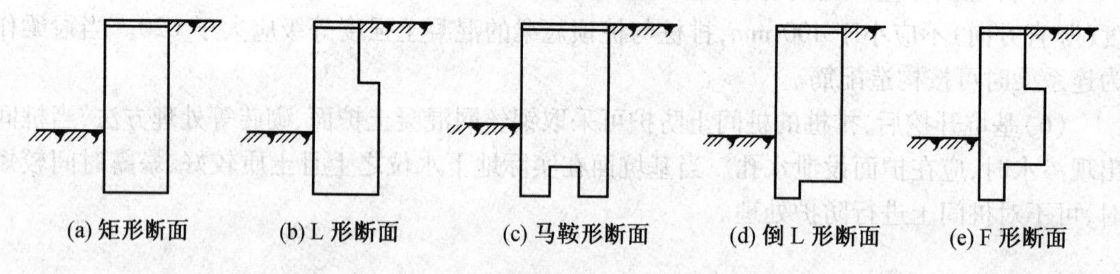

图4.4 搅拌桩支护结构几种竖向断面

第57讲 水泥土桩墙工程施工

水泥土桩墙工程主要施工机械为深层搅拌机。目前,我国生产的深层搅拌机主要有单轴搅拌机和双轴搅拌机。水泥土桩墙工程施工工艺(图4.5)如下:

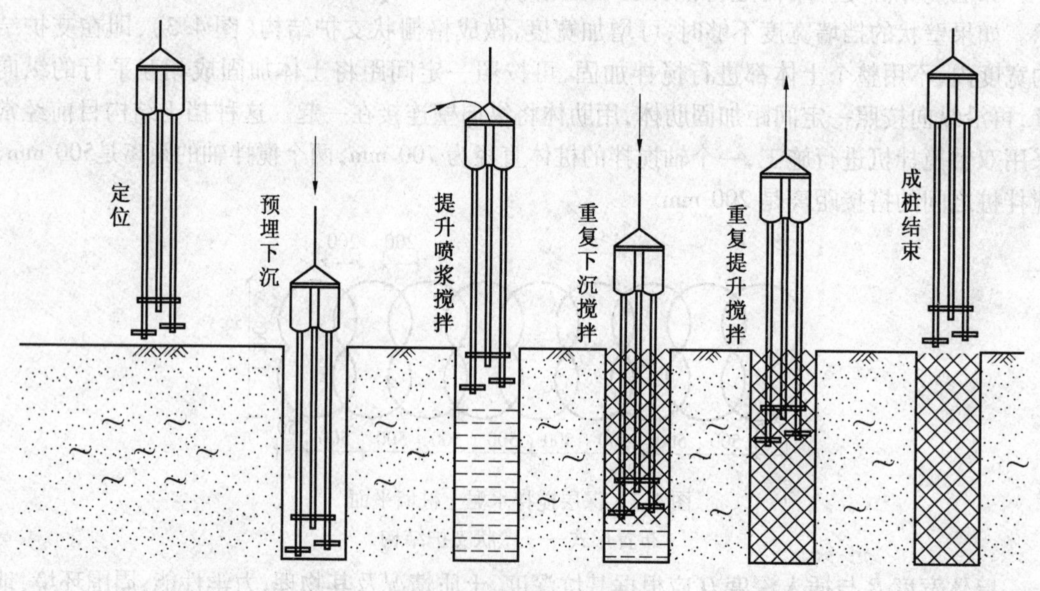

图4.5 施工工艺流程

(1)深层搅拌桩施工可采用湿法(喷浆)和干法(喷粉)施工,施工时应优先采用喷浆型双轴型深层搅拌机。

(2)桩架定位及保证垂直度。深层搅拌机桩架到达指定桩位、对中,当场地标高不满足设计要求或起伏不平时,需先进行开挖、整平。施工时桩位偏差应小于5 cm,桩的垂直度误差不大于1%。

(3)预搅下沉。等到深层搅拌机的冷却水循环正常后,启动搅拌机的电动机,放松起重机的钢线绳,使得搅拌机沿导向架搅拌切土下沉,下沉速度可由电动机的电流表控制。工作电流不宜大于70 A。若下沉速度太慢,可从输浆系统补给清水以利钻进。

(4)制备水泥浆。按照设计要求的配合比拌制水泥浆,压浆前将水泥浆装入集料斗中。

(5)提升、喷浆并搅拌。深层搅拌机下沉到设计深度后,打开灰浆泵将水泥浆压入地基土中,并且边喷浆、边旋转,同时严格依照设计确定提升速度提升搅拌机。

(6)重复搅拌或重复喷浆。搅拌机提升到设计加固深度的顶面标高时,集料斗中的水泥浆应该正好排空。为使软土与水泥浆搅拌均匀,可再次将搅拌机边旋转边沉入土中,到设计加固深度后再将搅拌机提升出地面。有时可采取复搅、复喷(即二次喷浆)方法。在第一次喷浆到顶面标高,喷完总量的60%浆量,将搅拌机边搅边沉入土中,至设计深度后,再将搅拌机边提升边搅拌,同时喷完余下的40%浆量。喷浆搅拌时搅拌机的提升速度不能超过0.5 m/min。

(7)移位。桩架移到下一桩位施工。下一桩位施工应在前桩水泥土还没有固化时进行。相邻桩的搭接宽度不能小于200 mm。相邻桩喷浆工艺的施工时间间隔不能大于10 h。施工开始和结束的头尾搭接处,应采取加强措施,以免出现沟缝。

第58讲　减小水泥土桩墙位移的措施

水泥土桩墙属于重力式挡墙。在实际工程中,水泥土桩墙的水平位移通常偏大,影响施工顺利进行及周围已有建筑物和地下管线的安全。水泥土桩墙的水平位移的大小和基坑开挖深度、坑底土性质、基坑底部状况(有无桩基或加固等)、基坑边堆载及基坑边长等因素相关。它的稳定有赖于被动土压力的发挥,而被动土压力仅有在墙体位移足够大时才能发挥。所以,在水泥土桩墙围护结构设计中,根据工程特点,采取一定措施,减少水泥土桩墙的位移是十分必要的。

(1)墙顶插筋。水泥土墙体插筋对于减小墙体位移有一定作用,尤其是采用钢管插筋其作用更显著。插筋时,每根搅拌桩顶部插入一根长2 m左右$\phi12$的钢筋,以后将其和墙顶压顶面板钢筋绑扎连接,如图4.6所示。

(2)基坑降水。在基坑开挖前进行坑内降水,既可以为地下结构施工提供干燥的作业环境,同时对坑内土的固结也非常有利,该方法施工简便、造价低、效果也较好。对于含水并适合降水的土层,宜选用这种方法。

坑内降水井管的布置既要确保坑内地下水降至坑底以下一定的深度,又要避免坑内降水影响坑外地下水位过大变动,引起坑边土体的沉陷。

(3)坑底加固。当坑底土比较软弱,采用上述措施还无法控制水泥土墙的水平位移时,则可采用基坑底部加固法。坑底加固的布置可采取满堂布置方法,也可采取坑底四周布置方法。当基坑面积比较小时,可采用满堂布置;当基坑面积较大时,为了经济起见,可采用墙前坑底加固方法。墙前坑底加固宽度可取$(0.4\sim0.8)D$(D是挡墙入土深度),加固深度可取$(0.5\sim1.0)D$,加固区段可以为局部区段,也可以是基坑四周全部加固,如图4.7所示,具体可依据坑底土质、周围环境及经济性等决定。

(4)水泥土桩墙加设支撑。水泥土桩墙往往无支撑,但有时为减小墙体位移或在某些特殊情况下(例如坑边有集中荷载)也可局部加设支撑。

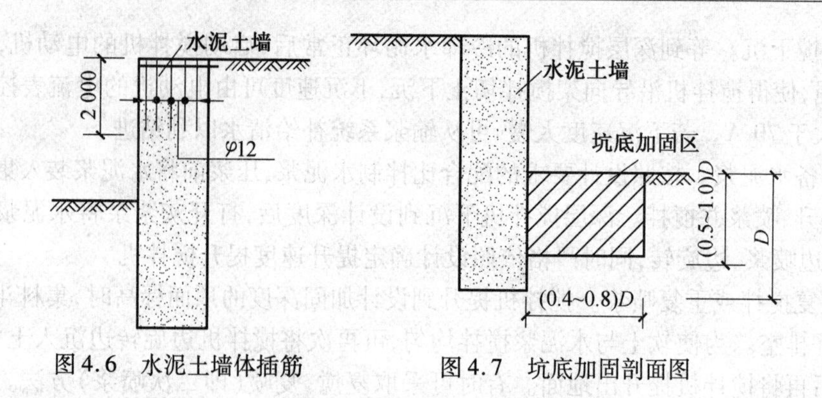

图4.6 水泥土墙体插筋　　图4.7 坑底加固剖面图

4.3 钢板桩支护细部做法

第59讲 钢板桩分类

钢板桩的种类繁多,常见的有U形板桩、Z形板桩、H形板桩,如图4.8所示。其中以U形使用最多,可用于5~10 m深的基坑。

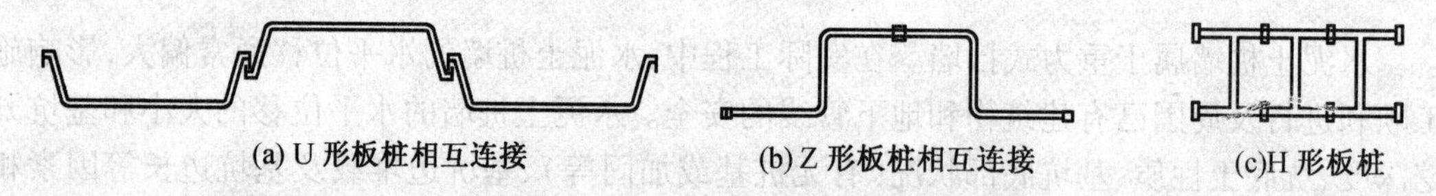

(a) U形板桩相互连接　　(b) Z形板桩相互连接　　(c)H形板桩

图4.8 常用钢板桩截面形式

钢板桩按照有无锚桩结构,分为无锚板桩(也称悬臂式板桩)与有锚板桩两类。无锚板桩适用于较浅的基坑,依靠入土部分的土压力来保持板桩的稳定;有锚板桩是在板桩墙后设置柔性系杆(如钢索、土锚杆等)或在板桩墙前设置刚性支撑杆(如大型钢、钢管)加以固定,适用于开挖较深的基坑,该种板桩用得较多。

第60讲 钢板桩施工

目前在基坑支护中,大多采用钢板桩,下面以钢板桩为例介绍板桩施工的主要程序。

(1)钢板桩的施工机具。钢板桩施工机具有冲击式打桩机,包括自由落锤、柴油锤和蒸汽锤等;振动打桩机,可用于打桩和拔桩。另外,还有静力压桩机等。

(2)钢板桩的布置。钢板桩的布置位置应在基础最突出的边缘外,留有支模、拆模的余地,方便基础施工。在场地紧凑的情况下,也可利用钢板作底板或承台侧模,但必须配合纤维板(或油毛毡)等隔离材料,有助于钢板桩拔出。

(3)钢板桩的打入方法。钢板桩的打入方法主要包括单根桩打入法、屏风式打入法及围檩打桩法。

1)单根桩打入法:将板桩一根根地打入至设计标高。这种施工法速度快,桩架高度相对低一些,但容易产生倾斜,当板桩打设要求精度较高、板桩长度较长(大于10 m)时,不宜选用。

2)屏风式打入法:将10~20根板桩成排插进导架内,使之成屏风状,然后桩机来回施打，并使两端先打到要求深度，然后将中间部分的板桩顺次打入。这种施工法可避免板桩的倾斜与转动，对要求闭合的围护结构常用这种方法。缺点是施工速度比单根桩施工法慢，且桩架较高。

3)围檩打桩法：分单层、双层围檩（图4.9），是在地面上一定高度处离轴线一定距离，先筑起单层或双层围檩架，而后将钢板桩依次在围檩中全部插好，等四角封闭合拢后，再逐渐按阶梯状将钢板桩逐块打至设计标高。此法能保证钢板桩墙的平面尺寸、垂直度及平整度，适用于精度要求高、数量不大的场合；缺点是施工复杂、施工速度慢、封闭合拢时需要异形桩。

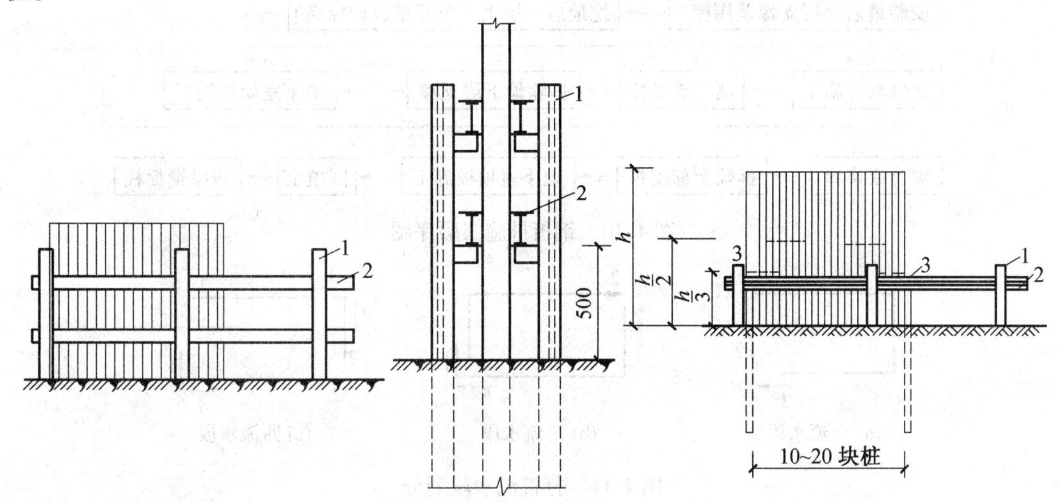

图4.9 单层、双层围檩示意图

1—围檩桩；2—围檩；3—两端先打入的定位钢板桩

h—钢板桩的高度

(4)钢板桩的施工顺序。钢板桩的打设虽然在基坑开挖之前已完成，但整个板桩支护结构需要等地下结构施工结束后，在许可的条件下将板桩拔除才算完全结束。所以，对于钢板桩的施工应考虑打设、挖土、支撑（若有）、地下结构施工、支撑拆除及钢板桩的拔除。通常多层支撑钢板桩的施工顺序如图4.10所示。

(5)钢板桩的打设要点。

1)打桩流水段的划分。打桩流水段的划分和桩的封闭合拢有关。流水段长度大，合拢点就少，相对积累误差大，轴线位移相对也大，如图4.11(a)，(b)所示；流水段长度小，合拢点就多，相对积累误差小，但封闭合拢点增多，如图4.11(c)所示。此外采取先边后角打设方法，可保端面相对距离，不影响墙内围檩支撑的安装精度，对于打桩积累误差可以在转角外做轴线修正。

2)钢板桩在使用前应进行检查整理，特别是对多次利用的板桩，在打拔、运输、堆放过程中，容易受外界因素影响而产生变形，在使用前均应进行检查，对表面缺陷及挠曲进行矫正。打入前还应将桩尖处的凹槽底口封闭，以免泥土挤入，锁口应涂以黄油或其他油脂，用于永久性工程的桩表面需涂红丹防锈漆。

3)为保持钢板桩垂直打入及打入后钢板桩墙面平直，钢板桩打入前应安装围檩支架。围檩支架由围檩与围檩桩组成，其形式在平面上有单面和双面之分，高度上有单层、双层及

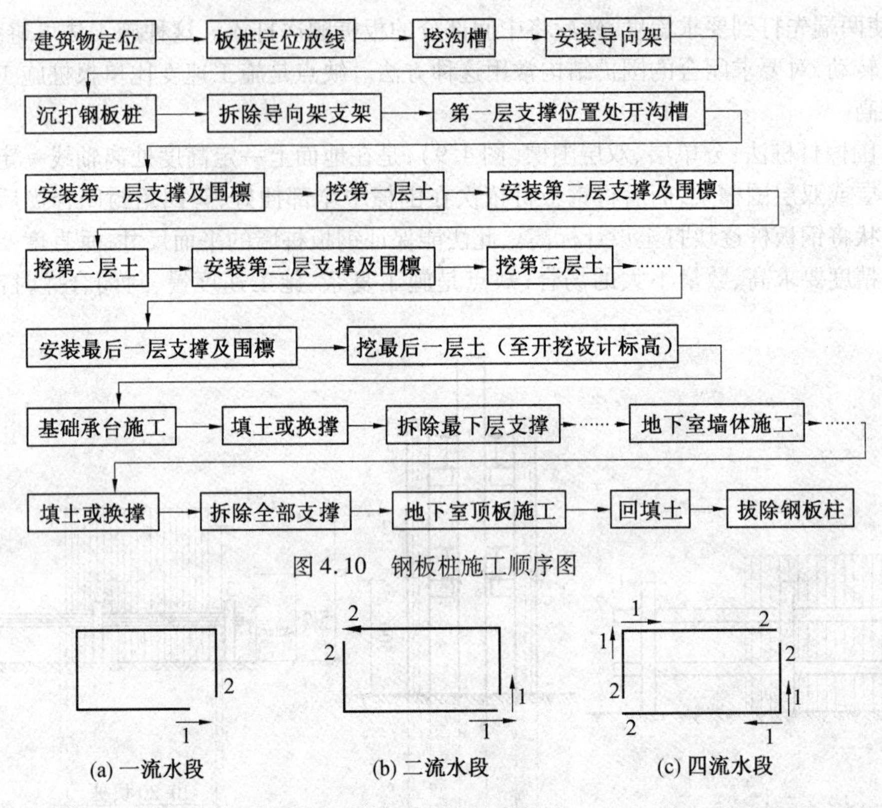

图4.10　钢板桩施工顺序图

图4.11　打桩流水段划分

多层。第一层围檩的安装高度大约在地面上50 cm。双面围檩之间的净距以比两块板桩的组合宽度大8～10 mm为准。围檩支架有钢质(H钢、工字钢、槽钢等)与木质,但都需特别牢固。围檩支架每次安装的长度视具体情况而定,应考虑轮换使用,以提高利用率。

4)因为板桩墙构造的需要,常要配备改变打桩轴线方向的特殊形状的钢板桩,例如在矩形墙中为90°的转角桩。一般是将工程所使用的钢板桩从背面中线处切断,然后根据所选择的截面进行焊接或铆接组合而成,或采用转角桩。转角桩的组合形状有图4.12所示几种。

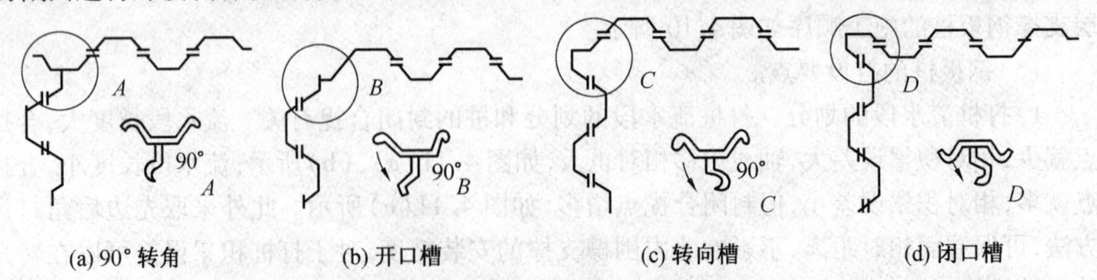

图4.12　转角桩组合形状

5)钢板桩打设先用吊车将板桩吊到插桩点进行插桩,插桩时锁口对正,每插入一块即套上桩帽,上端加硬木垫,轻轻锤击。为确保桩的垂直度,应用两台经纬仪加以控制。为避免锁口中心线平面位移,可在打桩行进方向的钢板桩锁口处设卡板,防止板桩移位,同时在围檩上事先算出每块板桩的位置,以便随时检查纠正,等到板桩打至预定深度后,立即用钢筋或钢板与围檩支架焊接固定。

6)偏差纠正。钢板桩打入时如果出现倾斜和锁口结合部有空隙,到最后封闭合拢时有偏差,通常用异形桩(上宽下窄或宽度大于或小于标准宽度的板桩)来纠正。当加工困难,也可用轴线修正法进行而不用异形桩,如图4.13所示。

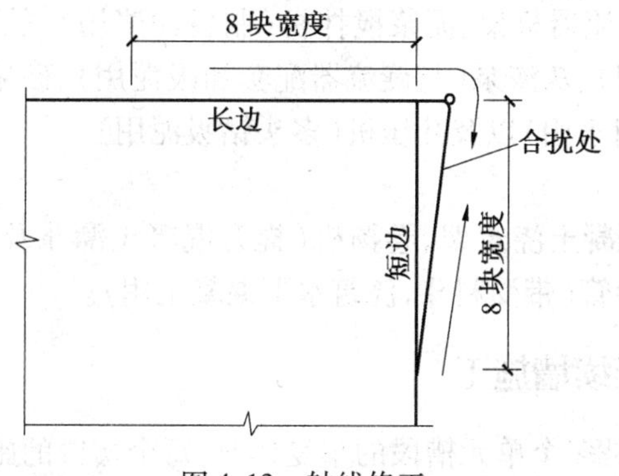

图4.13　轴线修正

(6)钢板桩的拔除。钢板桩拔出时的拔桩阻力由土对桩的吸附力和桩表面的摩擦阻力形成。拔桩方法包括静力拔桩、振动拔桩和冲击拔桩三种,无论哪种方法都是从克服拔桩阻力着眼。

1)拔桩起点和顺序:可依据沉桩时的情况确定拔桩起点,必要时也可以采用间隔拔的方法。拔桩的顺序最好和打桩时相反。

2)拔桩过程中必须保持机械设备处于良好的工作状态,加强受力钢索的检查,以免突然断裂。

3)当钢板桩拔不出时,可使用振动锤或柴油锤复打一次,可克服土的黏着力或将板桩上的铁锈等消除,便于顺利拔出。

拔桩会带出土粒形成孔隙,并使得土层受到扰动,特别在软土地层中,会导致基坑内已施工的结构或管道发生沉降,并引起地面沉降而严重影响附近建筑及设施的安全。对此必须采取有效措施,对拔桩造成的土的孔隙要立即用中粗砂填实,或用膨润土浆液填充,当控制土层位移具有较高要求时,必须采取在拔桩时跟踪注浆等填充法。

4.4　地下连续墙施工细部做法

第61讲　地下连续墙的施工机械

1.挖槽机械

挖槽是地下连续墙施工中的关键工序,常用的机械设备如下。

(1)多钻头成槽机:包括多头钻机(挖槽用)、机架(吊多头钻机用)、卷扬机(提升钻机头和吊胶皮管、拆装钻机用)、电动机(钻机架行走动力)以及液压千斤顶(机架就位、转向顶升用)等部件。

(2)液压抓斗成槽机:包括挖掘装置(挖槽用)、导架(导杆抓斗支撑、导向用)和起重机(吊导架和挖掘装置用)等部件。

(3)钻挖成槽机:包括潜水电钻(钻导孔用)、导板抓斗(挖槽及清除障碍物用)和钻抓机架(吊钻机导板抓斗用)等部件。

(4)冲击成槽机:包括由冲击式钻机(冲击成槽用)和卷扬机(升降冲击锤用)等部件。

2. 泥浆制备及处理设备

主要的设备包括:旋流器机架、泥浆搅拌机(制备泥浆用)、软轴搅拌机(搅拌泥浆用)、振动筛(泥渣处理分类用)、灰渣泵(与旋流器配套和吸泥用)、砂泵(供浆用)、泥浆泵(输送泥浆用)、真空泵(吸泥引水用)以及孔压机(多头钻吸泥用)。

3. 混凝土浇筑设备

主要的设备包括:混凝土浇筑架、卷扬机(提升混凝土漏斗及导管用)、混凝土料斗(装运混凝土用)和混凝土导管(带受料斗,浇筑水下混凝土用)。

第62讲 地下连续墙施工

地下连续墙的施工是多个单元槽段的重复作业,每个槽段的施工过程(图4.14)大体可分为5步:一、在始终充满泥浆的沟槽中,采用专用挖槽机械进行挖槽;二、在沟槽两端置入接头管;三、将已制备的钢筋笼下降到设计高度;四、插入水下灌注混凝土导管,进行混凝土灌注;五、混凝土初凝后,拔去接头管。

地下连续墙的施工工艺流程如图4.15所示。其中修筑导墙、配制泥浆、开挖槽段、钢筋笼制作与吊装以及混凝土浇筑是地下连续墙施工中的主要工序。

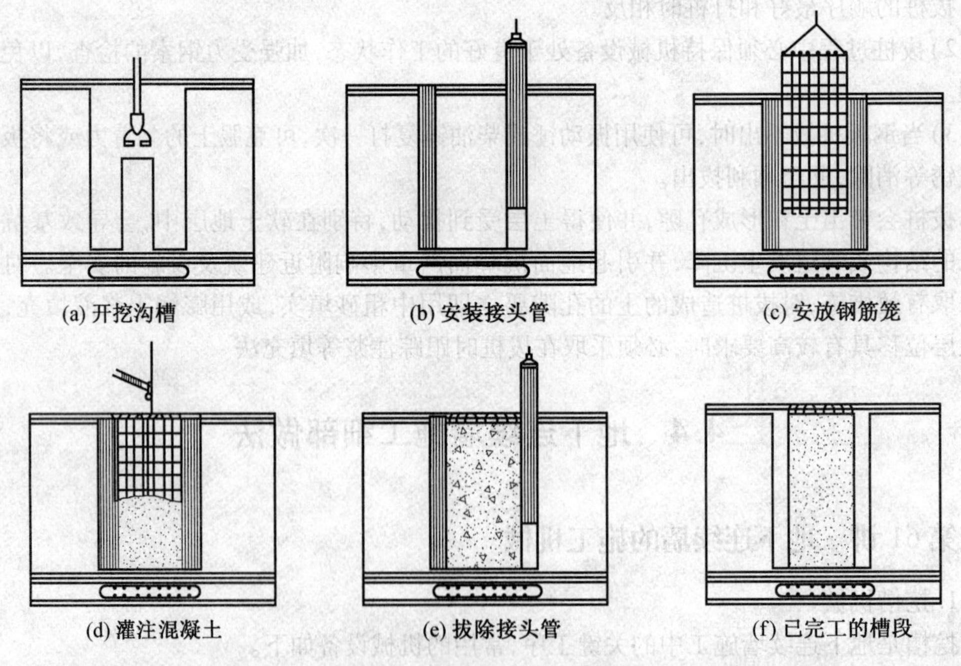

图4.14 地下连续墙施工程序

1. 修筑导墙

(1)导墙的作用。

1)测量基准作用。因为导墙与地下墙的中心是一致的,所以导墙可当作挖槽机的导向,导墙顶面又作为机架式挖土机械导向钢轨的架设定位。

2)挡土作用。地表土层受地面超载影响容易发生塌陷,导墙可起到挡土作用,确保连续

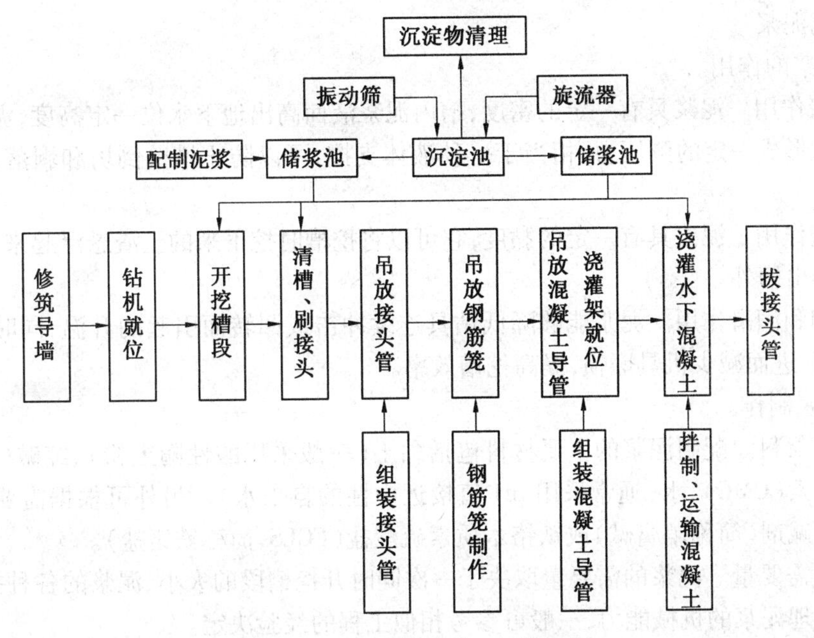

图4.15　地下连续墙施工工艺流程

墙孔口的稳定性。为防止导墙在侧向土压力作用下产生位移，通常在导墙内侧每隔1～2 m加设上下两道木支撑。

3）承重物的支撑作用。导墙可当作重物支撑台，承受钢筋笼、导管、接头管以及其他施工机械的静、动荷载。

4）储存泥浆和防止泥浆漏失，阻止雨水等地面水流入槽内的作用。为确保槽壁的稳定，一般认为泥浆液面应高于地下水位1.0 m。

（2）导墙形式。导墙断面通常为∟形、⊏形或┌形，如图4.16所示。∟形与⊏形用于土质较差的土层，┌形用于土质较好的土层。

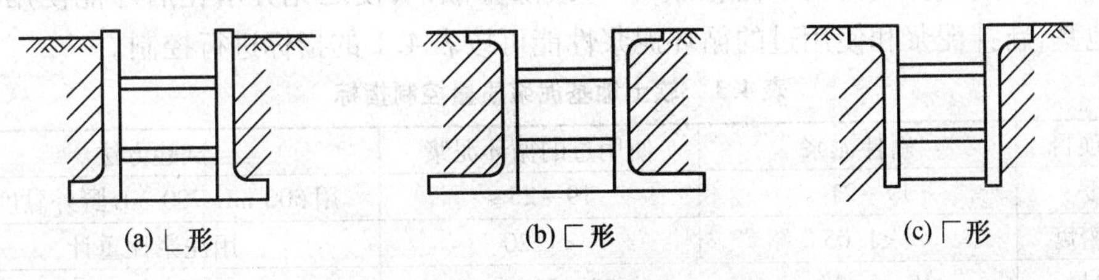

图4.16　导墙形式

（3）导墙施工。导墙通常用钢筋混凝土浇筑而成，采用C20混凝土，配筋不多，多为ϕ12@200，水平钢筋按规定搭接；导墙厚度通常为150～250 mm，深度为1.5～2.0 m，底部需坐落在原土层上，其顶面高出施工地面50～100 mm，并应高出地下水位1.5 m以上。两侧墙净距中心线和地下连续墙中心线重合。每个槽段内的导墙应设置一个以上的溢浆孔。

现浇钢筋混凝土导墙拆模后，应立刻在两片导墙间加支撑，其水平间距为2.0～2.5 m，在养护期间，禁止重型机械在附近行走、停放或作业。

导墙的施工允许偏差为：两片导墙的中心线需与地下墙纵向轴线相重合，允许偏差为±10 mm，导墙内壁面垂直度允许偏差是0.5%；两导墙间间距需比地下墙设计厚度加宽30～50 mm，其允许偏差为±10 mm；导墙顶面应平整。

2.配制泥浆

(1)泥浆的作用。

1)护壁作用。泥浆具有一定的密度,槽内泥浆液面高出地下水位一定高度,泥浆在槽内即会对槽壁形成一定的侧压力,相当于一种液体支撑,可以防止槽壁倒坍和剥落,并预防地下水渗入。

2)携渣作用。泥浆具有一定的黏度,它可以将挖槽时挖下来的土渣悬浮起来,使土渣随泥浆一起排出槽外。

3)冷却和润滑作用。泥浆能够降低钻具连续冲击或回转而引起的升温,同时起到切土滑润的作用,进而减少机具磨损,提高挖槽效率。

(2)泥浆制作。

1)泥浆材料。配制泥浆的主要材料包括黏土(一般采用酸性陶土粉)、纯碱(Na_2CO_3)、羧甲基纤维素(CMC)、水(通常采用 pH 值接近中性的自来水)。另外可根据需要掺入少量硝基腐植酸碱剂(简称硝腐碱)或铁铬木质素硫酸盐(FCLS,简称铁铬盐)。

2)泥浆需要量。泥浆的需要量取决于一次同时开挖槽段的大小、泥浆的各种损失、制备以及回收处理泥浆的机械能力,一般可参考相似工程的经验决定。

3)泥浆配比。纯碱液配制浓度为1∶5或1∶10。

CMC 液对高黏度泥浆的配制浓度是1.5%,搅拌时先将水加至1/3,再把 CMC 粉慢慢撒入,然后用软轴搅拌器将大块 CMC 搅拌成小颗粒,继续加水搅拌。CMC 配制后应静置 6 h 后使用。

硝腐碱液配合比为:硝基腐植酸∶烧碱∶水=15∶1∶300,配制时先将烧碱或烧碱液与一半左右水在贮液筒里搅拌,等到烧碱全部溶解后,放进硝基腐植酸,继续搅拌 15 min。

泥浆搅拌前先将水加到搅拌筒 1/3 后开动搅拌机,在定量水箱不断加水同时,加入陶土粉、纯碱液,搅拌 3 min 后,加入 CMC 液和硝腐碱液继续搅拌。

一般情况下,新拌制的泥浆需存放 24 h 或加分散剂,使之充分水化后才能使用。对一般软土地基,新拌泥浆和使用过的循环泥浆性能可按表4.1的指标进行控制。

表4.1 软土地基泥浆质量控制指标

测定项目	新拌泥浆	使用过的循环泥浆	试验方法
黏度	19~21 s	19~25 s	用500 mL/700 mL 野外黏度计
相对密度	<1.05	<1.20	用泥浆比重计
失水量	<10 mL/30 min	<20 mL/30 min	用失水量仪
泥皮	<1 mm	<2.5 mm	用失水量仪
稳定性	100%	—	用比重计
pH 值	7~9	<11	pH 试纸

(3)泥浆处理。当泥浆受水泥污染时,黏度会快速升高,可用 Na_2CO_3 与 FCLS(铁铬盐)进行稀释。当泥浆过分凝胶化或泥浆 pH 值超过 10.5 时,则应予以废弃。废弃的泥浆不得任意倾倒或排入河流、下水道,必须用密封箱、真空车将其运到专用填埋场进行填埋或进行泥水分离处理。

3.开挖槽段

成槽时间大约占工期的一半,挖槽精度又决定了墙体制作精度,因此槽段开挖是决定施工进度和质量的关键工序。

挖槽前,事先将地下墙体划分成许多段,每一段称为地下连续墙的一个槽段(又称为一个单元),一个槽段是一次混凝土灌注单位。

槽段的长度理论上需取得长一些,这样可减少墙段的接头数量,不但能够提高地下连续墙的防水性及整体性,而且也减少了循环作业的次数,提高施工效率。但实际上槽段的长度需根据设计要求、土层性质、地下水情况、钢筋笼的轻重大小、设备起吊能力、混凝土供给能力等条件确定,一般槽段长度为 3 ~7 m。

划分单元槽段时应注意合理布置槽段间的接头位置,一般情况下应避免将接头布置在转角处、地下连续墙与内部结构的连接处,以确保地下连续墙有较好的整体性。

作为深基坑的支护结构或地下构筑物外墙的地下连续墙,其平面形状大多为纵向连续一字形。但为了增强地下连续墙的抗挠曲刚度,也可采用工字形、L 形、T 形、Z 形和 U 形。墙厚根据结构受力计算确定,现浇式通常为 600 ~1 000 mm,最大为 1 200 mm;预制式受施工条件限制,厚度通常不大于 500 mm。

挖槽过程中应保持槽内始终充满泥浆,依据挖槽方式的不同确定不同的泥浆使用方式。采用抓斗挖槽时,应采用泥浆静止方式,随着挖槽深度的增加,不断向槽内补充新鲜泥浆,使槽壁保持稳定。采用钻头或切削刀具挖槽时,应采用泥浆循环方式,用泵将泥浆通过管道压送到槽底,土渣随泥浆上浮到槽顶面排出称为正循环;泥浆自然流入槽内,土渣被泵管抽吸到地面上称为反循环。反循环的排渣效率高,适用于容积大的槽段开挖。

非承重墙的终槽深度必须保证设计深度,同一槽段内,槽底深度必须一致且保持平整。承重墙的槽段深度需根据设计入岩深度要求,参照地质剖面图和槽底岩屑样品等综合确定,同一槽段开挖深度应一致。

槽段开挖完毕,应检查槽位、槽深、槽宽和槽壁垂直度,合格后应立即清底换浆、安装钢筋笼。

4. 钢筋笼的制作和吊放

(1)钢筋笼的制作。钢筋笼按照设计配筋图和单元槽段的划分来制作,通常每一单元槽段做成一个整体。受力钢筋一般采用 HRB335 钢筋,直径不应小于 16 mm;构造筋可采用 HPB300 级钢筋,直径不应小于 12 mm。

钢筋笼宽度最好比槽段宽度小 300 ~400 mm,钢筋笼端部和接头管或混凝土接头面间应留有 150 ~200 mm 的空隙。主筋净保护层厚度是 70 ~80 mm,为了保证保护层厚度,可用钢筋或钢板定位垫块或预制混凝土垫块焊在钢筋笼上,保护层垫块厚 50 mm。

制作钢筋笼时应预留插放浇筑混凝土用导管的位置,在导管周围设置箍筋和连接筋进行加固;纵向主筋放在内侧,且其底端距离槽底面 100 ~200 mm,横向钢筋放在外侧。

为避免钢筋笼在起吊时产生过大变形,要根据钢筋笼质量、尺寸以及起吊方式和吊点设置,在钢筋笼内布置一定数量(一般 2 ~4 榀)的纵向桁架和横向架立桁架,对宽度较大的钢筋笼在主筋面上设置 ϕ25 水平筋和斜拉条。

钢筋绑扎通常用铁丝先临时固定,然后用点焊焊牢,再拆除铁丝。为确保钢筋笼整体刚度,点焊数不能少于交叉点总数的 50%。

(2)钢筋笼的吊放。起吊时,利用钢丝绳吊住钢筋笼的 4 个角,为防止在空中晃动,钢筋笼下端可系绳索用人力控制。起吊时禁止使钢筋笼下端在地面上拖引,以防造成下端钢筋弯曲变形。

插入钢筋笼时,必须使钢筋笼和吊点中心都对准槽段中心,慢慢下降,垂直而又准确地插入槽内。这时须注意不要因起重臂摆动或其他影响而使钢筋笼产生横向摆动,引起槽壁坍塌。

钢筋笼插入槽内后,检查其顶端高度是否符合设计要求,然后将其搁置在导墙上。

5. 槽段接头

地下连续墙需承受侧向水压力和土压力,而它又是由数个槽段连成的,那么各槽段之间的接头就成为连续墙的薄弱部位。另外,地下连续墙与内部主体结构之间的连接接头,需承受弯、剪、扭等各种内力,所以接头连接问题就成为地下连续墙施工中的重点。

地下连续墙的接头形式大体可分为施工接头和结构接头两类。施工接头是浇筑地下连续墙时纵向连接两相邻单元墙段的接头;结构接头是已竣工的地下连续墙在水平方向和其他构件(地下连续墙内部结构的梁、柱、墙、板等)相连接的接头。

(1)施工接头。施工接头需满足受力和防渗的要求,并要求施工方便、质量可靠。

1)直接连接构成接头。单元槽段挖成后,随即吊放钢筋笼,浇灌混凝土。混凝土和未开挖土体直接接触。在开挖下一单元槽段时,用冲击锤等将和土体相接触的混凝土改造成凹凸不平的连接面,然后浇灌混凝土形成所谓"直接接头"(图4.17)。而黏附在连接面上的沉渣和土是用抓斗的斗齿或射水等方法清除的,但很难清除干净,受力与防渗性能均较差。所以,目前此种接头用得很少。

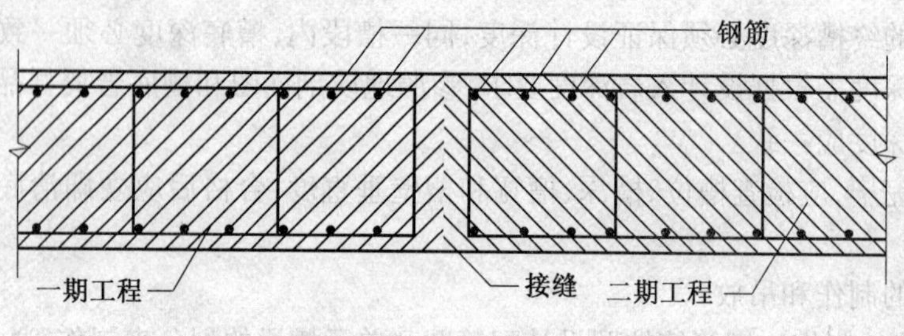

图4.17 直接接头

2)接头管接头。接头管接头采用接头管(也称锁口管)形成槽段间的接头,其施工时的情况如图4.18所示。

为了使得施工时每一个槽段纵向两端受到的水压力、土压力大致相等,通常可沿地下连续墙纵向将槽段分为一期和二期两类槽段。先开挖一期槽段,等到槽段内土方开挖完成后,在该槽段的两端用起重设备置入接头管,然后吊放钢筋笼和浇筑混凝土。这时两端的接头管起到模板的作用,将刚浇筑的混凝土与尚未开挖的二期槽段的土体隔开。等到新浇混凝土开始初凝时,用机械将接头管拔起。此时,已施工完成的一期槽段的两端和尚未开挖土方的二期槽段之间分别留有一个圆形孔。继续二期槽段施工时,与其两端相邻的一期槽段混凝土已经结硬,仅需开挖二期槽段内的土方。当二期槽段完成土方开挖后,需对一期槽段已浇筑的混凝土半圆形端头表面进行处理,将黏附的水泥浆与稳定液混合而成的胶凝物除去,否则接头处止水性就非常差。胶凝物的铲除须采用专门设备,例如电动刷、刮刀等工具。

在接头处理后,即可进行二期槽段钢筋笼吊放及混凝土的浇筑。这样,二期槽段外凸的半圆形端头与一期槽段内凹的半圆形端头相互嵌套,形成整体。

除了上述将槽段分为一期和二期跳格施工外,也可按照序逐段进行各槽段的施工。这

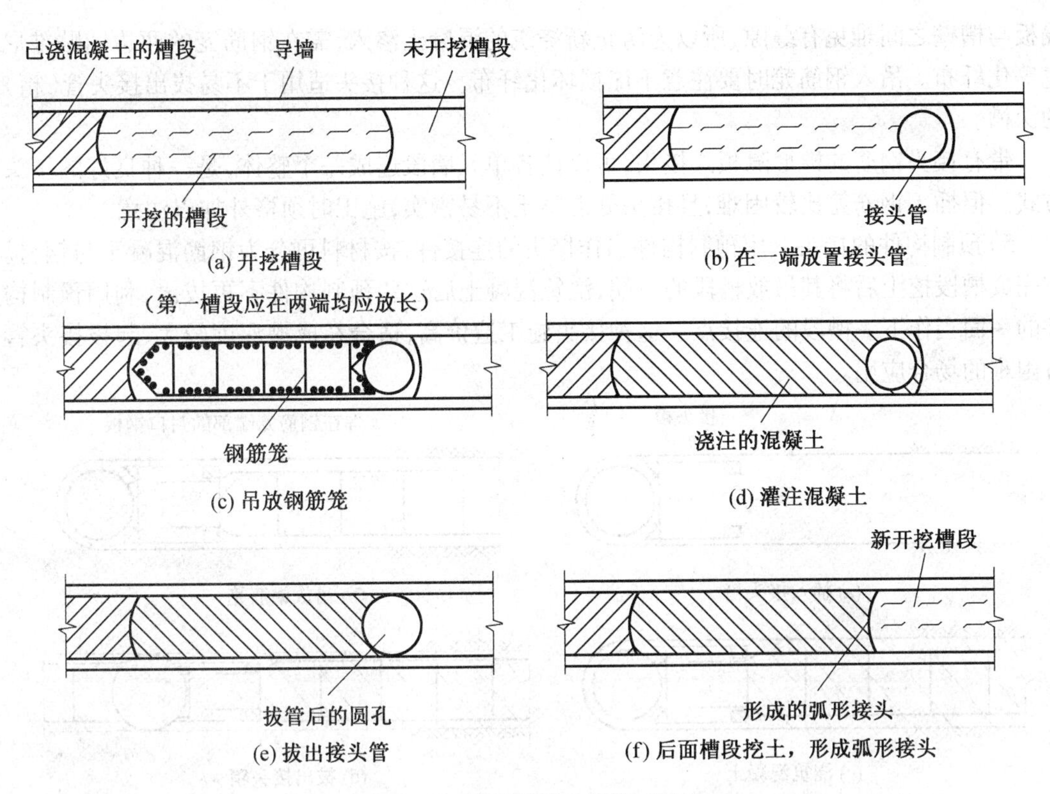

图4.18　接头管接头的施工过程

样每个槽段的一端和已完成的槽段相邻,只需在另一端设置接头管,但地下连续墙槽段两端会承受不对称水压力、土压力的作用,因此两种处理方法各有利弊。

这种连接法是目前最常用的,其优点是用钢量少、造价较低,能够满足一般抗渗要求。

接头管多用钢管,每节长度15 m左右,采用内销连接,既方便运输,又可使外壁平整光滑,容易拔管。值得注意的一个问题是如何掌握起拔接头管的时间,若起拔时间过早,新浇混凝土还处于流态,混凝土从接头管下端流进相邻槽段,为下一槽段的施工造成困难;若提拔时间太晚,新浇混凝土与接头管胶黏在一起,引起提拔接头管的困难,强行起拔有可能造成新浇混凝土的损伤。

接头管用起重机吊放入槽孔内。为了今后方便起拔,管身外壁必须光滑,还应在管身上涂抹黄油。开始灌注混凝土1 h后,旋转半圆周或提起10 cm。通常在混凝土达到0.05～0.20 MPa(浇筑后3～5 h)开始起拔,并应在混凝土浇筑后8 h内将接头管全部拔出。起拔时经常用3 000 kN起重机,但也可另备10 000 kN或20 000 kN千斤顶提升架作应急之用。

3)接头箱接头。接头箱接头那个使地下连续墙形成整体接头,接头的刚度较好。

接头箱接头的施工方法和接头管接头相似,只是以接头箱代替接头管。一个单元槽段挖土结束后,吊放接头箱,再吊放钢筋笼。因为接头箱在浇筑混凝土的一面是开口的,所以钢筋笼端部的水平钢筋可插入接头箱内。浇筑混凝土时,因为接头箱的开口面被焊在钢筋笼端部的钢板封住,所以浇筑的混凝土不能进入接头箱。混凝土初凝后,和接头管一样逐步吊出接头箱,等到后一个单元槽段再浇筑混凝土时,因为两相邻单元槽段的水平钢筋交错搭接而形成刚性接头,其施工过程如图4.19所示。

4)隔板式接头。隔板式接头按照隔板的形状分为平隔板、榫形隔板和V形隔板。因为隔板与槽壁之间难免有缝隙，所以为防止新浇筑的混凝土渗入，需在钢筋笼的两边铺贴维尼龙等化纤布。吊入钢筋笼时要注意不能损坏化纤布。这种接头适用于不易拔出接头管(箱)的深槽。

带有接头钢筋的榫形隔板式接头，可以使各单元墙段连成一个整体，是一种良好的接头方式。但插入钢筋笼比较困难，且接头处混凝土不易密实，施工时须格外加以注意。

5)预制构件的接头。用预制构件当作接头的连接件，按材料可分为钢筋混凝土与钢材。在完成槽段挖土后将其吊放槽段的一端，浇筑混凝土后这些预制构件不再拔出，利用预制构件的一面当作下一槽段的连接点。这种接头施工造价高，适合在成槽深度较大、起拔接头管有困难的场合应用。

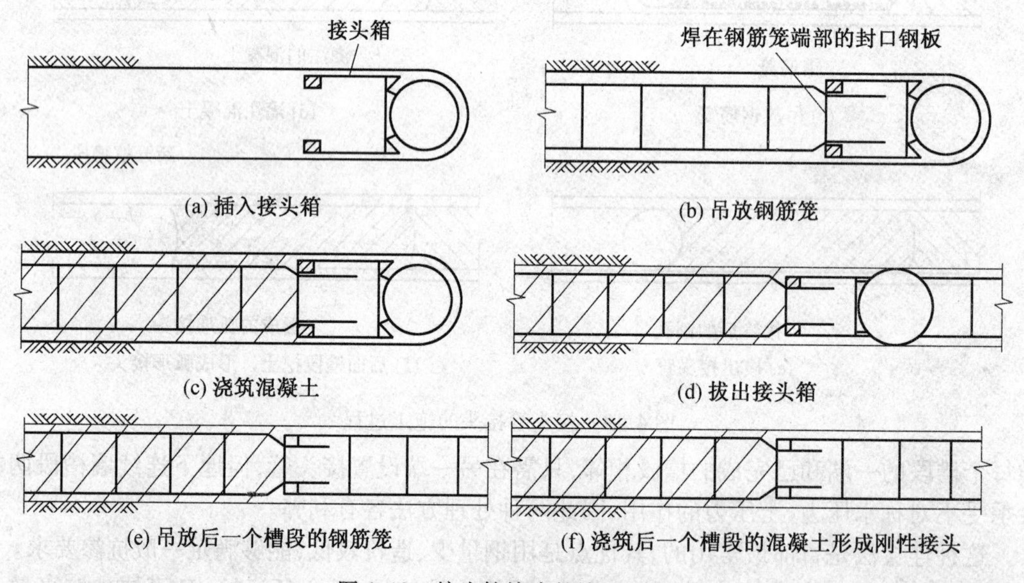

图 4.19 接头箱接头的施工过程

(2)结构接头。接头地下连续墙和内部结构的楼板、柱、梁连接的结构接头常用的有下列几种：

1)直接连接接头。在浇筑地下连续墙体之前，在连接部位预先埋覆连接钢筋。即将该连接筋一端直接和槽段主筋连接(焊接式搭接)，另一端弯折后与地下连续墙墙面平行且紧贴墙面。等到开挖地下连续墙内侧土体，露出这个墙面时，凿去该处的墙面混凝土面层，露出预埋钢筋，然后弯出所需的形状与后浇主体结构受力筋连接，预埋连接钢筋通常选用HPB300级钢筋，且直径不宜大于22 mm。为便于弯折此预埋钢筋，可采用加热方法。如果能避免快速加热并认真施工，钢筋强度几乎可以不受影响。但考虑到连接处常常是结构薄弱环节，因此钢筋数量可比计算增加20%的余量。

采用预埋钢筋的直接接头，施工容易、受力均匀，是目前用得最广泛的结构接头。

2)间接接头。间接接头是通过钢板或钢构件作为媒介，连接地下连续墙与地下工程内部构件的接头。通常有预埋连接钢板和预埋剪力块两种方法。

预埋连接钢板法是将钢板预先固定在地下连续墙钢筋笼的相应部位。等到浇筑混凝土以及内墙面土方开挖后，将面层混凝土凿去露出钢板，然后利用焊接方法将后浇的内部构件中的受力钢筋焊接在该预埋钢板上。

预埋剪力块法和预埋钢板法类似。剪力块连接件也预先埋在地下连续墙内，剪力钢筋弯折放置于紧贴墙面处。等到凿去混凝土外露后，再和后浇构件相连。剪力块连接件一般主要承受剪力。

6. 水下混凝土浇筑

(1)清底工作。槽段开挖至设计标高后，在插放接头管和钢筋笼之前，应及时清除槽底淤泥及沉渣，否则钢筋笼插不到设计位置，地下连续墙的承载力下降。我们将清除沉渣的工作称为清底。

清底方法可采用沉淀法或置换法。沉淀法是在土渣基本沉淀到槽底之后再进行清底；置换法是在挖槽结束之后，对槽底进行认真清理，然后在土渣还没有沉淀之前就用新泥浆把槽内的泥浆置换出来。工程上比较常用置换法。

清除沉渣的方法常用的是：砂石吸力泵排泥法、压缩空气升液排泥法、带搅动翼的潜水泥浆泵排泥法以及抓斗直接排泥法。

(2)混凝土浇筑。地下连续墙的混凝土是在护壁泥浆下浇筑，需按照水下混凝土的方法配制并浇筑。混凝土强度等级通常不应低于C20。用导管法浇筑的水下混凝土应具有良好的和易性及流动性，坍落度宜为180～220 mm，扩散度宜为340～380 mm。

混凝土的配合比应利用试验确定，并应满足设计要求和抗压强度等级、抗渗性能及弹性模量等指标。水泥通常选用普通硅酸盐水泥或矿渣硅酸盐水泥，混凝土配比中水泥用量一般超过370 kg/m^3，并可根据需要掺入外加剂；粗骨料最大粒径不得大于25 mm，宜选用中砂或粗砂，且拌和物中的含砂率不小于45%；水灰比不应大于0.6。

地下连续墙混凝土是用导管在泥浆中浇筑的。因为导管内混凝土密度大于导管外的泥浆密度，利用两者的压力差可以使混凝土从导管内流出，在管口附近一定范围内上升取代原来泥浆的空间。

导管的数量和槽段长度有关，槽段长度小于4 m时，可只用1根导管；大于4 m时，应使用2根或2根以上导管。导管内径约为粗骨料粒径的8倍左右，不能小于粗骨料粒径的4倍。导管间距依据导管直径决定，使用150 mm导管时，间距为2 m；使用200 mm导管时，间距为3 m，通常可取(8～10)d(d为导管的直径)。导管距槽段两端不应大于1.5 m。

在浇筑过程中，混凝土的上升速度不应小于2 m/h，且随着混凝土的上升，要适时提升并拆卸导管。导管下口插入混凝土深度一般控制在2～4 m，不宜过深或过浅，插入深度大，混凝土挤推的影响范围大，深部的混凝土密实、强度高，但容易使下端沉积过多的粗骨料，而面层聚积较多的砂浆；导管插入过浅，则混凝土是摊铺式推移，泥浆容易混入混凝土，影响混凝土的强度。所以导管插入混凝土深度不宜大于6 m，并不得小于1 m，禁止将导管底端提出混凝土面。浇筑过程中，应有专人每30 min测量一次导管埋深以及管外混凝土面高度，每2 h测量一次导管内混凝土面高度。导管禁止作横向运动，否则会使沉渣或泥浆混入混凝土内。混凝土要连续灌筑，禁止长时间中断，一般可允许中断5～10 min，最长仅允许中断20～30 min。为保持混凝土的均匀性，混凝土搅拌好以后，应在1.5 h内灌筑完毕。

在一个槽段内同时应用两根导管浇筑时，其间距不应大于3 m，导管距槽段端头不应大于1.5 m，混凝土面应均匀上升，各导管处的混凝土表面的高差不应大于0.3 m。在浇筑完成后的地下连续墙墙顶存在一层浮浆层，所以混凝土顶面应比设计标高超浇0.5 m，凿去此浮浆层后，地下连续墙墙顶方可与主体结构或支撑相连成整体。

4.5 钢筋混凝土板桩施工细部做法

第63讲 钢筋混凝土板桩制作

1. 制作方法

钢筋混凝土板桩制作不受场地限制,可以现场或工厂制作,钢筋混凝土板桩制作通常采用定型钢模板或木钢组合模板。养护方式包括自然养护和蒸汽养生窑中养护。制作场地应制作相同条件养护的混凝土试块,便于确定板桩的起吊、翻身和运输条件。

2. 预制加工和施工中的制作要求

因为钢筋混凝土板桩的特殊构造和特定用途,制作时要求必须确保板桩墙的桩顶在一个设计水平面上、板桩墙轴线在一条直线上,榫槽顺直、位置准确。

(1)桩身混凝土需一次浇筑,不得留有施工缝。

(2)钢箍位置的混凝土表面不能出现规则的裂缝。

(3)板桩的凸榫不能有缺角破损等缺陷。

(4)预制板桩起吊时的强度应大于设计强度的70%。

(5)吊点位置的偏差不宜超过200 mm,吊索与桩身轴线的夹角不得小于45°。

(6)板桩堆存时应注意:使用多支垫均匀铺设;多层堆放的每层支垫都应在同一垂直线上;现场堆垛不超过3层,工厂堆垛不超过7层。

(7)板桩装运时应注意:按照沉桩顺序绘制装桩图,按图装船、车;运输中,利用木楔将支垫垫实,按实际情况采取适当的加固措施;按多支垫少垛层原则进行装运。板桩工厂制作、堆放,如图4.20(a)和图4.20(b)所示。

(a) 板桩制作图

(b) 板桩堆放图

图4.20 板桩的制作及堆放

第64讲 钢筋混凝土板桩沉桩施工

沉桩对附近建筑物的影响必须充分考虑。打桩过程因为振动和排土对周围环境的影响进行预测同时采取相应措施,采用静力压桩或者桩侧土中设置袋装砂井或塑料排水板,包括放慢打桩速度等措施均有显著效果。

1. 沉桩方法

沉桩方法包括打入法、水冲插入法及成槽插入法,目前最常用的还是打入法。

打入法分单桩打入、排桩打入(或称屏风法)或阶梯打入等。封闭式板桩施工还可以分为敞开式与封闭式打入。所谓封闭式打入就是先将板桩全部通过导向架插入桩位后使桩墙合拢后再打入地下,这种打入方法有利于保证板桩墙的封闭尺寸。如图4.21所示。

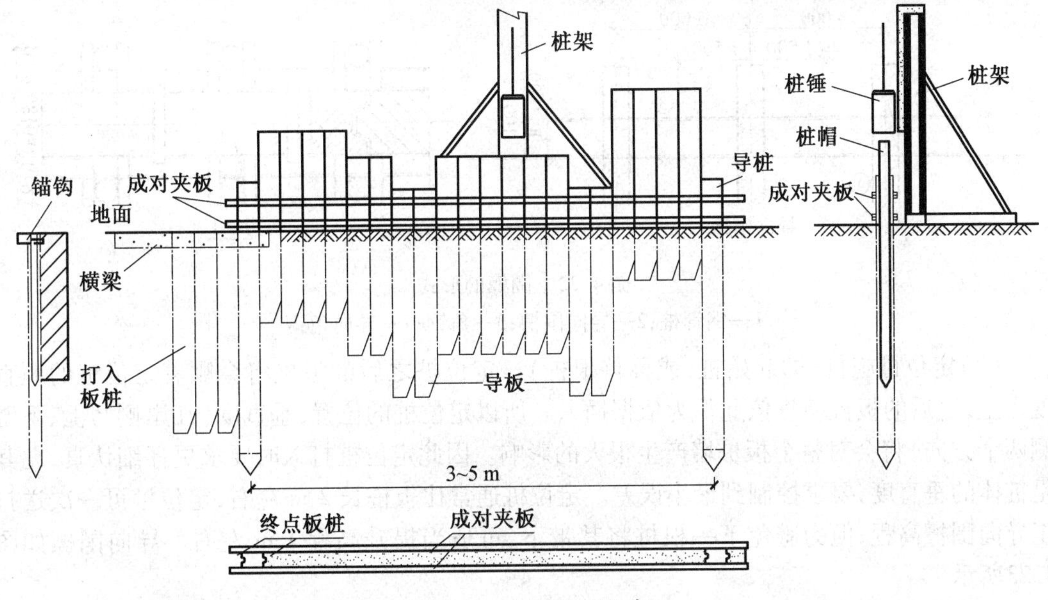

图4.21 打设板桩程序

2. 沉桩前的准备工作

(1)桩材准备。板桩需达到设计强度的100%,才能施打,否则极易打坏桩头或将桩身打裂。施打前要严格检查桩的截面尺寸是否满足设计要求,误差是否在规定允许范围之内,尤其是对桩的相互咬合部位,无论凸榫或凹榫都须详细检查以保证桩的顺利施打和正确咬合,凡不满足要求的均要进行处理。板桩的运输、起吊、堆放均要确保不损坏桩身,不出现裂缝。

(2)异型桩的制作。异型板桩包括转角使用的角桩,调整桩墙轴线方向倾斜的斜截面桩,调整桩墙长度尺寸的变宽度桩以及起导向与固定桩位作用的导桩等。异型板桩可使用钢材制作或采用其他种类桩,如H型钢桩等。转角桩制作比较繁琐,板桩墙转角也可以不使用角桩而施工成T型封口(即转角处板桩墙相互不咬合,而变为相互垂直贴合)。

3. 钢筋混凝土板桩制作

工艺流程:测量放线、设施工水准点λ对板桩纵轴线范围上的障碍物进行探摸和清除λ打桩机或打桩船定位→施打导向围檩桩→制作、搭设导向围檩→沉起始桩(定位桩)→插桩→送沉桩→搬迁导向围檩继续施工→对已沉好的桩进行夹桩→做好安全标志。

(1)导向围檩的制作。在拟打板桩墙的两侧平行与板桩墙布置导向围檩装置,以确保板桩的正确定位,桩体的垂直及板桩墙体的顺直。

导向围檩通常由导柱与导框组成,其形式分单面与双面、单层和双层以及多层、锚固式与移动式、刚性和柔性等多种。导桩可用型钢与钢管,也可以使用特制的钢筋混凝土板桩。导柱间距3~5 m,其打入土中深度以5 m左右为宜,导框宽度略微大于板桩厚度3~5 cm。导框底面距底面高度应为50 mm,双层或多层导框的层高间距按照导框刚度情况而定,但不宜过大。导向围檩应结构简单,牢固和设置方便,通常选用有足够刚度的型钢,如钢管、H型钢、双拼大型槽钢等。导向围檩每次设置长度按照施工具体情况而定,同时可以考虑周转使用。板桩在导框内打入时，可采取单桩打入法，如采用屏风法打桩可在板桩全部插进土中后，并在拆除导向围檩导框后再将桩打入地下，导向围檩形式如图 4.22 所示。

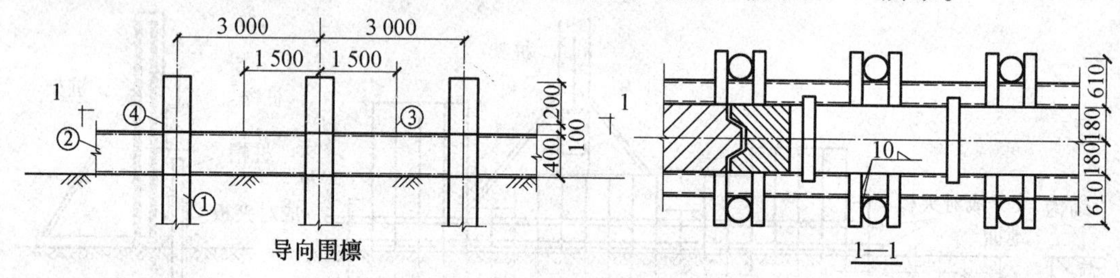

图 4.22 围檩的形式

1—钢管桩；2—导向围檩；3—角钢；4—导向角钢

（2）定位桩施打（即起始桩，或称首根桩）。定位桩之后的板桩将会顺着定位桩的顺直度入土，以后的板桩墙将依此作为依据插入。所以定位桩的位置，垂直度（江岸侧与上、下游侧两个方向）将会对整个板桩墙产生很大的影响。因此定位桩打入时要求更仔细认真，尤其是桩体的垂直度，要求控制到最小误差。定位桩通常比板桩长 2 m 左右，定位桩可一次送打至导向围檩高程，但为避免下一根桩将其带下，可适当提升高程 1 m 左右。导向围檩如图 4.23所示。

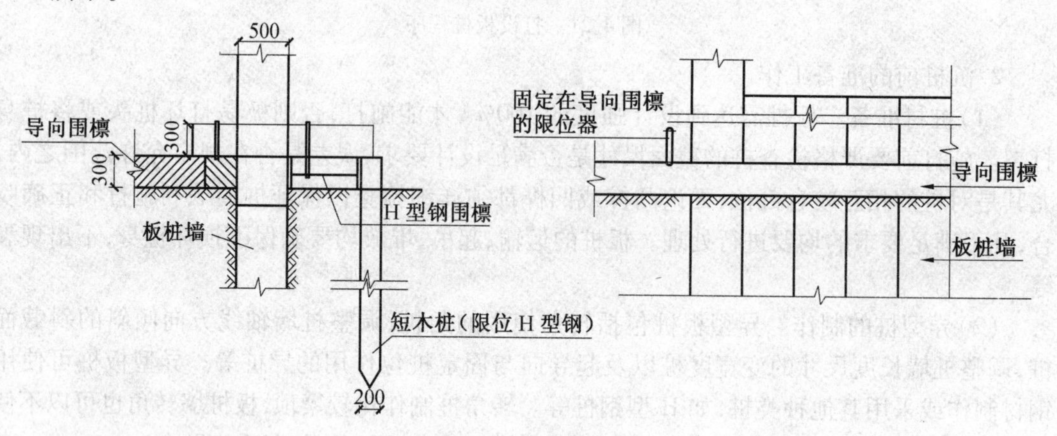

图 4.23 导向围檩示意图

（3）插入板桩。定位桩基本插打到位后就可以依次插入其他板桩。

将板桩顺着定位桩（或前一根已经插桩到位的桩）的凹槽在导向围檩内逐一插桩到位，插入土体的深度依据桩长、打桩架高度及地质情况等因素而定。要求用桩锤静压，并预留1/3桩长进行送打桩，在插入桩过程中，尽可能不要开锤（尤其是开重锤）施打。

屏风法施工时，每排桩插桩数量以 10 ~ 20 根为宜，如果一次插桩数量过多，在桩打入时因为板桩间挤压力较大，打桩比较困难并容易把桩打坏。

当地质较硬时，可使用钢制桩尖，在桩上端和桩顶加钢板套箍或增加钢筋并提高混凝土强度等级用来提高板桩抗锤击能力。

（4）拆除导向围檩装置。板桩屏风墙体形成并确定不会因为拆除导向围檩装置后造成墙体倾斜、晃动，即可将导向围檩装置拆除并按照施工流水布置进行下一导向围檩的施工。为能够和下一施工段接口平顺，导向装置保留最后一段不拆，和下一段施工段顺接。

(5)送打板桩。围檩装置拆除后就能对已插桩成屏风墙体的板桩墙逐一打到设计高程。送打桩的顺序和插入桩时顺序相反,即后插的桩先送,先插的桩后送。在送打过程中出现相邻桩体有带下或板桩出现倾斜(指顺板桩墙方向)时,应考虑再分层送打桩。分层送打桩的顺序通常与上述相同。每一屏风段墙体的最后几根桩不送打,和下一施工段流出接口。

1)斜截面桩施工(亦称斜锥桩)。因为挤土等影响,板桩凹凸榫较难在全桩范围内全部紧密咬合,桩墙会产生沿轴线方向倾侧,倾侧过大时施工将非常困难。此时可通过打入斜截面桩即楔子桩进行调节。斜截面桩打入数量及位置应根据施工经验和情况而定。

2)转角施工。转角处可使用特制钢桩,两根H型钢桩焊接成型,也可采用T字型封口。为确保转角处尺寸准确,也可先施打转角处的桩然后打其他桩。转角板桩桩尖如同方桩尖,桩长比一般板桩长2 m,沉桩时必须要控制好转角方向。

(6)凹槽内灌注袋装混凝土。板桩之间的相对凹槽通常会伸入泥面(开挖面)1.0 m以下,在基坑开挖前要用高压水枪将凹槽清洗干净,用周边大于双凹槽内边长(不小于5 cm)的、长度大于双凹槽长度0.2 m以上的具有足够强度的密封塑料袋放入双槽内,再在袋内灌装塌落度不少于10 cm和板桩等强的细石混凝土,对凹槽充填密实,以发挥止水防渗的作用。

4.板桩脱榫、倾斜预防措施

对沉桩过程中,出现桩顶破碎、桩身裂缝、沉桩困难等常见质量问题的预防和处理方法,与一般钢筋混凝土方桩基本相似,这里只对钢筋混凝土板桩施工中特有的脱榫,倾斜问题进行阐述。

(1)预制钢筋混凝土板桩的凹凸榫的尺寸和顺直度不满足设计要求是造成脱榫的主要原因,因此施工前必须逐根检查验收,以免上述桩体打入土中。

(2)当桩尖和桩身不在同一条轴线上或沉桩过程中桩尖的某一侧遇到硬土或异物时桩身会发生转动(即桩横断面与板桩墙轴线产生夹角),如果不及时采取措施,必然出现脱榫。对此,首先认真验收预制桩,桩尖和桩身不在同一轴线上的桩不能使用。另外在沉桩过程中出现桩身转动而不能拔出此桩时,可在与有转动趋势的板桩相对应的两侧的导向围檩上,各焊接一条用型钢制作的有足够强度的小限位,该小限位和板桩体贴紧(贴紧处要求光滑,最好是滚动接触),然后继续缓慢小心施打该桩。经过上述纠偏措施后一般都能得到纠正,至少能阻止脱榫发展,该措施是否成功关键在早发现脱榫趋势,早落实纠正措施。

(3)有的板桩之间凸榫侧会有一个削角,如图4.24所示,设计者本意是方便桩体破土打入,但在桩体入土的过程中此削角处如果遇小石块或其他硬物时,桩体易发生脱榫趋势,因此建议取消上述削角。

(4)板桩墙前、后方向的倾斜,在插桩时注意桩尖和桩顶控制在一条垂直线上(即桩顶和围檩槽保持在同一垂直线上)即可。尤其是起始桩(定位桩)更要注意控制,由于该桩的凹榫是以后形成的板桩墙体的垂直度的导向与“靠山”。所以起始桩的定位要求零误差控制,确定无误后再插桩,这对以后的施工控制非常有好处。

(5)板桩在逐根沉入后经常会向墙体形成方向(即桩体凹榫方向)倾斜。主要是因为插(打)入时,插(打)桩的桩体靠已打入的一侧和前一根桩之间的摩擦阻力大于另一侧和土体的侧摩擦阻力。此外板桩的桩尖除了定位桩外一般在凹榫侧有斜角,由于有该斜角的存在,板桩在打入过程中会越打越向前一根桩靠近。设计这种形式的本意是使得板桩墙体接缝搭

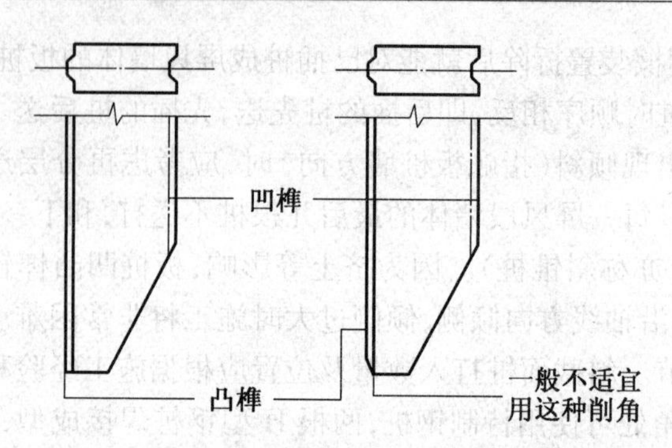

图4.24　板桩桩尖削角示意图

接不脱榫。但也会造成在桩体打入过程中,与前一根桩之间的摩擦阻力明显增加,从而增加了桩体倾斜产生的几率。因此,在板桩施工中,一般都会发生逐渐向板桩墙体形成方向倾斜的趋势。对此,采用屏风法施工而不采用逐根打入法工艺,能够从根本上减少桩体倾斜发生的几率。为进一步避免、减少和纠正上述桩体倾斜的发生,也可再采取下述措施:

1)围檩上布置"定位角铁",并与插入桩紧贴,限制住该桩的倾斜趋势。在"定位角铁"和插入桩之间可抹上黄油,方便板桩的插入。

2)插桩时在板桩的凹榫内插入一个竹(青)片(厚度1 cm左右,宽度略小于凹榫槽宽),以降低插(打)入桩与已打入桩体之间的摩擦阻力。

3)修正图4.24中所示的桩尖斜角,可以有效控制桩体倾斜,但在施打板桩时,板桩通常已预制好,再作调整已不可能。为方便现场调整可预制几根如同起始桩同样桩尖类型(即桩尖两面都有斜角,下桩时不会倾斜趋势)的板桩。在施打过程中,根据现场情况每隔一段距离插打一根这类型板桩,对调整倾斜非常有效果(如果现场没有这类板桩而且桩尖所处土层不在硬土中时,也可凿去桩尖成为"平头桩"代替)。

(6)板桩脱榫处理。对板桩脱榫处拟采取压密注浆对脱榫处进行补强处理。即在接榫处除使用细石混凝土将接榫处灌密实外,再在靠近河岸边用压密注浆对该接榫进行补强。对于没有脱榫的钢筋混凝土板桩而言,按照设计要求采用细石混凝土灌浆。钢筋混凝土板桩处理以前将高出设计标高的板桩凿除直到设计标高。

板桩脱榫大于80 mm的采用双排压密注浆,并且在板桩中间的注浆孔中还采用树根桩补强,用高压水将板桩接榫部位的泥土清洗干净,放下注浆管,然后填上重量比为1∶2的中粗砂及5~25 mm碎石,再用黏土将表面夯压密实,接着开始注浆;板桩脱榫大于25 mm不大于80 mm的部位仅采用双排压密注浆。双排注浆时先注外排,然后注内排。对于没有脱榫的板桩在板桩接榫部位注单排水泥浆。注浆浆液中掺入1∶0.3(水泥:细砂重量比)的细砂及2%的水玻璃。注浆量控制在约25 kg/m,压浆压力控制在0.4~0.5 MPa。注浆时应严格控制压浆压力在规范范围内。

5.沉桩倾斜纠正措施

板桩在施打时应用经纬仪随时观测保持板桩在两个方向的垂直,如有倾斜时,可按照表4.2所列方法纠偏。

表4.2 打桩倾斜纠正法表

类型	概略图	说明
(a)	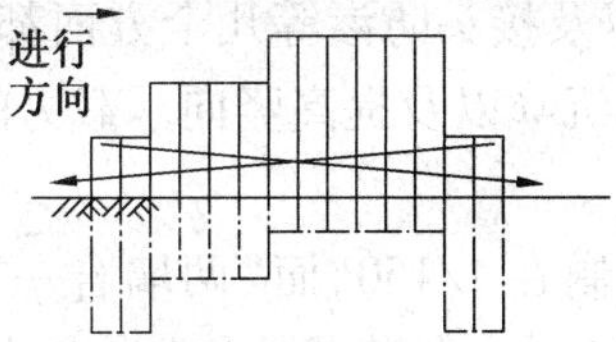 进行方向	两端导桩倾斜歪曲时应用卷扬机铰磨拽正
(b)	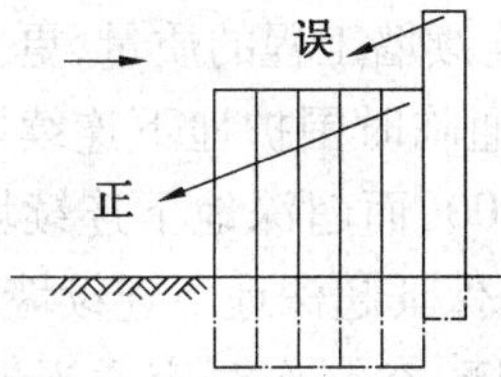 误 正	板桩倾斜时用钢丝导向,但注意钢丝绳不宜绷得太紧,以免绷断发生危险
(c)	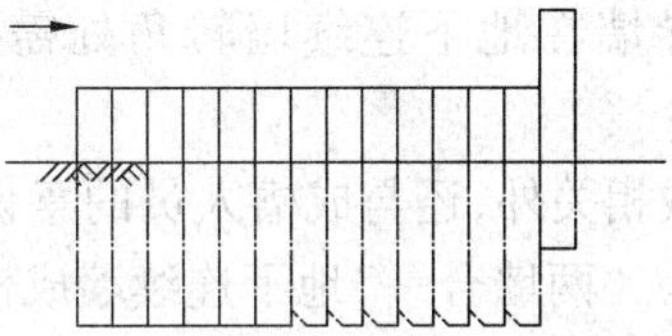	板桩下端可削成倾斜(斜向已打板桩),利用土压力将板桩挤紧
(d)	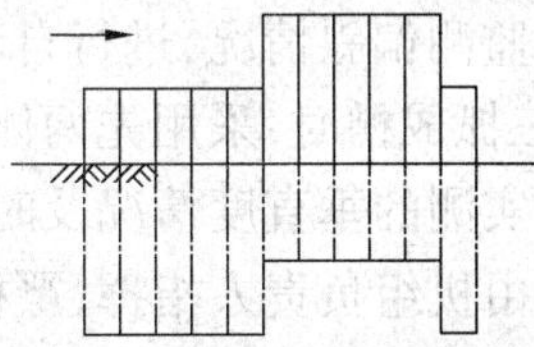	板桩倾斜时应逐步调整,并一面调整一面施打,施打方向应与倾斜方向反向进行
(e)	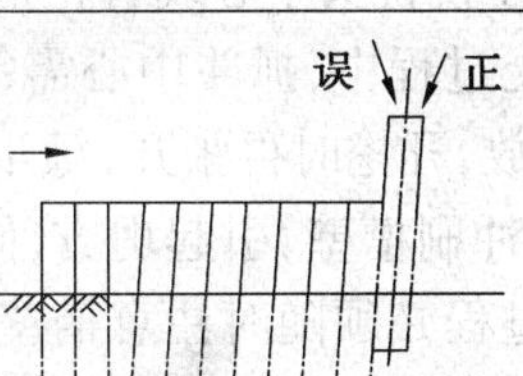 误 正	板桩倾斜时可调整锤击角度施打
(f)	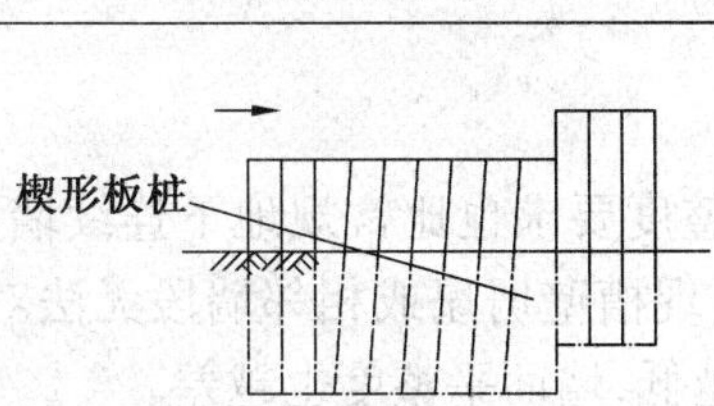 楔形板桩	板桩倾斜较大时,可塞入楔形板桩调整之,此时一般倾斜已超过1/400

4.6 支护结构与主体结构相结合施工细部做法

第65讲 “两墙合一”地下连续墙施工

地下连续墙作基坑的临时围护体系在我国已经有将近五十年的历史,施工工艺已经比较成熟,但地下连续墙作为基坑施工阶段主要承受水平向荷载为主的围护结构,当其同时要当作承受竖向荷载的永久主体竖向结构时,“两墙合一”地下连续墙与临时围护地下连续墙相比,在垂直度控制、平整度控制、墙底注浆以及接头防渗等几个方面都有更高的要求,而墙底注浆则是“两墙合一”地下连续墙控制竖向沉降以及提高竖向承载力的关键措施。

1. 垂直度控制

临时围护地下连续墙垂直度往往要求控制在1/150,而“两墙合一”地下连续墙因为其在基坑工程完成后作为主体工程的一部分而承受永久荷载的作用,成槽垂直度的好坏,不但关系到钢筋笼吊装,预埋装置安装以及整个地下连续墙工程的质量,更关系到“两墙合一”地下连续墙的受力性能,所以成槽垂直度要求比普通临时围护地下连续墙要求更高。通常作为“两墙合一”的地下连续墙垂直度需要达到1/300,而超深地下连续墙对成槽垂直度要求达到1/600,因此在施工中需要采取相应的措施来保证超深地下连续墙的垂直度。

根据施工经验,作为“两墙合一”的地下连续墙,在制作时应适当外放10~15 cm,以确保将来地下连续墙开挖后内衬的厚度。导墙在地下连续墙转角处需要外突200 mm或500 mm,以确保成槽机抓斗能够起抓。

地下连续墙垂直度控制除了与成槽机械相关外,还与成槽人员的意识、成槽工艺及施工组织设计、垂直度监测及纠偏等几方面相关。“两墙合一”地下连续墙成槽前,应加强对成槽机械操作人员的技术交底同时提高相关人员的质量意识。成槽所采用的成槽机和铣槽机都需具有自动纠偏装置,以便于在成槽过程中根据监测偏斜情况,进行自动调整。依据各个槽段的宽度尺寸,决定挖槽的抓数和次序,当槽段三抓成槽时,采用先两侧后中间的方法,抓斗入槽、出槽需慢速、稳定,并根据成槽机的仪表和实测的垂直度情况及时进行纠偏,以达到成槽精度要求。成槽必须在现场质检员的监督下,由机组负责人指挥,严格依照设计槽孔偏差控制斗体和液压铣铣头下放位置,将斗体与液压铣铣头中心线对正槽孔中心线,慢慢下放斗体和液压铣铣头进行施工。单元槽段成槽挖土过程中,抓斗中心需每次对准放在导墙上的孔位标志物,确保挖土位置准确。抓斗闭斗下放,开挖时再张开,每斗进尺深度控制在0.3 m左右,上、下抓斗时应缓慢进行,以免形成涡流冲刷槽壁,引起坍方,同时在槽孔混凝土未灌注之前禁止重型机械在槽孔附近行走。成槽过程必须随时注意槽壁垂直度情况,每一抓到底后,用超声波测井仪监测成槽情况,发现倾斜指针超出规定范围,应立刻启动纠偏系统调整垂直度,保证垂直精度达到规定的要求。

2. 平整度控制

“两墙合一”地下连续墙对于墙面的平整度要求也比常规地下连续墙要高,现浇地下连续墙的墙面一般较粗糙,若施工不当可能出现槽壁坍塌或相邻墙段无法对齐等问题。一般来说,越难开挖的地层,连续墙的施工精度越低,墙面平整度也越差。

对“两墙合一”地下连续墙墙面平整度影响的首要因素为泥浆护壁效果,所以可根据实际试成槽的施工情况,调节泥浆比重,通常控制在1.18左右,并对每一批新制的泥浆进行主要性能测试。此外可根据现场场地实际情况,采用以下辅助措施:

(1)暗浜加固。对于暗浜区,可使用水泥搅拌桩将地下连续墙两侧的土体进行加固,以确保在该地层范围内的槽壁稳定性。可采用直径700 mm的双轴水泥土搅拌桩予以加固,搅拌桩之间搭接长度为200 mm。水泥掺量控制在8%,水灰比0.5~0.6。

(2)施工道路侧水泥土搅拌桩加固。为确保施工时基坑边的道路稳定,在道路施工之前对道路下部分土体进行加固,在地下连续墙施工时也可起到隔水及土体加固作用。

(3)控制成槽、铣槽速度。成槽机掘进速度一般控制在15 m/h左右,液压抓斗不宜迅速掘进,以防槽壁失稳。同样,也应控制铣槽机进尺速度,尤其是在软硬层交接处,以防止出现偏移、被卡等现象。

(4)其他措施。施工过程中大型机械禁止在槽段边缘频繁走动、泥浆应随着出土及时补入,确保泥浆液面在规定高度上,以防槽壁失稳。

3.地下连续墙墙底注浆

地下连续墙两墙合一工程中,地下连续墙与主体结构变形协调至关重要。通常情况下主体结构工程桩较深,而地下连续墙作为围护结构其深度比较浅,与主体工程桩一般处于不同的持力层;另一方面地下连续墙分布在地下室的周边,工作状态下与桩基的上部荷重的分担不均;而且因为施工工艺的因素,地下连续墙成槽时采用泥浆护壁,地下连续墙槽段是矩形断面,其长度较大,槽底清淤难度比钻孔灌注桩大,沉淤厚度通常较钻孔灌注桩要大,这使得墙底和桩端受力状态存在很大差异。由于以上因素,主体结构沉降过程中地下连续墙与主体结构桩基之间可能会产生差异沉降,特别是地下连续墙作为竖向承重墙体考虑时,地下连续墙与桩基之间可能会产生很大的差异沉降,如果不采取针对性的措施控制差异沉降,地下连续墙和主体结构之间会产生次应力,严重时会造成结构开裂,危及结构的正常使用。为了降低地下连续墙在受荷过程中产生过大的沉降以及不均匀沉降,必须采取墙底注浆措施。墙底注浆加固采用在地下连续墙钢筋笼上埋设注浆钢管,在地下连续墙施工结束后直接压注施工。

(1)注浆管的埋设。注浆管常用的有ϕ48 mm钢管及内径25 mm钢管,每幅钢筋笼上埋设2根,间距不超过3 m。注浆管长度视钢筋笼长度而定,通常底部插入槽底土内300 ~ 500 mm,注浆管口用堵头封口,注浆管随钢筋笼一同放入槽段内。

注浆管加工时,留最后一段管节后加工。先加工的管段和钢筋笼底部平齐,成槽结束之后,实测槽段的深度,计算最后一节管段的长度,并据此加工最后一节管段,使注浆管底部埋入槽底,保证后道工序的注浆质量。注浆管固定于钢筋笼时,必须用电焊焊接牢或用20#铅丝绑扎固定,以免钢筋笼吊放入槽时滑落。注浆管固定焊接时禁止将管壁焊破,下槽之前应逐段进行检查,发现有破漏立即修补。地下连续墙浇筑之前,应做好注浆管顶部封口工作,同时做好保护措施。

注浆器采用单向阀式,注浆管应均匀设置,注浆器制成花杆形式,该部分可使用封箱带或黑包布包住。

(2)注浆工艺流程。地下连续墙的混凝土达到一定强度后进行注浆。注浆有效扩散半径是0.75 m,注浆速度需均匀。注浆时应根据相关规定设置专用计量装置。图4.25为注浆工艺流程。

(3)注浆施工机具选用。注浆施工机具大致可分为地面注浆装置和地下注浆装置两大部分。地面注浆装置包括注浆泵、浆液搅拌机、储浆桶、地面管路系统及观测仪表等部件;地下注浆装置包括注浆管和墙底注浆装置。压浆管采用内径为1 in的黑铁管,螺纹连接,注浆器部位使用生胶带缠绕,并做注水试验,防止漏水。浆液搅拌机及储浆桶可根据施工条件选用,搅拌机要求低转速大扭矩,因此须选用适当的减速器,搅拌叶片要求全断面均匀拌浆,并应分层配置,搅拌机制浆能力及储浆桶容量应与额定注浆流量相匹配,且搅拌机出浆口需设

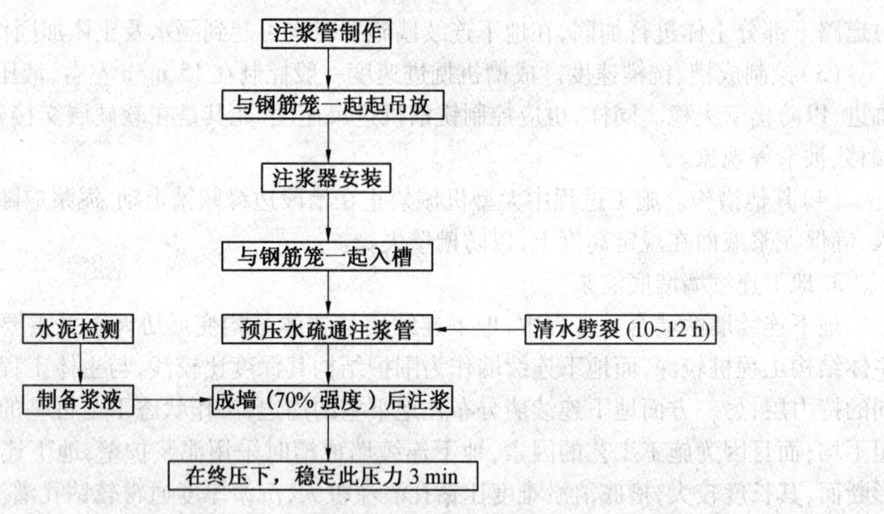

图4.25　连续墙墙底注浆工艺流程

置滤网。地面管路系统必须确保密封性。输送管必须使用能承受2倍以上最大注浆压力的高压管。注浆机械采用高压注浆泵，其型号可为SGD6-10型。

(4)注浆施工要点。

1)注浆时间：在4~5幅地下连续墙连成一体后，当地下连续墙混凝土强度超过70%的设计强度时就可以对地下连续墙进行墙底注浆，并应先对中间幅进行注浆。

2)注浆压力：注浆压力必须超过注浆深度处的土层压力，正常情况下通常控制在0.4~0.6 MPa，终止压力可控制在2 MPa左右。

3)注浆流量：15~20 L/min。

4)注浆量：水泥单管用量为2 000 kg。

5)注浆材料采用P.O42.5普通硅酸盐水泥，水灰比0.5~0.6。

6)拌制注浆浆液时，必须严格按照配合比控制材料掺入量；应严格控制浆液搅拌时间，浆液搅拌需均匀。

7)压浆管和钢筋笼同时下入，压浆器焊接在压浆管上，同时必须超出钢筋笼底端0.5 m。

8)根据经验，应在地下连续墙的混凝土达到初凝的时间内(控制在6~8 h)进行清水劈裂，以保证预埋管的畅通。

9)墙底注浆终止标准：实行注浆量和注浆压力双控的原则，以注浆量(水泥用量)控制为主，注浆压力控制为辅。当注浆量达到设计要求时，可以终止注浆；当注浆压力不小于2 MPa并稳压3 min，且注浆量达到设计注浆量的80%时，亦可终止压浆。

10)为避免地下连续墙墙体产生隆起变形，注浆时应对地下连续墙及其周边环境进行沉降观察。

4. 接头防渗技术

"两墙合一"地下连续墙既作为基坑施工阶段的挡土挡水结构，同时也作为结构地下室外墙起着永久的挡土挡水作用，所以其防水防渗要求极高。地下连续墙单元槽段依靠接头连接，这种接头一般要同时满足受力和防渗要求，但一般地下连续墙接头的位置是防渗的薄弱环节。对"两墙合一"地下连续墙接头防渗通常可采用下列措施：

(1)因为地下连续墙是泥浆护壁成槽，接头混凝土面上必然附着有一定厚度的泥皮(和泥浆指标、制浆材料有关)，如不清除干净，浇筑混凝土时在槽段接头面上就会出现一层夹泥带，基坑开挖后，在水压作用下可能从这些地方渗漏水及冒砂。为了降低这种隐患，保证连续墙的质量，施工中必须采取有效的措施清刷混凝土壁面。

(2)采用合理的接头形式。地下连续墙接头形式根据使用接头工具的不同可分为接头管(锁口管)、接头箱、隔板、工字钢、十字钢板以及凹凸型预制钢筋混凝土楔形接头桩等几种常见形式。根据其受力性能可分为刚性接头与柔性接头。“两墙合一”地下连续墙采用的接头形式在符合结构受力性能的前提下，应优先选择防水性能更好的刚性接头。

(3)在接头处设置扶壁柱。通过在地下连续墙接头处设置扶壁柱来增加地下连续墙外水流的渗流途径，折点多、抗渗性能好。

(4)在接头处采用旋喷桩加固。地下连续墙施工结束之后，在基坑开挖前对槽段接头缝进行三重管旋喷桩加固。旋喷桩孔位的确定一般以接缝桩中心为对称轴，距连续墙边缘不应超过 1 m，钻孔深度宜达基坑开挖面以下 1 m。

第 66 讲　“一柱一桩”施工

支护结构的竖向支撑系统与主体结构的桩、柱相结合，竖向支撑系统通常采用钢立柱插入底板以下的立柱桩的形式。钢立柱一般为角钢格构柱、钢管混凝土柱或 H 型钢柱，立柱桩可以采取钻孔灌注桩或钢管桩等形式。对于逆作法的工程，在施工时中间支撑柱承受上部结构自重与施工荷载等竖向荷载，而在施工结束后，中间支撑柱通常外包混凝土后作为正式地下室结构柱的一部分，永久承受上部荷载。所以中间支撑柱的定位和垂直度必须严格满足要求。通常规定，中间支撑柱轴线偏差控制在±10 mm 内，标高控制在±10 mm 内，垂直度控制在 1/600 ~ 1/300 以内。另外，一柱一桩在逆作施工时承受的竖向荷载较大，需要通过桩端后注浆来提高一柱一桩的承载力并减少沉降。

1. 一柱一桩调垂施工

工程桩施工时，应格外注意提高精度。立柱桩根据不同的种类，需要采用专门的定位措施或定位器械，钻孔灌注桩必要时需适当扩大桩孔。钢立柱的施工必须使用专门的定位调垂设备对其进行定位和调垂。目前，钢立柱的调垂方法基本包括气囊法、机械调垂架法和导向套筒法三类。

(1)气囊法。角钢格构柱通常可采用气囊法进行纠正，在格构柱上端 X 与 Y 方向上分别安装一个传感器，并在下端四边外侧各安装一个气囊，气囊随格构柱一起下放到地面以下，并固定在受力较好的土层中。每个气囊通过进气管和电脑控制室相连，传感器的终端同样和电脑相连，形成监测与调垂全过程的智能化施工监控体系。系统运行时，首先由垂直传感器将格构柱的偏斜信息输进电脑，由电脑程序进行分析，然后打开倾斜方向的气囊进行充气并且推动格构柱下部向其垂直方向运动，当格构柱进入规定的垂直度范围后，即指示关闭气阀停止充气，同时停止推动格构柱。格构柱两个方向上的垂直度调节可同时进行控制。等到混凝土浇筑至离气囊下方 1 m 左右时，即可拆除气囊，并继续浇灌混凝土直到设计标高。图 4.26 为气囊法平面布置图。

在工程实践中，成孔总是向一个方向偏斜的，所以只要在偏斜的方向上放置 2 个气囊即可进行充气推动，同样能达到纠偏的目的，这样当格构柱校直并且被混凝土固定后其格构柱与孔壁之间的空隙反而增大，所以气囊回收就较容易。实践证明，用这种方法不但减少了气

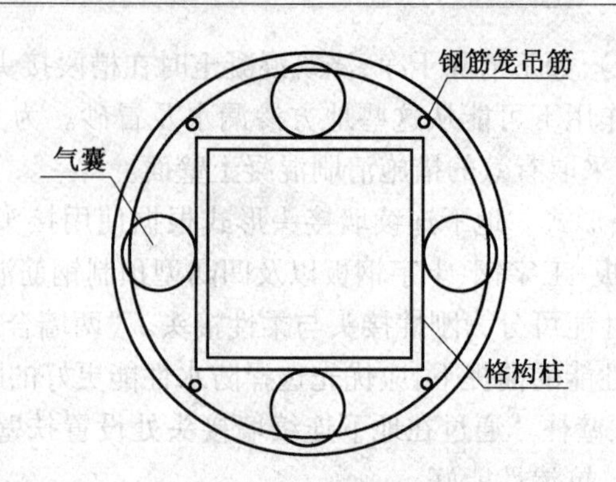

图4.26　气囊法平面布置图

囊的使用数量,而且回收率也普遍提高了。图4.27为改良后气囊平面布置图。

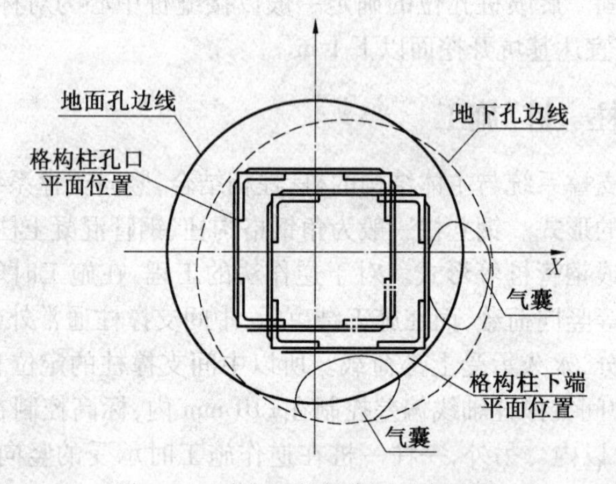

图4.27　改良后的气囊平面布置图

(2)机械调垂法。机械调垂系统主要包括传感器、纠正架、调节螺栓等。在支撑柱上端 X 与 Y 方向上分别安装一个传感器,支撑柱固定于纠正架上,支撑柱上布置2组调节螺栓,每组共四个,两两对称,两组调节螺栓有一定的高差,便于形成扭矩。测斜传感器和上下调节螺栓在东西、南北方向各布置一组。若支撑柱下端向 X 正方向偏移,X 方向的两个上调节螺栓一松一紧,使得支承柱绕下调节螺栓旋转,当支承柱进入规定的垂直度范围后,就停止调节螺栓;同理 Y 方向通过 Y 方向的调节螺栓进行调节。图4.28为钢管立柱定位器示意图。

(3)导向套筒法。导向套筒法是将校正支撑柱转化为导向套筒。导向套筒的调垂可采取气囊法和机械调垂法。等到导向套筒调垂结束并固定后,从导向套筒中间插入支撑柱,导向套筒内安装滑轮以利于支撑柱的插入,然后浇筑立柱桩混凝土,直到混凝土能固定支撑柱后拔出导向套筒。

(4)三种方法的适用性和局限性。气囊法适用于各种类型支撑柱(例如宽翼缘H型钢、钢管、格构柱等)的调垂,而且调垂效果好,有利于控制支撑柱的垂直度。但气囊有一定的行程,如果支撑柱与孔壁间距离过大,支撑柱就不能调垂至设计要求,所以成孔时孔垂直度控制在1/200内,支撑柱的垂直度方可达到1/300的要求。由于采用帆布气囊,实际使用中常被钩破而不能使用,气囊亦经常被埋入混凝土中而很难回收。

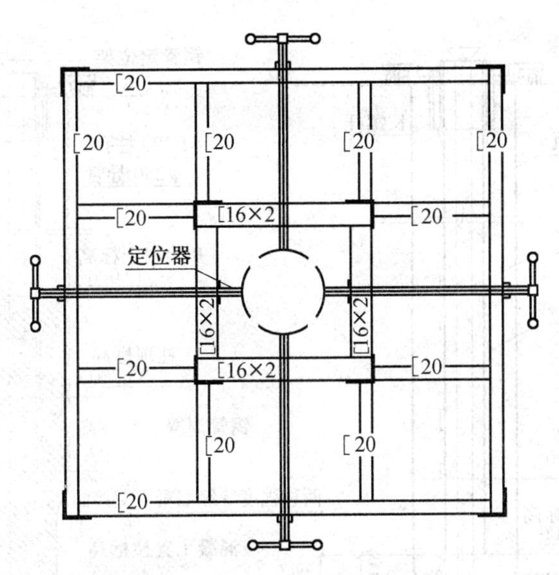

图4.28　钢管立柱定位器平面图

机械调垂法是几种调垂方法中最经济实用的，但仅能用于刚度较大的支撑柱（钢管支撑柱等）的调垂，如果支撑柱刚度较小（如格构柱等），在上部施加扭矩时支撑柱的弯曲变形将非常大，不利于支撑柱的调垂。

导向套筒法因为套筒比支撑柱短所以调垂较易，调垂效果较好，但由于导向套筒在支撑柱外，势必造成孔径变大。导向套筒法适用于各种支承柱的调垂，包括宽翼缘H型钢、钢管、格构柱等。

2. 采用钢管混凝土柱时一柱一桩不同标号混凝土施工

竖向支撑采用钢管立柱时，通常钢管内混凝土标号高于工程桩的混凝土，这时在一柱一桩混凝土施工时应严格控制不同标号的混凝土施工界面，保证混凝土浇捣施工。水下混凝土浇筑至钢管底标高时，就更换高标号混凝土，在高标号混凝土浇筑的同时，在钢管立柱外侧回填碎石、黄砂等，防止管外混凝土上升。图4.29为不同标号混凝土浇筑示意图。

3. 桩端后注浆施工

桩端后注浆施工技术是近年来发展得到的一种新型的施工技术，通过桩端后注浆施工，可明显提高一柱一桩的承载力，有效解决一柱一桩的沉降问题，为逆作法施工提供有效的保障。因为注浆量、控制压力等技术参数对桩端后注浆承载力影响的机理尚不清楚，承载力理论计算还不完善，所以在正式施工前必须通过现场试成桩来保证成桩工艺的可靠性，并通过现场承载力试验来确定桩端后注浆灌注桩的实际承载力。

桩端后注浆钻孔灌注桩施工工艺流程如图4.30所示。

成桩过程中，在桩侧预设注浆管，等到钻孔桩桩身混凝土浇筑完后，采用高压注浆泵，通过注浆管路向桩和桩侧注入水泥浆液，使桩底桩侧土强度能获得一定程度的提高。桩端后注浆施工将设计浆液一次性完全注入孔底，即可停止注浆。遇设计浆液不能完全注入，在注浆量达到80%以上，且泵压值达到2 MPa时也可视为注浆合格，可以终止注浆。

桩端注浆装置是整个桩端压力注浆施工工艺的核心部件，安装有单向阀，注浆时，浆液由桩身注浆导管经由单向阀直接注入土层。注浆器有下列要求：

(1)注浆孔设置必须有助于浆液的流出，注浆器总出浆孔面积大于注浆器内孔截面积。

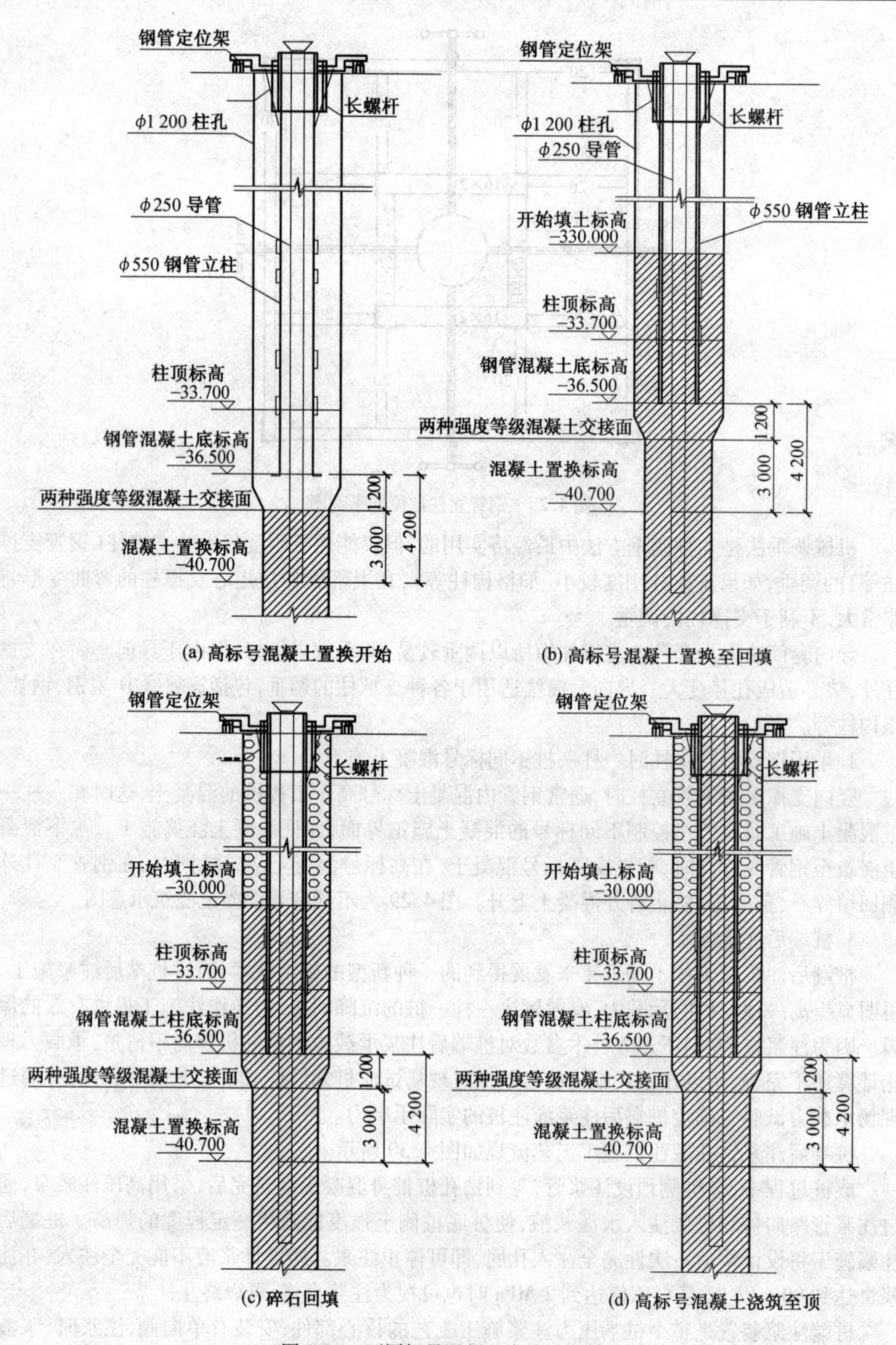

图4.29　不同标号混凝土浇筑示意图

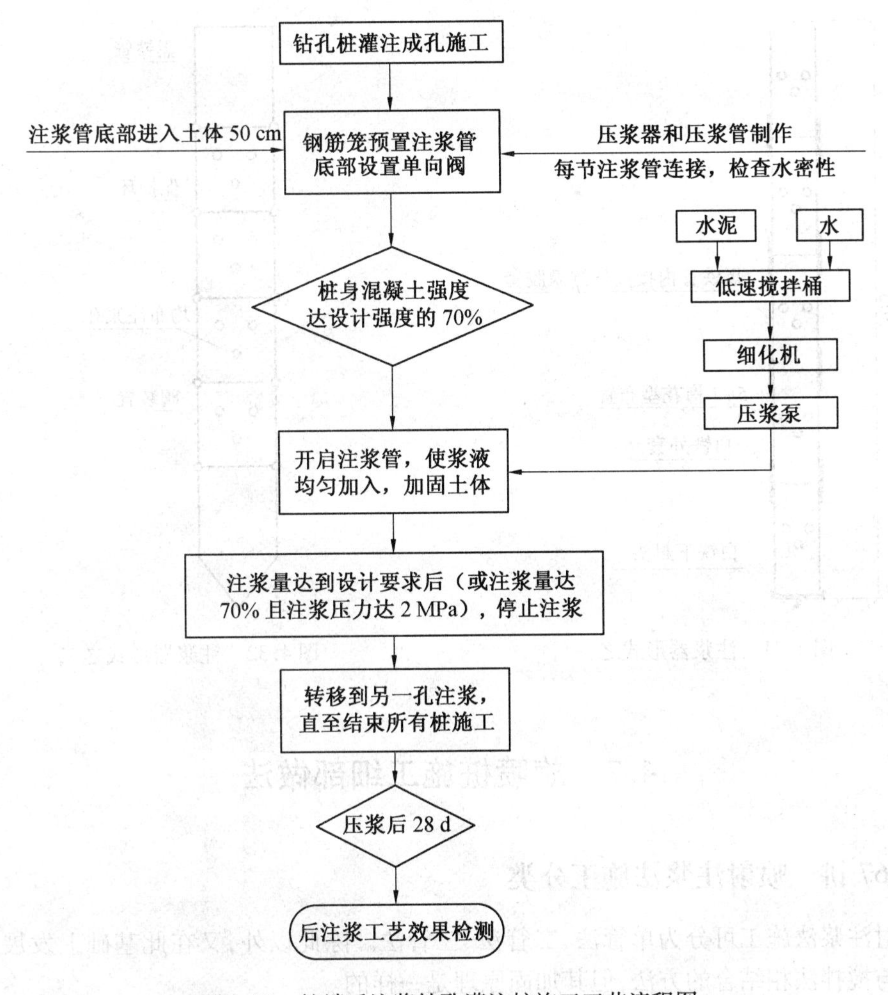

图 4.30 桩端后注浆钻孔灌注桩施工工艺流程图

(2)注浆器须为单向阀式，以确保下入时及下入后混凝土浇筑过程中浆液不进入管内以及注入后地层中水泥浆液不能回流。

(3)注浆器上必须安装注浆孔保护装置。

(4)注浆器和注浆管的连接必须牢固、密封、连接简便。

(5)注浆器的构造必须有助于进入较硬的桩端持力层。

图 4.31 和图 4.32 为两种注浆器的构造示意图。

后注浆施工中如果预置的注浆管全部不通，从而造成设计的浆液不能注入的情况，或管路虽通但注入的浆液没有达到设计注浆量的 80% 且注浆压力达不到终止压力，则视为注浆为失败。在注浆失败时可采取下列补救措施：在注浆失败的桩侧采用地质钻机对称地钻取两直径是 90 mm 左右的小孔，深度越过桩端 500 mm 为宜，然后在所成孔中重新布置两套注浆管并在距桩底端 2 m 处用托盘封堵，并用水泥浆液封孔，等到封孔 5 d 后即进行重新注浆，补入设计浆量即完成施工。

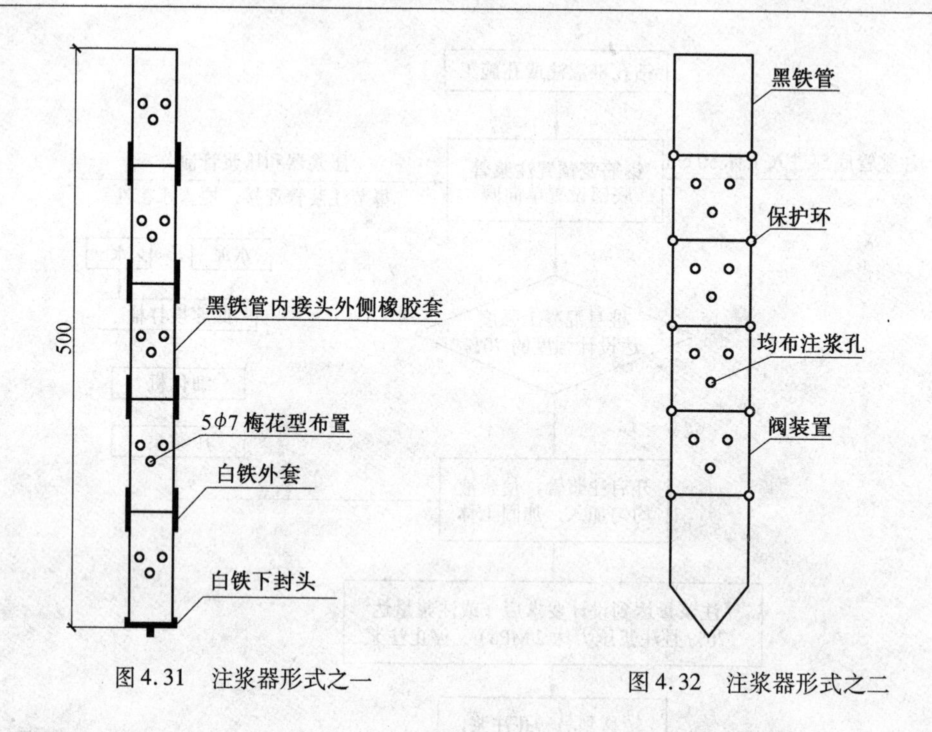

图 4.31　注浆器形式之一

图 4.32　注浆器形式之二

4.7　旋喷桩施工细部做法

第 67 讲　喷射注浆法施工分类

喷射注浆法施工可分为单管法、二管法、三管法。除此以外，又在此基础上发展为多重管法和与搅拌法相结合的方法，但其加固原理是一样的。

单管法和二管法中的喷射管较细，所以，当第一阶段贯入土中时，可借助喷射管本身的喷射或振动贯入，只有在必要时，才在地基中预先成孔（孔径为 46 ~ 10 cm），然后放入喷射管进行喷射加固。采用三管法时，喷射管直径一半为 7 ~ 9 cm，结构复杂，所以有时需要预先钻一个直径为 15 cm 的孔，然后放入三管喷射进行加固。大多采用一般钻探机械。

各种加固法，都可根据具体条件，采用不同类型的机具和仪表。

单管法施工，其中，水泥、水及膨润土采用称量系统，并二次进行搅拌、混合，然后输送到高压泵。水可输送到搅拌器与水泥混合，也可直接输送给高压泵。二管法施工，将水泥浆与压缩空气一同喷射（图 4.33）。

三管法施工中专门设置了水泥仓、水箱和称量系统。另外，在输送水泥浆、高压水、压缩空气的过程中，设置了监测装置，以确保施工质量。施工中冒浆可用污水泵及时吸收，并将其转移到场地以外（图 4.34）。

因为喷射注浆法尚没有系统的专用机具，所以施工机具需因地制宜地加以选择。

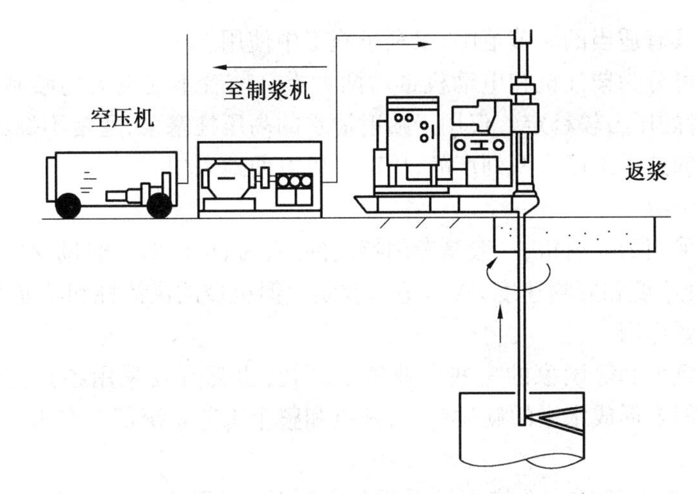

图4.33 二管法施工

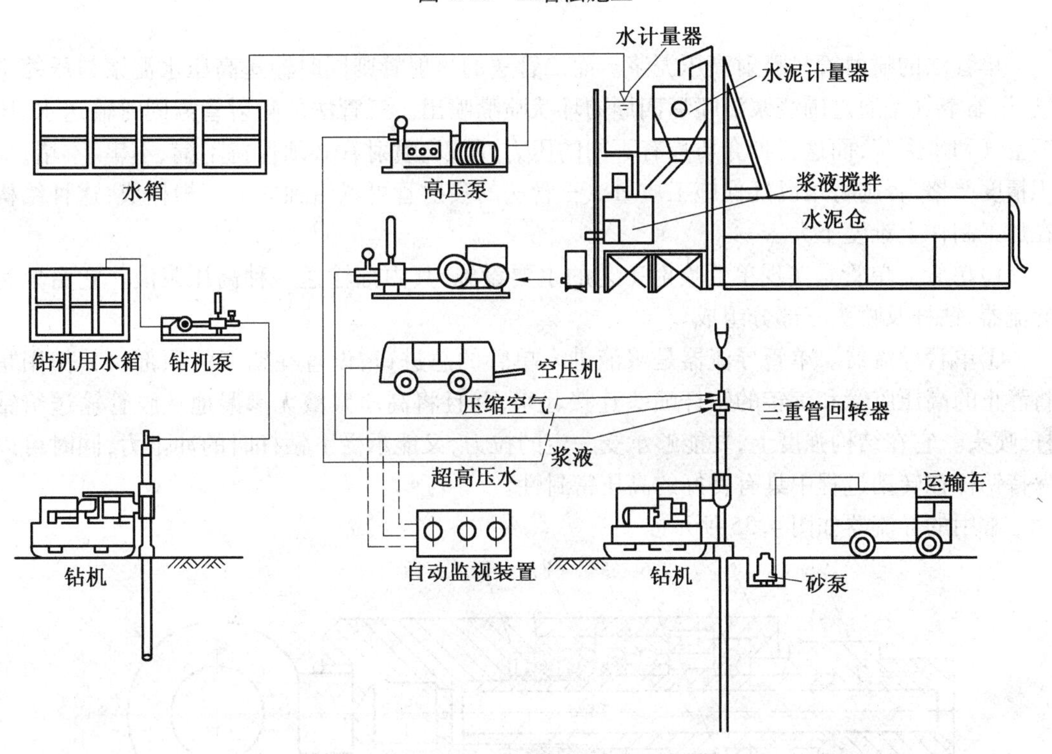

图4.34 三管法施工

第68讲 喷射注浆法主要施工机具

喷射注浆法施工的主要机具有下列几种。

1. 高压泵

高压泵包括高压泥浆泵和高压清水泵。国内多采用高压泥浆泵或柱塞泵(清水泵)。

高压泵的压力一般要求能在15.0 MPa以上,有的泵压高达40.0~60.0 MPa。一个优良的高压泵应能在高压下持续工作,设备的主体结构及密封系统应有良好的耐久性。否则,高压泥浆泵输送水泥时,就会时常发生故障,给施工带来很大困难。除此以外,高压泵在流量和压力方面还应具有适当的调节范围，以利于施工中使用。

高压泵通常可分为柴油机和电动机带动两大类。前者不受电力的限制，但压力一般不是很稳定；而后者的压力较稳定。仅用于喷射清水的高压柱塞泵，通常不像高压泥浆泵那样容易损坏。国产的这类泵已有系列产品，用户可以方便地采用。

2. 喷射机及钻机

喷射注浆法采用的喷射机，一般是专用特制的，有时，也可对一般勘探用钻机，依照喷射工艺的要求（提升速度和旋喷速度）进行适当改制。但机械的灵活性和功能对喷射注浆法的施工工艺发挥重要作用。

日本、德国、意大利等国家的一些专业施工公司，也都开发采用各具特色的旋喷钻机。当在某些情况下需要形成水平的旋喷桩时，钻机和整个工艺系统都要作相应的调整。

3. 其他机具

(1)喷射管。喷射管的构造依据所采用的单管法、二管法和三管法和多重管法有所不同。

单管法的喷射管只喷射高压泥浆。而二管法的喷射管则同时输送高压水泥浆与压缩空气，压缩空气是通过围绕浆液喷嘴四周的环状喷嘴喷出。三管法的喷射管需同时输送水、压缩空气和水泥浆，而这三种介质均有不同的压力，所以，喷射管必须保持不漏、不串、不堵，加工精度严格，否则将难以确保施工质量。三管法的喷射管可以由独立的三根构成，这种结构在加工制作上难度不大。

1)单管。单管是实现单管喷射工艺的主要设施，其内部输送一种高压浆液。它由单管导流器、钻杆及喷头三部分组成。

①单管导流器。单管导流器是浆液进入单管的总进口，设置在钻杆的顶部。其作用是将静止的高压胶管和旋转的钻杆喷头连接起来，并且将高压浆液无渗漏地从胶管输送给钻杆、喷头。它在结构强度上，要能够承受一定的拉力，又能承受下钻杆时的冲击力，同时可以保持钻杆在转动过程中具有良好的高压密封性。

常用的导流器如图4.35所示。

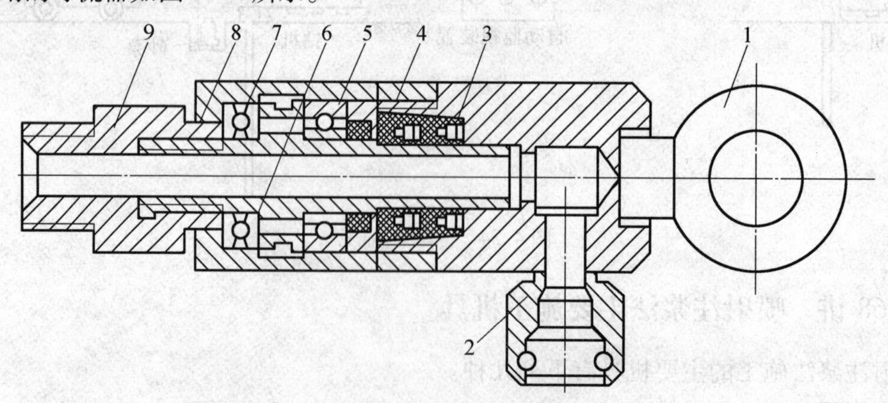

图4.35 单旋喷管导流器结构图

1—提升环；2—卡口接头；3—上壳；4—密封圈；5—向心球轴承

6—推力球轴承；7—下壳；8—毡封；9—活接头

②单管钻杆。单管钻杆是以普通 ϕ50 mm 或 ϕ42 mm 地质钻管代替。每根长 1.0 ~

3.5 m,钻杆的上下连接采用方扣螺纹。

③单管喷头。单管的喷头装在钻杆的最下端。喷头的顶端做成圆锥形。喷头上安装2个喷嘴,喷嘴装在喷头的两侧。使高压射流横向射入地层破坏土体。喷嘴的直径通常为2.0 mm左右。

2)二管。二管是由导流器、钻杆及喷头三部分组成。

①二管导流器。二管导流器的作用是将高压泥浆泵输送来的高压浆液以及空气压缩机输送来的压缩空气从两个通道分别输送到钻杆内,导流器是由外壳和芯管组成,全长406 mm。外壳上安装两个可装可拆式卡口接头,通过橡胶软管分别和高压泥浆泵及空压机连接。旋喷作业时,外壳不动,芯管随钻杆旋转(图4.36)。

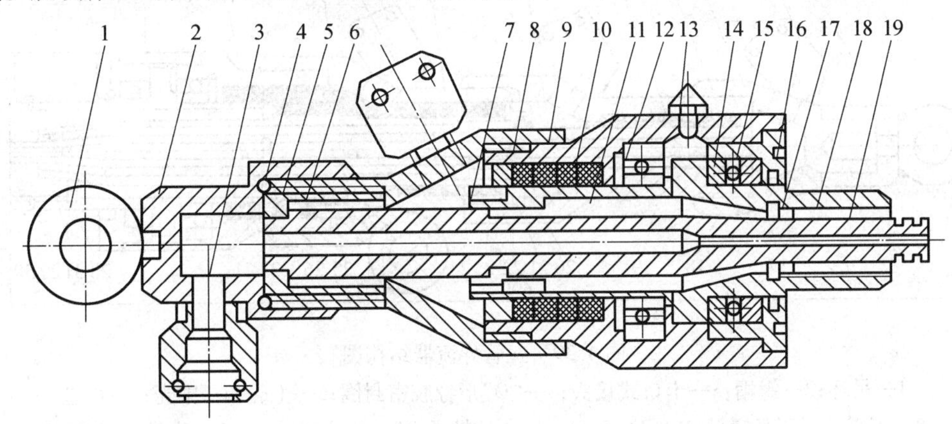

图4.36 二旋喷管导流器结构图

1—吊环;2—上壳;3—插头插座;4—“O”形密封圈;5—上压盖
6—“V”形密封圈;7—“O”形密封圈;8—中壳;9—“Y”形密封圈
10—“Y”形密封圈;11—下壳;12—向心轴承;13—黄油嘴;14—推力轴承
15—下盖;16—毡油封;17—定位环;18—外管;19—内管

②二钻杆。二钻杆是两种介质的通道,它上接导流器,下连喷头,使得二旋喷管组成一个整体。详细结构如图4.37所示。

在制造二钻杆时,应格外注意内管和外管的同心度及橡胶密封圈接触面的光洁度。

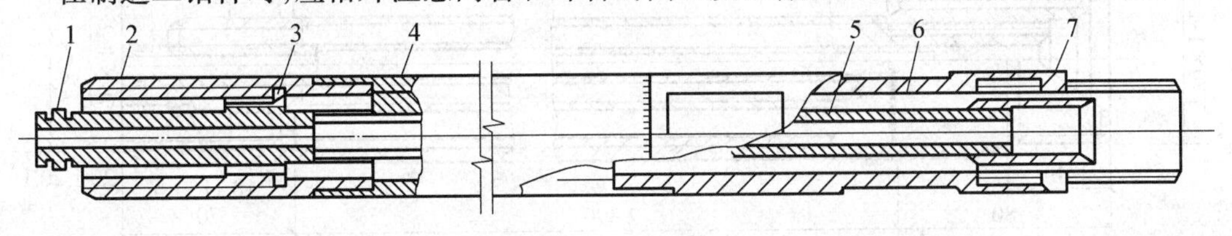

图4.37 二钻杆结构图

1—“O”形橡胶管;2—外管母接头;3—定位圈;4—ϕ42 地质钻杆
5—内管;6—卡口管;7—外管公接头

③二喷头。二喷头是实现浆气同轴喷射及钻进的装置。在喷头的侧面设置一个或两个浆气同轴喷射的喷嘴,气的喷嘴呈环状,套在高压浆液喷嘴外面(图4.38)。

3)三管。

①三管导流器。三管导流器由外壳和芯管两部分组成。三旋喷管导流器结构如图4.39

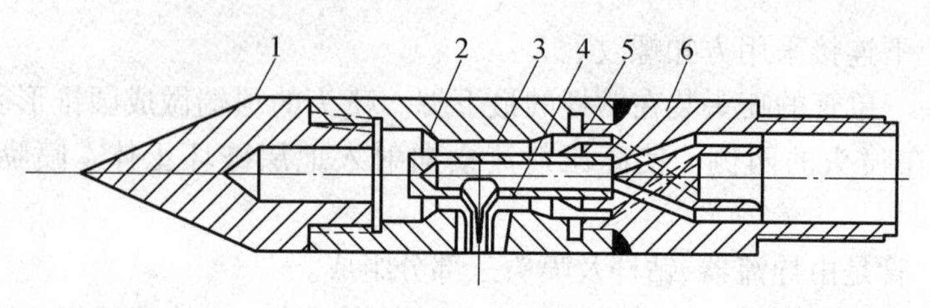

图4.38　二喷头结构

1—管尖;2—内管;3—内喷头;4—外喷头;5—外管;6—外管公接头

所示。

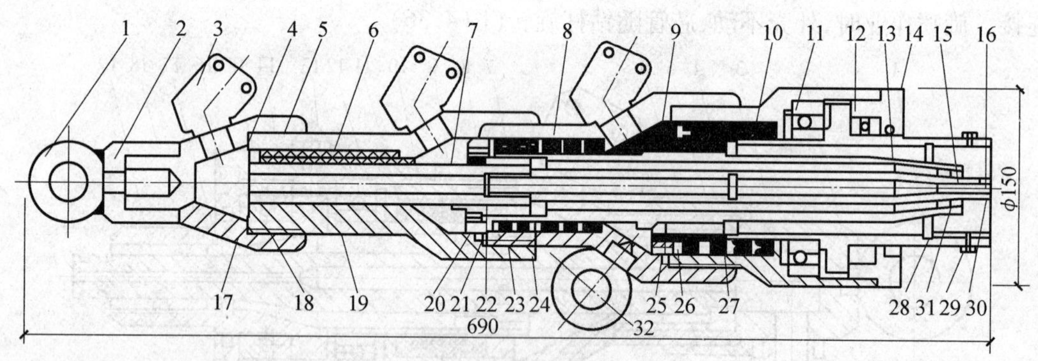

图4.39　三管导流器结构图

1—吊环;2—螺帽;3—卡口式接头;4—"O"形橡胶密封圈;5—上壳;6—中壳;7—内管

8—下壳;9—压紧螺母;10—底壳;11—向心球轴承;12—推力球轴承;13—毡封;14—底盖

15—ϕ19"O"形橡胶圈;16—ϕ38"O"形橡胶圈;17、20—压紧螺母;18—"V"形橡胶环

19、22、26—支撑环;21、25—"O"形橡胶圈;23、27—"Y"形橡胶圈

24—固定环;28—定位器;29、31—挡圈;30—螺纹;32—定位环

②三钻杆。三钻杆是由内、中、外管组成,三根管子按照直径大小套在一起,轴线重合。其结构详如图4.40所示。

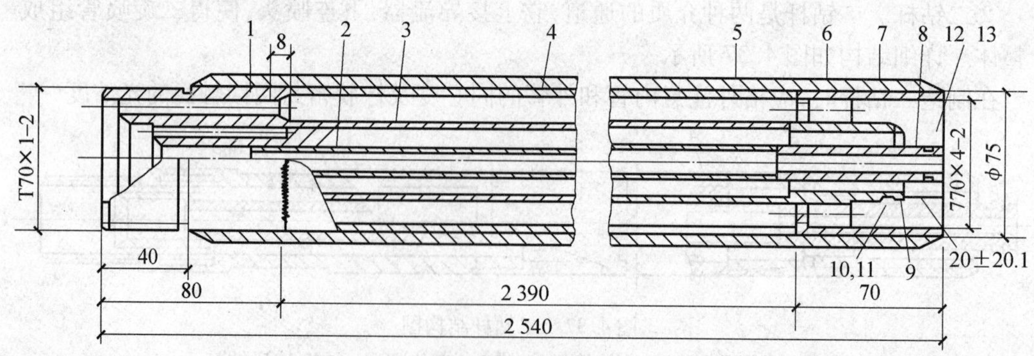

图4.40　三钻杆结构图

1—内母接头;2—内管;3—中管;4—外管;5—扁钢;6—内公接头;7—外管内接头

8—内管公接头;9—定位器;10、12—挡圈;11、13—"O"形密封圈

③三喷头。三喷头是实现水气同轴喷射及浆液注入的装置,上接三钻杆,是三旋喷管最下端的构件。三喷头是由芯管、喷嘴和钻头组成。

4)多重管。多重管的功能不仅要输送高压水,而且还要同时将冲下来的土、石抽出地面。所以管子的外径较大,达到ϕ300 mm。它由导流器、钻杆及喷头组成。在喷嘴的上方安装传感器;电缆线装在多重管内。

(2)喷嘴。喷嘴是将高压泵输送来的液体压能最大限度地转换成射流动能的装置,它设置在喷头侧面,其轴线和钻杆轴线成90°或120°角。喷嘴是直接影响射流质量的主要因素之一。依据流体力学的理论,射流破坏土体冲击力的大小和流速平方成正比,而流速的大小除与液体出喷嘴前的压力相关外,喷嘴的结构对射流特性值的影响是很大的。

高压液体射流喷嘴一般有圆柱形、收敛圆锥形和流线形三种,如图4.41所示。

试验结果表明,流线形喷嘴的射流特性最好,但这种喷嘴很难加工,在实际工作中极少采用。而收敛圆锥形喷嘴的流速系数ϕ、流量系数μ及流线形喷嘴相比较所差无几,又比流线形喷嘴形状图容易加工,因此经常被采用。

在实际应用中,圆锥形喷嘴的进口端增加了一个渐变的喇叭口形的圆弧角θ,使其更接近于流线形喷嘴,出口端增加一段圆柱形导流孔,通过试验,其射流收敛性良好(图4.42)。

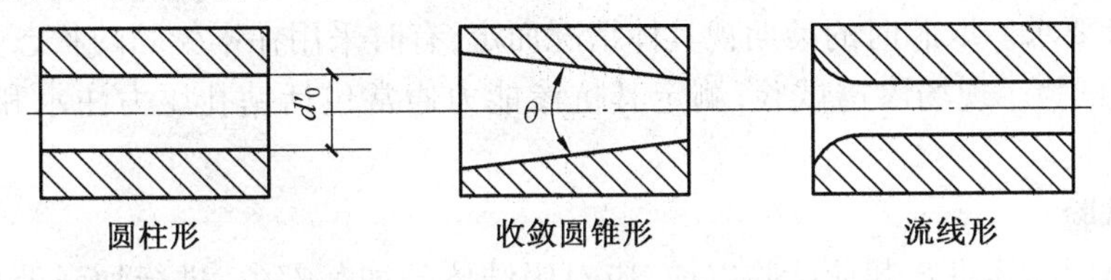

图4.41　三类喷嘴形状示意图

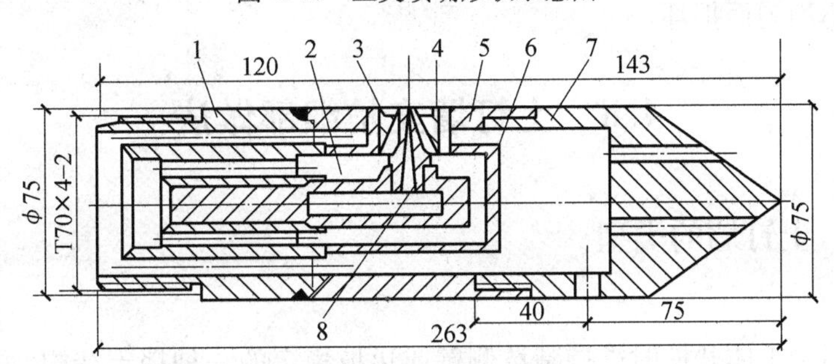

图4.42　圆锥形喷头结构图

1—内母接头;2—内管总成;3—内管喷嘴;4—中管喷嘴;5—外管
6—中管总成;7—尖锥钻头;8—内喷嘴座

(3)其他仪表。施工质量管理在喷射注浆法中是非常重要的。多采用人工读数记录方法。工程实践证实,采用各种相应的仪表进行控制和记录是十分必要的。其中主要包括记录泵的压力、流量和空压机的送风量。

应该指出,良好的机具系统必须要时常维护。为了保持喷射管管道的畅通,及时冲洗是非常必要的,绝对不能让水泥浆在管道中硬化。所以,每一节喷射管、每一个泵和接头的部位均要仔细冲洗干净。只有这样,方可保持施工机具连续正常使用。

第69讲　旋喷桩检验

旋喷固结体系在地层下直接形成,属于隐蔽工程,因此不能直接观察到旋喷桩体的质量。一定要用比较切合实际的各种检查方法来鉴定其加固效果。限于目前我国技术条件喷射质量的检查包括开挖检查、室内试验、钻孔检查、载荷试验。

1. 开挖检查

旋喷完毕,等到凝固具有一定强度后,即可开挖。这种检查方法,由于开挖工作量很大,一般限于浅层。因为固结体完全暴露出来,所以能比较全面地检查喷射固结体质量,也是检查固结体垂直度及固结形状的良好方法,这是当前较好的一种检查质量方法。

2. 室内试验

在设计过程中,先进行现场地质调查,并取得现场地基土,通过标准稠度求得理论旋喷固结体的配合比,在室内制得标准试件,进行各种力学物理性的试验,以得到设计所需的理论配合比。施工时可依此作为浆液配方,先作现场旋喷试验,开挖观察同时制作标准试件进行各种力学物理性试验,与理论配合比较,是否互相一致,它是现场实验的一种补充试验。

3. 钻孔检查

(1)钻取旋喷加固体的岩芯。可以在已旋喷好的加固体中钻取岩芯来观察判断其固结整体性,并将所取岩芯制成标准试件进行室内力学物理性试验,以得到其强度特性,鉴定其是否符合设计要求。取芯时的龄期视具体情况而定,有时采用在未凝固的状态下"软取芯"。

(2)渗透试验。现场渗透试验,测定其抗渗能力通常包括钻孔压力注水和抽水观测两种。

4. 载荷试验

在对旋喷固结体进行载荷试验以前,应对固结体的加载部位,进行加强处理,防止加载时固结体受力不均匀而损坏。

4.8 土钉墙支护细部做法

第70讲 土钉墙的类型

1. 土钉墙

土钉墙是用于土体开挖时维持基坑侧壁或边坡稳定的一种挡土结构,主要由密布在原位土体的土钉、黏附于土体表面的钢筋混凝土面层、土钉之间的被加固土体和必要的防水系统组成,如图4.43(a)。土钉是设置在原位土体中的细长受力杆件,一般可采用钢筋、钢管、型钢等。按土钉置入方式可分为钻孔注浆型、直接打入型及打入注浆型。面层通常采用钢筋混凝土结构,可采取喷射工艺或现浇工艺。面层与土钉通过连接件进行连接,连接件通常采用钉头筋或垫板,土钉之间的连接通常采用加强筋。土钉墙支护通常需设置防排水系统,基坑侧壁有透水层或渗水土层时,面层可以设置泄水孔。土钉墙的结构比较合理,施工设备和材料简单,操作方便灵活,施工速度快,对施工条件要求不高,造价低廉;但其不适合变形要求比较严格或较深的基坑,对用地红线有严格要求的场地具有局限性。

2. 复合土钉墙

复合土钉墙是土钉墙和各种隔水帷幕、微型桩及预应力锚杆等构件的结合,可依据工程具体条件选择与其中一种或多种组合,形成复合土钉墙。它具备土钉墙的全部优点,克服了其较多的缺点,应用范围明显拓宽,对土层的适用性更广,整体稳定性、抗隆起以及抗渗流性能大大提高,基坑风险相应降低。土钉与隔水帷幕结合的复合土钉墙,如图4.43(b)。

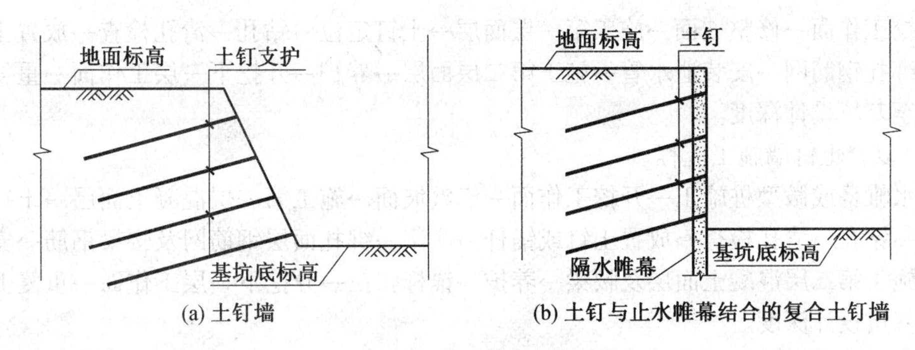

(a) 土钉墙　(b) 土钉与止水帷幕结合的复合土钉墙

图4.43　土钉墙典型剖面

第71讲　土钉墙施工工艺

1. 施工工艺

(1)材料准备。土钉通常采用带肋钢筋(直径 ϕ18 ~ ϕ32 mm)、钢管、型钢等,应用前应调直、除锈、除油;面层混凝土水泥需优先选用强度等级为42.5的普通硅酸盐水泥;砂应使用干净的中粗砂,含水量需小于5%;钢筋网采用钢筋(直径 ϕ6 ~ ϕ8 mm)绑扎成型;速凝剂应进行与水泥相溶性试验及水泥浆凝结效果试验;土钉注浆使用水泥浆或强度等级不低于M10的水泥砂浆。

(2)施工机具准备。

1)成孔机具和工艺视场地土质特点及环境条件选用,要确保进钻和抽出过程中不引起坍孔的机具,一般应选用体积较小、重量较轻、装拆移动方便的机具。常用的包括锚杆钻机、地质钻机、洛阳铲等,在易坍孔的土体中钻孔时最好采用套管成孔或挤压成孔工艺。

2)注浆泵规格、压力和输浆量应达到设计要求。宜选用小型、可移动、可靠性好的注浆泵,压力及输浆量应满足施工要求。工程中常用灰浆泵与注浆泵。

3)混凝土喷射机应密封良好,输料连续均匀,输送距离应符合施工要求,输送水平距离不应小于100 m,垂直距离不应小于30 m。

4)空压机需满足喷射机工作风压和风量要求。作为钻孔机械与混凝土喷射机械的动力设备,通常选用风量9 m^3/mm以上、压力大于0.5 MPa的空压机。如果1台空压机带动2台以上钻机或混凝土喷射机时,需配备储气罐。

5)宜采用商品混凝土,如果现场搅拌混凝土,宜采用强制式搅拌机。

6)输料管应能够承受0.8 MPa以上的压力,并应有良好的耐磨性。

7)供水设施需有足够的水量和水压(不小于0.2 MPa)。

(3)其他准备工作。充分理解设计和施工方案,掌握工程质量、施工监测的内容与要求、基坑变形控制和周边环境控制要求;依据设计图纸确定和设置基坑开挖线、轴线定位点、水准基点、基坑和周边环境监测点等,并采取保护措施;编制基坑工程施工组织设计,确认支护施工与土方开挖的关键技术方案;地下水位下降到基坑底以下,设置合理的坑内外明排水系统;组织合理的施工资源,包括满足工程要求的施工材料、施工机具、劳动力以及相关的管理资源。

2. 土钉墙施工工艺流程

(1)土钉墙施工流程。

开挖工作面→修整坡面→施工第一层面层→土钉定位→钻孔→清孔检查→放置土钉→注浆→绑扎钢筋网→安装泄水管→施工第二层面层→养护→开挖下一层工作面→重复上述步骤直至基坑设计深度。

(2)复合土钉墙施工流程。

止水帷幕或微型桩施工→开挖工作面→修整坡面→施工第一层混凝土面层→土钉或锚杆定位→钻孔→清孔检查→放置土钉或锚杆→注浆→绑扎面层钢筋网及腰梁钢筋→安装泄水管→施工第二层混凝土面层及腰梁→养护→锚杆张拉→开挖下一层工作面→重复上述步骤直至基坑设计深度。

3. 土钉墙主要施工方法及操作要点

(1)土方开挖。基坑土方应分层开挖,且应与土钉支护施工作业进行协调配合。挖土分层厚度应与土钉竖向间距相同,开挖标高宜为相应土钉位置下200 mm,逐层开挖并施工土钉,禁止超挖。每层土开挖完成后应进行修整,并在坡面施工第一层面层,如果土质条件良好,可省去该道面层,开挖后应及时完成土钉安装和混凝土面层施工;在淤泥质土层开挖时,应限时完成土钉安装和混凝土面层。完成上一层作业面土钉和面层后,应等到其达到70%设计强度以上后,才能进行下一层作业面的开挖。开挖需分段进行,分段长度取决于基坑侧壁的自稳能力,且应和土钉支护的流程相互衔接,一般每层的分段长度不能大于30 m。有时为保持侧壁稳定,保护周边环境,可采取划分小段开挖的方法,也可采取跳段同时开挖的方法。基坑土方开挖应提供土钉成孔施工的工作面宽度,土方开挖与土钉施工应形成循环作业。

(2)土钉施工。土钉施工依据选用的材料不同可分为两种,即钢筋土钉施工与钢管土钉施工。

钢筋土钉施工是按照设计要求确定孔位标高后先成孔。成孔可分机械成孔与人工成孔,其中人工成孔一般适用洛阳铲,目前应用较少。机械成孔一般采用小型钻孔机械,保持其与面层的一定角度。先采用合金钻头钻进,放入护壁套管,然后冲水钻进。钻到设计位置后应继续供水洗孔,等到孔口溢出清水为止。机械成孔应用的机具应符合土层特点,在进钻和抽出钻杆过程中不能引起土体坍孔。易坍孔土体中钻孔时宜采用套管成孔或挤压成孔。成孔过程中应按照土钉编号逐一记录取出土体的特征、成孔质量等,并将取出土体和设计认定的土质对比,发现有较大的偏差时要立即修改土钉的设计参数。

钢管土钉施工一般采用打入法,即在确定孔位标高处将管壁留孔的钢管保持与面层一定角度打入土体内。打入最早使用大锤、简易滑锤,目前一般采用气动潜孔锤或钻探机。

施工前需完成土钉杆件的制作加工。钢筋土钉与钢管土钉的构造如图4.44所示。

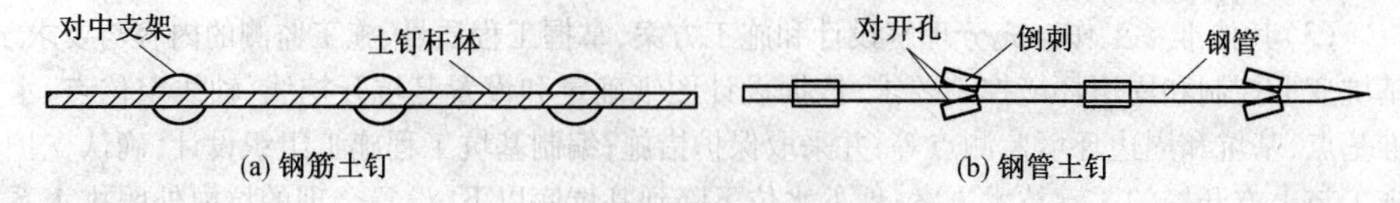

图4.44　土钉杆体构造

插入土钉前应清孔和检查。土钉放进孔中前,先在其上安装连接件,以确保钢筋处于孔位中心位置且注浆后确保其保护层厚度。连接件一般采用钢筋或垫板(图4.45)。

(3)注浆。钢筋土钉注浆前应将孔内残留或松动的杂土清理干净。根据设计要求和工

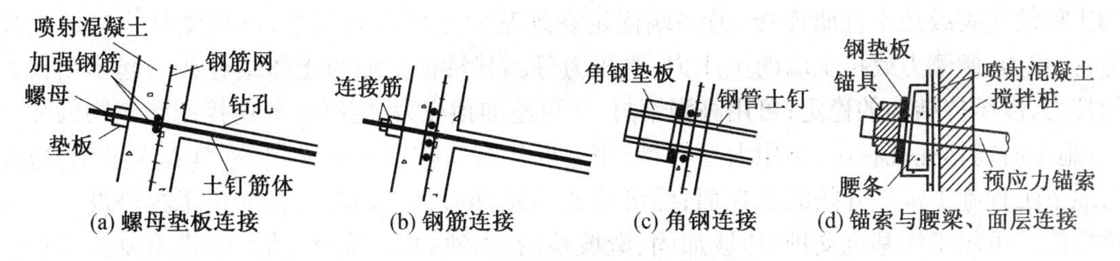

图4.45　土钉(锚索)与面层连接构造

艺试验,选择恰当的注浆机具,确定注浆材料和配合比。注浆材料通常采用水泥浆或水泥砂浆。一般采用重力、低压(0.4~0.6 MPa)或高压(1~2 MPa)注浆。水平注浆大多采用低压或高压,注浆时应在孔口或规定位置安装止浆塞,注满后保持压力3~5 min;斜向注浆则采用重力或低压注浆,注浆导管底端插到距孔底250~500 mm处,在注浆时将导管慢慢地撤出,过程中注浆导管口始终埋在浆体表面以下。有时为提高土钉抗拔能力还可采取二次注浆工艺。每批注浆所用砂浆至少取3组试件,每组3块,立方体试块经过标准养护后测定3 d和28 d强度。

(4)混凝土面层施工。应按照施工作业面分层分段铺设钢筋网,钢筋网之间的搭接可采取焊接或绑扎,钢筋网可用插入土中的钢筋固定。钢筋网最好随壁面铺设,与坡面间隙不小于20 mm。土钉和面层钢筋网的连接可通过垫板、螺帽及端部螺纹杆、井字加强钢筋焊接等方式进行固定。

喷射混凝土一般使用混凝土喷射机,施工时应分段进行,同一分段内喷射顺序需自下而上,喷头运动一般按螺旋式轨迹一圈压半圈匀速缓慢移动;喷头与受喷面应保持垂直,距离应为0.6~1.0 m,一次喷射厚度不应小于40 mm;在钢筋部位可先喷钢筋后方防止其背面出现空隙;混凝土上下层及相邻段搭接结合处,搭接长度通常为厚度的2倍以上,接缝应错开。混凝土终凝2 h后需喷水养护,保持混凝土表面湿润,养护期根据当地环境条件而定,一般为3~7 d。喷射混凝土强度可用试块进行测定,每批最少留取3组试件,每组3块。

(5)排水系统的设置。基坑边如果含有透水层或渗水土层时,混凝土面层上需做泄水孔,即按间距1.5~2.0 m就设置长0.4~0.6 m、直径不小于40 mm的塑料排水管,外管口略微向下倾斜,管壁上半部分可钻透水孔,管中填满粗砂或圆砾作为滤水材料,防止土颗粒流失。也可在喷射混凝土面层施工前事先沿土坡壁面每隔一定距离设置一条竖向排水带,即用带状皱纹滤水材料夹在土壁和面层之间形成定向导流带,使土坡中渗出的水有组织地引流到坑底后集中排除。

4.9　土层锚杆施工细部做法

第72讲　土层锚杆

土层锚杆简称土锚杆,它是在深开挖的地下室墙面(排桩墙、地下连续墙或挡土墙)或地面,或已开挖的基坑立壁土层钻孔(或掏孔),达到一定设计深度后,或再扩大孔的端部,形成柱状或其他形状,在孔内放入钢筋、钢管或钢丝束、钢绞线或其他抗拉材料。灌入水泥浆或化学浆液,使之与土层结合成为抗拉(拔)力强的锚杆。锚杆是一种新型受拉杆件,它的一端和工程结构物或挡土桩墙连接，另一端固定在地基的土层或岩层中，以承受结构物的上托力、拉拔力、倾侧力或挡土墙的土压力、水压力等。其特征是能与土体结合在一起承受很大的拉力，以维持结构的稳定；可用高强钢材，并可施加预应力，能够有效地控制建筑物的变形量；施工所需钻孔孔径小，不用大型机械；用它取代钢横撑作侧壁支护，可节省大量钢材；能为地下工程施工提供开阔的工作面；经济效益明显，可大量节省劳力，加快工程进度。土层锚杆施工可用于深基坑支护、边坡加固、滑坡整治、水池、泵站抗浮、挡土墙锚固以及结构抗倾覆等工程。

锚杆由锚头、锚具、锚筋、塑料套管、分割器、腰梁及锚固体等部件组成，如图4.46～4.49。锚头是锚杆体的外露部分，锚固体一般位于钻孔的深部，锚头与锚固体间通常还有一段自由段，锚筋是锚杆的主要部分，贯穿锚杆全长。

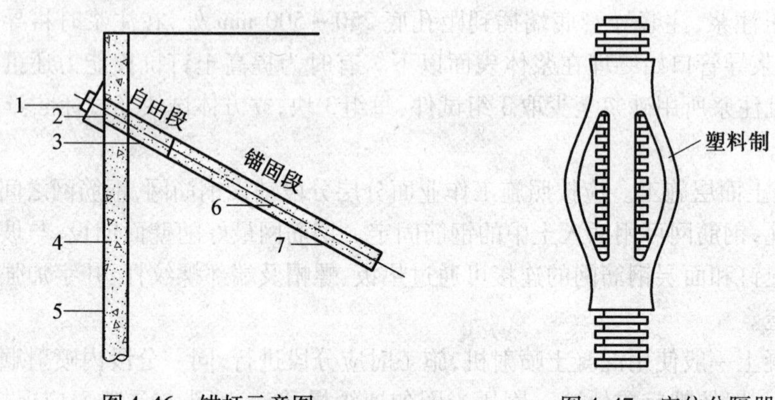

图4.46 锚杆示意图

1—锚夹；2—腰梁；3—塑料管；4—挡土桩墙；5—基坑；6—锚筋；7—灌浆锚杆

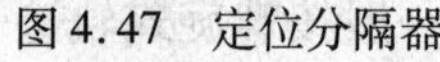

图4.47 定位分隔器

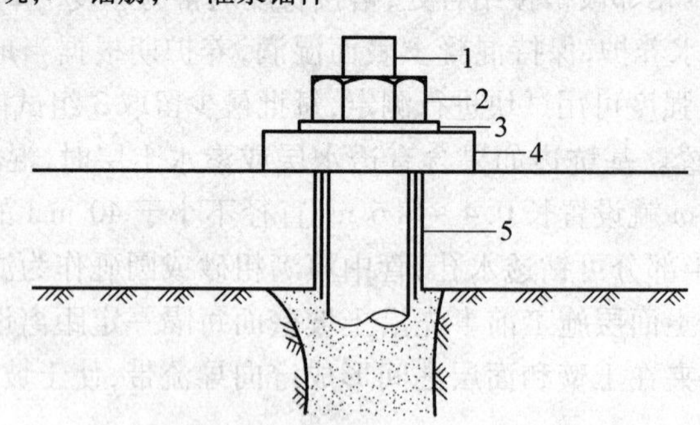

图4.48 钢筋锚杆、锚头装置

1—钢筋；2—螺帽；3—垫圈；4—承载板；5—混凝土土墙

锚杆有三种基本类型，第一种锚杆类型如图4.50(a)所示，是一般注浆(压力为0.3～0.5 MPa)圆柱体，孔内注水泥浆或水泥砂浆，适用于拉力不大、临时性锚杆。第二种锚杆类型如图4.50(b)所示，是扩大的圆柱体或不规则体，系用压力注浆，压力从2 MPa(二次注浆)至高压注浆5 MPa左右，在黏土中形成较小的扩大区，在无黏性土中能够扩大较大区。第三种锚杆类型如图4.50(c)所示，是应用特殊的扩孔机具，在孔眼内沿长度方向扩一个或几个扩大头的圆柱体，此类锚杆用特制扩孔机械，通过中心杆压力将扩张式刀具慢慢张开削土成型，在黏土及无黏性土中均可适用，可以承受较大的拉拔力。

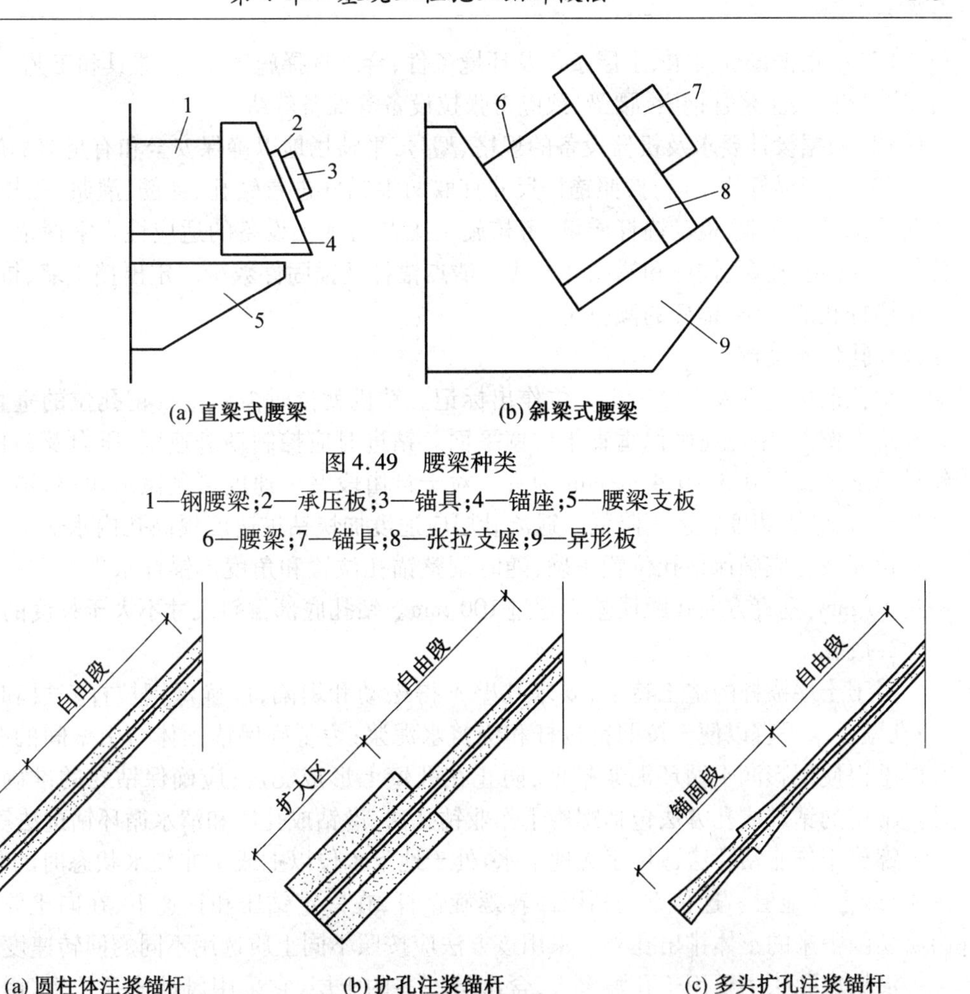

图4.49　腰梁种类

1—钢腰梁;2—承压板;3—锚具;4—锚座;5—腰梁支板

6—腰梁;7—锚具;8—张拉支座;9—异形板

图4.50　锚杆的基本类型

第73讲　土层锚杆施工工艺

1. 施工准备

(1)预应力杆体材料最好选用钢绞线、高强度钢丝或高强螺纹钢筋。当预应力值不大或锚杆长度小于20 m时,预应力筋也可选用HRB335级或HRB400级钢筋。

(2)水泥浆体所需的水泥应采用普通硅酸盐水泥,必要时可采用抗硫酸盐水泥,禁止使用高铝水泥;骨料应选用粒径小于2 mm的中细砂。

(3)塑料套管材料应具有足够的强度,具有抗水性及化学稳定性,与水泥砂浆和防腐剂接触没有不良反应。隔离架应由钢、塑料或其他对杆体无害的材料制作,禁止使用木质隔离架。

(4)防腐材料需具有耐久性,在规定的工作温度内或张拉过程中不开裂、变脆或变成流体,应保持其化学稳定性及防水性,不得对锚杆自由段的变形产生任何限制。

(5)锚杆施工必须掌握施工区域的工程地质与水文地质条件。

(6)应查明锚杆施工区域的地下管线、构筑物等的位置及情况,慎重研究锚杆施工对其产生的不利影响。

(7)应根据设计要求、土层条件及环境条件,合理选择施工设备、器具和工艺。相关的电源、注浆机泵、注浆管钢索、腰梁、预应力张拉设备等准备就绪。

(8)根据设计要求及机器设备的规格、型号,平整场地以确保安全和有足够的施工场地。

(9)工程锚杆施工前,按照锚杆尺寸宜取两根锚杆进行钻孔、穿筋、灌浆、张拉及锁定等工艺的试验性作业,检验锚杆质量,考核施工工艺与施工设备的适应性。掌握锚杆排数、孔位高低、孔距、孔深、锚杆和锚固件形式。清点锚杆及锚固件数量。定出挡土墙、桩基线以及各个锚杆孔的孔位,锚杆的倾斜角。

2. 孔位测量校正

钻孔前按设计及土层定出孔位作出标记。钻机就位时需测量校正孔位的垂直、水平位置和角度偏差,钻进应确保垂直于坑壁平面。钻进时应控制钻进速度、压力及钻杆的平直。钻进速度通常以0.3～0.4 m/min为宜。对于自由段钻进速度可稍微加快;对锚固段,尤其在扩孔时,钻进速度宜适当降低。遇流砂层应适度加快钻进速度提高孔内水头压力,成孔后应尽快灌浆。应确保钻孔位置正确,随时调整锚孔位置和角度。锚杆水平方向孔距误差不超过50 mm,垂直方向孔距误差不超过100 mm。钻孔底部偏斜尺寸不大于长度的3%。

3. 成孔

由于土层锚杆的施工特点,要求孔壁不得松动和坍陷,以确保钢拉杆安放和锚杆承载力;孔壁要求平直以便于按照钢拉杆和浇筑水泥浆;为了确保锚固体与土壁间的摩阻力,钻孔时不得使用膨润土循环泥浆护壁,防止在孔壁上形成泥皮;应确保钻孔的准确方向和线性。常用的钻进成孔方法包括螺旋干作业钻孔法、潜钻成孔法和清水循环钻进法等。

螺旋干作业钻孔法适用于无地下水、处于地下水位以上或呈非浸水状态时的黏土、粉质黏土、砂土等地层。这种方法利用回转螺旋钻杆,在一定钻压和钻速下,在向土体钻进的同时将切削下来的土体排出孔外。采用该方法应按照不同土质选用不同的回转速度和扭矩。

潜钻成孔法主要用于孔隙率大,含水量不多的土层,它采用风动成孔装置,由压缩空气驱动,利用活塞的往复运动作定向冲击,使成孔器挤压土层向前运动成孔。这种方法具有成孔效率高、噪声低、孔壁光滑而坚实、孔壁无坍落与堵塞等特点。冲击器有很好的导向作用,即使在卵石、砾石的土层中成孔也较直。成孔速度可达1.3 m/min。

清水循环钻进法是锚杆施工使用较多的一种钻孔工艺,适合于各种软硬地层,可选用地质钻机或专用钻机,但需要配备供排水系统。对于土质酥松的粉质黏土、粉细砂以及有地下水的情况下应使用护壁套管。该方法可将钻孔过程中的钻进、出渣、固壁、清孔等工序一次完成,防止坍孔,不留残土。但本法施工应具有良好的排水系统。

扩孔主要包括机械法扩孔、爆破法扩孔、水力法扩孔和压浆法扩孔四种方法。机械法扩孔一般适用于黏性土,需要用专门的扩孔装置。爆破法扩孔是引爆事先放置在钻孔内的炸药,把土向四侧挤压形成球形扩大头,一般适用于砂性土,但在城市中不推广。水力法扩孔虽会扰动土体,但是施工简单,常与钻进并举。压浆法扩孔是用10～20个大气压,使浆液渗入土中充满孔隙和土结成共同工作块体,提高土的强度,在国外广泛应用,但需用堵浆设施。我国多用二次灌浆法来达到扩大锚固段直径的目的。

4. 杆体组装安放

锚杆用的拉杆常用的包括钢筋、钢丝束和钢绞线,主要根据锚杆承载力及现有材料情况选择。承载能力较小时,一般用粗钢筋;承载能力较大时,一般用钢绞线。

(1)钢筋拉杆。钢筋拉杆(包括各种钢筋、精轧螺纹钢筋、中空螺纹钢管)的制作比较简单。预应力筋前部通常焊有导向帽以便于预应力筋的插入,在预应力筋长度方向每隔1~2 m焊有对中支架。自由段需外套塑料管隔离,对防腐具有特殊要求的锚固段钢筋应提供具有双重防腐功能的波形管并注入灰浆或树脂。钢筋拉杆长度通常在10 m以上,为了将拉杆安置在钻孔的中心,避免其自由段挠度过大、插入时土壁不扰动、增加拉杆与锚固体的握裹力,应在拉杆表面安装定位器(或撑筋环)。定位器的外径最好小于钻孔直径1 cm,定位器示意如图4.51所示。

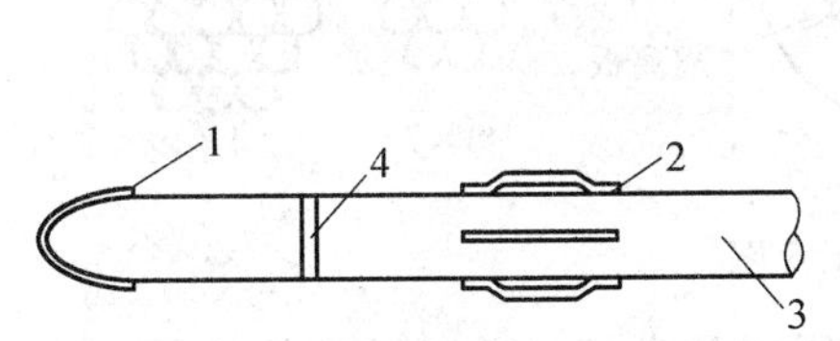

(a) 中信投资大厦用的定位器

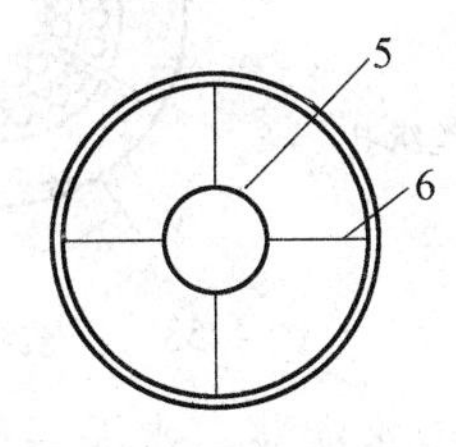

(b) 美国用的定位器

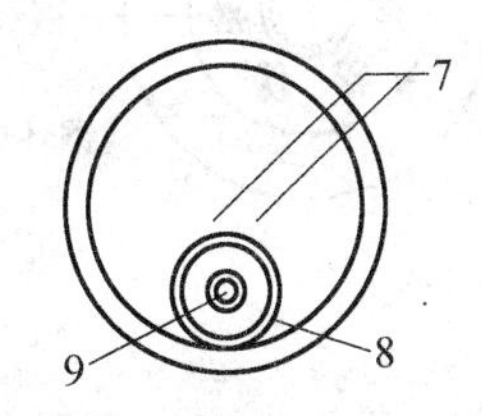

(c) 北京地下铁道用的定位器

图4.51　粗钢筋拉杆用的定位器

1—挡土板;2—支撑滑条;3—拉杆;4—半圆环;5—ϕ8 钢管内穿 ϕ32 拉杆

6—35×3 钢带;7—2ϕ32 钢筋;8—ϕ65 钢管 l=60,间距1~1.2 m;9—灌浆胶管

(2)钢丝束拉杆。钢丝束拉杆在施工时将灌浆管和钢丝束绑扎在起来一同沉放。钢丝束拉杆的自由段应进行防腐处理,可用玻璃纤维布缠绕两层,外面再用粘胶带缠绕,也可将自由段插进特制护管内,护管与孔壁间的空隙可与锚固段一起进行灌浆。钢丝束拉杆的锚固段也需定位器,该定位器为撑筋环,如图4.52所示。钢丝束外层钢丝绑扎在撑筋环上,撑筋环的间距是0.5~1.0 m,锚固段形成一连串菱形,使钢丝束和锚固体砂浆的接触面积增大,增强黏结力。

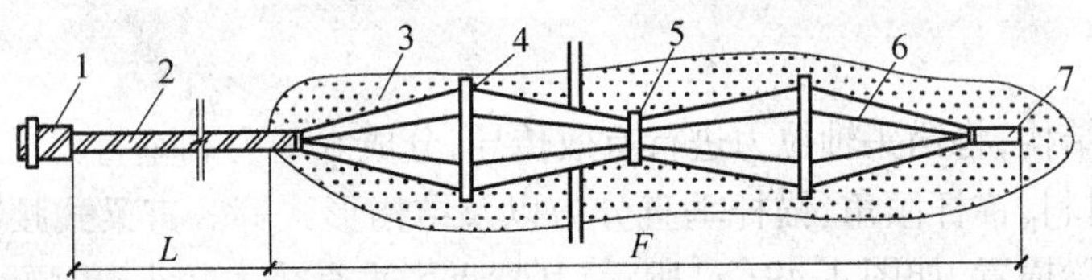

图4.52　钢丝束拉杆的撑筋环

1—锚头;2—自由段及防腐层;3—锚固体砂浆;4—撑筋环

5—钢丝束结;6—锚固段的外层钢丝;7—小竹筒

(3)钢绞线拉杆。钢绞线分为有黏结钢绞线与无黏结钢绞线,有黏结钢绞线锚杆制作时需在锚杆自由段的每根钢绞线上做防腐层和隔离层。因为钢绞线拉杆的柔性好,在向钻孔中沉放时比较方便,所以在国内外应用较多,常用于承载能力大的锚杆。锚固段的钢绞线要清除其表面油脂,防止其与锚固体砂浆黏结不良。自由段的钢绞线应采取套聚丙烯防护套等防腐措施。钢绞线拉杆还需用特制的定位架。钢丝束或钢绞线通常在现场装配,下料时应对各股长度精确控制,每股长度误差不大于50 mm,以确保受力均匀和同步工作,组装方式如图4.53所示。

5. 灌浆

灌浆用水泥砂浆的成分和拌制、注入方法决定了灌浆体与周围土体的黏结强度及防腐

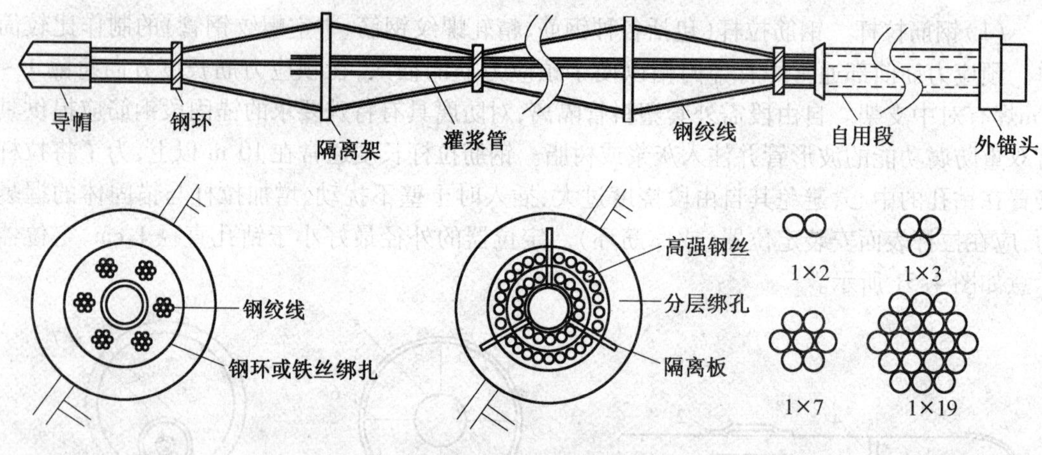

图4.53　锚索组装示意图

效果。灌浆浆液为水泥砂浆或水泥浆。水泥一般采用质量良好的普通硅酸盐水泥,不适合用高铝水泥,氯化物含量不能超过水泥重的0.1%。压力型锚杆宜采用高强度水泥。拌和水泥浆或水泥砂浆使用的水,一般应避免使用含高浓度氯化物的水。

一次灌浆法最好选用砂灰比0.8~1.0、水灰比0.38~0.45的水泥砂浆,或水灰比0.40~0.50的纯水泥浆;二次灌浆法中的二次高压灌浆,最好用水灰比0.45~0.55的水泥浆。浆体强度通常为7 d不得低于20 MPa,28 d不得低于30 MPa;压力型锚杆浆体强度7 d不得低于25 MPa,28 d不得低于35 MPa。二次灌浆法是在一次灌浆形成注浆体的基础上,对锚杆锚固段采取二次高压劈裂注浆,使浆液向周围地层挤压渗透,形成直径较大的锚固体同时提高周围地层力学性能,可提高锚杆承载能力。二次灌浆一般在一次注浆后4~24 h进行,具体间隔时间由浆体强度达到5 MPa左右而进行控制。二次灌浆适用于承载力不高的土层中的锚杆。

6. 腰梁安装

腰梁是传力结构,将锚头轴拉力进行有效传导,分成水平力和垂直力。腰梁设计应考虑支护结构特点、材料、锚杆倾角、锚杆垂直分力以及结构形式等。直梁式腰梁是借助普通托板将工字钢组合梁横置,如图4.49(a)所示,其特点为垂直分力较小,由腰梁托板承受,制作简单,拆装便捷。斜梁式腰梁是利用异形支撑板,将工字钢组合梁斜置,如图4.49(b)所示,其特点为由工字组合梁承受轴压力,由异形钢板承受垂直分力,结构受力合理,节省钢材,加工简单。腰梁的加工安装应使异形支撑板承压面在一个平面内,以确保梁受力均匀。安装腰梁应考虑围护墙的偏差。经常是通过实测桩偏差,现场加工异形支撑板,锚杆尾部也应进行标高实测,找到最大偏差和平均值,用腰梁的两根工字钢间距进行调整。

腰梁安装包括直接安装法和整体吊装法。直接安装法是将工字钢放置在围护墙上,垫平后焊板组成箱梁,安装比较方便,但后焊缀板的焊缝质量较难控制。整体吊装法是在现场将梁分段安装焊接,再运到坑内整体吊装安装;该方法质量可靠,可与锚杆施工流水作业,但安装时需要吊运机具,比较费工时。

7. 张拉和锁定

锚杆压力灌浆后,养护一段时间,按照设计和工艺要求安装好腰梁,并确保各段平直,腰梁与挡墙之间的空隙要紧贴密实,并安装好支撑平台。等到锚固段的强度大于15 MPa并达到设计强度等级的70%～80%后才能进行张拉。对于作为开挖支护的锚杆,通常施加设计承载力的50%～100%的初期张拉力。初期张拉力并非越大越好,由于当实际荷载较小时,张拉力作为反向荷载可能太大而对结构不利。

锚杆宜张拉至设计荷载的0.9～1.0倍后,再按照设计要求锁定。锚杆张拉控制应力,不能超过拉杆强度标准值的75%。锚杆张拉时,其张拉顺序需考虑对邻近锚杆的影响。

锚体养护通常是达到水泥(砂浆)强度的70%～80%,锚固体与台座混凝土强度都大于15 MPa时(或注浆后至少有7 d养护时间),才能进行张拉。正式张拉前应取设计拉力的10%～20%,对锚杆预张1～2次,使各部位接触紧密和杆体完全平直,确保张拉数据准确。

正式张拉应分级加载,每级加载后,保持3 min,记录伸长值。锚杆张拉到1.1～1.2设计轴向拉力值Nt时,土质为砂土时保持10 min,为黏性土时保持15 min,且不再有显著伸长,然后卸荷至锁定荷载进行锁定作业。锚杆张拉荷载分级观测时间遵守表4.3的规定。

表4.3　锚杆张拉荷载分级观测时间

张拉荷载分级	观测时间/min		张拉荷载分级	观测时间/min	
	砂质土	黏性土		砂质土	黏性土
0.1Nt	5	5	1.0Nt	5	10
0.25Nt	5	5	1.1～1.2Nt	10	15
0.50Nt	5	5	锁定荷载	10	10
0.75Nt	5	5			

锚杆锁定工作,应使用符合技术要求的锚具。当拉杆预应力没有显著衰减时,即可锁定拉杆,锁定预应力以设计轴拉力的75%为宜。锚杆锁定后,如果发现有明显预应力损失时,应进行补偿张拉。

第74讲　土层锚杆试验和检测

锚杆工程常用的试验主要有基本试验、验收试验和蠕变试验。

1. 基本试验

基本试验也叫做极限抗拔试验,用以确定设计锚杆是否安全可靠,施工工艺是否合理,同时根据极限承载力确定允许承载力,掌握锚杆抵抗破坏的安全程度,揭示锚杆在使用过程中可能影响其承载力的缺陷,方便在正式使用锚杆前调整锚杆结构参数或改进锚杆制作工艺。任何一种新型锚杆或已有锚杆用在未曾应用的土层时,必须进行基本试验。试验通常在有代表性的土层中进行,所有锚杆的材料、几何尺寸、施工工艺、土的条件等应和工程实际使用的锚杆条件相同。

(1)基本试验锚杆数量不得少于3根。

(2)基本试验最大的试验荷载不宜超过锚杆杆体承载力标准值的0.9倍。

(3)锚杆基本试验应采用分级加、卸载法。拉力型锚杆的起始荷载是计划最大试验荷载的10%,压力分散型或拉力分散型锚杆的起始荷载是计划最大试验荷载的20%。

(4)锚杆破坏标准:后一级荷载形成的锚头位移增量达到或超过前一级荷载产生位移增量的2倍时;锚头位移不稳定;锚杆杆体拉断。

(5)试验结果应按循环荷载与对应的锚头位移读数列表整理,同时绘制锚杆荷载-位移(Q-s)曲线,锚杆荷载-弹性位移(Q-s_e)曲线和锚杆荷载-塑性位移(Q-s_p)曲线。

(6)锚杆弹性变形不宜小于自由段长度变形计算值的80%,且不宜大于自由段长度与1/2锚固段长度之和的弹性变形计算值。

(7)锚杆极限承载力取破坏荷载的前一级荷载,在最大试验荷载下没有达到基本试验中第3条规定的破坏标准时,锚杆极限承载力取最大试验荷载值。

2. 验收试验

验收试验是检验现场施工的锚杆的承载能力是否达到设计要求,确定在设计荷载作用下的安全度,并对锚杆的拉杆施加一定的预应力。加荷设备用穿心式千斤顶在原位进行。检验时的加荷方式,依次是设计荷载的0.5、0.75、1.0、1.2、1.33、1.5倍,然后卸载到某一荷载值,接着将锚头的螺帽紧固,这时即对锚杆施加了预应力。验收试验锚杆数量不少于锚杆总数的15%,且不应少于3根。

(1)锚杆验收试验加荷等级和锚头位移测读间隔时间应符合下列规定:

1)初始荷载应取锚杆轴向拉力设计值的0.5倍;

2)加荷等级与观测时间宜按表4.4规定进行;

表4.4　验收试验锚杆加荷等级及观测时间

加荷等级	$0.5N_u$	$0.75N_u$	$1.0N_u$	$1.2N_u$	$1.33N_u$	$1.5N_u$
观测时间/min	5	5	5	10	10	15

3)在每级加荷等级观测时间内,测读锚头位移不得少于3次;

4)达到最大试验荷载后观测15 min,同时测读锚头位移。

(2)试验结果宜按照每级荷载对应的锚头位移列表整理,绘制锚杆荷载-位移(Q-s)曲线。

(3)锚杆验收标准:在最大试验荷载作用下,锚头位移稳定,需符合上述基本试验中(5)的规定。

3. 蠕变试验

为判明永久性锚杆预应力的降低,蠕变可能来自锚固体和地基之间的蠕变特性,也可能来自锚杆区间的压密收缩,应在设计荷载下长时间测量张拉力与变位量,以便决定何时需要做再张拉,这就是蠕变试验。对于设置在岩层及粗粒土里的锚杆,没有蠕变问题。但对于布置在软土里的锚杆必须作蠕变试验,判定可能发生的蠕变变形是否在允许范围内。

蠕变试验需要能自动调节压力的油泵系统,使作用于锚杆上的荷载保持恒量,不因变形而下降,然后按一定时间间隔(1、2、3、4、5、10、15、20、25、30、45、60 min)精确读出1 h变形值,在半对数坐标纸上绘制蠕变时间关系图,曲线(近似为直线)的斜率是锚杆的蠕变系数K_s。通常认为,$K_s \leqslant 0.4$ mm,锚杆是安全的;$K_s > 0.4$ mm时,锚固体和土之间可能发生滑动,使锚杆丧失承载力。

4. 永久性锚杆及重要临时性锚杆的长期监测

锚杆监测的目的是掌握锚杆预应力或位移变化规律,确定锚杆的长期工作性能。必要时,可根据检测结果,采取二次张拉锚杆或加设锚杆等措施,以保证锚固工程的可靠性。

永久性锚杆与用于重要工程的临时性锚杆,应对其预应力变化进行长期监测。永久性锚杆的监测数量不得少于锚杆数量的10%,临时性锚杆的监测数量不得少于锚杆数量的5%。预应力变化值不得大于锚杆设计拉力值的10%,必要时可采取重复张拉或恰当放松的措施来控制预应力值的变化。

(1)锚杆预应力变化的外部因素。温度变化、荷载变化等外部因素会导致锚杆的应力变化,影响锚杆的性能。爆破、重型机械以及地震力发生的冲击引起的锚杆预应力损失量,比长期静荷载作用引起的预应力损失量大很多,必须在受冲击范围内定期对锚杆重复施加应力。车辆荷载、地下水位变化等可变荷载,对保持锚杆预应力以及锚固体的锚固力具有不利影响。温度变化会使得锚杆和锚固结构产生膨胀或收缩,被锚固结构的应力状态变化对锚杆预应力产生很大影响,土体内部应力增大也会使锚杆预应力增加。

(2)锚杆预应力随时间的变化。随着时间的推移,锚杆的初始预应力总是会有所改变。一般情况下,通常表现为预应力的损失。在极大程度上,这种预应力损失是由锚杆钢材的松弛以及受荷地层的徐变引起。长期受荷的钢材预应力松弛损失量一般为5%~10%。钢材的应力松弛与张拉荷载大小有关,当施加的应力大于钢材强度的50%时,应力松弛就会明显增加。地层在锚杆拉力作用下的徐变,是因为岩层或土体在受荷影响区域内的应力作用下产生的塑性压缩或破坏导致的。对于预应力锚杆,徐变主要发生在应力集中区,即接近自由段的锚固区域及锚头以下的锚固结构表面处。

(3)锚杆预应力的测量仪器。对预应力锚杆荷载变化进行观测,可采用按照机械、液压、振动、电气和光弹原理制作的各种不同类型的测力计。测力计一般布置在传力板与锚具之间。必须始终确保测力计中心受荷,并定期检查测力计的完好程度。

第75讲　土层锚杆防腐

土层锚杆要进行防腐处理,锚杆的防腐主要包括以下三个方面:

1. 锚杆锚固段的防腐处理

(1)一般腐蚀环境中的永久锚杆,其锚固段内杆体可使用水泥浆或砂浆封闭防腐,但杆体周围必须包覆2.0 cm厚的保护层。

(2)严重腐蚀环境中的永久锚杆,其锚固段内杆体应用波纹管外套,管内孔隙使用环氧树脂水泥浆或水泥砂浆充填,套管周围保护层厚度不能小于1.0 cm。

(3)临时性锚杆锚固段需采用水泥浆封闭防腐,杆体周围保护层厚度不得小于1.0 cm。

2. 锚杆自由段的防腐处理

(1)永久性锚杆自由段内杆体表面应涂润滑油或防腐漆,然后包裹塑料布,在塑料布面再刷涂润滑油或防腐漆,最后装入塑料套管中,形成双层防腐。

(2)临时性锚杆的自由段可刷涂润滑油或防腐漆,再包裹塑料布等简易防腐措施。

3. 外露锚杆部分的防腐处理

(1)永久性锚杆采用外露头时,必须刷涂沥青等防腐材料,再采用混凝土密封,外露钢板与锚具的保护层厚度不能小于2.5 cm。

(2)永久性锚杆采用盒具密封时,必须采用润滑油填充盒具的空隙。

(3)临时性锚杆的锚头应采用沥青防腐。

4.10　基坑支撑系统施工细部做法

第76讲　支撑系统的主要形式

基坑支撑系统是增大围护结构刚度,改善围护结构受力条件,保证基坑安全和稳定性的构件。目前支撑体系主要包括钢支撑和混凝土支撑。支撑系统主要由围檩、支撑和立柱组成。依据基坑的平面形状、开挖面积及开挖深度等,内支撑可分为有围檩与无围檩两种,对于圆形围护结构的基坑,可采用内衬墙和围檩两种方式而不布置内支撑。

1. 圆形围护结构采用内衬墙方式

圆形围护结构的内衬墙方式通常由圆形基坑的地下连续墙与内衬墙相结合(图4.54)。圆形结构的"拱效应"可将结构体上可能产生的弯矩转化成轴力,充分利用了结构的截面尺寸及材料的抗压性能,支护结构比较安全经济。同时圆形围护结构无内支撑方式可在坑内提供一个适宜的开挖空间,适合大型挖土机械的施工,缩短工期。

2. 圆形围护结构采用围檩方式

圆形围护结构采用围檩方式通常由圆形基坑的地下连续墙与围檩相结合(图4.55)。该方式和内衬墙方式相较,在施工便利性、成本、工期上更具有优势。

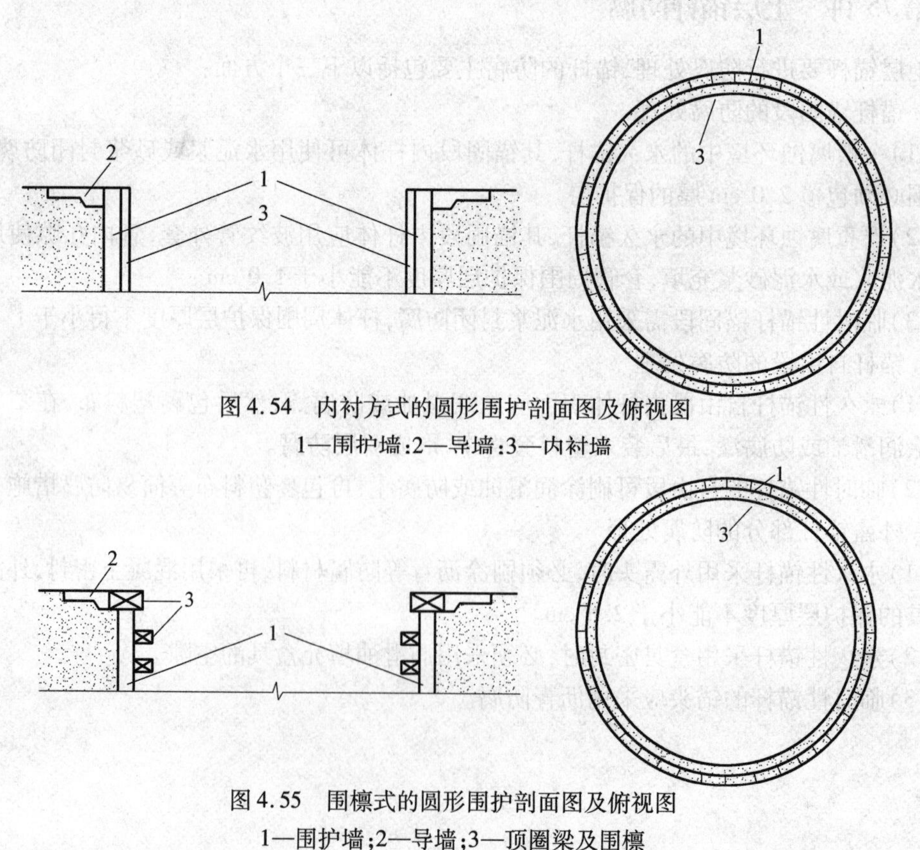

图4.54　内衬方式的圆形围护剖面图及俯视图

1—围护墙;2—导墙;3—内衬墙

图4.55　围檩式的圆形围护剖面图及俯视图

1—围护墙;2—导墙;3—顶圈梁及围檩

3. 内支撑有围檩方式

内支撑有围檩方式从空间结构上可分为平面支撑体系与竖向斜撑体系。根据工程的不同平面形状,水平支撑可选用对撑、角撑以及边桁架和八字撑等组成的平面结构体系;对于方形基坑也可选用内环形平面结构体系。支撑布置形式目前常用的主要包括正交支撑、角撑结合边桁架、圆形支撑、竖向斜撑等布置形式。

正交支撑系统(图4.56)具有刚度大、受力直接、变形小、适应性强的特征,工程应用较为广泛,比较适合敏感环境下面积较小基坑工程。但该支撑形式的支撑杆件比较密集,工程量大,出土空间小,土方开挖效率受到一定干扰。

对撑、角撑结合边桁架支撑体系(图4.57)近年来在深基坑工程中获得广泛的应用,设计和施工经验比较成熟。该支撑体系受力简单明确,各块支撑受力相对独立,可实现支撑和土方开挖的流水作业,可缩短绝对工期,同时该支撑体系无支撑空间较大,有助于出土,可在对撑和角撑区域结合栈桥设计。

图4.56　正交支撑示意图

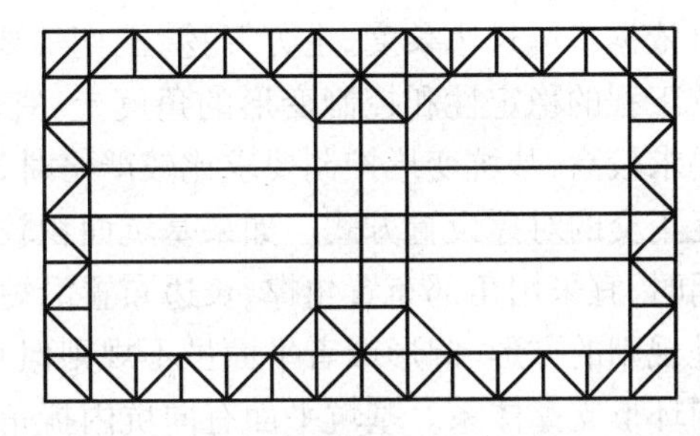

图4.57　对撑、角撑结合边桁架支撑示意图

圆环形支撑体系(图4.58)可以充分利用混凝土抗压能力高的特点,基坑周边的侧压力通过围护墙传给围檩及边桁架腹杆,最后集中传递至圆环。中部无支撑,空间大,有助于出土。圆形支撑体系适用于面积较大基坑。

采用竖向斜撑体系的基坑,先开挖基坑中间土方,施工中部基础底板或地下结构,然后安放斜撑,再挖除周边土方。该体系适用于平面尺寸较大、形状不规则、深度较浅、周边环境良好的基坑,其施工比较简单,可节省支撑材料。竖向斜撑体系一般由斜撑、腰梁和斜撑基础等构件组成,斜撑基础通常为基础底板,也可以地下室结构作为斜撑基础。斜撑长度较长时宜在中部布置立柱,如图4.59所示。采用该支撑体系需考虑基坑周边土方变形、斜撑变形、斜撑基础变形等因素可能引起的围护墙位移。

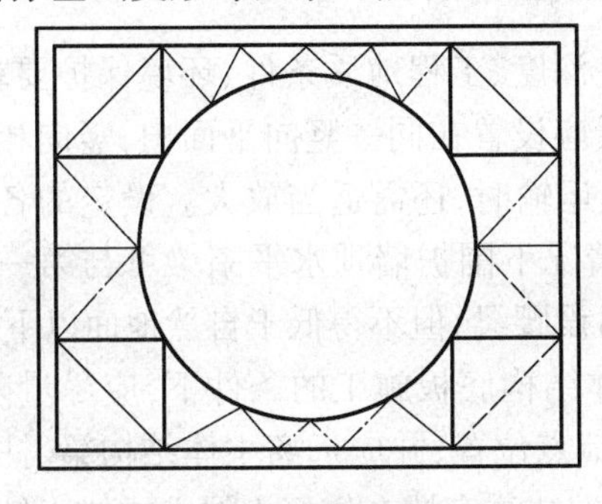

图4.58　圆环形支撑示意图

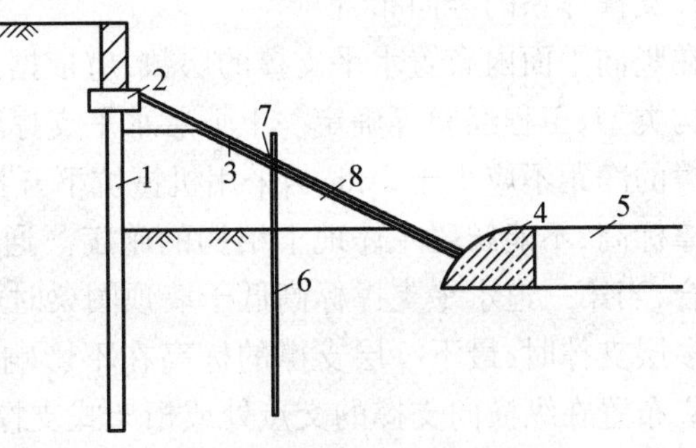

图4.59　竖向斜撑体系

1—围护墙;2—顶圈梁;3—斜撑;4—斜撑基础;
5—基础;6—立杆;7—系杆;8—土堤

4. 内支撑无围檩方式

地铁等狭长形基坑的施工中经常采用无围檩支撑体系，该支撑体系在地下连续墙每幅槽段需有不少于2个支撑点，且墙体内布置暗梁。该支撑体系与有围檩的内支撑体系较类似，施工方便，材料节省，且在支撑拆除过程中对围护墙影响不大；但该支撑体系在结构受力方面要求较高，在支撑端头会形成较大集中力，可能会引起围护墙局部破坏。

第77讲 支撑体系布置

1. 支撑体系的平面布置

支撑结构的总体布置应根据基坑平面形状及开挖深度、竖向围护结构特性、周边环境保护要求或邻近地下工程施工情况、工程地质和水文地质条件、主体工程地下结构设计、施工顺序与方法、当地工程经验和资源情况等因素综合判定。

长条形基坑工程可布置短边方向的对撑体系，两端可布置水平角撑体系；短边方向的对撑体系可依据基坑长边长度、土方开挖、工期等要求采用钢支撑或混凝土支撑，两端角撑体系从基坑工程的稳定性和控制变形的角度上，宜采用混凝土支撑的形式。如果基坑周边环境保护要求较高，基坑变形控制要求比较严格时，或基坑面积较小、基坑边长大致相等时，宜采用相互正交的对撑设置方式。如果基坑面积较大、平面不规则，且支撑平面中需留设较大作业空间时，宜采用角部布置角撑、长边布置沿短边方向的对撑结合边桁架的支撑体系。基坑平面是规则的方形、圆形或者平面虽不规则但基坑边长尺寸基本相等时，可采用圆环形支撑或多圆环形支撑体系。基坑平面有向坑内折角(阳角)时，可在阳角的两个方向上布置支撑点，或可根据实际情况将该位置的支撑杆件布置为现浇板，还可对阳角处的坑外地基进行加固，提高坑外土体的强度，以降低围护墙侧向压力。

通常情况下平面支撑体系由腰梁、水平支撑和立柱组成。根据工程具体情况，水平支撑适用于对撑、对撑桁架、斜角撑、斜撑桁架以及边桁架和八字撑等形式组成的平面结构体系，如图4.60所示。支撑平面位置需避开主体工程地下结构的柱网轴线。当采用混凝土围檩时，沿围檩方向支撑点的间距不应大于9 m，采用钢围檩时支撑点间距不应大于4 m。采用无围檩支撑体系时，每幅槽段墙体上应设2个以上对称支撑点。如果相邻水平支撑间距较大，可在支撑端部两侧和围檩间设置八字撑，八字撑宜对称设置。基坑平面有阳角时，应在阳角两个方向上布置支撑点，地下水位较高的软土地区还应对阴角处的坑外地基进行处理。

2. 支撑体系的竖向布置

在竖向平面内布置水平支撑的层数，应依据开挖深度、工程地质条件、环境保护要求、围护结构类型、工程经验等确定。上下层水平支撑轴线应设置在同一竖向平面内，竖向相邻水平支撑的净距不应小于3 m，当采用机械坑下开挖及运输时，还需适当放大。设定的各层水平支撑标高，不能妨碍主体地下结构的施工。通常情况下围护墙顶水平圈梁可与第一道围檩结合，当第一道水平支撑标高低于墙顶圈梁时可另设腰梁，但不得低于自然地面以下3 m。当为多层支撑时，最下一层支撑的标高在不影响主体结构底板施工的条件下，应尽量降低。立柱应布置在纵横向支撑的交点处或桁架式支撑的节点位置，并应远离主体结构梁、柱及承重墙的位置，立柱的间距通常不宜超过15 m；立柱下端往往支撑在较好土层上或锚入钻孔灌注桩中，开挖面以下埋入深度需满足支撑结构对立柱承载力和变形的要求。

竖向斜撑体系的斜撑长度超过15 m时，宜在中部设置立柱(图4.59)。斜撑宜使用型

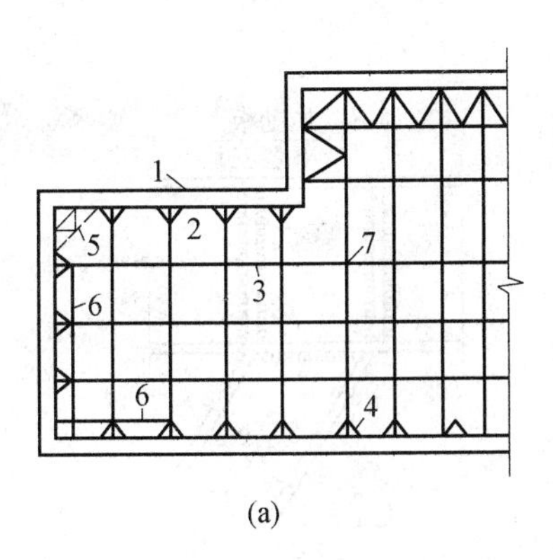

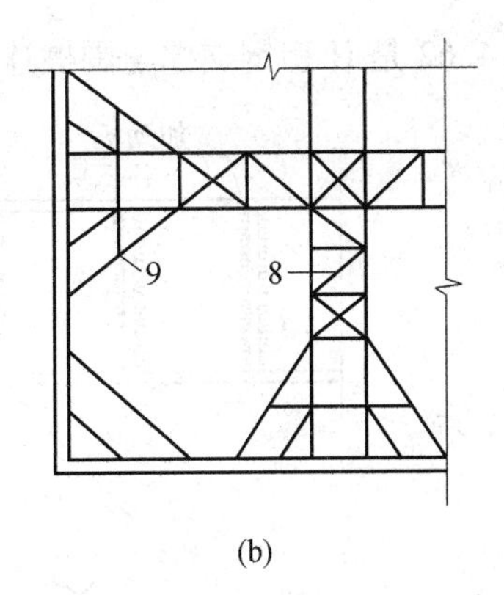

图4.60　水平支撑体系

1—围护墙;2—腰梁;3—对撑;4—八字撑;5—角撑

6—系杆;7—立柱;8—对撑桁架;9—斜撑桁架

钢或组合型钢。竖向斜撑宜均匀对称设置,水平间距不宜大于6 m;斜撑和坑底间的夹角不宜大于35°,在地下水位较高的软土地区不宜大于26°,并应与基坑周边土体边坡相同。斜撑基础与围护墙间的水平距离不能小于围护墙在开挖面以下插入深度的1.5倍。斜撑与腰梁、斜撑与基础以及腰梁与围护墙间的连接需满足斜撑水平分力和垂直分力的传递要求。

第78讲　支撑系统构造措施

1.钢支撑

钢支撑结构形式很多,结构形式的选择应考虑地质及环境条件、平面尺寸、深度及地下结构特点和施工要求等各种因素,常见结构形式的构造措施如下列节点构造图所示。

图4.61是钢管支撑与围檩、立柱连接节点详图。

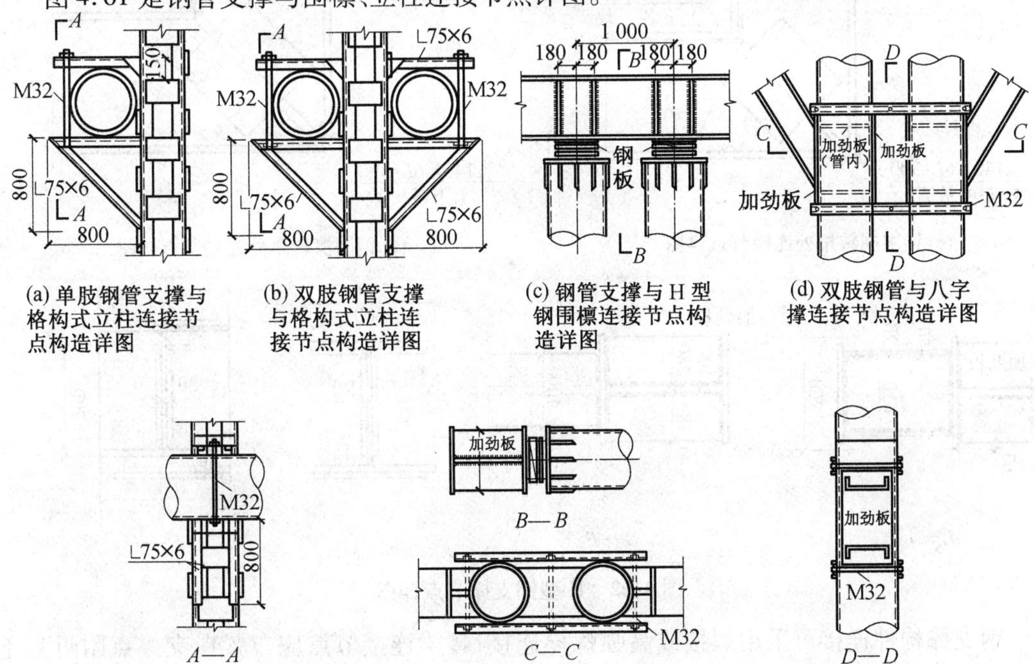

图4.61　钢管支撑节点详图

图4.62是H型钢支撑与围檩连接节点详图。

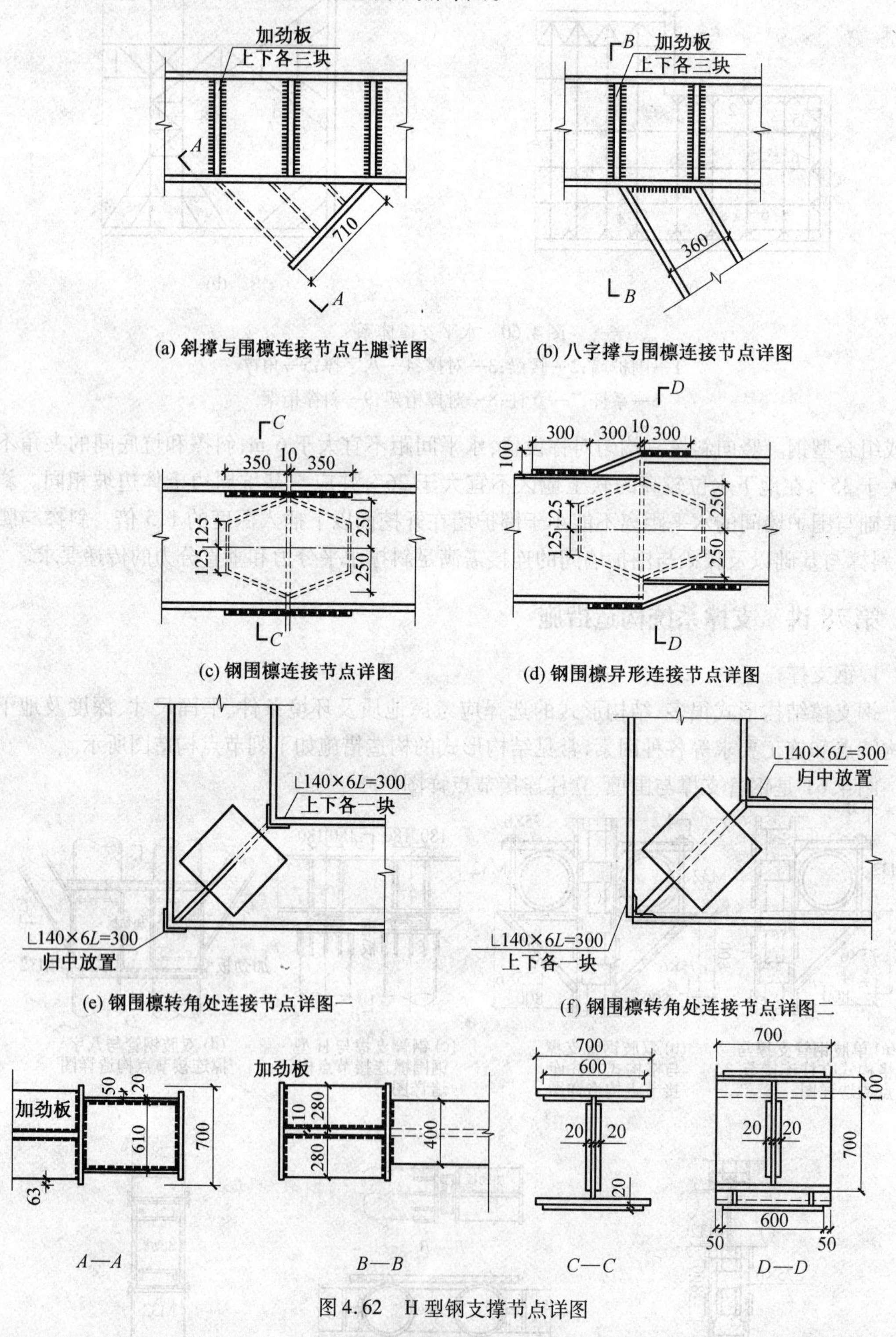

图4.62 H型钢支撑节点详图

钢支撑构件连接可采用焊接或高强螺栓连接；腰梁连接节点应布置在支撑点附近且不应超过支撑间距的1/3；钢腰梁和围护墙间宜采用细石混凝土填充，钢腰梁与钢支撑的连接节点宜设置加劲板；支撑拆除前应在主体结构与围护墙之间布置换撑传力构件或回填夯实。

2. 混凝土支撑

混凝土支撑在达到一定强度后具有较大刚度，变形控制可靠度较高，制作方便，对基坑形状要求不严格，对基坑周边环境具有较好的保护作用，已被广泛应用。钢筋混凝土支撑构件的混凝土强度等级不应低于C20，同一平面内应整体浇筑。

图4.63是钢筋混凝土支撑与围檩连接节点的详图。

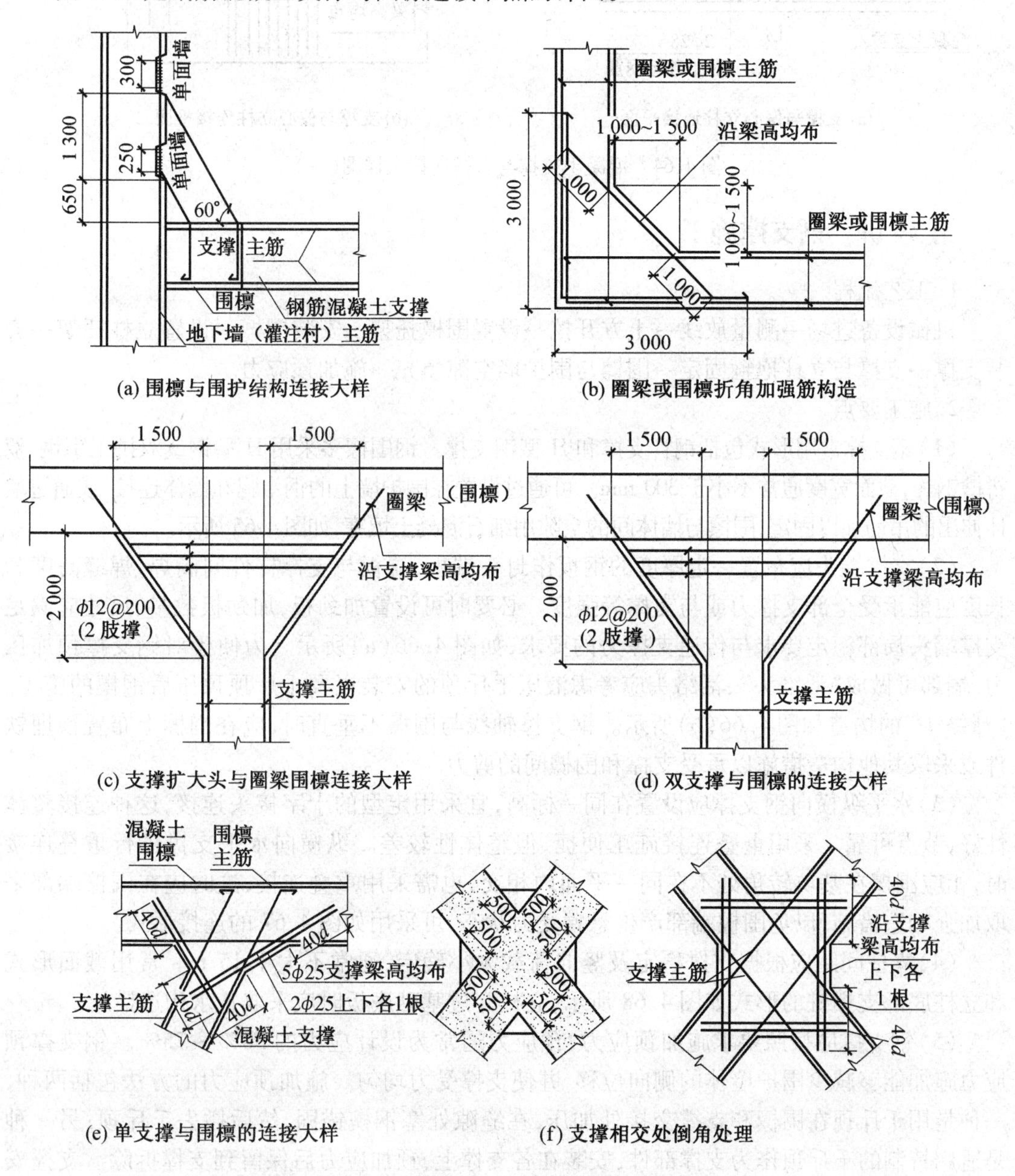

图4.63　混凝土支撑与围檩连接大样图

图4.64是钢筋混凝土支撑与立柱连接节点的详图。

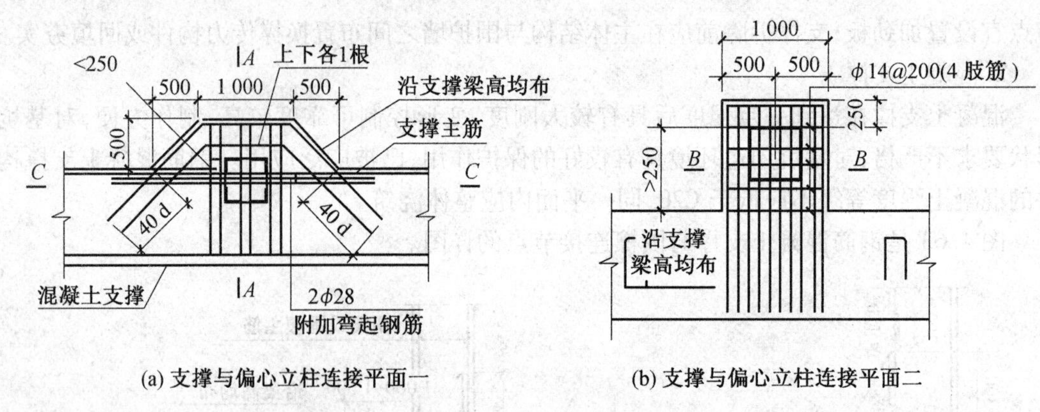

(a) 支撑与偏心立柱连接平面一　　(b) 支撑与偏心立柱连接平面二

图 4.64　混凝土支撑与立柱连接大样图(一)

第79讲　钢支撑施工

1. 工艺流程

机械设备进场→测量放线→土方开挖→设置围檩托架→安装围檩→设置立柱托架→安装支撑→支撑与立柱抱箍固定→围檩与围护墙空隙填充→施加预应力。

2. 施工要点

(1)钢支撑常用形式包括钢管支撑和 H 型钢支撑。钢围檩多采用 H 型钢或双拼工字钢、双拼槽钢等,截面宽度通常不小于 300 mm。可通过设置在围护墙上的钢牛腿和墙体连接,或通过墙体伸出的吊筋加以固定,围檩与墙体间的空隙用细石混凝土填塞,如图 4.65 所示。

(2)支撑端头应布置一定厚度的钢板作封头端板,端板与支撑杆件间满焊,焊缝高度和长度应能承受全部支撑力或与支撑等强度。必要时可设置加劲板,加劲板数量、尺寸应满足支撑端头局部稳定要求与传递支撑力的要求,如图 4.66(a)所示。为便于对钢支撑预加压力,端部可做成“活络头”,活络头应考虑液压千斤顶的安装以及千斤顶顶压后钢楔的施工。“活络头”的构造如图 4.66(b)所示。钢支撑轴线与围檩不垂直时,应在围檩上布置预埋铁件或采取其他构造措施以承受支撑和围檩间的剪力。

(3)水平纵横向钢支撑应设置在同一标高,宜采用定型的十字接头连接,这种连接整体性好,节点可靠。采用重叠连接施工便捷,但整体性较差。纵横向水平支撑进行重叠连接时,相应围檩在基坑转角处不在同一平面内相交,也需采用重叠连接,这时应在围檩端部采取加强构造措施,以免围檩端部产生悬臂受力状态,可采用如图 4.67 的连接形式。

(4)立柱间距应根据支撑稳定及竖向荷载大小确定,通常不大于 15 m。常用截面形式和立柱底部支撑桩的形式如图 4.68 所示,立柱穿过基础底板时应采取止水构造措施。

(5)钢支撑应按照要求施加预应力,预应力通常为设计应力的 50% ~75%。钢支撑预应力施加能够减少围护墙体的侧向位移,并使支撑受力均匀。施加预应力的方法包括两种,一种是用千斤顶在围檩和支撑交接处加压,在缝隙处塞钢楔锚固,然后撤去千斤顶;另一种是适用特制的千斤顶作为支撑部件,安装在各支撑上,预加应力后保留到支撑拆除。支撑安装完毕后应及时检查各节点的连接情况,经过确认符合要求后才能施加预压力,预压力施加宜在支撑两端同步对称进行;预压力应分级施加,重复进行,加到设计值时,再次检查各连接点的情况,必要时应对节点予以加固,等到额定压力稳定后锁定。

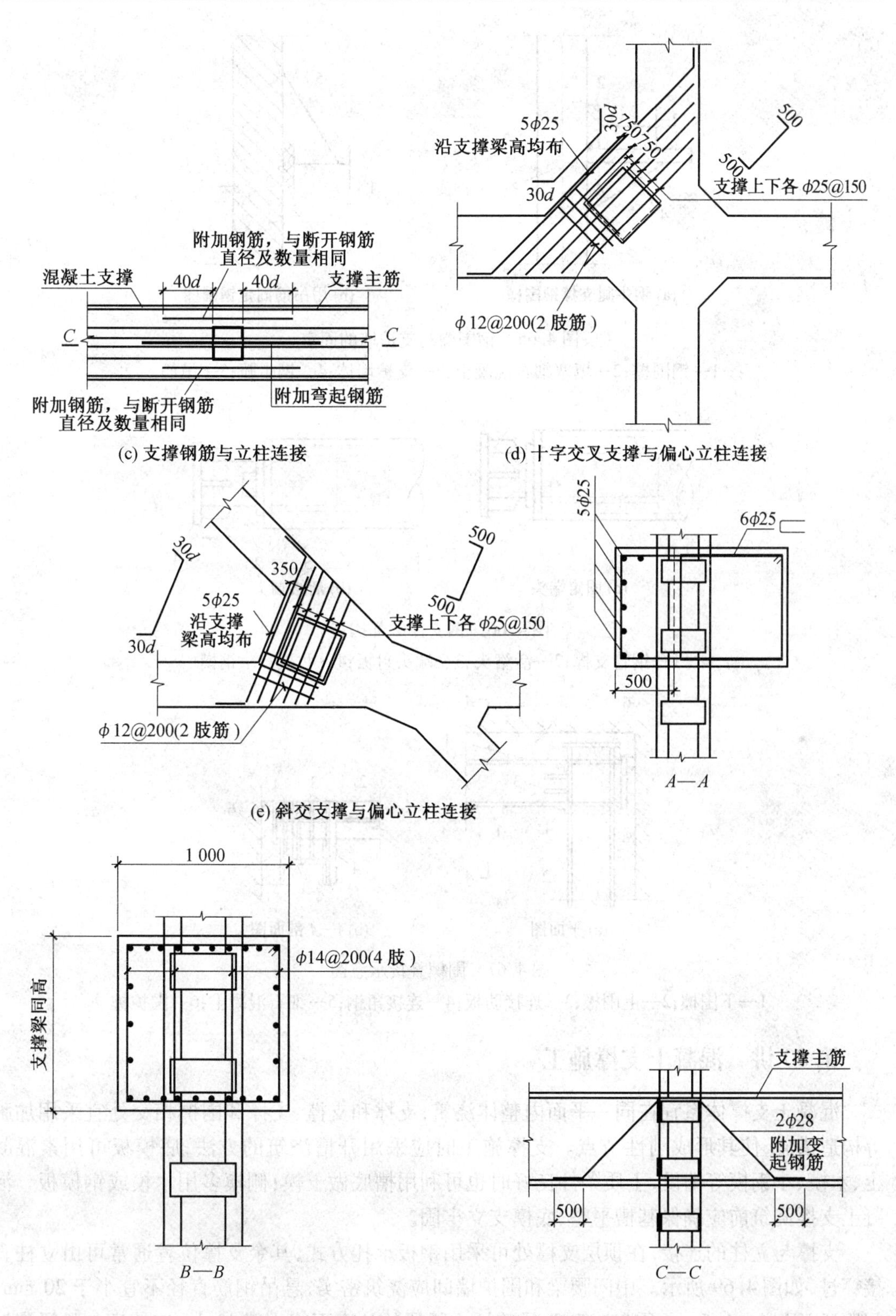

图4.64　混凝土支撑与立柱连接大样图(二)

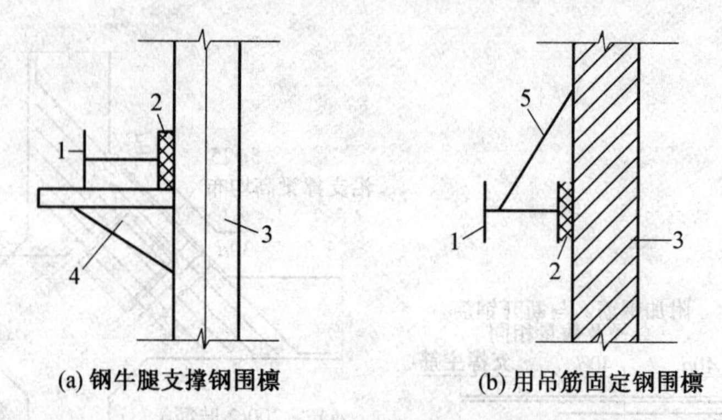

(a) 钢牛腿支撑钢围檩　　(b) 用吊筋固定钢围檩

图4.65　钢围檩与支护墙的固定

1—钢围檩;2—填塞细石混凝土;3—支护墙体;4—钢牛腿;5—吊筋

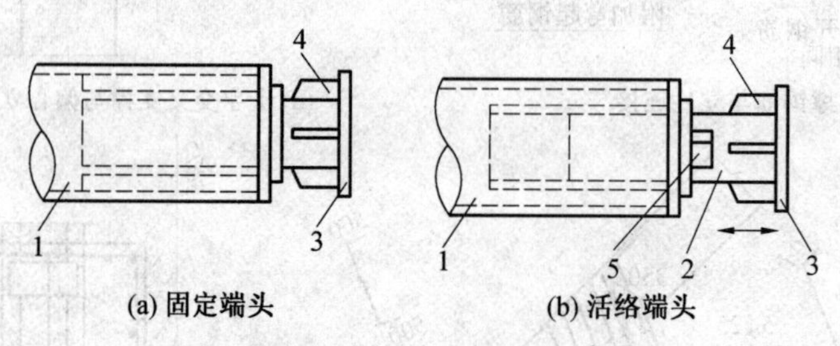

(a) 固定端头　　(b) 活络端头

图4.66　钢支撑端部构造

1—钢管支撑;2—活络头;3—端头封板;4—肋板;5—钢楔

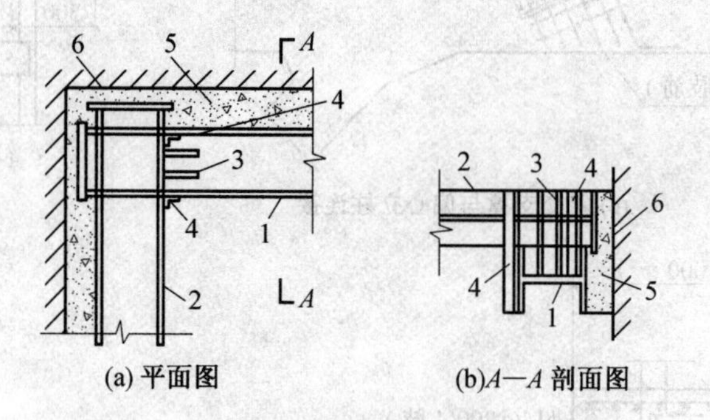

(a) 平面图　　(b)A—A 剖面图

图4.67　围檩叠接示意图

1—下围檩;2—上围檩;3—连接肋板;4—连接角钢;5—细石混凝土;6—围护桩

第80讲　混凝土支撑施工

混凝土支撑体系宜在同一平面内整体浇筑,支撑和支撑、支撑和围檩相交处宜采用加腋等构造措施,使其形成刚性节点。支撑施工时应采用开槽浇筑的方法,底模板可用素混凝土、木模、小钢模等铺设,土质条件良好时也可利用槽底做土模;侧模多用木模或钢模板。混凝土支撑浇筑前应确保基槽平整,底模支立牢固。

支撑与立柱的连接,在顶层支撑处可采用钢板承托方式,其余支撑位置通常可由立柱直接穿过,如图4.69 所示。中间腰梁和围护墙间应浇筑密实,悬吊钢筋直径不宜小于20 mm,间距通常为1 ~1.5 m,两端应弯起,吊筋插入腰梁的长度不能小于40 d。应清理与腰梁接触部位的围护墙,凿除钢筋保护层,在围护墙主筋上焊接吊筋,如图4.69 所示。

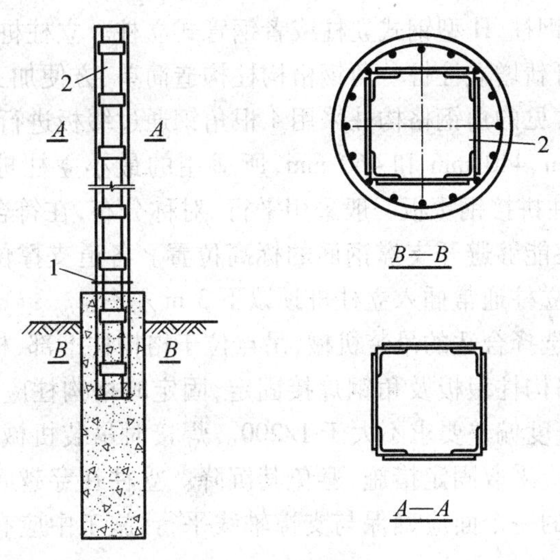

图4.68　角钢拼接格构柱

1—止水片;2—格构柱

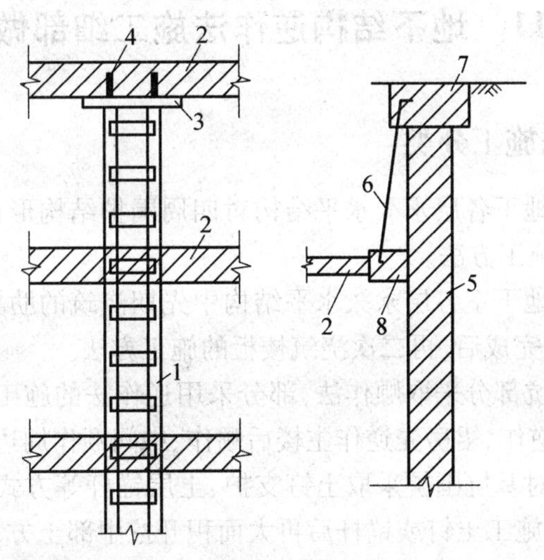

图4.69　支撑与立柱、围护墙的连接

1—钢立柱;2—支撑;3—承托钢板;4—插筋;

5—支护墙;6—悬吊钢筋;7—冠梁;8—腰梁

挖土时必须坚持先撑后挖的原则,上层土方开挖至围檩或支撑下沿位置时,应立刻施工支撑系统,且需等到支撑达到设计强度才能进入下道工序,如果工期较紧时可采取提高混凝土强度等级的措施。

应确保围檩与内支撑配筋方位与设计规定的方位一致,同时面层钢筋和构造钢筋布置应符合设置爆破孔位的要求。钢筋绑扎时应将监测需要的传感器及时预埋且做好保护工作。采用地下连续墙围护时,围檩施工缝需设置在地下连续墙的中间位置,严禁设置在接缝处。

第81讲　支撑立柱施工

支撑立柱用来承受支撑自重等荷载,支撑立柱一般采用钢立柱插入立柱桩的形式。立柱通常采用角钢格构式钢柱、H型钢式立柱或者钢管式立柱。立柱桩一般采用灌注桩,该灌注桩可利用工程桩,也可新增立柱桩。角钢格构柱构造简单、方便加工、承载力较大,在各种基坑工程中应用广泛,常见的角钢格构柱采用4根角钢通过缀板进行拼接,最常用的角钢格构柱断面边长是420 mm、440 mm和460 mm,所适用的最小立柱桩桩径分别是700 mm、750 mm和800 mm。立柱拼接钢缀板一般采用平行、对称分布,在符合设计计算间距要求的基础上,应尽可能设置在能够避开支撑钢筋的标高位置。各道支撑位置需设置抗剪构件来传递相应的竖向荷载。立柱通常插入立柱桩顶以下3 m左右。

格构柱吊装施工应选择合适的吊装机械,吊点位于格构柱上部,格构柱固定采用钢筋笼部分主筋上部弯起,和格构柱缀板及角钢焊接固定,固定时格构柱应位于钢筋笼正中心,定位偏差小于20 mm,垂直度偏差要求不大于1/200。焊接时吊装机械始终吊住格构柱,防止其受力。格构柱吊装后应采取固定措施,避免其沉降。立柱在穿越底板的范围内应安装止水片。格构柱四个面中的一个面应确保与支撑轴线平行,施工中应有防止立柱转向的技术措施。

4.11 地下结构逆作法施工细部做法

第82讲 逆作法施工分类

(1)全逆作法:利用地下各层永久水平结构对四周围护结构形成水平支撑,自逆作面向下依次施工地下结构的施工方法。

(2)半逆作法:利用地下室各层永久水平结构中先期浇筑的肋梁,对四周围护结构形成水平支撑,等到土方开挖完成后,再二次浇筑楼板的施工方法。

(3)部分逆作法:基坑部分采取顺作法,部分采用逆作法的施工方法。部分逆作法一般包括主楼先顺作裙房后逆作、裙房先逆作主楼后顺作、中间顺作周边逆作等。

(4)分层逆作法:针对基坑围护采取土钉支护、土层锚杆等方式,由上往下进行施工,各层采取先开挖周边土方,施工土钉或锚杆后再大面积开挖中部土方,继而完成该层地下结构的施工方法。分层逆作法造价较低,施工速度较快,一般应用在土质较好的地区。

第83讲 逆作法施工基本流程

各种逆作法施工原理大致相同,但施工步骤有所不同,以全逆作法为例,其典型施工流程如图4.70所示。

第84讲 围护墙与结构外墙相结合的工艺

地下连续墙作为主体地下室外墙与围护墙相结合的方式称为“两墙合一”。其结合的方式又包括单一墙、分离墙、重合墙、混合墙(图4.71)。单一墙构造简单,但地下连续墙和主体结构连接节点需符合结构受力要求,且防渗要求较高;通常需在地下连续墙内侧设置内衬墙,两墙之间设置排水沟以解决渗漏问题。分离墙结构也比较简单且受力明确,地下连续墙只有挡土与防渗功能,主体结构外墙承受竖向荷载;如果结构层高较高,可在层间设置支点,并对外墙结构采取加强措施。重合墙因为中间填充了隔绝材料,地下连续墙与主体结构外

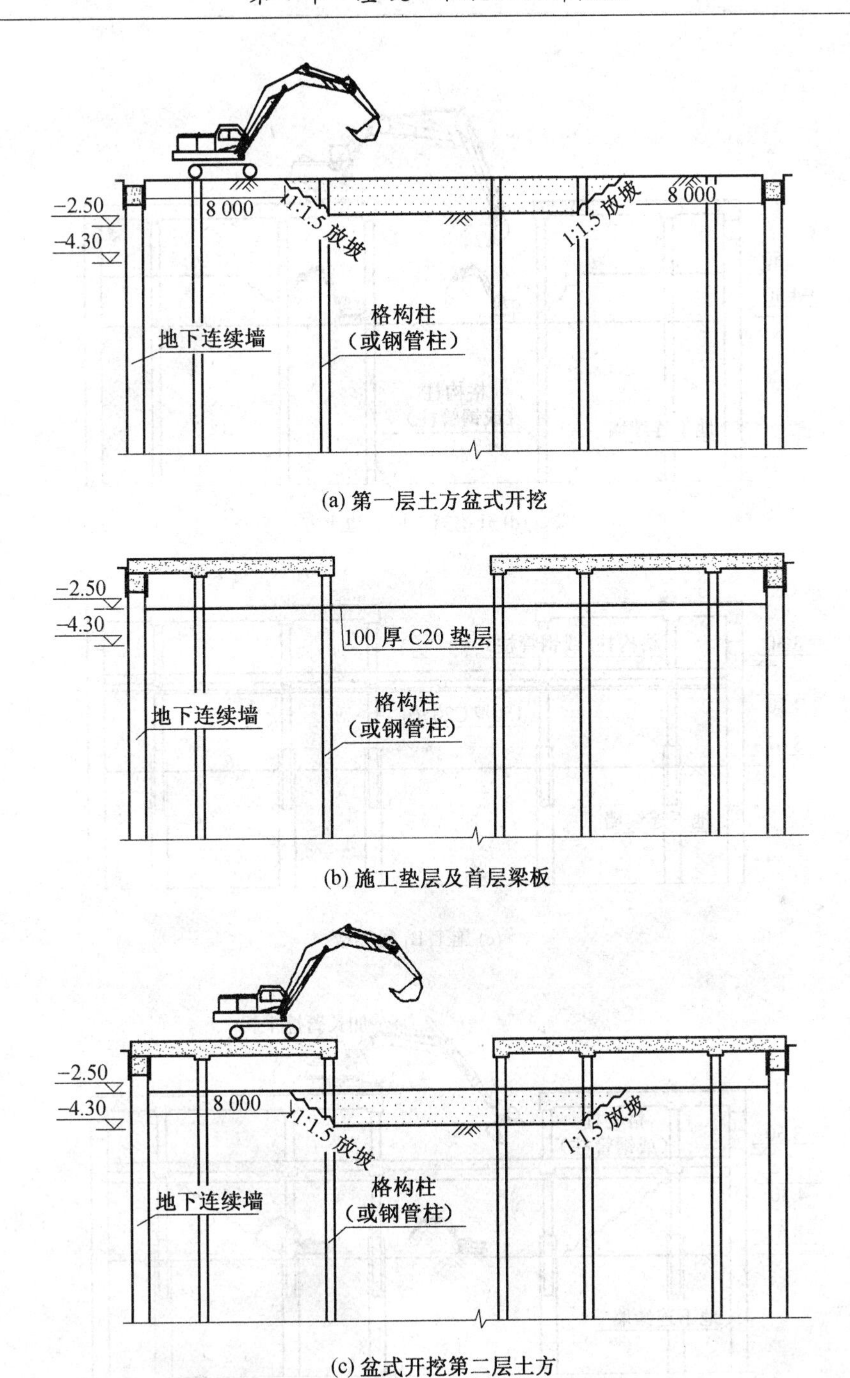

(a) 第一层土方盆式开挖

(b) 施工垫层及首层梁板

(c) 盆式开挖第二层土方

图4.70　全逆作法基坑施工流程(一)

墙所产生的竖向变形互不影响,但水平方向的变形则相同;如果地下结构深度较大,在地下连续墙厚度不变的条件下,可经由增大外墙厚度等措施承受较大应力;但因为地下连续墙表面不平整,不利于隔绝材料的铺设施工,且可能造成应力传递不均。复合墙即把地下连续墙和主体结构外墙形成整体,刚度明显提高,防渗性能较好,但是结合面的施工比较复杂,且新老混凝土不同收缩产生的应变差可能会影响复合墙的受力效果。

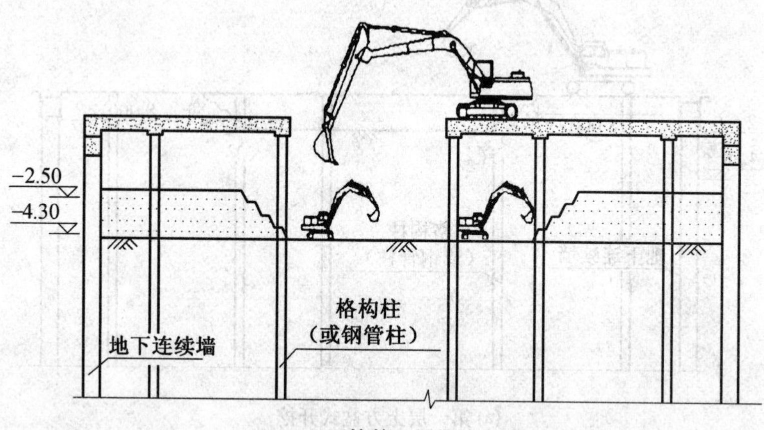

(d) 开挖第二层周边土方

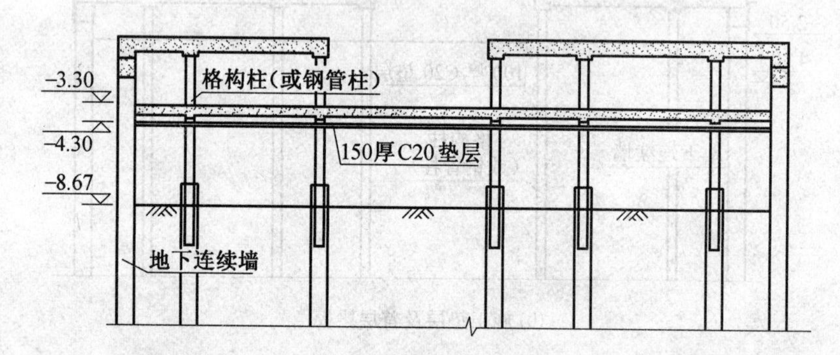

(e) 施工 B_1 层梁板

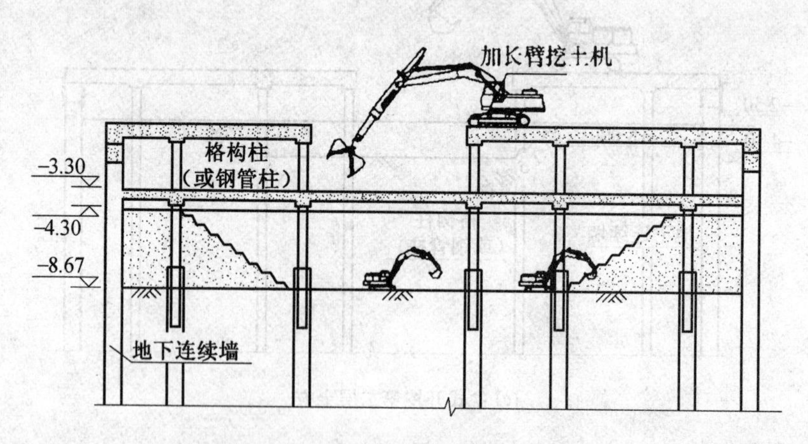

(f) 盆式开挖第三层土

图 4.70 全逆作法基坑施工流程(二)

与临时的地下连续墙相比,“两墙合一”地下连续墙的施工时垂直度控制、平整度控制、接头防渗、墙底注浆具有较高的要求。

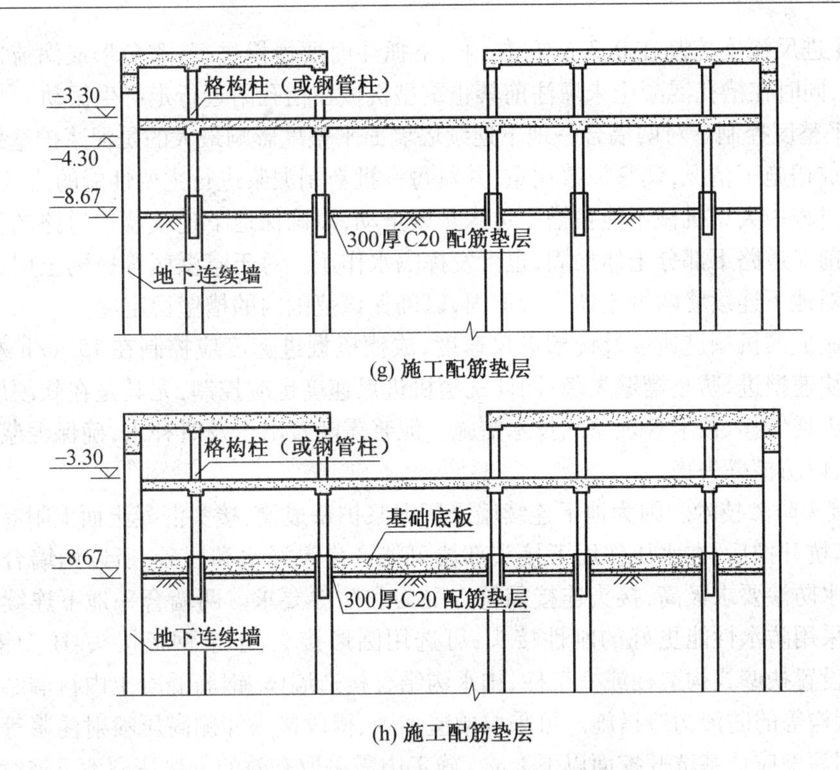

图4.70　全逆作法基坑施工流程(三)

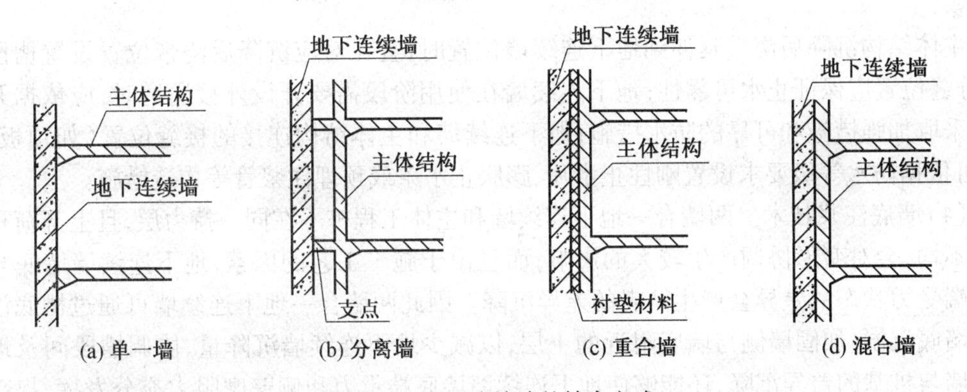

图4.71　地下连续墙的结合方式

1. 两墙合一地下连续墙施工控制

(1)垂直度控制。成槽所采用的成槽机或铣槽机都需具有自动纠偏装置,以利于在成槽过程中适时监测偏斜情况,并且可以自动调整。成槽过程必须随时注意槽壁垂直度情况,每一抓到底后,用超声波测井仪监测成槽情况,发现倾斜指针大于规定范围,应立即启动纠偏系统调整垂直度,保证垂直精度达到规定的要求。

应根据各槽段宽度尺寸决定挖槽的抓数及次序,当槽段三抓成槽时,应采用先两侧后中间的方式,抓斗入槽、出槽应慢速、稳定,并根据成槽机仪表及实测垂直度情况及时纠偏,以符合精度要求。成槽应按照设计槽孔偏差控制斗体和液压铣铣头下放位置,将斗体与液压铣铣头中心线对正槽孔中心线,慢慢下放斗体和液压铣铣头施工。单元槽段成槽挖土时,抓斗中心需每次对准放在导墙上的孔位标志物,确保挖土位置准确。抓斗闭斗下放,开挖时再张开,每斗进尺深度控制在0.3 m左右,上、下抓斗时要慢慢进行,避免形成涡流冲刷槽壁,造成塌方,同时在槽孔混凝土未灌注前禁止重型机械在槽孔附近行走产生振动。

(2)平整度控制。对两墙合一地下连续墙墙面平整度影响最大的是泥浆护壁效果,可根据实际试成槽施工情况,调整泥浆比重,并对每一批新制泥浆进行主要性能的测试。

施工过程中大型机械不能在槽段边缘频繁走动,以确保地下连续墙边道路的稳定,可在道路施工前对道路下部分土体加固,也可发挥隔水作用。对于暗浜区等极弱土层,宜采用水泥搅拌桩对地下连续墙两侧土体进行加固,以确保该范围内的槽壁稳定性。

应控制成槽机掘进速度及铣槽进尺速度,成槽机掘进速度应控制在15 m/h左右,液压抓斗不能快速掘进,防止槽壁失稳;同样铣槽机进尺速度也应控制,尤其是在软硬层交接处,应有防止出现偏移、被卡等现象的技术措施。泥浆需随着出土及时补入,确保泥浆液面在规定高度上,以防槽壁失稳。

(3)接头防渗技术。因为地下连续墙采用泥浆护壁成槽,接头混凝土面上附有一定厚度的泥皮,基坑开挖后,在水压作用下接头部位可能产生渗漏水和冒砂,所以两墙合一地下连续墙的防水防渗要求极高,接头连接需符合受力和防渗要求。两墙合一地下连续墙接头形式应优先采用防水性能更好的刚性接头,可选用圆形接头、十字钢板接头、H型钢接头等。接头处应设置扶壁式构造柱或框架柱、排水沟结合构造墙体、钢筋混凝土内衬墙结合防水材料、排水管沟等的防渗构造措施。可采取槽壁加固、槽段接头外侧高压喷射注浆等构造防渗措施,加固深度应达基坑开挖面以下1 m。施工中需采取有效的方法清刷地下连续墙混凝土壁面。

主体结构沉降后浇带延伸到地下连续墙位置时,宜在对应沉降后浇带位置设置槽段分缝,分缝位置应保证止水可靠性;地下连续墙在使用阶段需要开设外接通道时,应依据开洞位置采取加强措施和可靠的防水措施;地下连续墙和主体结构连接的接缝位置(如顶板、底板)可依据防水等级要求设置刚性止水片、膨胀止水条或预埋注浆管等构造措施。

(4)墙底注浆技术。两墙合一地下连续墙和主体工程桩不在同一持力层,且上部荷重的分担不均,会对变形协调产生较大的影响;而且由于施工工艺的因素,地下连续墙墙底与工程桩端受力状态的差异会产生两者的差异沉降。因此两墙合一地下连续墙可通过槽底注浆消除墙底沉淤、加固墙侧与墙底附近的土层,以减少地下连续墙沉降量、协调槽段间及地下连续墙与桩基的差异沉降,还能够使地下连续墙墙底端承力和侧壁摩阻力充分发挥,提高其竖向承载能力。

地下连续墙成槽时,在槽段内预设注浆管,等到墙体浇筑并达到一定强度后对槽底进行注浆。注浆管应采用钢管,宜布置在墙厚中部,且应沿槽段长度方向均匀设置;单幅槽段注浆管数量不应少于2根,槽段长度大于6 m宜加设注浆管;注浆管下段应伸到槽底200 ~ 500 mm;注浆管应在混凝土浇筑后的7 ~ 8 h内进行清水开塞;注浆量需符合设计要求,注浆压力控制在0.2 ~ 0.4 MPa。

2.“两墙合一”地下连续墙施工质量控制

“两墙合一”地下连续墙施工过程中需全数检测槽段垂直度、沉渣厚度等指标。墙面垂直度需符合设计要求,通常控制在1/300;沉渣厚度不应大于100 mm;墙面平整度宜小于100 mm;预埋件位置水平向偏差不大于10 mm,垂直向偏差不大于20 mm。

“两墙合一”地下连续墙需采用超声波透射法对墙体混凝土质量进行检测,同类型槽段的检测数量不应少于 10%，且不应少于 3 幅；必要时可采用钻孔取芯方法进行检测，单幅墙身的钻孔取芯数量不少于 2 个；钻孔取芯完成后应对芯孔进行注浆填充。

第 85 讲　立柱桩与工程桩相结合的工艺

考虑到基坑支护体系成本和主体结构体系的具体情况，竖向支撑结构立柱尽可能设置于主体结构柱位置，并应利用结构柱下工程桩当作立柱桩。立柱可采用角钢格构柱、H 型钢柱或钢管混凝土柱等形式。竖向支撑结构应采用 1 根结构柱位置布置 1 根立柱和立柱桩的形式（一柱一桩），也可采用 1 根结构柱位置布置多根立柱及立柱桩的形式（一柱多桩）。与临时立柱相比，利用主体结构的立柱，其定位及垂直度控制、沉降控制是施工的关键。

1. 一柱一桩施工控制

（1）一柱一桩定位与调垂施工控制技术。首先需严格控制工程桩的施工精度，精度控制贯穿于定位放线、护筒埋设、校验复核、机架定位、成孔全过程，一定要对每一个环节加强控制。立柱的施工必须使用专用的定位调垂装置。目前立柱的垂直度控制包括机械调垂法、导向套筒法等方法。

机械调垂系统主要包括传感器、纠正架、调节螺栓等部件。在立柱上端 X 和 Y 方向上分别安装 1 个传感器，支撑柱固定在纠正架上，支撑柱上安装 2 组调节螺栓，每组共 4 个，两两对称，两组调节螺栓有一定的高差以形成扭矩。测斜传感器与上下调节螺栓在东西、南北各设置 1 组。如果支承柱下端向 X 正方向偏移，X 方向的两个上调螺栓一松一紧，使支承柱围绕下调螺栓旋转，当支撑柱进入规定的垂直度范围以后，即停止调节螺栓；同理 Y 方向通过 Y 方向的调节螺栓进行调节。

导向套筒法是将校正立柱转化为导向套筒。导向套筒的调垂可采用气囊法和机械调垂法。等到导向套筒调垂结束并固定后，从导向套筒中间插入支撑柱，导向套筒内布置滑轮以利于支撑柱的插入，然后浇筑立柱桩混凝土，直到混凝土能固定支撑柱后拔出导向套筒。

（2）钢管混凝土立柱一柱一桩不同强度等级混凝土施工控制技术。竖向支撑体是采用钢管混凝土立柱时，通常钢管内混凝土强度等级高于工程桩混凝土，这时在一柱一桩混凝土施工时应严格控制不同强度等级的混凝土施工界面，保证混凝土浇捣施工。水下混凝土浇灌到钢管底标高时，即换高强度等级混凝土进行浇筑。典型的钢管混凝土柱不同强度等级混凝土浇筑流程如图 4.72 所示。

（3）立柱桩差异沉降控制技术。立柱桩在上部荷载与基坑开挖土体应力释放的作用下，发生竖向变形，同时立柱桩承载的不均匀，增大了立柱桩间及立柱桩与围护结构之间形成较大沉降差的可能。控制整个结构的不均匀沉降是支护结构和主体结构相结合工程施工的关键技术之一，差异沉降控制通常可采取桩端后注浆、坑内增设临时支撑、坑内外土体的加固、立柱间和立柱与围护墙间增设临时剪刀撑、迅速完成永久结构、局部节点增加压重等措施。

桩端后注浆施工技术能够提高一柱一桩的承载力，有效解决差异沉降的问题。施工前需通过现场试验来确定注浆量、压力等施工参数从而掌握桩端后注浆和工程桩的实际承载力。注浆管应采用钢管，注浆管应沿桩周均匀设置且伸出桩端 200 ~ 500 mm。灌注桩成桩后的 7 ~ 8 h，应对注浆管进行清水开塞，注浆宜在成桩 48 h 后进行。如果注浆量达到设计要求，或注浆量达到设计要求的 80% 以上，且压力达到 2 MPa 时，可认为注浆合格，可以终止注浆。

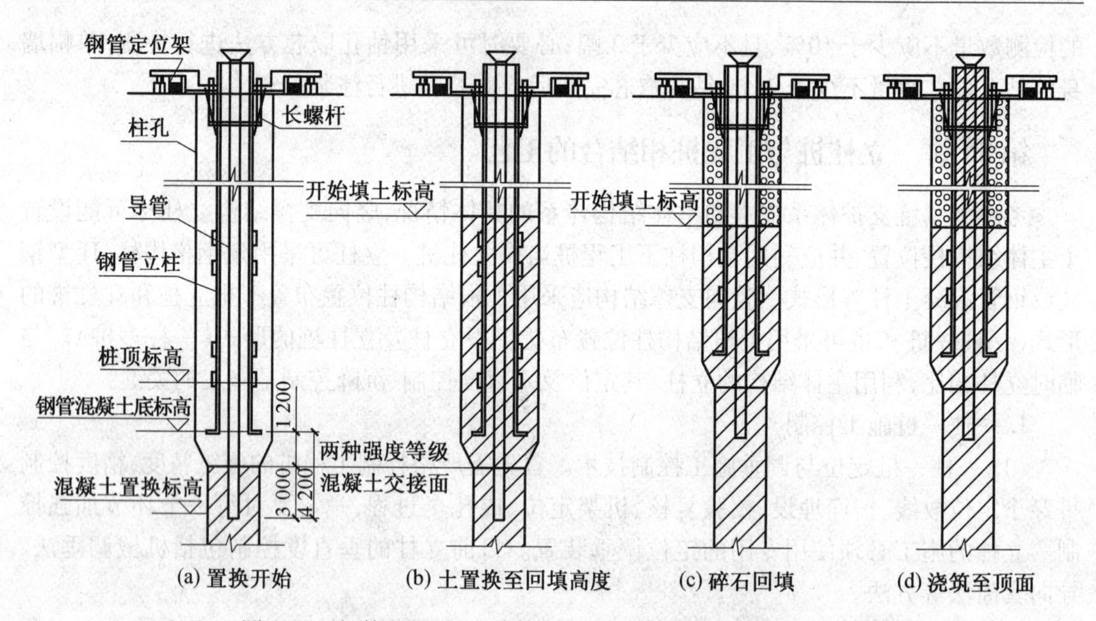

图4.72 钢管混凝土柱不同强度等级混凝土浇筑流程示意图

2. 一柱一桩施工质量控制

立柱与立柱桩定位偏差不应大于10 mm;成孔后灌筑前的沉渣厚度不大于100 mm;立柱桩成孔垂直度通常不大于1/150;立柱的垂直度偏差不应大于1/300;格构柱、H型钢柱的转向不应大于5°。每根立柱桩的抗压强度试块数量不少于1组;立柱桩成孔垂直度需全数检查;桩身完整性应全数检测,可采用低应变动测法,也可使用超声波透射法检测桩身完整性。

第86讲 支撑体系与结构楼板相结合的工艺

1. 出土进料口

逆作法施工即是地下结构施工由上而下进行,在土方开挖与地下结构施工时,需进行施工设备、土方、模板、钢筋、混凝土等的上下运输,需预留数个上下贯通的施工孔洞作为竖向运输通道口,其尺寸大小根据施工需要设置,且应符合进出材料、设备及结构件的尺寸要求。地下结构梁板和基坑内支撑系统相结合的逆作法施工工程中,水平结构通常采用梁板结构体系和无梁楼盖结构体系。梁板结构体系的孔洞往往开设在梁间,并在首层孔洞边梁周边预留止水片,逆作法结束后再浇筑封闭;在无梁楼盖上布置施工孔洞时,一般需布置边梁并在首层孔洞边梁周边附加止水构造。

2. 模板体系

地下室结构浇筑方法包括两种,即利用土模浇筑和利用支模方式浇筑。施工一般采用土胎模或架立模板形式,采用土胎模时应避免超挖,并保证降水深度在开挖面以下1 m,保证地基土具有一定的承载能力;采用架立矮排架模板体系时,需验算排架整体稳定性。

(1)利用土模浇筑梁板。开挖到设计标高后,将土面整平夯实,浇筑素混凝土垫层(土质好抹一层砂浆即可),然后设置隔离层,即成楼板模板。对于梁模板,如果土质好可用土胎模,挖出槽穴即可,土质较差时可选用支模或砖砌梁模板。所浇筑的素混凝土层,等到下层挖土时一同挖去。

对于结构柱模板，施工时先将结构柱处的土挖出至梁底下500 mm左右，设置结构柱的施工缝模板，为使下部的结构柱容易浇筑，该模板宜呈斜面安装，柱子钢筋穿通模板向下伸出接头长度，在施工缝模板上将立柱模板和梁模板相连接。施工缝处常用的浇筑方法包括三种，即直接法、充填法及注浆法(图4.73)。直接法是在施工缝下部继续浇筑相同的混凝土，或添加一些铝粉以降低收缩；充填法是在施工缝处留出充填接缝，等到混凝土面处理后，再在接缝处充填膨胀混凝土或无浮浆混凝土；注浆法是在施工缝处留出缝隙，等到后浇混凝土硬化后用压力压入水泥浆充填。施工时可对接缝处混凝土进行二次振捣，以进一步排除混凝土中的气泡，保证混凝土密实和减少收缩。

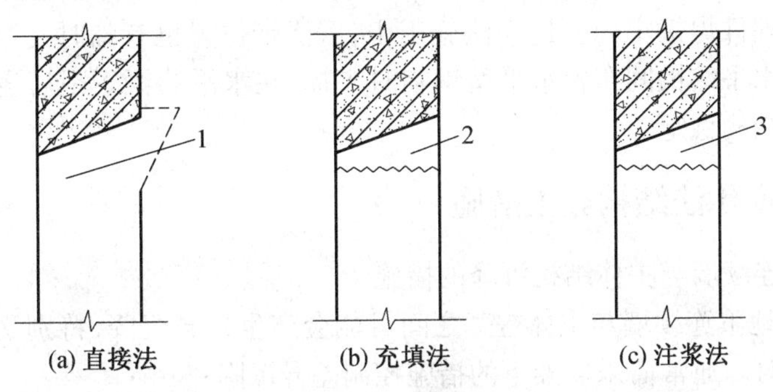

图4.73 上下混凝土连接

1—浇筑混凝土；2—填充无浮浆混凝土；3—压入水泥浆

(2)利用支模方式浇筑梁板。先挖去地下结构一层高的土层，然后按照常规方法搭设梁板模板，浇筑梁板混凝土，再向下延伸竖向结构(柱或墙板)。为此应对梁板支撑的沉降和结构的变形进行控制，并保证竖向构件上下连接和混凝土浇筑方便。采用盆式开挖方式的较大基坑，在开挖形成的临时边坡的高差区域，模板支撑系统需采取加固措施；在基坑周边的矮排架高度需考虑土方超挖可能造成的基坑变形过大，并应符合矮排架的作业净空要求。为减少模板支撑的沉降及结构变形，施工时需对土层采取措施进行临时加固。加固方法通常为浇筑素混凝土以提高土层承载力，该方法需额外耗费少量混凝土；也可铺设砂垫层并上铺枕木来扩大支撑面积，且竖向结构钢筋可插进砂垫层，便于与下层后浇筑结构的钢筋连接。

有时也可采取悬吊模板的方式，即模板悬吊在上层已浇筑水平结构上，使用吊杆悬吊模板，模板骨架采用刚度较大的型钢，悬吊模板也可以在下层土方开挖后通过动力系统下降到下层结构标高。悬吊支模施工速度快，不受坑底土质影响，但结构复杂，成本较高。

(3)竖向结构的浇筑。逆作法工程竖向结构大部分等到结构底板施工完成后再由下往上浇筑。因为水平结构已经完成，竖向结构的施工比较困难，一般通过留设浇捣孔或搭设顶部开口喇叭形模板的方式。浇捣孔通常设置在柱四周楼板的位置，使用150～200 mm的PVC管材或钢管，可根据施工需要设置垂直竖向或斜向以符合浇捣要求，浇捣孔可兼作振捣孔使用。顶部开口喇叭形模板施工竖向结构时，因为混凝土是从顶部的侧面进入，为便于浇筑和确保连接处质量，除对竖向钢筋间距适当调整外，还应将模板开口面标高设置高出竖向结构的水平施工缝。为避免竖向结构施工缝处存在缝隙，可在施工缝处的模板上预留数个压浆孔，必要时可采取压力灌浆的方式消除缝隙，确保竖向结构连接处的密实。

第87讲 逆作法施工中临时的支撑系统施工

逆作法施工中遇到水平结构体系出现很多的开口或高差、斜坡、局部开挖作业深度较大等情况，将不便于侧向水土压力的传递，也难以达到结构安全、基坑稳定以及保护周边环境要求。对于这类问题常通过对开口区域采取临时封板、加设临时支撑等加固措施解决。逆作法中临时支撑主要用途是增强已有支撑系统的水平刚度，加固局部薄弱结构等，其主要形式包括钢管支撑、型钢支撑、钢筋混凝土支撑等，其中钢支撑应用比较广泛。临时支撑系统的施工一般是在支撑两端的架设位置设预埋件，埋件埋设在已完成混凝土结构中，然后将临时钢支撑两端与埋件焊接牢固。逆作法施工中，后浇带位置也有临时支撑系统。通常做法是在后浇带两侧水平结构间布置水平型钢临时支撑，在水平肋梁下距后浇带1 m左右处设竖向支撑以保证结构稳定。

第88讲 逆作法结构施工措施

1. 协调地下连续墙与主体结构沉降的措施

“两墙合一”地下连续墙与主体桩基之间可能会产生差异沉降，特别是当地下连续墙作为竖向承重墙体时。通常需采取如下的措施控制差异沉降：

(1)地下连续墙和立柱桩尽可能处于相同的持力层，或在地下连续墙和立柱桩施工时事先埋设注浆管，通过槽底注浆和桩端后注浆提高地下连续墙与立柱桩的竖向承载力。

(2)合理确定地下连续墙及立柱桩的设计参数，选择承载力较高的持力层，并对地下连续墙及立柱桩的设计进行必要的协调。

(3)可在基础底板靠近地下连续墙位置布置边桩，或对基坑内外土体进行加固；为增强地下结构刚度，可采取加设水平临时支撑、周边设置斜撑、加设竖向剪刀撑、局部结构构件加强等措施。

(4)成槽结束后以及入槽前，往槽底投放适量碎石，使碎石面标高高出设计槽底大约5～10 cm，依靠墙段的自重压实槽底碎石层及土体，来提高墙端承载力，改善墙端受力条件。

(5)应严格控制地下连续墙、立柱和立柱桩的施工质量；合理确定土方开挖及地下结构的施工顺序，适时调整施工工况；如果上部结构同时施工，应根据监测数据恰当调整上部结构的施工区域和施工速度。

(6)为增强地下连续墙纵向整体刚度，协调各槽段间的变形，可以在墙顶设置贯通、封闭的压顶圈梁。压顶圈梁上预留和上部后浇筑结构墙体连接的插筋。另外压顶圈梁与地下连续墙、后浇筑结构外墙之间需采取止水措施，也可在底板与地下连续墙连接处布置嵌入地下连续墙中的底板环梁，或采用刚性施工接头等措施，将各幅地下连续墙槽段连接成整体。

2. 后浇带与沉降缝位置的构造处理

(1)施工后浇带。地下连续墙在施工后浇带位置时一般的处理方法是将相邻的两幅地下连续墙槽段接头布置在后浇带范围内，且槽段之间采用柔性连接接头，即为素混凝土接触面，不影响底板在施工阶段的各自沉降。同时为保证地下连续墙分缝位置的止水可靠性以及与主体结构连接的整体性，施工分缝位置设置的旋喷桩和壁柱等到后浇带浇捣完毕后再施工。

(2)永久沉降缝。在沉降缝等结构永久设缝位置，两侧“两墙合一”地下连续墙也需完全断开,但考虑到在施工阶段地下连续墙起到挡土与止水的作用,在断开位置最好采取一定的构造措施。设缝位置在转角处时,一侧连续墙需做成转角槽段,与另一侧平直段墙体相切,两幅槽段空档在坑外应用高压旋喷桩进行封堵止漏,地下连续墙内侧应预留接驳器与止水钢板,与内部后接结构墙体形成整体连接。设缝位置在平直段时,两侧地下连续墙间空开一定宽度,在外侧加设一副直槽段解决挡土与止水的问题;或直接在沉降缝位置设置槽段接头,该接头应采用柔性接头,此外在正常使用阶段一定将沉降缝两侧地下连续墙的压顶梁完全分开。

3. 立柱与结构梁施工构造措施

(1)角钢格构柱与梁的连接节点。角钢格构柱和结构梁连接节点处的竖向荷载,主要通过立柱上的抗剪栓钉或钢牛腿等抗剪构件承受(图4.74)。

结构梁钢筋穿越立柱时,梁柱连接节点通常包括钻孔钢筋连接法、传力钢板法、梁侧加腋法。钻孔钢筋连接法是在角钢格构柱的缀板或角钢上钻孔穿钢筋的方法。该方法应通过严格计算以保证截面损失后的角钢格构柱承载力达到要求。传力钢板法是在格构柱上焊接连接钢板,将不能穿越的结构梁主筋与传力钢板焊接连接的方法。梁侧加腋法是通过在梁侧加腋的方法扩大节点位置梁的宽度,使梁主筋从角钢格构柱侧面绕行贯通的方法。

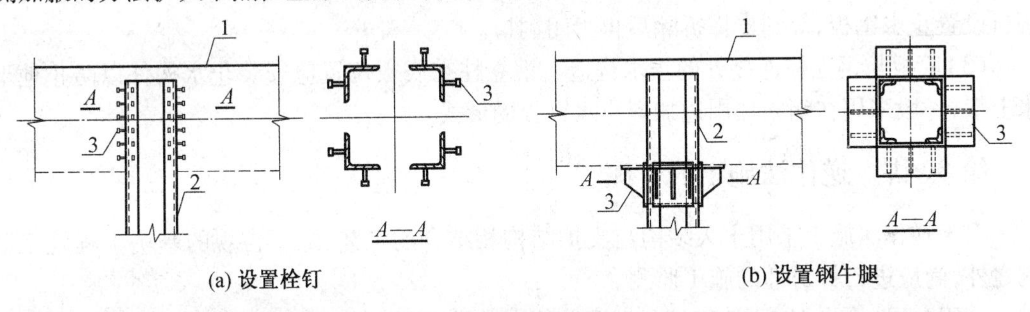

图4.74　钢立柱设置抗剪构件与结构梁板的连接节点

1—结构梁;2—立柱;3—栓钉或钢牛腿

(2)钢管混凝土立柱和梁的连接节点。平面上梁主筋都无法穿越钢管混凝土立柱,该节点可通过传力钢板连接,即在钢管周边布置带肋环形钢板,梁板钢筋焊接在环形钢板上(图4.75);也可采用钢筋混凝土环梁的形式。结构梁宽度和钢管直径相比较小时,可采用双梁节点,即将结构梁分为两根梁从钢管立柱侧面穿越。

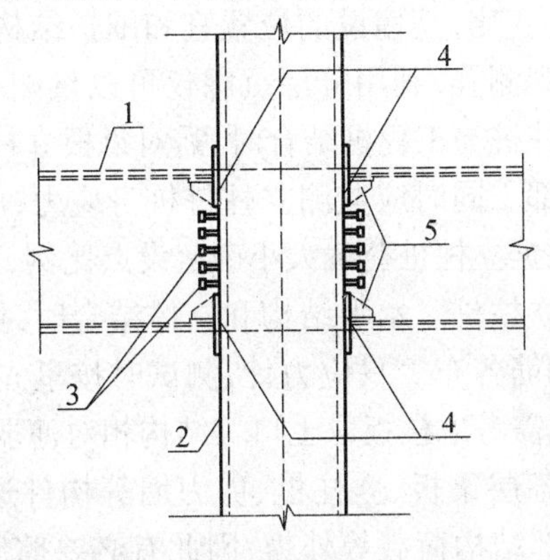

图4.75　钢管立柱环形钢板传力件节点

1—结构框架梁;2—钢管立柱;3—栓钉;4—弧形钢板;5—加劲环板

4. 水平结构与围护墙的构造措施

(1)水平结构与“两墙合一”地下连续墙的连接。结构底板与地下连续墙的连接通常采用刚性连接。常用连接方式主要包括预埋钢筋接驳器连接和预埋钢筋连接等形式。地下结构楼板与地下连续墙的连接一般采用预埋钢筋和预埋剪力连接件的形式;也可通过边环梁和地下连续墙连接,楼板钢筋进入边环梁,边环梁通过地下连续墙内预埋钢筋的弯出与地下连续墙连接。

(2)水平结构与临时围护墙的连接。水平结构与临时围护墙的连接需要解决水平传力和接缝防水问题。临时围护墙与地下结构之间水平传力支撑体系通常采用钢支撑、混凝土支撑或型钢混凝土组合支撑等形式。地下结构周边通常应设置通长闭合的边环梁,可以提高逆作阶段地下结构的整体刚度,改善边跨结构楼板的支撑条件;水平支撑应尽可能对应地下结构梁中心,如果不能满足,应进行必要的加固。边跨结构具有二次浇筑的工序要求,逆作阶段先施工的边梁和后浇筑的边跨结构接缝处应采取止水措施。如果顶板有防水要求,可先凿毛边梁和后浇筑结构顶板的接缝面,然后通长设置遇水膨胀止水条;也可在接缝处设注浆管,等到结构达到强度后注浆充填接缝处的微小缝隙。周边布置的临时支撑穿越外墙,应在对临时支撑穿越外墙位置采取布置止水钢板或止水条的措施,也可在临时支撑处留洞,洞口设置止水钢板,等到支撑拆除后再封闭洞口。

(3)底板与钢立柱连接处的止水构造。钢立柱在底板位置应安装止水构件以防止地下水上渗,一般采用在钢立柱周边加焊止水钢板的形式。

第89讲　逆作法施工的监测

因为逆作法施工采用永久结构与支护结构相结合的工艺,除了常规的基坑工程施工监测之外,尚应进行针对性的施工监测。

采用“两墙合一”地下连续墙的墙顶监测点布设间距应比临时围护墙稍密。布点宜按立柱桩轴线和围护墙的交叉点布置,既能够监测围护墙顶部的变形,又能够掌握围护墙与立柱桩之间的变形差。同样围护墙位移监测点布设间距应比顺作法基坑稍密,布点宜与围护墙压顶梁垂直以及与水平位移监测点协调。与永久结构相结合的围护墙应考虑施工阶段及使用阶段的内力情况,因此应在围护墙内布设钢筋应力测孔,每个监测孔中应分两个剖面埋设,分别为迎土面、迎坑面,每个监测孔在竖向范围埋设数个应力计。应在围护墙外侧设置土压力计,实测坑外土压力的变化,其埋设的位置宜和围护结构深层侧向变形监测点一致。通过在坑内外埋设分层沉降观测孔,利用分层沉降仪可以量测基坑开挖过程中土层的沉降量及坑外土体的沉降量。立柱桩与工程桩结合时,需对每根立柱桩的垂直位移进行监测,监测点通常设置在立柱桩的顶部。同时应监测立柱桩桩身应力,应根据立柱桩设计荷载分布及立柱桩平面分布特点,宜根据立柱桩荷载大小确定设点比例,荷载愈大,设点比例愈高,布点时还应考虑压力差较大的立柱桩。水平结构和支撑结合时,梁板结构的应力监测涉及结构安全,通常在梁的上下皮钢筋各布1只应力计,测试时按事先标定的率定曲线,根据应变计频率推算梁板轴向力;设点需考虑楼板取土口等结构相对薄弱区域。逆作法施工中,在基础底板浇筑之前,围护结构、各层梁板、立柱桩、剪力墙等构件通过相互作用承受来自侧向水、土压力、坑底的隆起和上部结构荷载等外力,因此有必要监测剪力墙的应力。如果采取地下结构和上部结构双向同步的施工工艺,还应在上部结构的典型位置布置沉降观测点。

第90讲　逆作法施工通风与照明

逆作法施工地下结构时，特别是在已施工楼板下进行土方开挖，因为暗挖阶段作业条件差，所以照明和通风设施的布置非常关键。在浇筑地下室各层楼板时，按挖土行进路线应事先留设通风口。根据柱网轴线与实际送风量的要求，通风口间距控制在8.5 m左右。伴随地下挖土工作面的推进，当露出通风口后应立即安装大功率涡流风机，并启动风机向地下施工操作面送风，将新鲜空气从各送风口流入，经地下施工操作面再从两个取土孔中逸出，形成空气流通循环，确保施工作业面的安全。地下施工动力、照明线路布置专用的防水线路，并埋设在楼板、梁、柱等结构中，专用的防水电箱应设置在柱上，不能随意挪动。随着地下工作面的推进，自电箱至各电器设备的线路都需采用双层绝缘电线，并架空铺设在楼板底。施工完毕应立即收拢架空线，并切断电箱电源。

4.12　地下水控制细部做法

第91讲　集水明排

1. 基坑外侧集水明排

应在基坑外侧场地布置集水井、排水沟等组成的地表排水系统，防止坑外地表水流入基坑。集水井、排水沟宜设置在基坑外侧一定距离，有隔水帷幕时，排水系统宜设置在隔水帷幕外侧且距隔水帷幕的距离不能小于0.5 m；无隔水帷幕时，基坑边从坡顶边缘起计算。

2. 基坑内集水明排

应根据基坑特点，沿基坑周围恰当位置设置临时明沟和集水井（图4.76），临时明沟与集水井应随土方开挖过程随时调整。土方开挖结束后，宜在坑内布置明沟、盲沟、集水井。基坑采用多级放坡开挖时，可在放坡平台上布置排水沟。面积较大的基坑，还应在基坑中部加设排水沟。当排水沟从基础结构下穿过时，需在排水沟内填碎石形成盲沟。

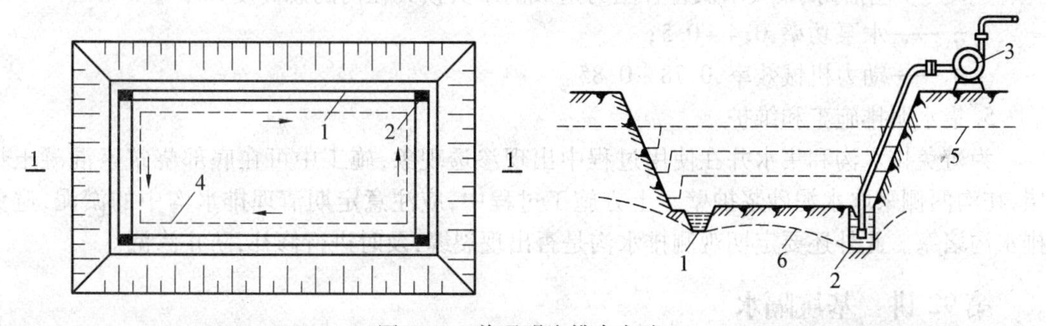

图4.76　普通明沟排水方法

1—排水明沟；2—集水井；3—水泵；4—基础边线；5—原地下水位线；6—降低后地下水位线

3. 基本构造

一般每隔30～40 m布置一个集水井。集水井截面通常为0.6 m×0.6 m～0.8 m×0.8 m，其深度随挖土加深而加深，并维持低于挖土面0.8～1.0 m，井壁可用砖砌、木板或钢筋笼等简易加固。挖到坑底后，井底宜低于坑底1 m，并铺设碎石滤水层，避免井底土扰动。

基坑排水沟一般深0.3～0.6 m,底宽不小于0.3 m,沟底应有一定坡度,以确保水流畅通。排水沟、集水井的截面应根据排水量确定。

如果基坑较深,可在基坑边坡上设置2～3层明沟以及相应的集水井,分层阻截地下水(图4.77)。排水沟和集水井的设计及基本构造,与普通明沟排水相同。

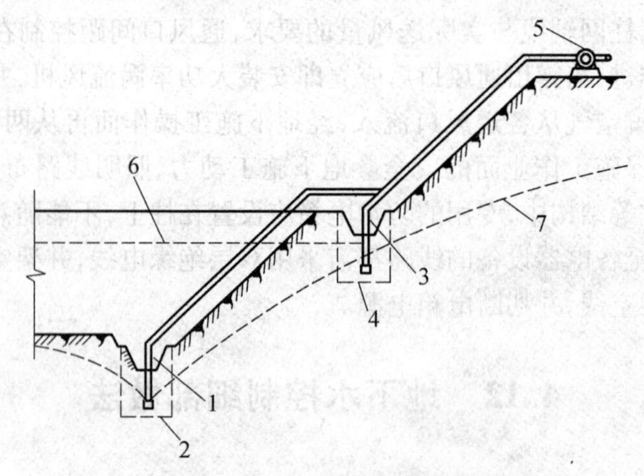

图4.77　分层明沟排水方法

1—底层排水沟;2—底层集水井;3—二层排水沟

4—二层集水井;5—水泵;6—原地下水位线;7—降低后地下水位线

4. 排水机具的选用

排水所用机具主要是离心泵、潜水泵和泥浆泵。选用水泵类型时,通常取水泵排水量为基坑涌水量的1.5～2.0倍。排水所需水泵功率按下式计算:

$$N=\frac{K_1QH}{75\eta_1\eta_2} \tag{4.1}$$

式中　K_1——安全系数,一般取2;

Q——基坑涌水量,m^3/d;

H——包括扬水、吸水及各种阻力造成的水头损失在内的总高度,m;

η_1——水泵功率,0.4～0.5;

η_2——动力机械效率,0.78～0.85。

5. 集水明排施工和维护

为避免排水沟和集水井在使用过程中出现渗透现象,施工中可在底部浇筑素混凝土垫层,在沟两侧采取水泥砂浆护壁。土方施工过程中,应注意定期清理排水沟中的淤泥,避免排水沟堵塞。此外还要定期观测排水沟是否出现裂缝,及时进行修补,防止渗漏。

第92讲　基坑隔水

基坑工程隔水措施包括水泥土搅拌桩、高压喷射注浆、地下连续墙、咬合桩、小齿口钢板桩等。有可靠工程经验时,可应用地层冻结技术(冻结法)阻隔地下水。当地质条件、环境条件复杂或基坑工程等级较高时,可采取多种隔水措施联合使用的方式,增强隔水可靠性。例如搅拌桩结合旋喷桩、地下连续墙结合旋喷桩、咬合桩结合旋喷桩等。

隔水帷幕在设计深度范围内应确保连续性,在平面范围内宜封闭,保证隔水可靠性。其插入深度应根据坑内潜水降水要求、地基土抗渗流(或抗管涌)稳定性要求确定。隔水帷幕的自身强度应符合设计要求,抗渗性能应符合自防渗要求。

基坑预降水期间可依据坑内、外水位观测结果判断止水帷幕的可靠性;当基坑隔水帷幕发生渗水时,可设置导水管、导水沟等构成明排系统,并应立即封堵。水、土流失严重时,应立刻回填基坑后再采取补救措施。

第93讲　基坑降水

1.轻型井点降水

轻型井点降低地下水位,是按照设计要求沿基坑周围埋设井点管,通常距基坑边0.7～1.0 m,铺设集水总管(并有一定坡度),将各井点和总管用软管(或钢管)连接,在总管中段适当位置安装抽水水泵或抽水装置,如图4.78所示。

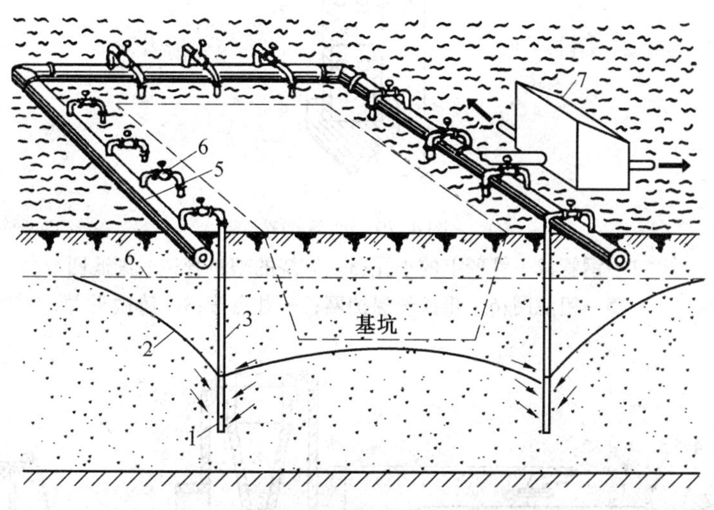

图4.78　轻型井点降低地下水位全貌示意图

1—滤管;2—降低各地下水位线;3—井点管

4—原有地下水位线;5—总管;6—弯联管;7—水泵房

(1)轻型井点构造。井点管是ϕ38～55 mm的钢管,长度5～7 m,井点管水平间距通常为1.0～2.0 m(可根据不同土质和预降水时间确定)。管下端配有滤管及管尖,如图4.79所示。滤管直径和井点管相同,管壁上渗水孔直径是12～18 mm,呈梅花状排列,孔隙率应大于15%;管壁外应设置两层滤网,内层滤网宜采用30～80目的金属网或尼龙网,外层滤网应采用3～10目的金属网或尼龙网;管壁和滤网间应采用金属丝绕成螺旋形隔开,滤网外面应再缠绕一层粗金属丝。滤管下端装一个锥形铸铁头。井点管上端用弯管和总管相连。

连接管一般用透明塑料管。集水总管一般用直径75～110 mm的钢管分节连接,每节长4 m,每隔0.8～1.6 m设置一个连接井点管的接头。根据抽水机组的不同,真空井点分为真空泵真空井点、射流泵真空井点及隔膜泵真空井点,现在多使用射流泵井点,射流泵井点系统的工作原理如图4.80所示。它利用离心泵驱动工作水运转,当水流通过喷嘴时,因为截面收缩,流速突然增大而在周围产生真空,将地下水吸出,而水箱内的水呈一个大气压的天然状态。射流泵可以产生较高真空度,但排气量小,稍有漏气则真空度易下降,所以它带动的井点管根数较少。但它耗电少、质量轻、体积小、机动灵活。

(2)轻型井点布置。轻型井点的布置主要取决于基坑的平面形状及基坑开挖深度,应尽

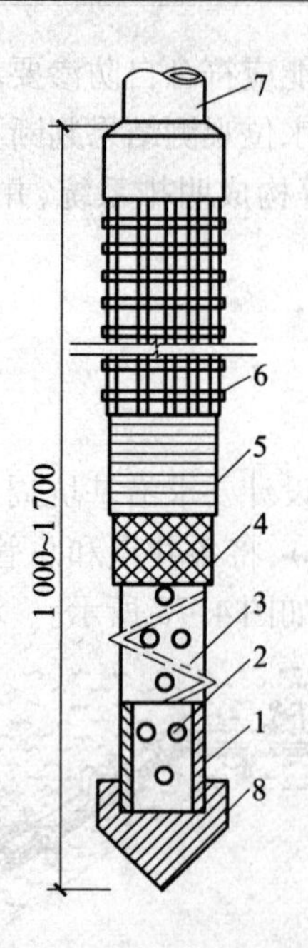

图4.79　滤管构造

1—钢管;2—管壁上的小孔;3—缠绕的塑料管;4—细滤网

5—粗滤网;6—粗铁丝保护网;7—井点管;8—铸铁头

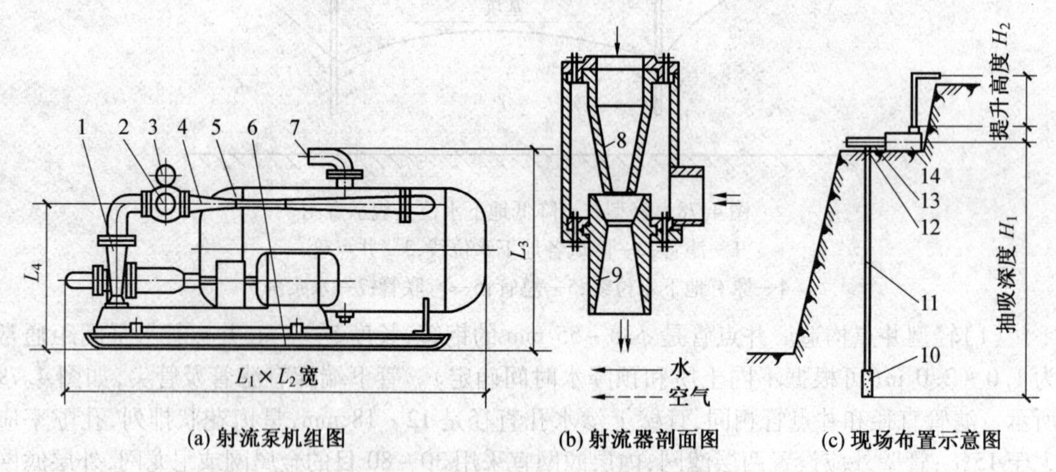

图4.80　射流泵井点系统工作简图

1—离心泵;2—进水口;3—真空表;4—射流器;5—水箱;6—底座;7—出水口

8—喷嘴;9—喉管;10—滤水管;11—井点管;12—软管;13—总管;14—机组

量将要施工的建筑物基坑面积内各主要部分均包围在井点系统之内。开挖窄而长的沟槽时,可按照线状井点布置。如沟槽宽度大于6 m,且降水深度不大于6 m时,可用单排线状井点,设置在地下水流的上游一侧,两端适当予以延伸,延伸宽度以不小于槽宽为宜,如图4.81所示。当由于场地限制不具备延伸条件时可采取沟槽两端加密的方式。如果开挖宽度大于6 m或土质不良,则可用双排线状井点。当基坑面积较大时,最好采用环状井点(图4.82),有时也可布置成“U”形,以利于挖土机和运土车辆出入基坑。井点管距离基坑壁通常取0.7~1.0 m防止局部发生漏气。在确定井点管数量时需考虑在基坑四角部分适当加密。当基坑采用隔水帷幕时，为便于挖土，坑内也可采用轻型井点降水。

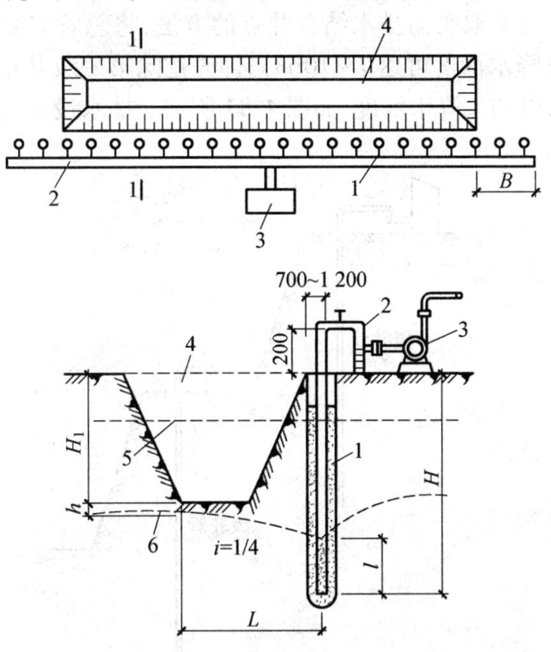

图4.81　单排线状井点布置

1—井点管；2—集水总管；3—抽水设备；4—基坑；5—原地下水位线；6—降低后地下水位线

H—井管长度；H_1—井点埋设面至坑底距离；l—滤管长度

h—降低后水位至坑底安全距离；L—井管至坑边水平距离

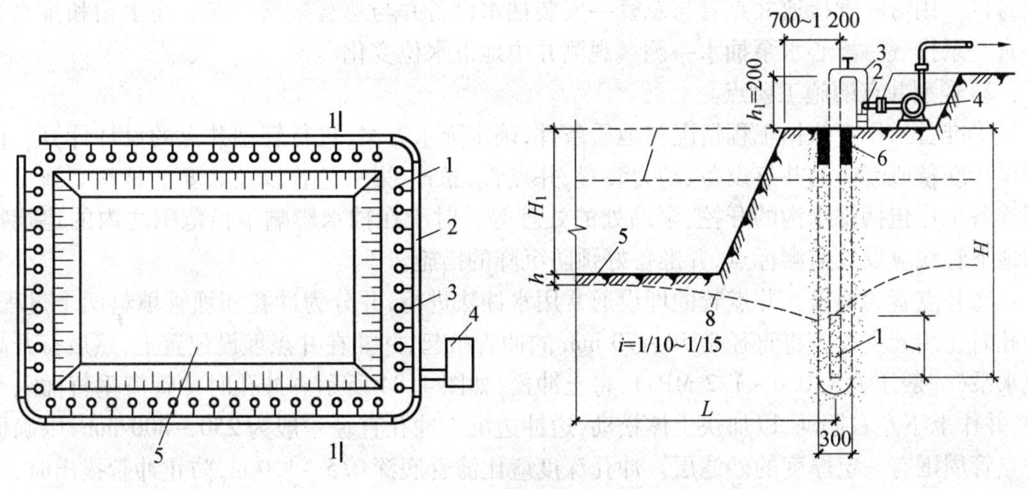

图4.82　环形井点布置图

1—井点；2—集水管；3—弯联管；4—抽水设备；5—基坑；6—填黏土

7—原地下水位线；8—降低后地下水位线

一套机组携带的总管最大长度：真空泵不能超过100 m；射流泵不能超过80 m；隔膜泵不能超过60 m。当主管过长时，可使用多套抽水设备；井点系统可以分段，各段长度应基本相等，宜在拐角处分段，以减少弯头数量，提高抽吸能力；分段应设阀门，防止管内水流紊乱，影响降水效果。

真空泵由于考虑水头损失，一般降低地下水深度仅为5.5～6 m。当一级轻型井点不能符合降水深度要求时，可采取明沟排水结合井点的方法，将总管安装在原地下水位线以下，或使用二级井点排水（降水深度可达7～10 m），即先挖除第一级井点排干的土，然后在坑内布置埋设第二级井点，以加大降水深度，如图4.83所示。抽水设备宜布置在地下水的上游，并设置在总管的中部。

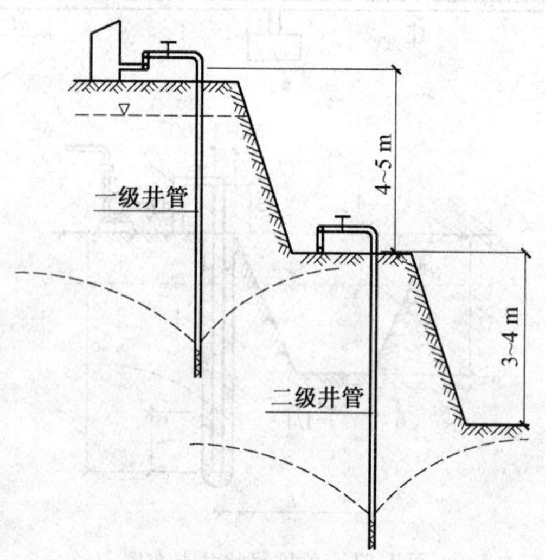

图4.83 二级轻型井点布置图

（3）轻型井点施工。

1）轻型井点的施工工艺。定位放线→铺设总管→冲孔→安装井点管→填砂砾滤料，黏土封口→用弯联管接通井点管与总管→安装抽水设备并与总管接通→安装集水箱和排水管→真空泵排气→离心水泵抽水→测量观测井中地下水位变化。

2）轻型井点的施工要点。

①准备工作。依据工程情况与地质条件，确定降水方案，进行轻型井点的设计计算。根据设计准备所需要的井点设备、动力装置、井点管、滤管、集水总管以及必要的材料。施工现场准备工作包括排水沟的开挖、泵站处的处理等。对于在抽水影响半径范围之内的建筑物和地下管线应设置监测标点，并准备好预防沉降的措施。

②井点管的埋设。井点管的埋设通常用水冲法进行，并分为冲孔和埋管填料两个过程。冲孔时先用起重设备将直径是50～70 mm的冲管吊起，并插在井点埋设位置上，然后打开高压水泵（一般压力为0.6～1.2 MPa），将土冲松，如图4.84所示。冲孔时冲管需垂直插入土中，并作上下左右摆动，以加快土体松动，边冲边沉。冲孔直径一般为250～300 mm，以确保井点管周围有一定厚度的砂滤层。冲孔深度应比滤管底深0.5～1.0 m，防止冲管拔出时，部分土颗粒沉淀在孔底而触及滤管底部。

在埋设井点时，冲孔是重要的一环，冲水压力不能过大或过小。当冲孔达到设计深度时，须快速降低水压。

井孔冲成后，应立刻拔出冲管，插入井点管，并在井点管与孔壁之间快速填灌砂滤层，以防孔壁塌土（图4.84b）。砂滤层通常选用干净的粗砂，填灌均匀，并填至滤管顶上部1.0～1.5 m，以确保水流通畅。井点填好砂滤料后，应用黏土封好井点管与孔壁间的上部空间，防止漏气。

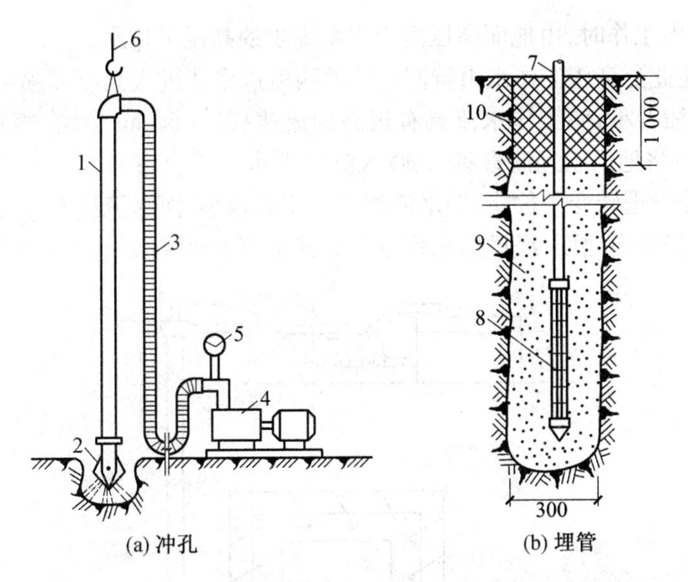

图4.84　水冲法井点管

1—冲管;2—冲嘴;3—胶管;4—高压水泵;5—压力表;6—起重机吊钩

7—井点管;8—滤管;9—填砂;10—黏土封口

③连接与试抽。将井点管、集水总管与水泵连接起来,组成完整的井点系统。安装完毕,需进行试抽,以检查是否存在漏气现象。开始正式抽水后,一般不宜停抽,时抽时止,滤网容易堵塞,也易抽出土颗粒,使水混浊,并引起附近建筑物因为土颗粒流失而沉降开裂。正常的降水是细水长流、出水澄清。

④井点运转与监测。

a. 井点运转管理。井点运行后要连续工作,应准备双电源以确保连续抽水。真空度是判断井点系统是否良好的尺度,通常不应低于55.3～66.7 kPa。若真空度不够,往往是由于管路漏气,应及时修复;若通过检查发现淤塞的井点管太多,严重影响降水效果时,应逐一用高压水反冲洗或拔出重新埋设。

b. 井点监测。井点监测包括流量观测、地下水位观测、沉降观测三方面。

流量观测可用流量表或堰箱。如果发现流量过大而水位降低缓慢甚至降不下去时,可考虑改用流量较大的水泵;如果流量较小而水位降低却较快,则可改用小型水泵防止离心泵无水发热,并可节约电力。

地下水位观测。地下水位观测井的位置与间距可按设计需要布置,可用井点管担任观测井。在开始抽水时,每隔4～8 h测量一次,以观测整个系统的降水效果。3 d后或降水达到预定标高前,每日观测1或2次。地下水位降到预定标高后,可数日或一周测1次,但如果遇下雨时,须加密观测。

沉降观测。在抽水影响范围内的建筑物及地下管线,应进行沉降观测。观测次数通常为每天1次,在异常情况下应加密观测,每天不少于2次。

2. 喷射井点降水

喷射井点是利用循环高压水流产生的负压将地下水吸出。喷射井点主要适用于渗透系数不大的含水层以及降水深度较大(8～20 m)的降水工程。其工作原理如图4.85、图4.86所示。喷射井点的主要工作部件为喷射井管内管底端的扬水装置——喷嘴的混合室(图

4.86)；当喷射井点工作时，由地面高压离心水泵提供的高压工作水，经过内外管之间的环形空间到达底端，在此处高压工作水由特制内管的两侧进水孔进入到喷嘴喷出，在喷嘴处因为过水断面突然收缩变小，使工作水流具有很高的流速(30～60 m/s)，在喷口附近造成负压(形成真空)，所以将地下水经滤管吸入，吸入的地下水在混合室与工作水混合，接着进入扩散室，水流从动能慢慢转变为位能，即水流的流速相对减小，而水流压力相对增大，把地下水连同工作水一起扬升出地面，经过排水管道系统排至集水池或水箱，由此再用排水泵排出。

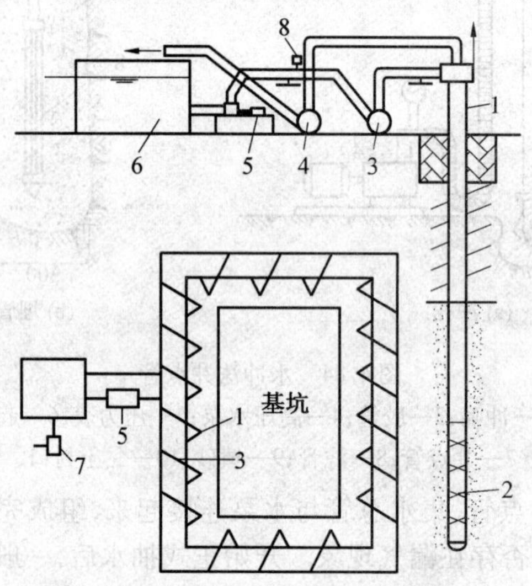

图4.85 喷射井点布置示意图

1—喷射井管；2—滤管；3—供水总管；4—排水总管

5—高压离心水泵；6—水池；7—排水泵；8—压力表

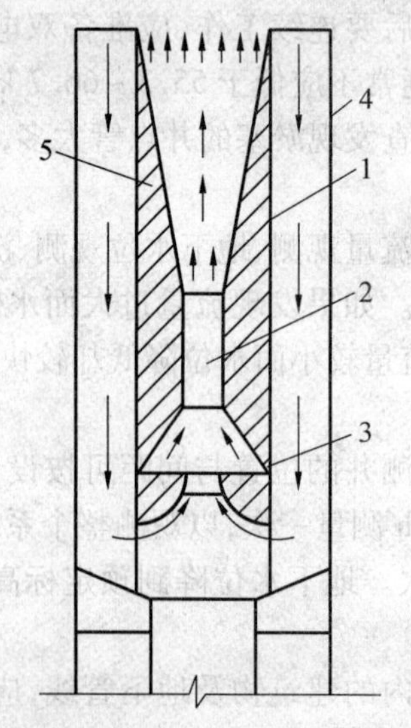

图4.86 喷射井点扬水装置(喷嘴和混合室)构造

1—扩散室；2—混合室；3—喷嘴；4—喷射井点外管；5—喷射井点内管

(1)喷射井点布置。喷射井点降水设计方法和轻型井点降水设计方法基本相同。基坑面积较大时，井点采用环形布置(图4.87)；基坑宽度小于10 m时采取单排线型布置。喷射井管管间距通常为2~4 m。当采用环形布置时,进出口(道路)处的井点间距可增加到5~7 m。冲孔直径为400~600 mm,深度比滤管底深1 m以上。

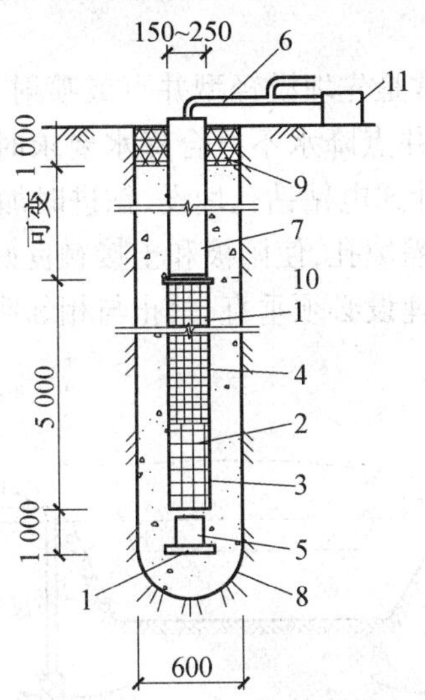

图4.87 管井井点构造示意图

1—滤水井管;2—钢筋焊接管架;3—铁环;4—管架外包铁丝网;5—沉砂管;6—吸水管
7—钢管;8—井孔;9—黏土封口;10—填充砂砾;11—抽水设备

(2)喷射井点降水施工。

1)工艺流程。设置泵房,安装进排水总管→水冲法或钻孔法成井→安装喷射井点管、填滤料→接通过水、排水总管,与高压水泵或空气压缩机接通→各井点管外管与排水管接通,通到循环水箱→启动高压水泵或空气压缩机抽水→离心泵排除循环水箱中多余水→观测地下水位。

2)施工要点。井点管的外管直径应为73~108 mm,内管直径应为50~73 mm,滤管直径为89~127 mm。井孔直径不应大于400 mm,孔深应比滤管底深1 m以上。滤管的构造和真空井点相同。扬水装置(喷射器)的混合室直径为14 mm,喷嘴直径为6.5 mm,工作水箱不应小于10 m^3。井点使用时,水泵的启动泵压不应大于0.3 MPa。正常工作水压为0.25 P_0(扬水高度)。

井点管和孔壁之间填灌滤料(粗砂)。孔口到填灌滤料之间用黏土封填,封填高度是0.5~1.0 mm。每套喷射井点的井点数最好不超过30根。总管直径宜为150 mm,总长不宜大于60 m。每套井点应配备相应的水泵和进、回水总管。若由多套井点组成环圈布置,各套进水总管宜用阀门隔开,自成系统。

每根喷射井点管埋设完毕,必须立即进行单井试抽,排出的浑浊水不能回入循环管路系统,试抽时间要持续到水由浑浊变清为止。喷射井点系统安装完毕,也需进行试抽,不应有漏气或翻砂冒水现象。工作水需保持清洁,在降水过程中应根据水质浑浊程度及时更换。

3.电渗井点

在渗透系数不到0.1 m/d的黏土或淤泥中降低地下水位时,比较有效的方法是电渗井点排水。

电渗井点排水的原理如图4.88所示,以井点管作为负极,以打入的钢筋或钢管作为正极,当通以直流电后,土颗粒即自负极向正极移动,水则自正极向负极移动进而被集中排出。土颗粒的移动称电泳现象,水的移动称电渗现象,因此名电渗井点。

电渗井点的施工要点如下:

(1)电渗井点埋设程序,通常是先埋设轻型井点或喷射井点管,预留出布置电渗井点阳极的位置,等到轻型井点或喷射井点降水不符合降水要求时,再埋设电渗阳极,以增强降水效果。阳极埋设可用75 mm旋叶式电钻钻孔埋设,钻进时加水与高压空气循环排泥,阳极就位后,利用下一钻孔排出泥浆倒灌填孔,使阳极和土接触良好,减少电阻,以利电渗。如深度不大,也可用锤击法打入。阳极埋设必须垂直,禁止与相邻阴极相碰,以免造成短路,损坏设备。

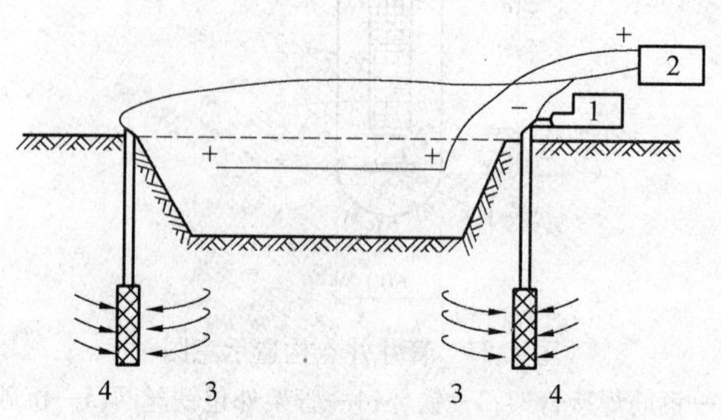

图4.88 电渗井点排水示意图

1—水泵;2—直流发电机;3—钢管;4—井点

(2)通电时,工作电压不应大于60 V,电压梯度可采用50 V/m,土中通电的电流密度应为0.5~1.0 A/m²。为防止大部分电流从土表面通过,降低电渗效果,通电前需清除井点管与阳极间地面上的导电物质,使地面保持干燥,如铺一层沥青绝缘效果更好。

(3)通电时,为消除因为电解作用产生的气体积聚于电极附近,使土体电阻增大而加大电能的消耗,宜采用间隔通电法,每通电22 h,停电2 h,再通电,依次循环。

(4)在降水过程中,应对电压、电流密度、耗电量和观测孔水位等进行量测记录。

4. 深井井点

深井井点降水的工作原理为利用深井进行重力集水,在井内用长轴深井泵或井内用潜水泵进行排水,以起到降水或降低承压水压力的作用。它适用于渗透系数较大($K \geq$ 200 m/d)、涌水量大、降水较深(可达50 m)的砂土、砂质粉土,以及用其他井点降水不易解决的深层降水。深井井点的降水深度不受吸程限制,取决于水泵扬程决定,在要求水位降低5 m以上,或要求降低承压水压力时,排水效果好;井距大,对施工平面布置干扰小。

(1)深井井点设备。深井井点系统由深井、井管和深井泵(或潜水泵)组成,如图4.89所示。

(2)深井井点布置。对于采取坑外降水的方法,深井井点的布置根据基坑的平面形状和所需降水深度,沿基坑四周呈环形或直线形布置,井点通常沿工程基坑周围离开边坡上缘0.5~1.5 m,井距通常为30 m左右。当采用坑内降水时,同样可按图4.90所示呈棋盘状点状方式设置,并根据单井涌水量、降水深度以及影响半径等确定井距,在坑内呈棋盘形点状布置。通常井距为10~30 m。井点宜深入透水层6~9 m,一般还应该比所应降水深度深6~8 m。

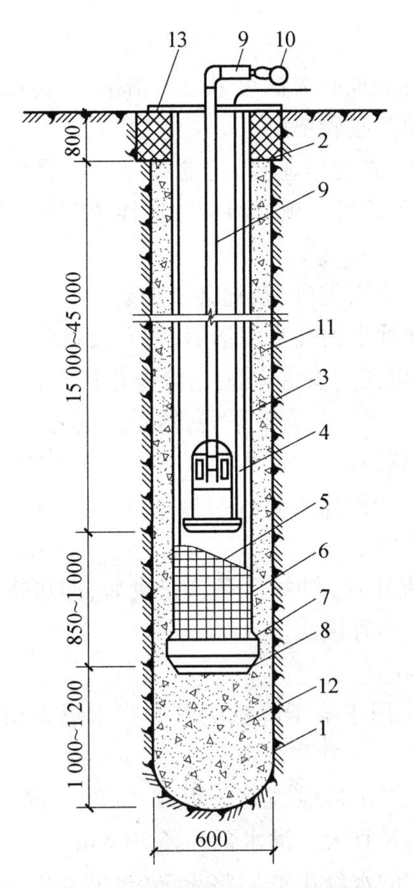

图4.89　深井井点构造示意图

1—井孔；2—井口（黏土封口）；3—ϕ300 井管；4—潜水泵；5—过滤段（内填碎石）
6—滤网；7—导向段；8—开孔底板（下铺滤网）；9—ϕ50 出水管
10—ϕ50 ~ ϕ75 出水总管；11—小砾石或中粗砂；12—中粗砂；13—钢板井盖

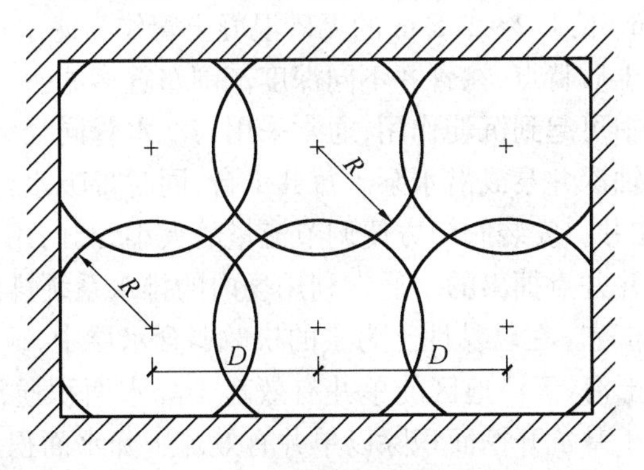

图4.90　坑内降水井点布置示意图

R—抽水影响半径；D—井点间距

(3)深井井点施工程序及要点。

1)井位放样、定位。

2)做井口，安放护筒。井管直径需大于深井泵最大外径50 mm以上，钻孔孔径需大于井管直径300 mm以上。安放护筒防止孔口塌方，并为钻孔起到导向作用。做好泥浆沟和泥浆坑。

3)钻机就位、钻孔。深井的成孔方法可采取冲击钻、回转钻、潜水电钻等,用泥浆护壁或清水护壁法成孔,清孔后回填井底砂垫层。

4)吊放深井管与填滤料。井管应垂直,过滤部分应设置在含水层范围内。井管与土壁间填充粒径大于滤网孔径的砂滤料。填滤料应一次连续完成,从底填到井口下约1 m处,上部采用黏土封口。

5)洗井。如果水较混浊,含有泥砂、杂物会增加泵的磨损,降低寿命或使泵堵塞,可用空压机或旧的深井泵来洗井,使抽出的井水清洁后,再安放新泵。

6)安装抽水设备及控制电路。安装前应先检查井管内径、垂直度是否达到要求。安放深井泵时,用麻绳吊入滤水层部位,并安放平稳,然后接电动机电缆和控制电路。

7)试抽水。深井泵在运转前,先用清水预润(清水通入泵座润滑水孔,以确保轴与轴承的预润)。检查电气装置和各种机械装置,测量深井的静、动水位。达到要求后,即可试抽,一切符合要求后,再转入正常抽水。

8)降水完毕拆除水泵、拔井管、封井。降水完成后,即可拆除水泵,用起重设备拔除井管,拔出井管所留下的孔洞用砂砾填实。

5. 用于疏干降水的管井井点

(1)疏干降水管井构造。用于疏干降水的管井降水通常由井管、抽水泵、泵管、排水总管、排水设施等组成(图4.87)。

井管由滤水管、吸水管以及沉砂管三部分组成。可用钢管、铸铁管、塑料管或混凝土管制备,管径通常为300 mm,内径宜大于潜水泵外径50 mm。

在降水过程中,含水层中的水经由滤网将土、砂过滤在网外,使地下清水进入管内。滤水管长度取决于含水层厚度、透水层的渗透速度以及降水的快慢,一般为5~9 m。通常在钢管上分段抽条或开孔,在抽条或开孔后的管壁上焊垫筋和管壁点焊,在垫筋外螺旋形缠绕铁丝,或包裹镀锌铁丝网两层或尼龙网。当土质较好,深度在15 m内,也可采用外径380~600 mm、壁厚50~60 mm、长1.2~1.5 m的无砂混凝土管作为滤水管,或在外再包棕树皮两层作滤网。有时可依据土质特点,在管井不同深度范围布置多滤头。

沉砂管在降水过程中可起到沉淀作用,通常采用与滤水管同径钢管,下端用钢板封底。

抽水设备一般用长轴深井泵或潜水泵。每井1台,同时带吸水铸铁管或胶管,配置控制井内水位的自动开关,在井口安装阀门方便调节流量的大小,阀门用夹板固定。每个基坑井点群必须有备用泵。管井井点抽出的水通常利用场内的排水系统排出。

(2)疏干降水管井布置。在以黏性土为主的松散弱含水层中,疏干降水管井数量往往按地区经验进行估算。如上海、天津地区的单井有效疏干降水面积通常为200~300 m^2,坑内疏干降水井总数大致等于基坑开挖面积除以单井有效疏干降水面积。

在以砂质粉土、粉砂等为主的疏干降水含水层中,考虑砂性土的易流动性和触变液化等特性,管井间距应适当减小,以加强抽排水力度、有效减小土体的含水量,以利于机械挖土、土方外运,以免坑内流砂、提供坑内干作业施工条件等。尽管砂性土的渗透系数相对较大,水位降低较快,但含水量的有效降低标准高于黏性土层,重力水的释放需要较高要求的降排条件(降水时间和抽水强度等),这类土层中的单井有效疏干降水面积通常以120~180 m^2为宜。

(3)疏干降水管井施工。

1)现场施工工艺流程。准备工作→钻机进场→定位安装→开孔→下护口管→钻进→终孔后冲孔换浆→下井管→稀释泥浆→填砂→止水封孔→洗井→下泵试抽→合理安排排水管路及电缆电路→试抽水→正式抽水→水位与流量记录。

2)成孔工艺。成孔工艺即管井钻进工艺,是指管井井身施工所采用的技术方法、措施以及施工工艺过程。管井钻进方法包括冲击钻进、回转钻进、前孔锤钻进、反循环钻进和空气钻进等。选择降水管井钻进方法时,应根据钻进地层的岩性及钻进设备等因素进行选择,一般以卵石和漂石为主的地层,适合采用冲击钻进或潜孔锤钻进,其他第四系地层适合采用回转钻进。

钻进过程中为避免井壁坍塌、掉块、漏失以及钻进高压含水、气层时可能发生的喷涌等井壁失稳事故,需采取井孔护壁措施。可采取泥浆护壁钻进成孔,钻进中保持泥浆密度为1.10~1.15 g/cm^3,最好采用地层自然造浆。护孔管中心、磨盘中心、大钩应成一垂线,要求护孔管进入原状土中200 mm左右。应采用减压钻进的方法,防止孔内钻具产生一次弯曲。钻孔孔斜应不大于1%,要求钻孔孔壁圆正、光滑。终孔后应彻底清孔,直至返回泥浆内不含泥块。

3)成井工艺。管井成井工艺包括安装井管、填砾、止水、洗井以及试验抽水等工序。

安装井管前应对井身与井径的质量进行检查,以确保井管顺利安装和滤料厚度均匀。应根据井管结构设计进行配管,井管焊接应保证完整无隙,避免井管脱落或渗漏。井管安放应准确到位,井管应平稳入孔、自然落下,以免损坏过滤结构。为确保井管周围填砾厚度基本一致,应在滤水管上下部各加1组扶正器。过滤器需刷洗干净,过滤器缝隙应均匀。

填砾前应保证井内泥浆稀释至密度小于1.05 g/cm^3;滤料应缓慢填入,并随填随测填砾顶面高度。在稀释泥浆时井管管口应密封,使泥浆从过滤器经过井管与孔壁的环状空间返回地面。

为避免泥皮硬化,下管填砾之后,应立即进行洗井。管井洗井方法较多,通常分为水泵洗井、活塞洗井、空压机洗井、化学洗井、二氧化碳洗井以及两种以上洗井方法组合的联合洗井。洗井方法应依据含水层特性、管井结构及管井强度等因素选用,多数采用活塞和空气压缩机联合洗井方法洗井。

(4)真空管井井点。真空管井井点是上海等软土地基地区深基坑施工使用较多的一种深层降水设备,主要适用土层渗透系数不大时的深层降水。真空管井井点即在管井井点系统上加设真空泵抽气集水系统(图4.91)。因此它除遵守管井井点的施工要点外,还需增加下列施工要点:

1)真空管井井点系统分别用真空泵抽气集水与长轴深井泵或井用潜水泵排水。井管除滤管外应严密封闭,保证井管内真空度不小于65 kPa,并与真空泵吸气管相连。吸气管路和各接头都应不漏气。对于分段布置滤管的真空管井,开挖后暴露的滤管、填砾层等采取有效封闭措施。

2)孔径通常为650 mm,井管外径通常为273 mm。孔口在地面以下1.5 m用黏土夯实。单井出水口和总出水管的连接管路中应设置单向阀。

3)真空管井井点的有效降水面积,在有隔水帷幕的基坑内降水,每个井点的有效降水面积约为250 m^2。因为挖土后井点管的悬空长度较长,在有内支撑的基坑内布置井点管时,宜

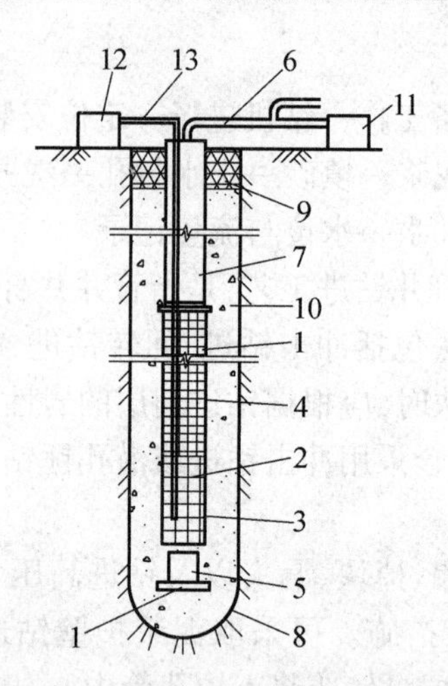

图4.91 真空管井井点构造示意图

1—滤水井管;2—钢筋焊接管架;3—铁环;4—管架外包铁丝网;5—沉砂管;6—吸水管
7—钢管;8—井孔;9—黏土封口;10—填充砂砾;11—抽水设备;12—真空机;13—真空管

使其尽量靠近内支撑。在进行基坑挖土时,需采取保护管井的措施。

6. 用于减压降水的管井井点

(1)减压降水管井构造。减压降水管井构造和疏干降水管井构造相同,只是滤管应处在承压含水层。

(2)减压降水管井设计。

1)设计原则。在大多数自然条件下,软土地区的承压水要与其上覆土层的自重应力相互平衡或小于上覆土层的自重应力。当基坑开挖至一定深度后,导致基坑底面下的土层自重应力小于下覆承压水压力,承压水将会冲破上覆土层流向坑内,坑内发生突水、涌砂或涌土,就会形成所谓的基坑突涌。基坑突涌常常具有突发性,导致基坑围护结构严重损坏或倒塌、坑外大面积地面下陷或坍塌、危及周边建筑物和地下管线的安全,以及施工人员伤亡等。基坑突涌引起的工程事故是无法挽回的灾难性事故,经济损失巨大,社会负面影响严重。

深基坑工程中必须格外重视承压水对基坑稳定性的重要影响。因为基坑突涌的发生是承压水的高水头压力造成的,通过承压水减压降水降低承压水位(一般称为"承压水头"),达到降低承压水压力的目的,已经成为最直接、最有效的承压水控制措施之一。基坑工程施工之前,应认真分析工程场地的承压水特性,确定有效的承压水降水设计方案。在基坑工程施工中,应采取有效的承压水降水措施,将承压水位严格控制在安全埋深之下。

承压水降水设计是指综合考虑基坑工程场区的工程地质与水文地质条件、基坑围护结构特征、周围环境的保护要求或变形限制条件因素,提出合理、可行的承压水降水设计理念,便于后续的降水设计、施工与运行等工作。在承压水降水设计阶段,需依据降水目的、含水层位置、厚度、隔水帷幕深度、周围环境对工程降水的限制条件、施工方法、围护结构的特点、基坑面积、开挖深度、场地施工条件等一系列因素,综合考虑减压井群的平面位置、井结构和井深等。

2)基坑内安全承压水位埋深。基坑内的安全承压水位埋深一定要同时满足基坑底部抗渗稳定与抗突涌稳定性要求,按照下式计算:

$$D \geqslant H_0 - \frac{H_0 - h}{f_w} \cdot \frac{\gamma_s}{\gamma_w} \begin{cases} h \leqslant H_d \\ H_0 - h \geqslant 1.50\ \mathrm{m} \end{cases}$$

或
$$D \geqslant h + 1.0 (H_0 - h \leqslant 1.50\ \mathrm{m}) \tag{4.2}$$

式中 D——坑内安全承压水位埋深,m;

H_0——承压含水层顶板埋深的最小值,m;

h——基坑开挖面深度,m;

H_d——基坑开挖深度,m;

f_w——承压水分项系数,取值为1.05~1.2;

γ_s——坑底至承压含水层顶板之间的土的天然重度的层厚加权平均值,kN/m^3;

γ_w——地下水重度。

3)单井最大允许涌水量。单井出水能力由工程场地的水文地质条件、井点过滤器的结构、成井工艺和设备能力等决定。承压水降水管井的出水量可按下式估算:

$$Q = 130\pi r_w l \sqrt[3]{k} \tag{4.3}$$

式中 Q——单井涌水量,m^3/d(单井涌水量还要通过现场单井抽水试验验证并确定);

l——过滤管长度,m;

r_w——井壁半径,m;

k——土的渗透系数。

4)减压降水管井布置。减压降水管井可以设置在坑内也可以设置在坑外,当现场客观条件不能完全符合完全布置在坑内或坑外时也可以坑内-坑外联合布置。当布置在坑内时,在具体施工时应远离支撑、工程桩和坑底的抽条加固区,同时尽可能靠近支撑以便井口固定。井的深度应根据相应的区域的基坑开挖深度来确定。降水工作应与开挖施工密切配合,根据开挖的顺序、开挖的进度等情况随时调整降水井的运行数量。

①坑内减压降水。对于坑内减压降水而言,不但将减压降水井布置在基坑内部,而且必须确保减压井过滤器底端的深度不大于隔水帷幕底端的深度,才是真正意义上的坑内减压降水。坑内井群抽水以后,坑外的承压水需绕过隔水帷幕的底端,绕流进入坑内,同时下部含水层中的水经过坑底流入基坑,在坑内承压水位下降到安全埋深以下时,坑外的水位降深相对下降较小,从而因为降水引起的地面变形也较小。

如果仅将减压降水井设置在坑内,但降水井过滤器底端的深度大于隔水帷幕底端的深度,伸入承压含水层下部,则抽出的大量地下水源自隔水帷幕以下的水平径向流,不但使基坑外侧承压含水层的水位降深增大,降水导致的地面变形也增大,失去了坑内减压降水的意义,成为“形式上的坑内减压降水”。换言之,坑内减压降水必须合理布置减压井过滤器的位置,充分利用隔水帷幕的挡水(屏蔽)功效,以很小的抽水流量,是基坑范围内的承压水水头降低到设计标高以下,并尽可能减小坑外水头降低,即减少因为降水而引起的地面变形。

符合以下条件之一时,应采用坑内减压降水方案:

a.当隔水帷幕部分插进减压降水承压含水层中,隔水帷幕进入承压含水层顶板之下的长度L不小于承压含水层厚度的1/2,如图4.92(a)所示,或不小于10.0 m,如图4.92(b)所示,隔水帷幕对基坑内外承压水渗流具有显著的阻隔效应。

b.当隔水帷幕进入承压含水层,并进入承压含水层底板之下的半隔水层或弱透水层中,

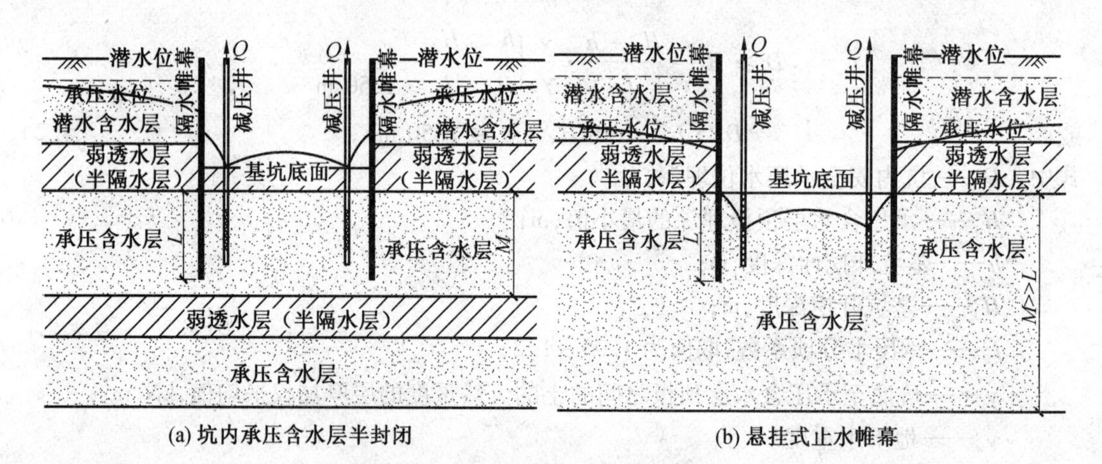

图4.92 承压含水层不封闭条件下的坑内减压降水示意图

隔水帷幕已经完全阻断了基坑内外承压含水层之间的水力联系，如图4.93所示。隔水帷幕底端都已进入需要进行减压降水的承压含水层顶板之下，并在承压含水层形成了有效隔水边界。因为隔水帷幕进入承压含水层顶板以下长度的差异和减压降水井结构的差异性，在群井抽水影响下形成的地下水渗流场形态也具有较大差异。地下水运动不再是平面流或以平面流为主的运动，而是形成三维地下水非稳定渗流场，渗流计算时需考虑含水层的各向异性，不能应用解析法求解，必须借助三维数值方法求解。

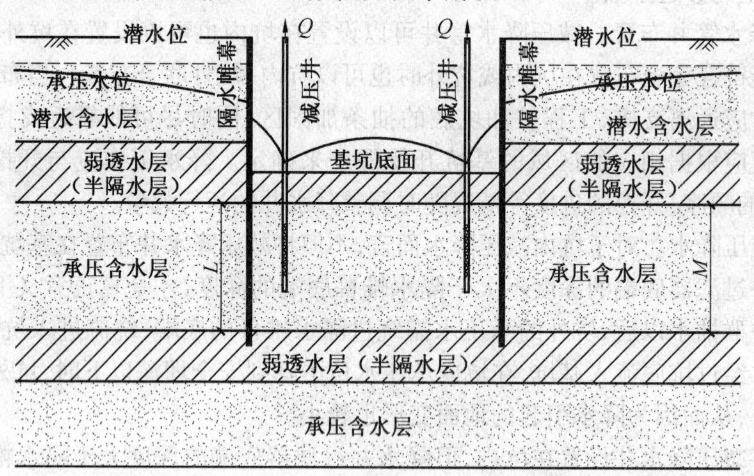

图4.93 承压含水层全封闭条件下坑内减压降水示意图

②坑外减压降水。对于坑外减压降水而言，不但将减压降水井布置在基坑围护体外侧，而且要使减压井过滤器底端的深度不低于隔水帷幕底端的深度，才能确保坑外减压降水效果。

若坑外减压降水井过滤器埋藏深度低于隔水帷幕深度，则坑内地下水需绕过隔水帷幕底端后方可进入坑外降水井内，抽出的地下水大部分源自坑外的水平径向流，导致坑内水位下降缓慢或降水失效，不但使得基坑外侧承压含水层的水位降深增大，降水引起的地面变形也变大。换言之，坑外减压降水必须合理规划减压井过滤器的位置，减小隔水帷幕的挡水（屏蔽）功效，以极小的抽水流量，使基坑范围内的承压水水头降低到设计标高以下，尽可能减小坑外水头降深与降水引起的地面变形。

符合以下条件之一时，隔水帷幕未在降水目的承压含水层中形成有效的隔水边界，宜优先选择坑外减压降水方案：

a. 当隔水帷幕未进入下部降水目的承压含水层中，如图4.94(a)所示。

b. 隔水帷幕进入降水目的承压含水层顶板之下的长度L远小于承压含水层厚度，且不超过5.0 m，如图4.94(b)所示。隔水帷幕底端没有进入需要进行减压降水的承压含水层顶板以下或进入含水层中的长度有限，没有在承压含水层形成人为的有效隔水边界，即隔水帷幕对减压降水造成的承压水渗流的影响极小，可以忽略不计。所以可采用承压水渗流理论的解析公式，计算、预测承压水渗流场内任意点的水位降深，但其适用条件应和现场水文地质实际条件基本一致。

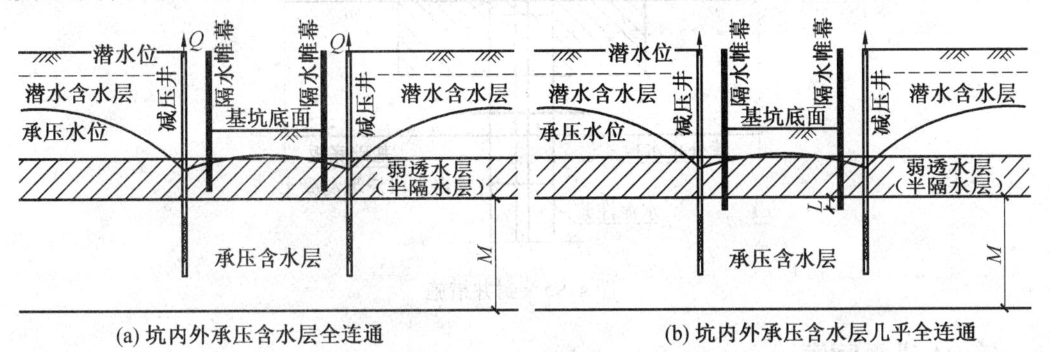

(a) 坑内外承压含水层全连通　　(b) 坑内外承压含水层几乎全连通

图4.94　坑外减压降水示意图

③坑内-坑外联合减压降水。当现场客观条件不能完全符合前述关于坑内减压降水或坑外减压降水的选择条件时，可综合考虑现场施工条件、水文地质条件、隔水帷幕特征，以及基坑周围环境特征和保护要求等，选用合理的坑内-坑外联合减压方案。

(3)管井施工。减压降水管井施工和疏干降水管井施工相同。

(4)减压降水运行控制。减压降水运行应符合承压水位控制在安全埋深以下的要求，同时需考虑其对周边环境的不利影响。主要的控制原则包括：

1)应严格遵守“按需减压降水”的原则，充分考虑环境因素、安全承压水位埋深与基坑施工工况之间的关系，确定各施工区段的阶段性承压水位控制标准，制定详尽的减压降水运行方案；降水运行过程中，需严格执行减压降水运行方案。如基坑施工工况发生变化，应立即调整或修改降水运行方案。

2)所有减压井抽出的水应排到基坑影响范围之外或附近天然水体中。现场排水能力应充分考虑到所有减压井(包括备用井)全部启用时的排水量。每个减压井的水泵出口应安装水量计量装置和单向阀。

3)减压井全部施工完成、现场排水系统安装结束后，应进行一次抽水试验或减压降水试运行，对电力系统(包括备用电源)、排水系统、井内抽水泵、量测系统以及自动监控系统等进行一次全面检验。

4)不同含水层中的地下水位观测井应单独布置，坑外同一含水层中观测井之间的水平间距应为50 m，坑内水位观测井(兼备用井)数量最好为同类型降水井总数的5% ~10%。

(5)封井。停止降水后，应对降水管井采取有效的封井措施。封井时间及措施应符合设计要求。

对于基础底板浇筑前已经停止降水的管井,浇筑底板前可将井管切割到垫层面附近,井管内采用黏性土充填密实,然后采用钢板和井管管口焊接、封闭。

对于基础底板浇筑后仍需保留且持续降水的管井,应采取专门的封井措施如图4.95所示。封井时需考虑承压水风险和基础底板的防水。

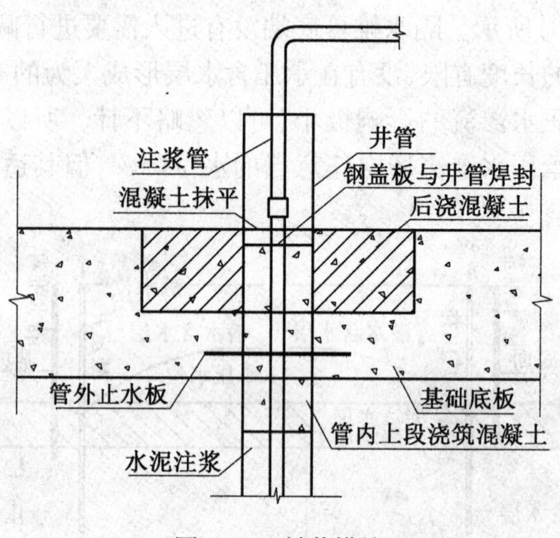

图4.95 封井措施

第94讲 回灌

当基坑外地下水位降幅较大、基坑周围有需要保护的建(构)筑物或地下管线时,应采用地下水人工回灌措施。回灌措施分为回灌井、回灌砂井、回灌砂沟和水位观测井等。回灌砂井、回灌砂沟通常用于浅层潜水回灌,回灌井用于承压水回灌。

对于坑内减压降水,坑外回灌井深度不应超过承压含水层中基坑截水帷幕的深度,以影响坑内减压降水效果。对于坑外减压降水,回灌井和减压井的间距宜通过计算确定,回灌砂井或回灌砂沟和降水井点的距离通常不宜小于6 m,以防降水井点仅抽吸回灌井点的水,而使基坑内水位不能下降。回灌砂沟应设在透水性较好的土层内。在回灌保护范围内,应布置水位观测井,根据水位动态变化调节回灌水量。

回灌井可分为自然回灌井和加压回灌井。自然回灌井的回灌压力和回灌水源的压力相同,通常取0.1~0.2 MPa。加压回灌井通过管口处的增压泵提高回灌压力,通常取0.3~0.5 MPa。回灌压力不宜超过过滤管顶端以上的覆土重量,以免地面处回灌水或泥浆混合液的喷溢。

回灌井施工结束至开始回灌,至少有2~3周的时间间隔,以确保井管周围止水封闭层充分密实,以免回灌水沿井管周围向上反渗、地面泥浆水喷溢。井管外侧止水封闭层顶到地面之间,宜用素混凝土充填密实。

为确保回灌畅通,回灌井过滤器部位宜扩大孔径或采用双层过滤结构。回灌过程中为避免回灌井堵塞,每天应进行至少1~2次回扬,直到出水由浑浊变清后,恢复回灌。

回灌水必须是洁净的自来水或使用同一含水层中的地下水,并应经常检查回灌设施,避免堵塞。

4.13　沉井施工细部做法

第95讲　沉井施工流程

沉井的施工流程如图4.96所示。

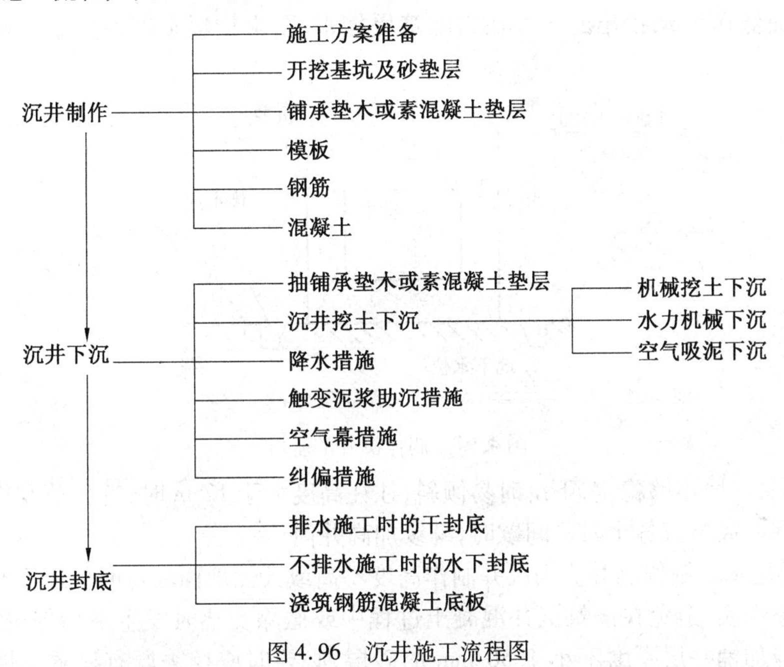

图4.96　沉井施工流程图

第96讲　沉井制作

1. 施工方案准备

沉井制作前应对施工场地进行勘察,查清并排除地面及地面3 m以内的障碍物(例如房屋构筑物、管道、树根、电缆线路等)。并且要熟悉工程地质、水文地质、施工图纸等资料,场地的地质状况、地下水状况及地下障碍物状况等。施工前,应在沉井施工地点进行钻孔。敷设水电管线、修筑临时道路,平整场地,即三通一平;同时搭建必要的临时设施,集中必要的材料、机具设备及劳动力。此外,根据工程结构特点、地质水文情况、施工设备条件、技术的可能性,编制行之有效的施工方案或施工技术措施,以指导施工。在施工时需按沉井平面设置测量控制网,进行抄平放线,并布置水准基点及沉降观测点。在原有建筑物附近下沉的沉井,需在沉井(箱)周边的原有建筑物上布置变形(位移)和沉降观测点,对其进行定期沉降观测。

2. 沉井的制作

制作沉井的场地应事先清理、平整和夯实,使地基在沉井制作过程中不会发生不均匀沉降。制作沉井的地基应具有足够的承载力,防止沉井在制作过程中发生不均匀沉陷,造成倾斜甚至井壁开裂。在松软地基上进行沉井制作,应先对地基进行处理,防止因为地基不均匀下沉引起井身裂缝。处理方法经常采用砂、砂砾、混凝土、灰土垫层或人工夯实、机械碾压等加固措施。

沉井制作通常有三种方法：在修建构筑物地面上制作，适用于地下水位高及净空允许的情况；人工筑岛制作，适用于在浅水中制作；在基坑中制作，适用于地下水位低、净空不高的情况，可减少下沉深度、摩阻力和作业高度。以上三种制作方法可根据不同情况选用，使用较多的是在基坑中制作。

采取在基坑中制作，基坑应比沉井宽2～3 m，四周设置排水沟、集水井，使地下水位下降到比基坑底面低0.5 m，挖出的土方在周围筑堤挡水，要求护堤宽度不少于2 m，如图4.97所示。

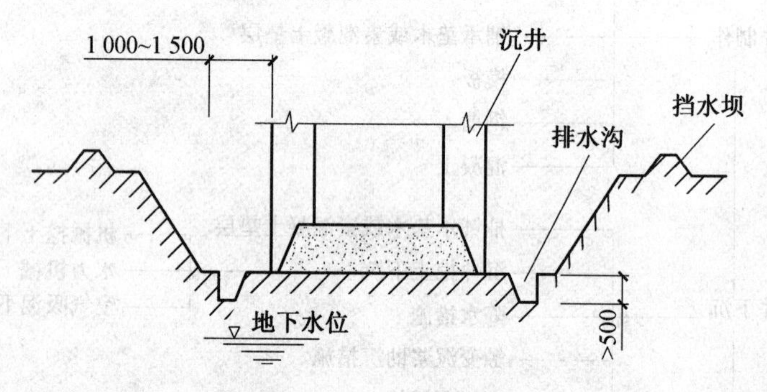

图4.97　制作沉井的基坑

沉井过高，一般不够稳定，下沉时易倾斜，往往高度大于12 m时，宜分节制作；在沉井下沉过程中或在井筒下沉各个阶段间歇时，继续加高井筒。

(1)不开挖基坑制作沉井。当沉井制作高度不高或天然地面较低时可以不开挖基坑，仅需将场地平整夯实，避免在浇筑沉井混凝土过程中或撤除支垫时发生不均匀沉陷。如果场地高低不平应加铺一层厚度不小于50 mm的砂层，必要时应挖去原有松软土层，再铺设砂层。

(2)开挖基坑制作沉井。

1)应根据沉井平面尺寸决定基坑底面尺寸、开挖深度和边坡大小，定出基坑平面的开挖边线，整平场地后根据设计图纸上的沉井坐标确定沉井中心桩，以及纵横轴线控制桩，并设置控制桩的攀线桩作为沉井制作及下沉过程的控制桩。也可利用附近的固定建筑物设置控制点。上述施工放样完毕，须经技术部门复核后才能开工。

2)刃脚外侧面至基坑底边的距离一般为1.5～2.0 m，以能符合施工人员绑扎钢筋及树立外模板为原则。

3)基坑开挖的深度根据水文、工程地质条件和第一节沉井要求的浇筑高度断定。为了减少沉井的下沉深度，也可加深基坑的开挖深度，但如果挖出表土硬壳层后坑底为很软弱淤泥，则不宜挖除表面硬土，应经过综合比较决定合理的深度。

当不设边坡支护的基坑开挖深度在5 m以内且坑底在降低后的地下水位以上时，基坑最大允许边坡见表4.5。

表 4.5　深度在 5 m 以内的基坑边坡的最陡坡度

土的类别	边坡坡度(高∶宽)		
	坡顶无荷载	坡顶有静载	坡顶有动载
硬塑的黏质粉土	1∶0.67	1∶0.75	1∶1
硬塑的粉质黏土、黏土	1∶0.33	1∶0.5	1∶0.67
软土(经井点降水后)	1∶1.0~1∶1.5	经计算定	经计算定

4)基坑底部如果有暗浜、土质松软的土层应加以清除。在井壁中心线的两侧各 1 m 范围内回填砂性土整平振实,以免沉井在制作过程中产生不均匀沉陷。开挖基坑应分层按顺序进行,底面浮泥需清除干净并保持平整和疏干状态。

5)基坑及沉井挖土通常外运,如条件许可在现场堆放,距基坑边缘的距离一般不应小于沉井下沉深度的两倍,并不能影响现场交通、排水及下一步施工。用钻吸法下沉沉井时自井下吸出的泥浆须经过沉淀池沉淀和疏干后,用封闭式车斗运走。

(3)人工筑岛制作沉井。如果沉井在浅水(水深小于 5 m)地段下沉,可填筑人工岛制作沉井,岛面应高出施工期的最高水位 0.5 m 以上,四周留有护道,其宽度为:当有围堰时,不能小于 1.5 m;无围堰时,不能小于 2.0 m,如图 4.98 所示。筑岛材料应采用低压缩性的中砂、粗砂、砾石,不能用黏性土、细砂、淤泥、泥炭等,也不宜使用大块砾石。当水流速度超过表 4.6 所列数值时,必须在边坡用草袋堆筑或用其他方法防护。当水深在 1.5 m、流速在 0.5 m/s以内时,也可直接用土填筑,而不用设围堰。

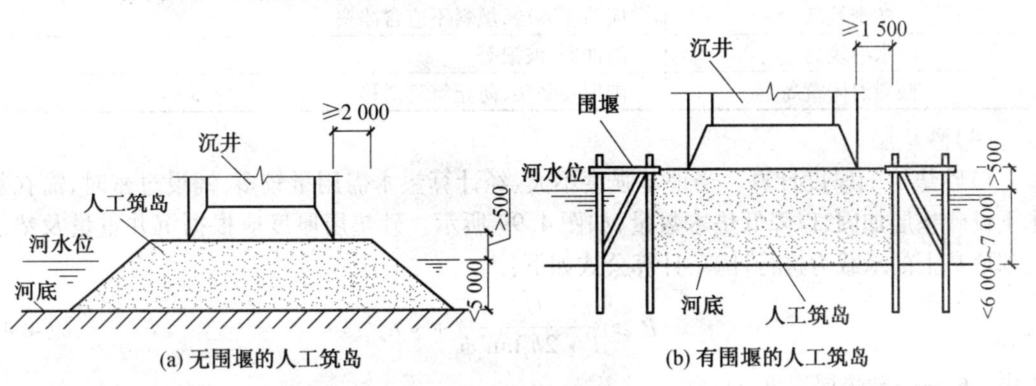

图 4.98　人工筑岛(单位:mm)

表 4.6　筑岛土料与容许流速

土料种类	容许流速/(m·s⁻¹)	
	土表面处流速	平均流速
粗砂(粒径 1.0~2.5 mm)	0.65	0.8
中等砾石(粒径 25~40 mm)	1.0	1.2
粗砾石(粒径 40~75 mm)	1.2	1.5

各种围堰筑岛的选择条件见表 4.7,筑岛施工要求见表 4.8。

表4.7 各种围堰筑岛的选择条件

围堰名称	适用条件		
	水深/m	流速/$(m \cdot s^{-1})$	说明及适用条件
草袋围堰	<3.5	1.2~2.0	淤泥质河床或沉陷较大的地层未经处理者,不宜使用
笼石围堰	<3.5	≤3.0	
木笼围堰			水深流急,河床坚实平坦,不能打桩有较大流冰围堰外侧无法支撑者用之
木板桩围堰	3~5		河床应为能打入板桩的地层
钢板桩围堰			能打入硬层,宜于作深水筑岛围堰

表4.8 筑岛施工中的各项要求

项目	要求
筑岛填料	应以砂、砂夹卵石、小砾石填筑,不应采用黏性土、淤泥、泥炭及大块砾石填筑
岛面标高	应高出最高施工水位或地下水位至少0.5 m
水面以上部分的填筑	应分层夯实或碾压密实,每层厚度控制为30 cm以下
岛面容许承压应力	一般不宜小于0.1 MPa;或按设计要求
护道最小宽度	土岛为2 m;围堰筑岛为1.5 m,当需要设置暖棚或其他施工设施时须另行加宽
外侧边坡	为1∶1.75~1∶3之间
冬季筑岛	应清除冰层,填料不应含冰块
水中筑岛	防冲刷、波浪等
倾斜河床筑岛	围堰要坚实,防止筑岛滑移

(4)砂垫层。

1)砂垫层的厚度计算。当地基强度不大、经计算垫木需用量较多,铺设过密时,需在垫木下设砂垫层加固,以降低垫木数量,如图4.99所示。砂垫层厚度应根据沉井重量及垫层底部地基土的承载力进行计算,计算公式如下:

$$P \geqslant \frac{G_0}{l + 2h_s \tan \phi} + \gamma_s h_s \tag{4.4}$$

式中 h_s——砂垫层厚度,m;

G_0——沉井单位长度的重量,(kN/m);

P——地基土的承载力,kPa;

l——承垫木长度,m;

ϕ——砂垫层压力扩散角,(°),不大于45°,一般取22.5°;

γ_s——砂的重度,一般为18 kN/m^3。

2)砂垫层宽度的计算。如果沉井平面尺寸很大,而当地砂料又不够时,为了节约砂料,亦可将沉井外井壁喝内墙挖成条形基坑。砂垫层的底面尺寸(即基坑坑底宽度),如图4.100所示,可由承垫木边缘向下作45°的直线扩大确定。

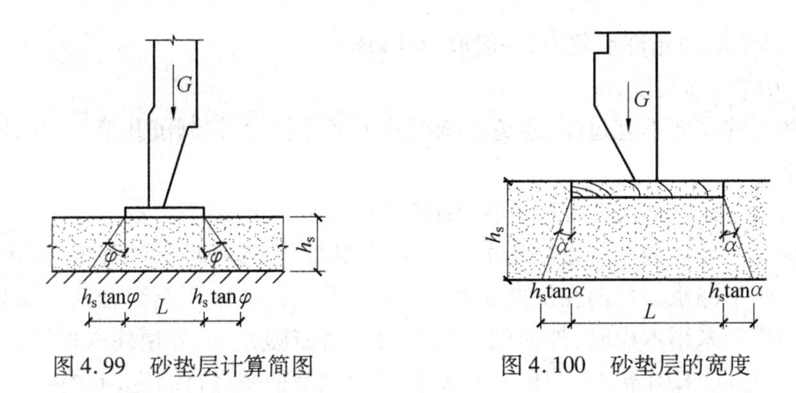

图4.99　砂垫层计算简图　　图4.100　砂垫层的宽度

同时,为了抽除承垫木的需要,砂垫层的宽度不得小于井壁内外侧各有一根承垫木长度,即:

$$B>b+2l \tag{4.5}$$

式中　B——砂垫层的底面宽度,m;

b——刃脚踏面或隔墙的宽度,m;

l——承垫木的长度,m。

3)砂垫层应采用中粗砂,分层铺设,厚度为250~300 mm,用平板振捣器夯实,并洒水。砂垫层密实度的质量标准用砂的干密度进行控制,中砂取≥15.6~16 kN/m^3,粗砂还可适当提高。

(5)素混凝土垫层。

1)刃脚下素混凝土垫层。目前,沉井工程已少用承垫木法施工,而是改为直接在砂垫层上铺设一层素混凝土,这种方法在工程实践中取得了较显著的经济效益。如图4.101所示。

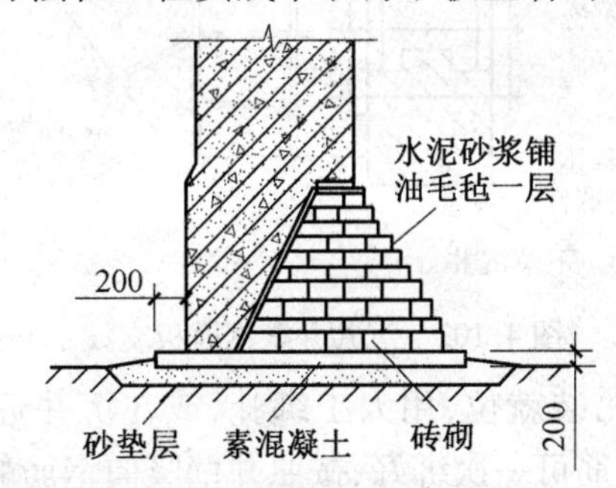

图4.101　刃脚下采用素混凝土垫层(单位:mm)

为了缓解沉井刃脚对砂垫层或地基土的压力,扩大刃脚支撑面积,省去刃脚支底模的步骤,因此在传统的砂垫层或地基上铺设一层素混凝土垫层,其厚度通常在10~30 cm,素混凝土垫层的厚度太薄可能因为刃脚压力较大而压碎,垫层太厚可能造成沉井下沉困难。

2)混凝土垫层厚度的计算。为了保证沉井下素混凝土的质量,尽可能减少混凝土在浇灌过程中所产生的沉降量,混凝土垫层厚度可按照下式计算:

$$h=\left(\frac{G}{R}-b\right)/2 \tag{4.6}$$

式中　h——混凝土垫层的厚度,m;

G——沉井第一节浇筑重力,kN;

R——砂垫层的允许承载力，一般取 100 kPa；

b——刃脚踏面宽度，m。

混凝土垫层的厚度不宜过厚，避免影响沉井下沉，同时要控制沉井第一节结构的重量。

3. 混凝土工程

沉井混凝土工程包括沉井井壁支模、钢筋绑扎和混凝土浇筑。

沉井模板与一般现浇混凝土结构的模板大致相同，应具有足够的强度、刚度、整体稳定性以及缝隙严密不漏浆。目前在沉井工程中，井壁模板通常采用钢组合式定型模板或木定型模板组装而成。采用木模时，外模朝混凝土的一面需刨光，内外模均采取竖向分节支设，每节高 1.5～2.0 m，采用 ϕ(12～16) mm 对拉螺栓拉槽钢圈进行固定，如图 4.102 所示。有抗渗要求的，在螺栓中间设置止水板。第一节沉井筒壁应按照设计尺寸周边加大 10～15 mm，第二节相应缩小一些，以减少下沉摩阻力。对高度大的大型沉井，也可采用滑模方法制作。用滑动模板浇筑混凝土，可以不必设置脚手架，也可以避免在高空进行模板的安装和拆除工作。滑模是在特殊装置下，以一小部分的模板，随着混凝土的浇筑工作进行，慢慢地连续上升，直到整个结构浇筑完毕为止。

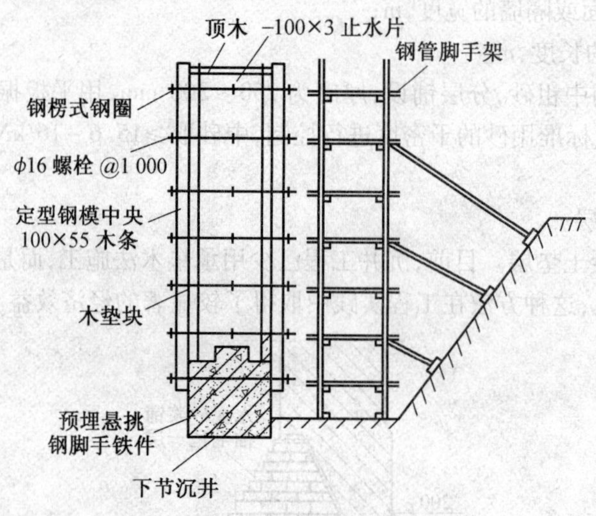

图 4.102　沉井井壁钢模板支设

沉井钢筋可用吊车垂直吊装就位，用人工绑扎，或在沉井近旁事先绑扎钢筋骨架或网片，用吊车进行大块安装。竖筋可一次绑好，按照井壁竖向钢筋的 50% 接头配置。水平筋分段绑扎。在分不清是受拉区还是受压区时，应按照受拉区的规定留出钢筋的搭接长度。和前一节井壁连接处伸出的插筋采用焊接连接方法，接头错开 1/4。沉井内隔墙可采取和井壁同时浇筑或在井壁与内隔墙连接部位预留插筋，下沉完成后，再施工隔墙。

沉井混凝土浇筑，可依据沉井高度及下沉工艺的要求采用不同方法浇筑。

对于高度在 10 m 之内的沉井可一次浇筑完成，浇筑混凝土时应分层对称地进行施工，每层混凝土的浇筑厚度需符合表 4.9 的要求，且应在混凝土初凝时间内浇筑完一层，防止出现冷缝。沉井拆模时对混凝土强度需有一定要求，当混凝土强度达到设计强度的 25% 以上时，才能拆除不承受混凝土重量的侧模；当达到设计强度的 70% 或按照设计要求，可拆除刃脚斜面的支撑和模板。

表4.9　浇筑混凝土分层厚度

项目	分层厚度应小于
使用插入式振捣器	振捣器作用半径的1.25倍
人工震捣	15~25 mm
灌注一层的时间不应超过水泥初凝时间 t	$h \leqslant Qt/A$(m)

注:Q 为每小时浇筑混凝土量(m^3);t 为水泥初凝时间(h);A 为混凝土浇筑面积(m^2)。

对于需要分节浇筑时,第一节混凝土的浇筑和单节式混凝土的浇筑相同,第一节混凝土强度达到设计强度的70%以上,可浇筑第二节沉井的混凝土,混凝土接触面处必须进行凿毛、吹洗等处理。分节浇筑、分节下沉时,第一节沉井顶端需在距离地面0.5~1 m处停止下沉,并开始接高施工,每节浇筑高度不少于4 m(通常为4~5 m),之后接高模板,由于沉井下沉时地面有一定沉陷,因此模板不可支撑在地面上。

第97讲　沉井下沉

沉井下沉按其制作与下沉的顺序,包括三种形式:

(1)一次制作,一次下沉。一般中小型沉井,高度不大,地基良好或者经过人工加固后获得较大的地基承载力时,宜采用一次制作,一次下沉方式。通常来说,以该方式施工的沉井在10 m以内为宜。

(2)分节制作,多次下沉。将井墙沿着高度分成几段,每段为一节,制作一节,下沉一节,循环进行。该方案的优点为沉井分段高度小,对地基要求不高;缺点为工序多,工期长,而且在接高井壁时容易产生倾斜和突沉,需要进行稳定验算。

(3)分节制作,一次下沉。这种方式的优点是脚手架与模板可连续使用,下沉设备一次安装,有助于滑模;缺点是对地基条件要求高,高空作业困难。我国目前采取该方式制作的沉井,全高已达30 m以上。

沉井下沉主要是通过从沉井内通过机械或人工方法均匀取土,减小沉井内侧土的摩阻力和刃脚处的端承力,使沉井依靠自重下沉。沉井下沉时需先凿除下部混凝土垫层,并且选择合适的下沉方法进行下沉,下沉前沉井井壁需具有一定的强度,第一节混凝土或砌体砂浆需达到设计强度的100%,其上各节达到70%以后,才能开始下沉。

1. 凿除混凝土垫层

沉井下沉之前,应先凿除素混凝土垫层,使得沉井刃脚均匀地落入土层中,凿除混凝土垫层时,应分区域对称按照顺序凿除。凿断线应与刃脚底板齐平,凿断之后的碎渣应立即清除,空隙处应立即采用砂或砂石回填,回填时采取分层洒水夯实,每层20~30 cm,如图4.103所示。

2. 下沉方法

沉井下沉包括排水下沉和不排水下沉两种方法。前者适用于渗水量较小(每平方米渗水不大于1 m^3/min)、稳定的黏性土(如黏土、亚黏土和各种岩质土)或在砂砾层中渗水量虽较大,但排水并不困难时使用;后者适用于流砂严重的地层与渗水量大的砂砾地层,以及地下水不能排除或大量排水会影响附近建筑物的安全的情况。

(1)排水下沉。常用人工或风动工具,或在井内应用小型反铲挖土机,在地面用抓斗挖土机分层开挖。挖土应对称、均匀地进行,使沉井均匀下沉。挖土方法视土质情况而定,一

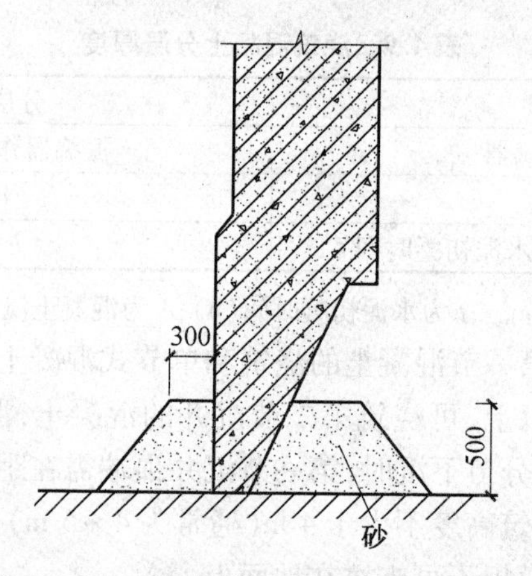

图4.103　刃脚回填砂或砂卵石(单位:mm)

般方法是:

1)普通土层。从沉井中间开始挖向四周,每层挖土厚0.4~0.5 m,在刃脚处留有1~1.5 m的台阶,然后沿沉井壁每2~3 m一段向刃脚方向依次全面、对称、均匀地开挖土层,每次挖去5~10 cm,当土层无法承受刃脚的挤压而破裂,沉井就在自重作用下均匀地破土下沉,如图4.104(a)所示。当沉井下沉很少或不下沉时,可继续从中间向下挖0.4~0.5 m,并按图4.104(a)向四周继续均匀掏挖,使沉井平稳下沉。当在若干井孔内挖土时,为使其下沉均匀,孔格内挖土高差不能超过1.0 m。刃脚下部土方需边挖边清理。

2)砂夹卵石或硬土层。可按图4.104(a)所示的方法挖土,当土垅挖到刃脚,沉井仍不下沉或下沉不平稳,则必须按平面布置分段的次序逐段对称地将刃脚下挖空,并挖出刃脚外壁10 cm左右,每段挖完用小卵石填塞夯实,等到全部挖空回填后,再分层去掉回填的小卵石,可使得沉井均匀减少承压面而平衡下沉,如图4.104(b)所示。

3)岩层。风化或软质岩层可采用风镐或风铲等按图4.104(a)的次序开挖。较硬的岩层可按照图4.104(c)所示的顺序进行,在刃口打炮孔,进行松动爆破,炮孔深1.3 m,以1 m间距梅花形交错排列,使得炮孔伸出刃脚口外15~30 cm,方便开挖宽度可超出刃口5~10 cm。下沉时,顺刃脚分段顺序,每次挖1 m宽就进行回填,如此逐段进行,直至全部回填,再去除土堆,使沉井平稳下沉。

在开始5 m以内下沉时,要格外注意保持平面位置与垂直度正确,避免继续下沉时不易调整。在距离设计标高20 cm左右应停止取土,凭借沉井自重下沉到设计标高。在沉井开始下沉以及将要下沉至设计标高时,周边开挖深度应小于30 cm或更少一些,防止发生倾斜或超沉。

(2)不排水下沉。一般采用抓斗、水力吸泥机或水力冲射空气吸泥机等在水下挖土。

1)抓斗挖土。用吊车吊住抓斗挖掘井底中央位置的土,使沉井底形成锅底。在砂或砾石类土中,通常当锅底比刃脚低1~1.5 m时,沉井即可靠自重下沉,而将刃脚下的土挤向中央锅底,继续从井孔中继续抓土,沉井即可下沉。在黏质土或紧密土中,刃脚下的土很难向中央坍落,则应配以射水管松土,如图4.105所示。沉井由数个井孔组成时,每个井孔宜配备一台抓斗。如果用一台抓斗抓土时,应对称逐孔轮流进行,使其均匀下沉,各井孔内土面高差需不大于0.5 m。

2)水力机械冲土。使用高压水泵将高压水流通过进水管分别输送到沉井内的高压水枪

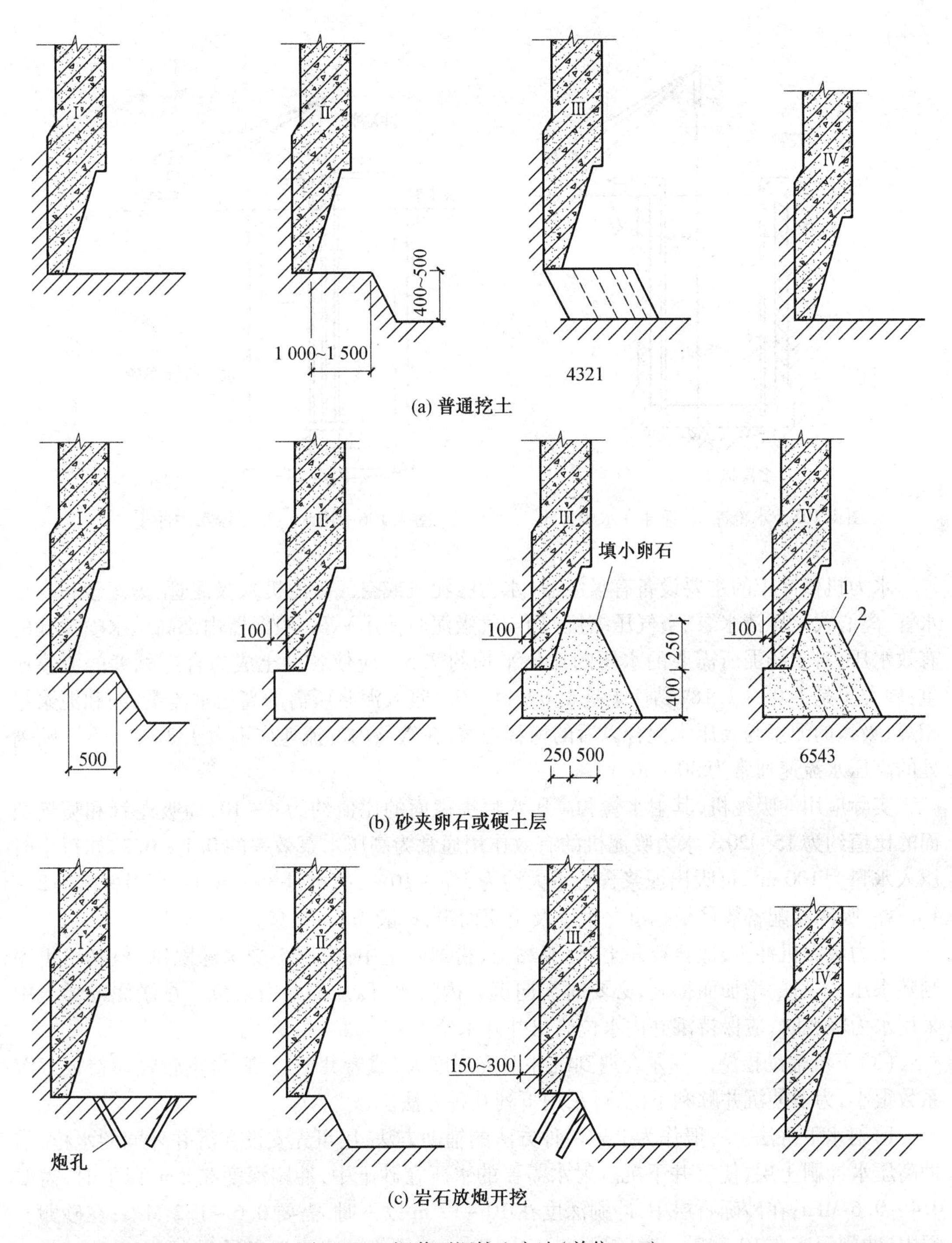

图4.104 沉井下沉挖土方法(单位:mm)

和水力吸泥机,利用高压水枪射出的高压水流冲洗土层,使其形成一定稠度的泥浆,汇流到集泥坑,然后用水力吸泥机(或空气吸泥机)将泥浆吸出,从排泥管排出井外,如图4.106所示。冲黏性土时,应使喷嘴接近90°角冲刷立面,将立面底部冲成缺口使其塌落。取土顺序是先中央后四周,并沿刃脚留出土台,最后对称分层冲挖,不能冲空刃脚踏面下的土层。施工时,应使高压水枪冲刷井底形成的泥浆量和渗入的水量与水力吸泥机吸出的泥浆量保持平衡。

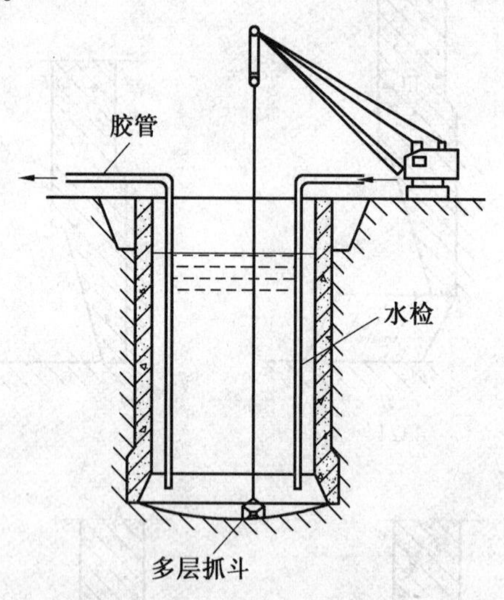

图4.105 水枪冲土、抓斗在水中抓土

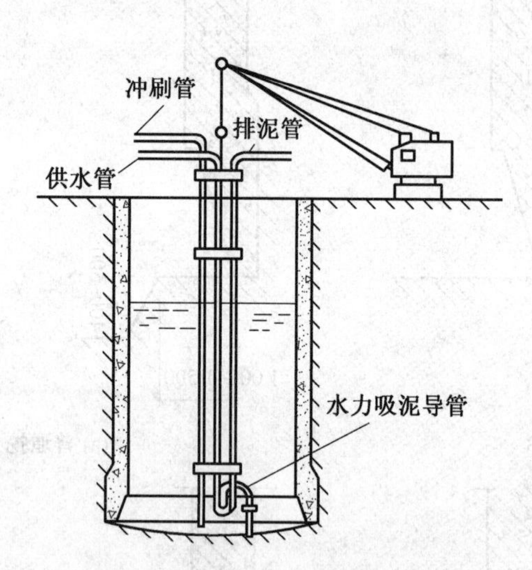

图4.106 用水力吸泥器水中冲土

水力机械冲土的主要设备有吸泥器(水力吸泥机或空气吸泥机)、吸泥管、扬泥管和高压水管、离心式高压清水泵、空气压缩机(用空气吸泥时使用)等。吸泥器内部高压水喷嘴处的有效水压,对于扬泥所需要的水压的比值平均约7.5。应使各种土成为合适稠度的泥浆比重:砂类土是1.08~1.18;黏性土是1.09~1.20。吸入泥浆所需的高压水流量,约和泥浆量相等,吸入的泥浆与高压水混合以后的稀释泥浆,在管路内的流速应不大于2~3 m/s。喷嘴处的高压水流速通常为30~40 m/s。

实际应用的吸泥机,其射水管和高压水喷嘴截面的比值约为4~10,而吸泥管和喷嘴截面的比值约为15~20。水力吸泥机的有效作用通常为高压水泵效率的0.1~0.2,如每小时压入水量为100 m^3,可吸出泥浆含土量大约为5%~10%,高度是35~40 m,喷射速度是3~4 m/s。吸泥器配备数量根据沉井大小及土质而定,一般为2~6套。

水力吸泥机冲土,适合亚黏土、轻亚黏土、粉细砂土中;应用不受水深限制,但其出土率则随水压、水量的增加而提高,必要时需向沉井内注水,以加高井内水位。在淤泥或浮土中采用水力吸泥时,应保持沉井内水位高出井外水位1~2 m。

(3)下沉辅助措施。偶尔会遇到沉井下沉深度大,或者井壁较薄、自重较轻而造成下沉系数很小,为了使沉井顺利下沉,可采用下列几种方法。

1)射水下沉法。一般作为上述两种方法的辅助方法,用事先安设在沉井外壁的水枪,借助高压水冲刷土层,使沉井下沉。射水需要的水压在砂土中,冲刷深度在8 m以下时,需要0.4~0.6 MPa;在砂砾石层中,冲刷深度在10~12 m以下时,需要0.6~1.2 MPa;在砂卵石层中,冲刷深度在10~12 m时,需要8~20 MPa。冲刷管的出水口口径为10~12 mm,每一管的喷水量不能小于0.2 m^3/s,如图4.107所示。但本法不适合黏土中下沉。

2)触变泥浆护壁下沉法。沉井下沉用的触变泥浆,通常是由水、黏土、化学处理剂及其他一些惰性物质组成,常用膨润土、淡水、纯碱当作触变泥浆的材料。

采用触变泥浆护壁下沉法时,沉井外壁需制成宽度为10~20 cm的台阶作为泥浆槽。泥浆通过泥浆泵、砂浆泵或气压罐通过预埋在井壁体内或设在井内的垂直压浆管压入,如图

4.108所示,使得外井壁泥浆槽内充满触变泥浆,其液面接近于自然地面。为了避免漏浆,在刃脚台阶上宜钉一层2 mm厚的橡胶皮,同时在挖土时注意不让刃脚底部脱空。在泥浆泵房内要存储一定数量的泥浆,以便下沉时不停补浆。在沉井下沉到设计标高后,泥浆套应按照设计要求进行处理,一般采用水泥浆、水泥砂浆或其他材料来置换触变泥浆,即将水泥浆、水泥砂浆或其它材料从泥浆套底部压入,使压进的水泥浆、水泥砂浆等凝固材料挤出泥浆,等到其凝固后,沉井即可稳定。

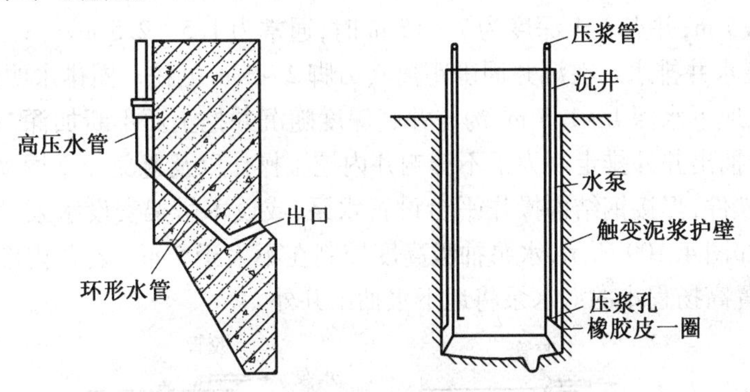

图4.107　沉井预埋冲刷管组　　图4.108　触变泥浆护壁下沉方法

触变泥浆的物理力学性能指标详见表4.10。

表4.10　触变泥浆技术指标

名称	单位	指标	试验方法
比重	—	1.1~1.40	泥浆比重秤
黏度	S	>30	500~700 cc/漏斗法
含砂量	%	<4	洗砂瓶
胶体率	%	100	量杯法
失水量	mL/30 min	<14	失水量仪
泥皮厚度	mm	≤3	失水量仪
静切力	mg/cm^2	>30	静切力计(10 min)
pH值	—	≥8	pH试纸

注:泥浆配合比为:黏土∶水=(35%~40%)∶(60%~65%)。

3)抽水下沉法。不排水下沉的沉井,以抽水降低井内水位,降低浮力,可使沉井下沉。如果有翻砂涌泥时,不宜选用此法。

4)井外挖土下沉法。如果上层土中有砂砾或卵石层,井外挖土下沉就很有效。

5)压重下沉法。可利用灌水、铁块,或使用草袋装砂土,以及接高混凝土筒壁等加压配重,使沉井下沉,但要格外注意均匀对称加重。

6)炮震下沉法。当沉井内的土已经挖出掏空而沉井却不下沉时,可在井中央的泥土面上放置炸药起爆,一般用药量为0.1~0.2 kg。同一沉井,同一地层不宜多于4次。

3.降水措施

基坑底部四周需挖出一定坡度的排水沟和基坑四周的集水井相通。集水井比排水沟低500 mm以上,将汇集的地面水与地下水及时用潜水泵、离心泵等抽除。基坑中应避免雨水积聚,保持排水通畅。

基坑面积较小,坑底是渗透系数较大的砂质含水土层时可布置土井降水。土井常常布置在基坑周围,其间距根据土质而定。通常用800~900 mm直径的渗水混凝土管,四周设置外大内小的孔眼,孔眼一般直径为40 mm,用木塞塞住,混凝土管下沉就位后自内而外敲去木塞,用旧麻袋布填塞。在井内填150~200 mm厚的石料及100~150 mm厚的砾石砂,使抽吸时细砂不被带走。

采用井点降水时井点距井壁的距离按照井点入土深度确定,当井点入土深度在7 m之内时,通常为1.5 m;井点入土深度为7~15 m时,通常为1.5~2.5 m。

(1)明沟集水井排水。在沉井周围距离其刃脚2~3 m处挖一圈排水明沟,布置3~4个集水井,深度比地下水深1~1.5 m,沟与井底深度随沉井挖土而不断加深,在井内或井壁上安装水泵,将水抽出井外排走。为了不影响井内挖土操作以及避免经常搬动水泵,通常采取在井壁上预埋铁件,焊接钢结构操作平台设置水泵,或设木吊架安设水泵,用草垫或橡皮承垫,以免震动,如图4.109所示,水泵抽吸高度控制在不大于5 m。若井内渗水量很少,则可直接在井内设置高扬程小的潜水泵将地下水抽出井外。

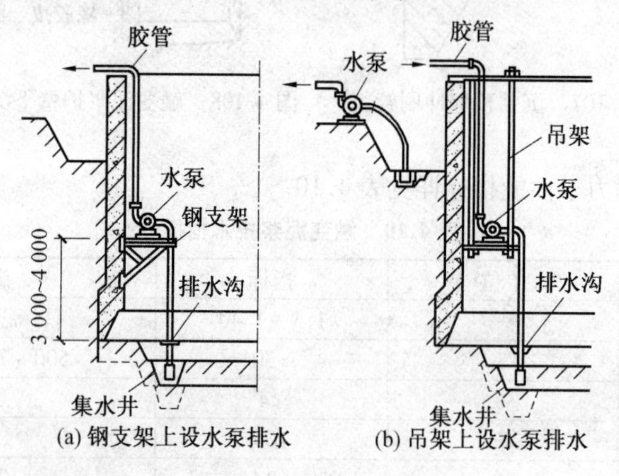

图4.109 明沟直接排水法

(2)井点排水。在沉井周围布置轻型井点、电渗井点或喷射井点以降低地下水位,如图4.110所示,使井内保持挖土。

(3)井点与明沟排水相结合。在沉井上部周围布置井点降水,下部挖明沟集水井设泵排水,如图4.111所示。

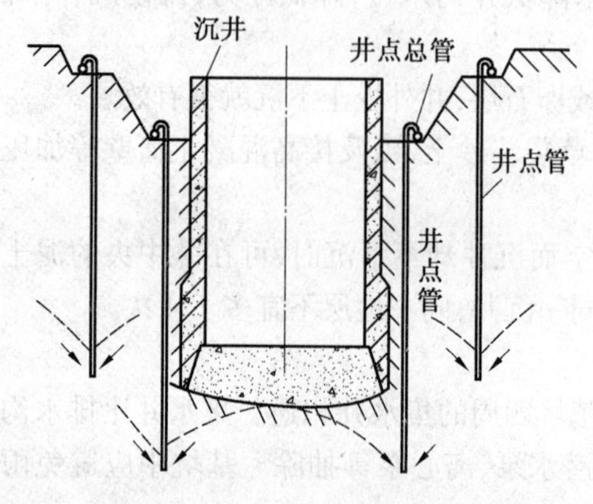

图4.110 井点系统降水

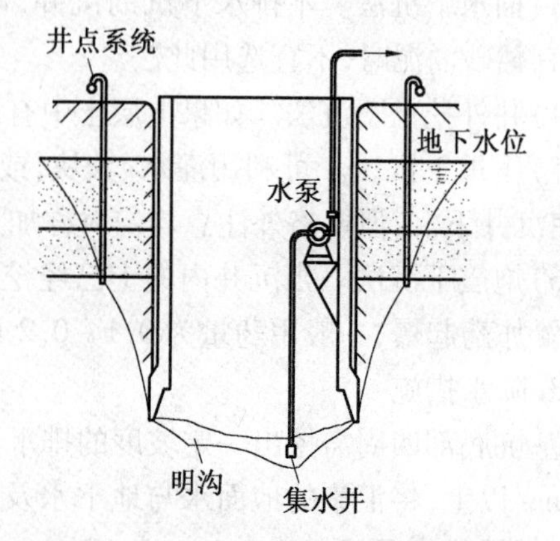

图4.111 井点与明沟相结合的方法

4. 空气幕措施

沉井下沉深度越深，其侧摩阻力越大，采取空气幕措施可减小井壁和土层之间的摩阻力，使沉井顺利下沉到设计标高。此法是在沉井井壁内预设一定数量的管路，管路上预留小孔，随后向管内压入一定压力的压缩空气，经由小孔内向沉井井壁外喷射，形成一层空气帷幕，进而降低井壁与土层之间的摩阻力。整个空气幕系统通常由一套压气设备组成，包括空压机、储气包、井壁内的预埋管路、气龛，以及地面供气管路。

(1)空气幕压气所需压力值和气龛的入土深度有关，通常可按最深喷气孔处理论水压的1.6倍，每气龛的供气量与喷气孔直径有关，通常为0.023 m^3/mm。并设置必要数量的空压机和储气包。

(2)喷气龛常为200 mm×50 mm倒梯形，喷气孔直径通常为1～3 mm。喷气孔的数量应以每个喷气孔所能作用的面积及沉井不同深度决定，平均可按1.5～3 m设置2个考虑。刃脚以上3 m内不宜布置喷气孔。

(3)井壁内预埋通气管一般有竖直和水平两种布置方式。预埋管宜分区分块设置，方便沉井纠偏。

(4)防止喷气孔的堵塞，应在水平管的两端布置沉淀筒，并在喷气孔上外套一橡胶皮环。

(5)每次空气幕助沉的时间应视实际沉井下沉情况而定，一般不宜超过2小时。

(6)压气顺序应自上而下进行，关气时则相反。

5. 纠偏措施

(1)沉井倾斜偏转的原因。下沉中的沉井经常由于下列原因引起倾斜偏转：人工筑岛被水流冲坏，或沉井一侧的土被水流冲空；沉井刃脚下土层软硬不均衡；没有对称地抽除承垫木，或未及时回填夯实；未均匀除土下沉，使井孔内土面高低相差较大；刃脚下掏空过多，沉井突然下沉，容易产生倾斜；刃脚一角或一侧被障碍物搁住，没有及时发现并处理；由于井外弃土或其他原因导致对沉井井壁的偏压；排水下沉时，井内出现大量流砂等。

(2)纠偏方法。沉井在下沉过程中发生倾斜偏转时，应参考沉井产生倾斜偏转的原因，用下述的一种或几种方法来进行纠偏，保证沉井的偏差在允许的范围以内。

1)偏除土纠偏。如是排水下沉，可在沉井刃脚高的一侧进行人工或机械除土，如图4.112所示。在刃脚低的一侧需保留较宽的土堤，或适当回填砂石。

如是不排水下沉的沉井，一般可靠近刃脚高的一侧吸泥或抓土，必要时可通过潜水员配合在刃脚下除土。

2)井外射水、井内偏除土纠偏。当沉井下沉深度较大时，纠正沉井的偏斜，关键在于破坏土层的被动土压力，如图4.113所示。高压射水管沿着沉井高的一侧井壁外面插入土中，破坏土层结构，使土层的被动土压力显著降低。这时再采用上述的偏除土方法，可使沉井的倾斜逐渐得到纠正。

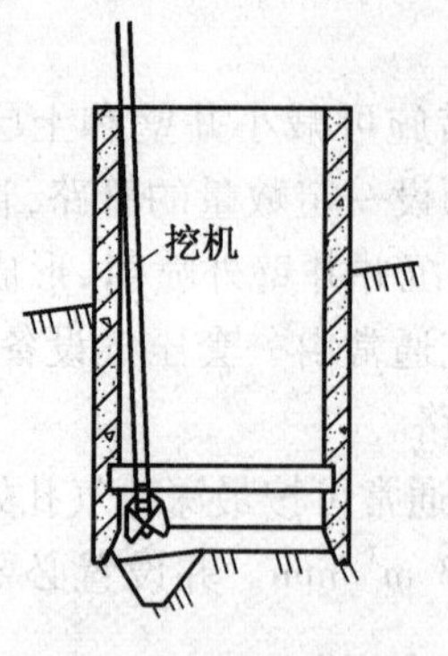

图4.112 偏除土纠偏

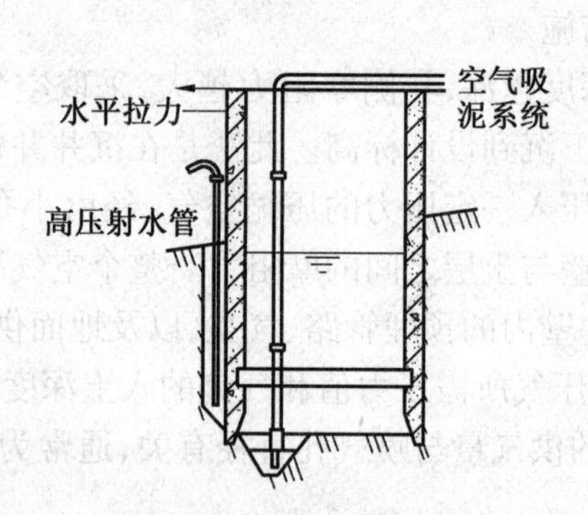

图4.113 井外射水纠偏

3)用增加偏土压或偏心压重进行纠偏。在沉井倾斜低的一侧回填砂或土,并进行夯实,使得低的一侧产生土偏的作用。如果在沉井高的一侧压重,最好使用钢锭或生铁块,如图4.114所示。

4)沉井位置扭转时的纠正。沉井位置如果发生扭转,如图4.115所示。可在沉井的A、C二角偏除土,B、D二角偏填土,依靠刃脚下不相等的土压力所形成的扭矩,使沉井在下沉过程中逐渐纠正其位置。

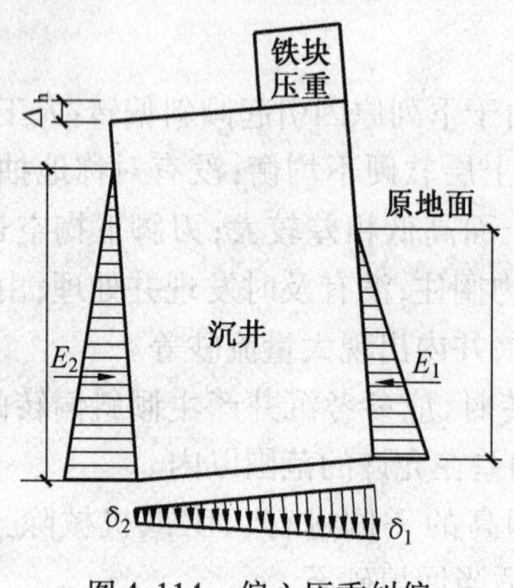

图4.114 偏心压重纠偏

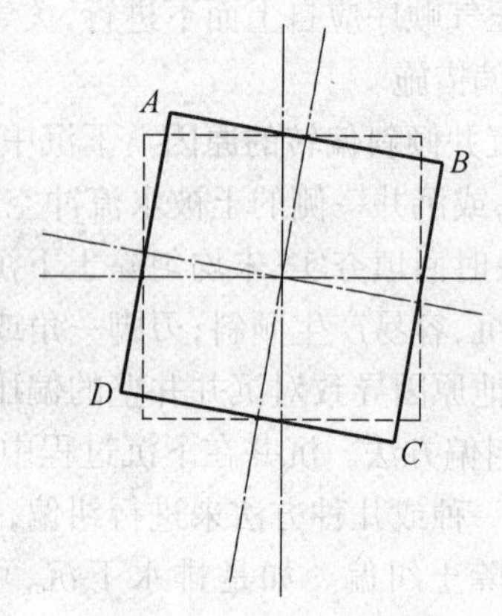

图4.115 平面扭转纠偏

第98讲 沉井封底

沉井下沉至设计标高,通过观测在8 h内累计下沉量不超过10 mm或沉降率在允许范围内,沉井下沉已经稳定时,就能进行沉井封底。封底方法有以下两种。

1. 干封底

这种方法是将新老混凝土接触面冲刷干净或打毛,并对井底进行修整,使其成锅底形,由刃脚向中心挖成放射形排水沟,填以卵石做成滤水暗沟,在中部设置2~3个集水井,深1~2 m,井间通过盲沟相互连通,插入ϕ(600~800)四周带孔眼的钢管或混凝土管,管周填充卵石,使井底的水流汇集在井中,用泵排出,如图4.116所示,同时保持地下水位低于井内基底面0.3 m。

浇筑封底混凝土前应将基底清理干净。

(1)清理基底要求将基底土层作成锅底坑,方便封底,各处清底深度均应符合设计要求,如图4.117所示。

(2)清理基底土层的方法:在不扰动刃脚下面土层的前提下,可用人工清理、射水清理、吸泥或抓泥清理。

(3)清理基底风化岩方法:可用高压射水、风动凿岩工具,以及小型爆破等方法,配合吸泥机清除。

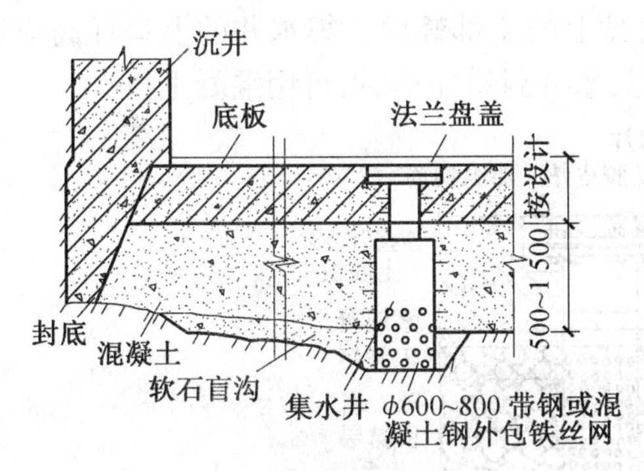

图4.116　沉井封底构造(单位:mm)

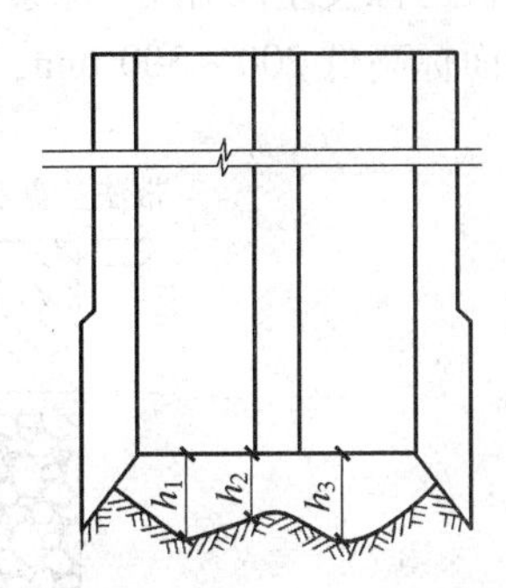

图4.117　清底高度示意图

封底通常先浇一层0.5~1.5 m的素混凝土垫层,达到50%设计强度以后,绑扎钢筋,两端伸入刃脚或凹槽内,浇筑上层底板混凝土。浇筑需在整个沉井面积上分层,同时连续进行,由四周向中央推进,每层厚300~500 mm,同时用振捣器捣实。当井内有隔墙时,需前后左右对称地逐孔浇筑。混凝土采用自然养护,养护期间应继续抽水。等到底板混凝土强度达到70%后,对集水井逐个停止抽水,依次封堵。封堵方法是,将滤水井中的水抽干,在套筒内快速用干硬性的高标号混凝土进行堵塞并捣实,然后上法兰盘盖,用螺栓拧紧或是焊牢,上部用混凝土填实捣平。

2. 水下封底

不排水封底即在水下进行封底。要求将井底浮泥清理干净,新老混凝土接触面用水冲刷干净,并且铺碎石垫层。封底混凝土用导管法灌注。等到水下封底混凝土达到所需要的强度后,即一般养护为7~10 d,才能从沉井中抽水,按排水封底法施工上部钢筋混凝土底板。

导管法浇筑可在沉井各仓内放置直径为200~400 mm的导管,管底距离坑底约300~500 mm,导管放置在上部支架上,在导管顶部设置漏斗,漏斗颈部安装一个隔水栓,并用铅丝系牢。水下封底的混凝土应具有很大的坍落度,浇筑时将混凝土装满漏斗,随后将其与隔水栓一同下放一段距离,但不能超过导管下口,割断铅丝,随后不断向漏斗内灌注混凝土,混凝土因为重力作用源源不断由导管底向外流动,导管下端被埋入混凝土并和水隔绝,避免了水下浇筑混凝土时冷缝的产生,确保了混凝土的质量。

3. 浇筑钢筋混凝土底板的施工方法

在沉井浇筑钢筋混凝土底板之前,应将井壁凹槽新老混凝土接触面凿毛,并洗刷干净。

(1)干封底时底板浇筑方法。当沉井采用干封底时,为了确保钢筋混凝土底板不受破坏,在浇筑混凝土过程中,应防止沉井产生不均匀下沉。尤其是在软土中施工,如沉井自重较大，可能继续下沉时，应分格对称地进行封底工作。在钢筋混凝土底板还没有达到设计强度之前，应从井内底板以下的集水井中不停地进行抽水。

抽水时，钢筋混凝土底板上的预留孔，如图4.118所示。集水井可应用下部带有孔眼的大直径钢管，或者用钢板焊成圆形、方(矩)形井，但在集水井上口都应不带法兰盘。因为底板钢筋在集水井处被切断，所以在集水井四周的底板内需增加加固钢筋。等到沉井钢筋混凝土底板达到设计强度，并停止抽水后，集水井用素混凝土填满。随后用事先准备好的带螺栓孔的钢盖板与橡皮垫圈盖好，拧紧法兰盘上的全部螺栓。集水井的上口标高应比钢筋混凝土底板顶面标高低200～300 mm，等到集水井封口完毕后，再用混凝土找平。

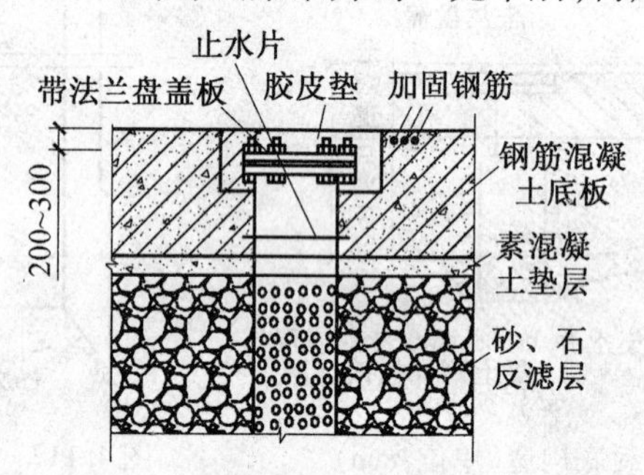

图4.118 封底时底板的集水井(单位：mm)

(2)水下封底时底板浇筑方法。当沉井采取水下混凝土封底时，从浇筑完最后一格混凝土到井内开始抽水的时间，必须依据水下混凝土的强度(配合比、水泥品种、井内水温等均有影响)、沉井结构(底板跨度、支撑情况)、底板荷载(地基反力、水压力)，以及混凝土的抗裂计算决定。但为了减少工期，一般在封底混凝土达到设计强度的70%后开始抽水，依照排水封底法施工上部钢筋混凝土底板。

4.14 沉箱施工细部做法

第99讲 沉箱制作

1. 结构制作

沉箱结构制作施工工艺和沉井制作相类似，可参照沉井制作的施工方法，但是沉箱的结构底板(也叫做工作室顶板)在下沉前制作完毕是气压沉箱施工的一个特点，以便结构在下沉前可形成由刃脚和底板组成的下部密闭空间。所以该部分结构要求密闭性好，不能产生大量漏气现场，同时需考虑对后续工序的影响。

沉箱的结构底板有多种制作方式：

(1)从结构密闭性要求来考虑，底板和刃脚部分整体浇筑是一个比较理想的选择。但须考虑刃脚与底板的差异沉降问题。因为工作室内在下沉施工中下部工作室内会充满高压空气，所以一旦在刃脚与底板结合处出现细小裂缝，也可能造成气压施工时该处产生较明显漏气现象。

(2)采取底板与刃脚分开浇筑，开挖基坑，制作排架或构筑土模，但土模法施工对下一步设备安装施工造成较大影响，需人工通过底板预留孔底板以下缓慢掏土再进行设备安装。

此外，分开浇筑时还需考虑底板与刃脚处的施工缝漏气问题，通常可采用较成熟的钢板止水条处理。

底板施工时的另一个重要工序就是预埋件及管路的放置，管路预埋在底板上，必须考虑管路密封闭气问题。油管、输水管的封闭比较简单，预埋时使其上端伸出底板顶面一定长度，上端设置阀门封闭。在底板浇筑后即可根据施工需要接长。施工电缆通常不宜直接埋设在混凝土中，所以电缆穿底板段也需事先埋设套管，施工用电缆通过套管进入工作室内。电缆和套管间存在间隙的问题，可采用在套管两端采用法兰压紧闭气解决。

2. 支墩制作

沉箱在刚开始下沉时，因为气压较小，所提供的浮托力不足以平衡沉箱本身的重量，所以在可设置一定数量的混凝土支座，以承托上部荷载。支座可采取在内部浇筑支墩或在外部制作锚桩支撑。如图4.119所示。

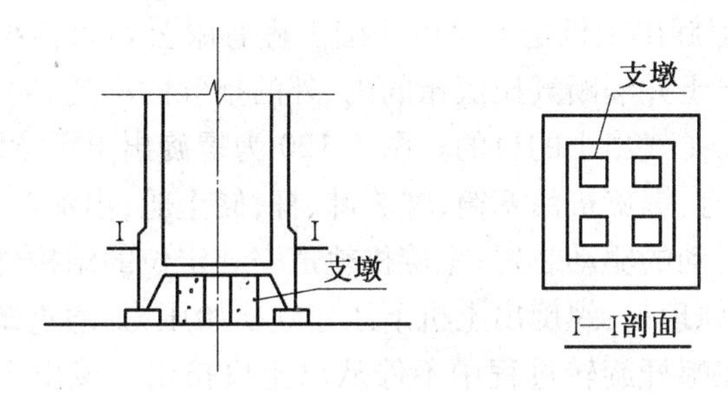

图4.119　内部支墩示意图

3. 设备安装调试

等到底板达到强度，下部脚手体系拆除后开始进行设备安装。由于这时底板已浇筑，因此须将设备分件拆卸后，通过底板上的预留孔洞将设备运输到下部工作室内，再进行组装、安装工作。底板以上施工包括人员塔塔身和闸门段、过渡舱；物料塔塔身及闸门段、气闸门等也应进行安装和调试。

4. 井壁制作

沉箱井壁制作时的钢筋绑扎及混凝土浇筑与沉井相同，沉箱井壁制作时脚手搭设有下列三种方法：

(1)直接在底板上搭设内脚手，并随着井壁的接高而接高。

(2)在地面搭设井壁外脚手，但因为沉箱需多次制作、多次下沉。为防止沉箱下沉对周边土体扰动较大，影响外脚手稳定性。外脚手必须在每次下沉后重新搭设。该工艺的缺点是施工时间较长。外脚手架要反复搭设，结构施工在沉箱下沉施工时不能进行。

(3)采取了在外井壁上设置外挑牛腿的方式。

5. 工作室内气压控制

沉箱下沉加气应在沉箱下沉到地下水位0.5～1 m左右时开始加气。

沉箱施工时，应首先确保工作室内气压的相对稳定。工作室内气压原则上应和外界地下水位相平衡，不能过高或过低。气压过小可能引起工作室内出现涌水、涌土现象，气压过大则可能造成气体沿周边土体形成渗漏通道，发生气体泄漏，严重时可能造成大量气喷，产生灾难性后果。在沉箱下沉过程中，随着沉箱下沉、出土作业交叉进行，工作室内空间的不断改变，使工作室内气压值一直处于波动状态；同时施工过程中会存在少量气体泄漏现象。

所以为防止气压波动太大,对周边土体带来较大扰动,在底板上设置了进排气阀,以保持工作室内气压的相对稳定。

第100讲 沉箱下沉

1.下沉方法

沉箱按挖土下沉方式分干挖法、水力吸泥法和螺旋出土法。

(1)干挖法。在工作室内干挖时,存在气压转换工程,在出土时需要降压,以确保与外部大气压相同,在进入工作室时需要加压,在这个过程中需要物料塔的气密门、气闸门几次开闭,并且在每次操作该门之前需要进行气压平衡,施工比较繁琐。

(2)水力吸泥法。沉箱的水力吸泥法和沉井的相同,采用该法时应考虑周边环境,并将泥浆进行泥水分离。

(3)螺旋出土法。螺旋出土机是上海市基础工程有限公司对传统沉箱出土方式的一个创新,使用螺旋机连续出土并隔断气压沉箱的内、外的空气的串通,明显降低了气密门、气闸门开闭的次数,达到了无排气出土的目的。图4.120为螺旋出土示意图。

螺旋出土机的部件有:螺旋机活塞筒;螺旋叶、杆;储土舱;出泥门;螺旋机旋转的驱动装置;螺旋机活塞筒上下运动的驱动装置;螺旋机轨道安装定位的结构件。

螺旋出土机的工作原理是:螺旋出土机下压建立初始压力,通过螺杆旋转使土在螺旋机内形成连续的土塞,并在螺杆旋转过程中不停从出土口挤出。该出土方式借鉴了土压平衡盾构螺旋出土方式。当土在螺旋机内形成连续的、较密实的土塞后,可以避免工作室内的高压气体向外界渗透。在螺旋机连续出土的过程中,不能有大量气体泄漏,也不必经过物料塔出土必须两次开、闭闸门的过程,施工效率较高。当沉箱穿过砂性土层时,土质不密实,则螺旋机土塞存在漏气的可能,所以在螺旋机上设置了注水、注浆装置。在穿越较差土层时,可以向螺旋出土机底部储土筒内的土注水、注浆以改善土质。

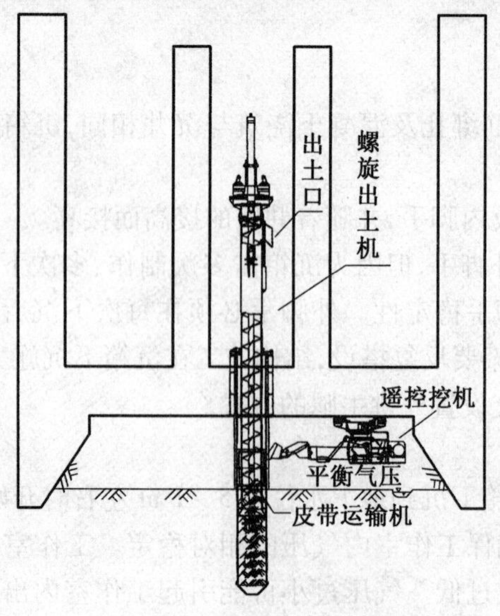

图4.120 螺旋出土机示意图

2.辅助下沉措施

(1)触变泥浆护壁下沉。沉箱外围安装泥浆套后,可显著减小侧壁摩阻力。因为沉箱下沉后期，下沉深度深，沉箱侧壁摩阻力是导致沉箱下沉困难的一个重要因素，因此可采取泥浆套作为沉箱助沉的手段，如图4.121所示。

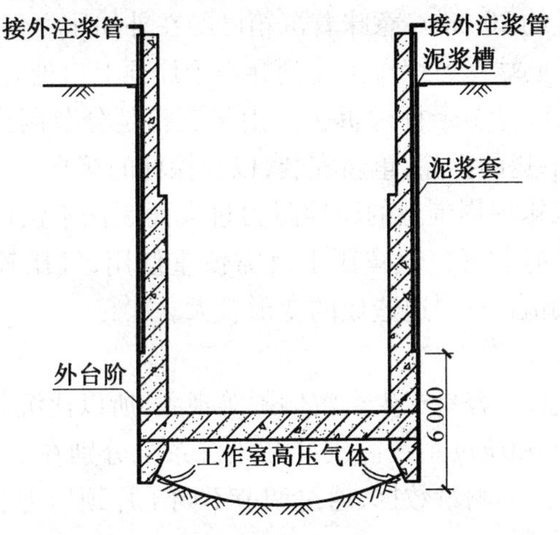

图4.121　触变泥浆护壁(单位:mm)

润滑泥浆在沉箱沉到达底标高后，为放置触变泥浆失水引起周边土体的位移，应向井壁外压注水泥浆来置换泥浆套。

(2)加重。沉箱加重辅助下沉法与沉井相同，这里不再赘述。

(3)压沉系统。当沉箱下沉至一定深度时，因为气压的不断增加，底板上的浮托力也慢慢增大，这时开挖刃脚土塞、加重等助沉措施的效果不明显。

压沉系统是采用在外井壁布置外挑钢牛腿，作为支撑点，在牛腿上部布置一穿心千斤顶，千斤顶上端布置一锚固点，并通过抗拉探杆与下部桩基连接，解决沉箱在侧壁摩阻力+刃脚反力+气压反力的作用下，凭借自重下沉困难的辅助措施。外挑钢牛腿可分别在沉箱4角对称布置，共布置8只。钢牛腿和结构通过预埋螺栓连接，如图4.122所示。

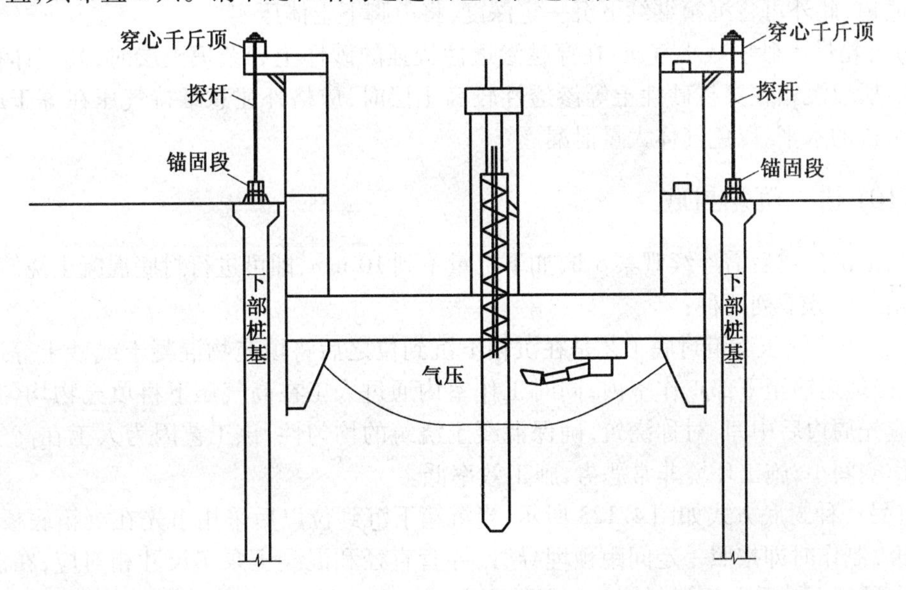

图4.122　压沉系统

压沉系统的工作原理：当开启压沉系统时，上端的穿心千斤顶油缸上顶，井壁外挑牛腿遭到向下的压力，该压力通过牛腿传导到沉箱结构上，造成沉箱受压下沉。当穿心千斤顶油缸完成一个上顶行程时（约20 cm），意味着沉箱已经在外加压力作用下下降了20 cm。这时千斤顶油缸回缩，将探杆上端受力螺母下旋到穿心千斤顶上口处。因为探杆是分段连接的，当沉箱下降一定深度后，可将多余杆件拆去。由于沉箱是分节制作，分次下沉，因此在每次接高后都应进行外挑钢牛腿的拆除，重新安装，以及探杆的接高。

（4）减压下沉。当沉箱内周围土的摩擦阻力过大而无法下沉时，可暂时撤离工作人员，降低工作室内气压，以强迫下沉。但减压下沉需慎重使用，气压较小时可造成工作室内涌水、涌土现象，导致地面塌陷，对周边造成的变形较大。

3. 纠偏措施

沉箱下沉时比较平稳，不容易产生突沉倾斜等现象，所以比沉井容易纠偏。

沉箱纠偏可利用支撑和压沉系统。支撑和压沉系统分别在沉箱四角设置，当沉箱发生偏斜需要纠偏的时候，可根据测量数据，通过调节不同千斤顶压力和行程，形成纠偏力矩，对沉箱进行及时纠偏。

4. 防漏气措施

（1）泥浆套：沉箱外围设置泥浆套，可填充沉箱外壁和周边土体之间的可能空隙，防止气体沿此通道外泄，特别是在沉箱入土深度不深的情况下，因为沉箱下沉姿态不断变化，外井壁与周边土体之间可能不断出现地下水不能及时补充的空隙。

（2）水封闭：为防止气体从刃脚处泄漏，实际工作室内的气压可略低于地下水位。这样可以使工作室内的地下水位略高于刃脚，起到水封闭的作用，避免气体沿刃脚外泄。当工作室内气压的大小对开挖面土体干燥度具有直接的影响，应考虑土体含水量过高对出土施工的影响。

（3）刃脚处土塞高度：在工作室内开挖土体时，应确保此处的土塞高度，使刃脚能隔绝气体渗透通道，此外可将沉箱继续下沉一定深度，将刃脚下土体压实。

（4）沉箱进入砂层减小气压：在穿越渗透性较强的砂性土和杂填土层时，其气体损失率则较高。所以沉箱在穿越砂性土等渗透性较高土层时，应格外注意维持气压在等于或略低于地下水位的水平，以免气体大量泄漏。

第101讲 沉箱封底

沉箱下沉到位后需连续观察8 h，如下沉量不到10 mm，即可进行封底混凝土浇筑施工。

沉箱封底分下列两种：

（1）传统的气压沉箱封底工艺是在沉箱下沉到位之后将填充物混凝土或砂土等通过物料：塔慢慢地运输至下部工作室内，同时工作室内通过人工在高气压下将填充物均匀摊铺，摊铺时应先周边后中间，对称浇筑，确保混凝土浇筑的均匀性，该工艺因为人工在高气压下作业操作空间小，施工环境非常恶劣，施工效率低。

（2）另一种封底方式如图4.123所示，当沉箱下沉到位以后采用事先在沉箱底板（即工作室顶板）制作时即按照一定间距预埋导管，导管直径和混凝土泵车尺寸相对应，在沉箱下沉过程中导管上端采取闸门封堵。当沉箱下沉到位准备封底施工前在沉箱底板上使用长导管一端与底板预埋导管连接，另一端与地面泵车导管连接，打开闸门，借助泵车压力将混凝土压入工作室，当一处浇筑完成后泵车移到下一导管处继续浇筑。

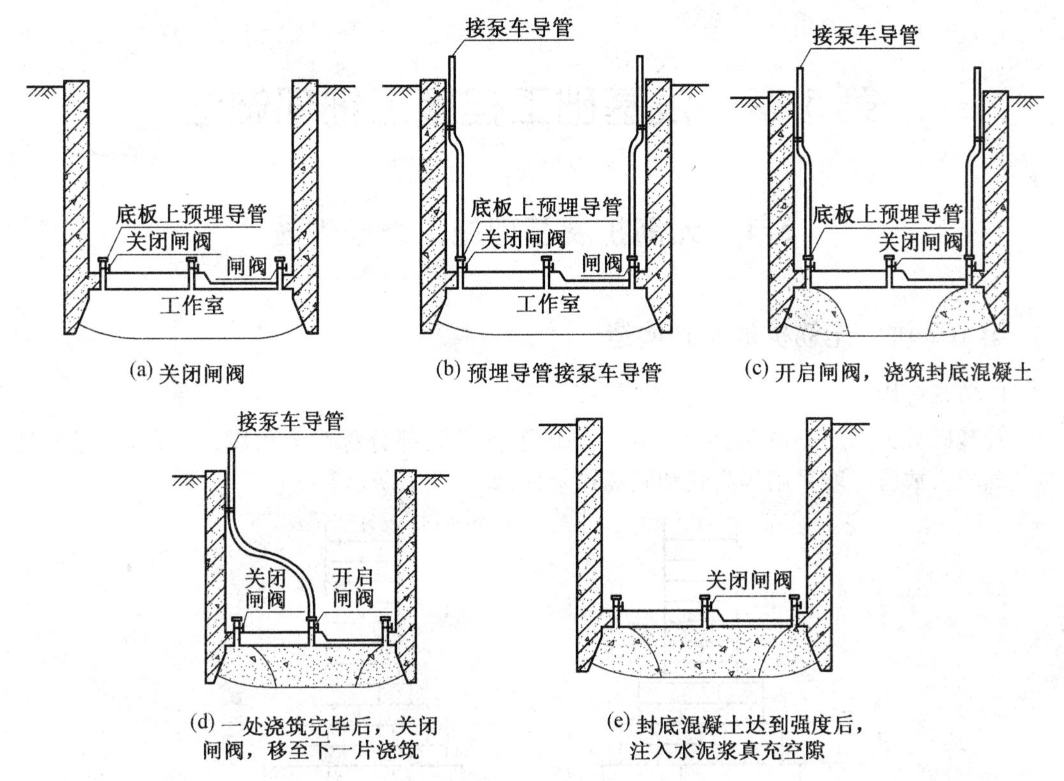

图4.123　沉箱封底流程图

封底混凝土要求采用自流平混凝土，以确保混凝土在泵车压力及自重压力下，可以在工作室内一定范围内自然摊铺。封底混凝土达到强度后，再对其与底板之间的空隙处进行注浆填充。

第一次封底只封堵锅底部分及刃脚地面以上1 m左右，以便于设备拆除施工，在封底混凝土达到强度要求后，可适当减小工作室气压后作业人员再进入工作室内拆除设备，同时也方便作业人员将刃脚部分浮泥清洗干净以确保第二次浇筑封底混凝土时应能与刃脚紧密结合。在主要设备拆除后，进行第二次封底混凝土的浇筑，在封底混凝土达到强度前，工作室内需维持足够的气压。在封底结束后通过底板处预埋注浆管压注水泥浆进行空隙填充（图4.123）。施工中需利用多辆泵车连续浇筑以确保混凝土浇筑的连续性，为确保混凝土能够充满整个工作室，必须确保混凝土有较大的流动性。

封底混凝土基本充满沉箱底部工作室，这时应维持物料塔及人员塔内的气压不变，等到封底混凝土达到设计强度后再停止供气，在封底后进行底板预留孔的封堵。

第5章　浅基础工程施工细部做法

5.1　无筋扩展基础施工细部做法

第102讲　无筋扩展基础构造

1. 砖基础构造

砖基础分为条形基础和独立基础。基础下部扩大部分称为大放脚,上部称为基础墙。砖基础的大放脚一般采用等高式和间隔式两种,如图5.1所示。

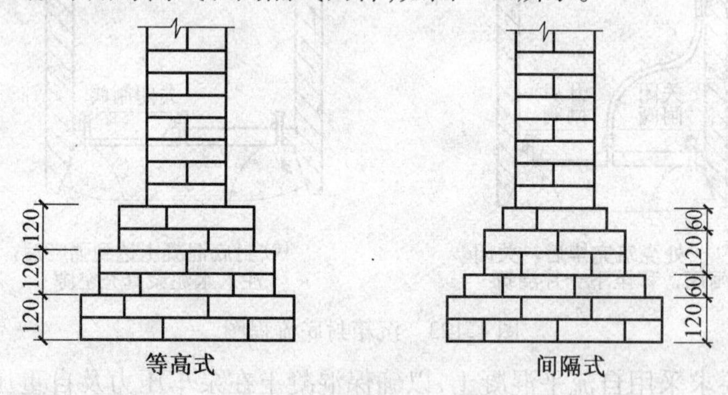

图5.1　砖基础大放脚形式

等高式大放脚是两皮一收,两边各自收进1/4砖长,即高为120 mm、宽为60 mm;不等高式大放脚是两皮一收与一皮一收相间隔,两边各收进1/4砖长,即高为120 mm与60 mm,宽为60 mm。

大放脚通常采用一顺一丁砌法,上下皮垂直灰缝相互错开60 mm。

砖基础的转角处、交接处,是错缝需要应加砌配砖(3/4砖、半砖或1/4砖)。在这些交接处,纵横墙应隔皮砌通;大放脚的最下一皮和每层的最上一皮应以丁砌为主。

底宽是2砖半等高式砖基础大放脚转角处分皮砌法,如图5.2所示。

砖基础底标高不同时,应从低处砌起,并应由高处向低处搭砌,当设计没有要求时,搭砌长度不得小于砖基础大放脚的高度,如图5.3所示。

砖基础的转角处与交接处应同时砌筑,当不能同时砌筑时,应留置斜槎。

基础墙的防潮层,当设计没有具体要求,宜用1∶2水泥砂浆加适量防水剂铺设,其厚度应为20 mm。防潮层位置宜在室内地面标高以下一皮砖处。

2. 石砌体基础构造

(1)毛石基础。毛石基础是用毛石和水泥砂浆或水泥混合砂浆砌成。所用毛石强度等级通常为MU20以上,砂浆宜用水泥砂浆,强度等级应不低于M5。

毛石基础可作为墙下条形基础或柱下独立基础。按其断面形式分为矩形、阶梯形和梯

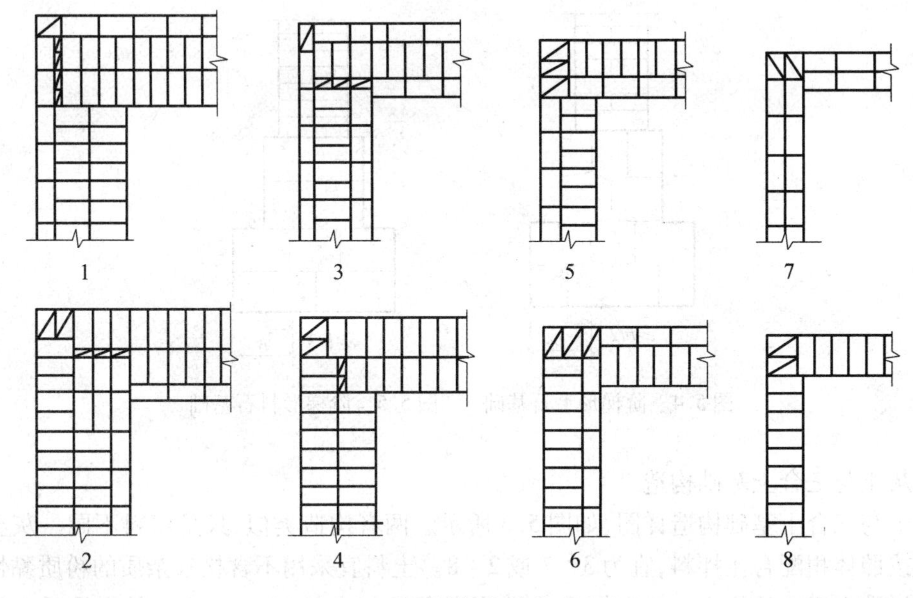

图 5.2　大放脚转角处分皮砌法

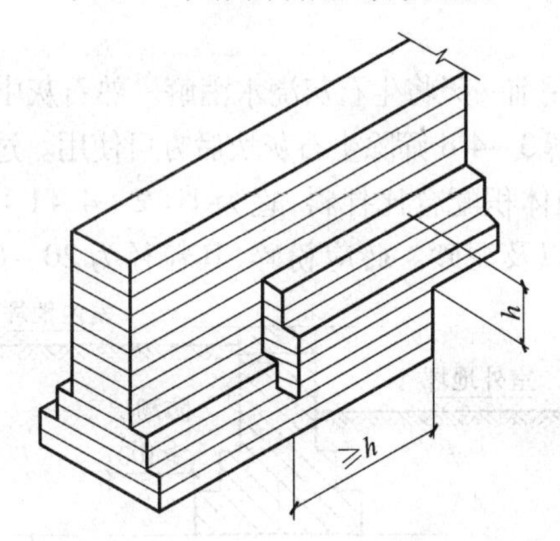

图 5.3　基底标高不同时砖基础的搭砌

形。基础的顶面宽度应比墙厚大 200 mm，即每边宽出 100 mm，每阶高度通常为 300 ~ 400 mm，并至少砌二皮毛石。上级阶梯的石块需至少压砌下级阶梯的 1/2，相邻阶梯的毛石应相互错缝搭砌，如图 5.4 所示。

毛石基础必须布置拉结石，同皮内每隔 2 m 左右布置一块。

(2)料石基础。砌筑料石基础的第一皮石块采取丁砌层坐浆砌筑，以上各层料石可按照一顺一丁进行砌筑。阶梯形料石基础，上级阶梯的料石最少压砌下级阶梯料石的 1/3，如图 5.5 所示。

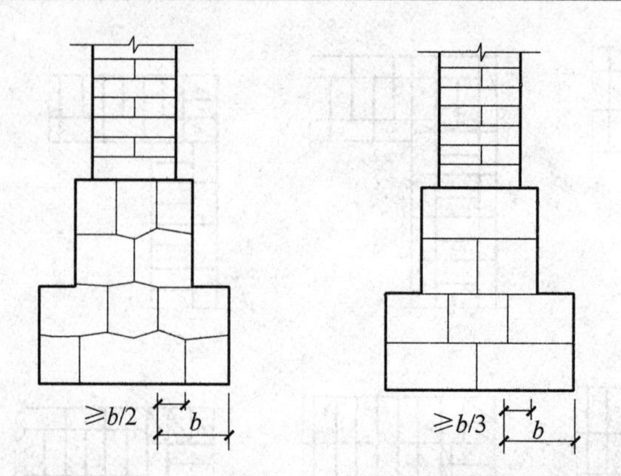

图5.4　阶梯形毛石基础　　图5.5　阶梯形料石基础

3. 灰土与三合土基础构造

灰土与三合土基础构造详图,如图5.6所示。两者构造类似,只是填料不同。灰土基础材料应按照体积配合比拌料,宜为3∶7或2∶8。土料宜采用不含松软杂质的粉质黏性土以及塑性指数大于4的粉土。对土料应过筛,其粒径不能大于15 mm,土中的有机质含量不能大于5%。

灰土用的熟石灰需在使用前一天将生石灰浇水消解。熟石灰中不得含有未熟化的生石灰块以及过多的水分。生石灰消解3~4 d筛除生石灰块后方可使用。过筛粒径不得大于5 mm。

三合土基础材料应按照体积配合比拌料,宜为1∶2∶4~1∶3∶6,宜采用消石灰、砂、碎砖配置。砂宜采用中、粗砂以及泥砂。砖应粉碎,其粒径为20~60 mm。

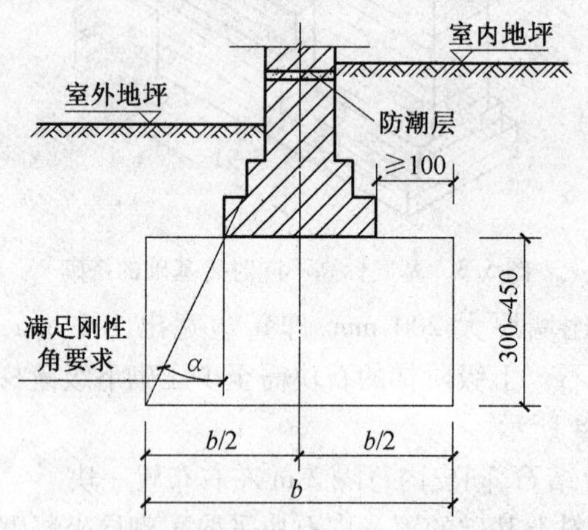

图5.6　灰土与三合土基础构造详图

4. 混凝土基础与毛石混凝土基础构造

当荷载较大、地下水位较高时,常使用混凝土基础。混凝土基础的强度较高,耐久性、抗冻性、抗渗性、耐腐蚀性均很好。基础的截面形式常采用台阶形,阶梯高度通常不小于300 mm。

(1)构造要求。毛石混凝土基础和混凝土基础的构造相同,当基础体积较大时,为了节省混凝土的用量,降低造价,可掺入一些毛石(掺入量不宜超过30%)形成毛石混凝土基础。构造详图如图5.7所示。

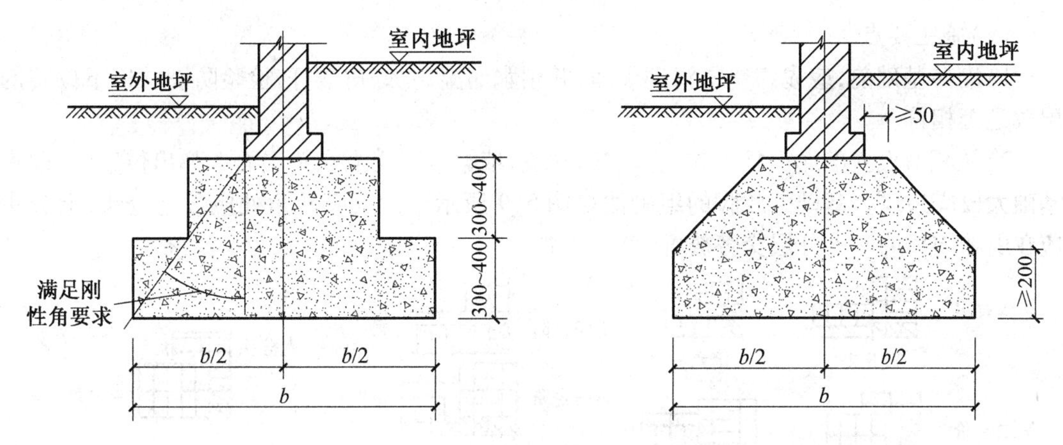

图5.7　混凝土基础或毛石混凝土基础

(2)材料要求。混凝土的强度等级不应低于C15;毛石要选用坚实、未风化的石料,其抗压强度不低于30 kPa;毛石尺寸不应大于截面最小宽度的1/3,且不大于300 mm,毛石在应用前应清洗表面泥垢、水锈,并剔除尖条与扁块。

第103讲　无筋扩展基础施工

1.砖基础施工

(1)工艺流程。砖基础施工工艺包括:地基验槽、砖基放线、砖浇水、材料见证取样、拌制砂浆、排砖撂底、立皮数杆、墙体盘角、立杆挂线、砌砖基础、验收养护等步骤。其工艺流程如图5.8所示。

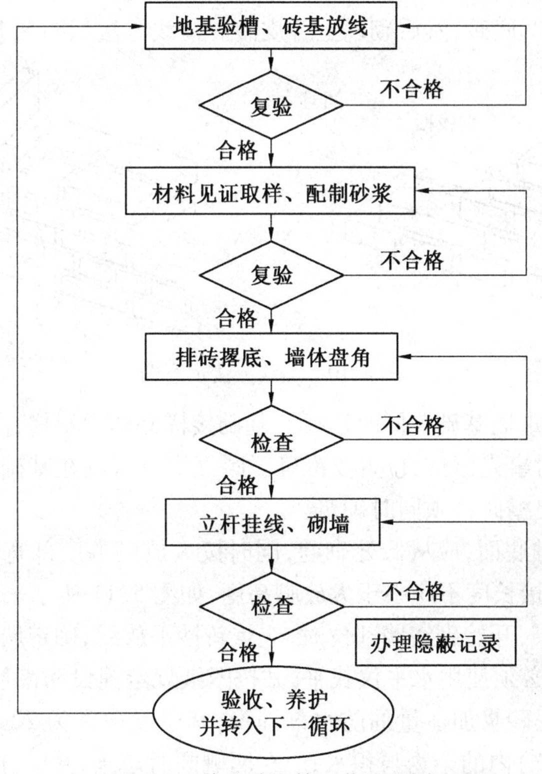

图5.8　砖基础砌筑工艺流程图

(2)施工要点。

1)砌砖基础前,应先将垫层清理干净,并用水润湿,立好皮数杆,检验防潮层以下砌砖的层数是否相符。

2)从相对设立的龙门板上拉上大放脚准线,依据准线交点在垫层面上弹出位置线,即为基础大放脚边线。基础大放脚的组砌法如图 5.9 所示。大放脚转角处应放七分头,七分头应在山墙与檐墙两处分层交替放置,直至实墙。

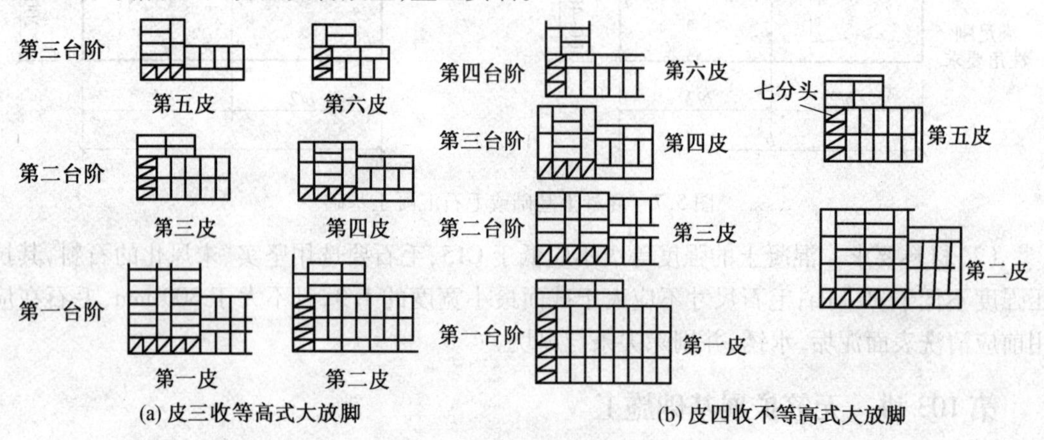

图 5.9　基础大放脚的组砌法

3)大放脚通常采用一顺一丁砌筑法,竖缝至少错开 1/4 砖长。大放脚的最下一皮和各个台阶的上面一皮应以丁砌为主,砌筑时应采用“三一”砌法,即一铲灰、一块砖、一挤揉。

4)开始操作时,在墙转角与内外墙交接处应砌大角,先砌筑 4 ~ 5 皮砖,经过水平尺检查无误后进行挂线,砌好摺底砖,然后砌以上各皮砖。挂线方法如图 5.10 所示。

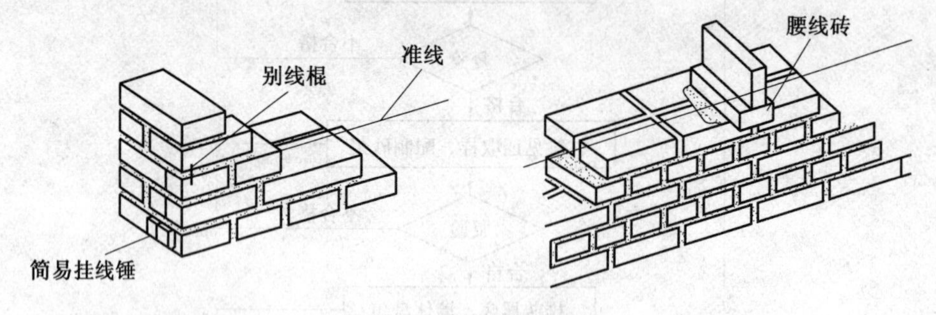

图 5.10　挂线方法示意图

5)砌筑时,所有承重墙基础需同时进行。基础接槎必须留斜槎,高低差不得大于1.2 m。预留孔洞必须在砌筑时事先留出,位置要准确。暖气沟墙可以在基础砌完后再砌,但是基础墙上放暖气沟盖板的出檐砖必须同时砌筑。

6)有高低台的基础底面,应从低处砌起,同时按大放脚的底部宽度由高台向低台搭接。如设计没有规定时,搭接长度不应小于大放脚高度,如图 5.11 所示。

7)砌完基础大放脚,开始砌实墙部位时,应重新抄平放线,确定墙的中线与边线,再立皮数杆。砌到防潮层时,必须使用水平仪找平,并按图纸规定铺设防潮层。如设计没有作具体规定,宜用 1∶2.5 水泥砂浆加适量的防水剂铺设,其厚度通常为 20 mm。砌完基础经验收后,应立即清理基槽(坑)内的杂物与积水,应在两侧同时填土,并应分层夯实。

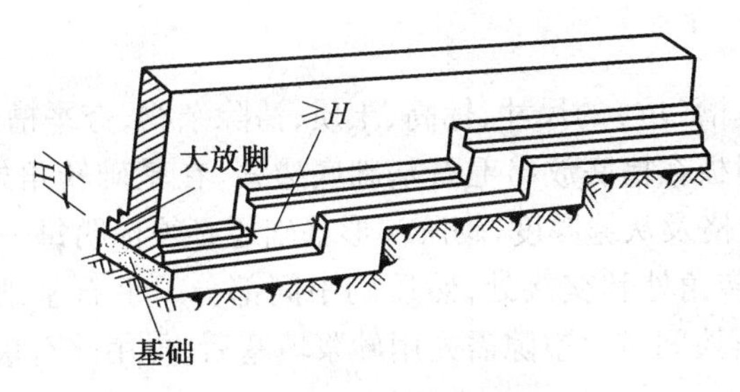

图 5.11　大放脚搭接长度做法

8）在砌筑时，需做到上跟线、下跟棱；角砖要平、绷线要紧；上灰要准、铺灰要活；皮数杆应牢固垂直；砂浆饱满、灰缝均匀、横平竖直、上下错缝、内外搭砌、咬槎严密。

9）砌筑时，灰缝砂浆需饱满，水平灰缝厚度宜为 10 mm，不应小于 8 mm，也不应大于 12 mm。每皮砖要挂线，它和皮数杆的偏差值不得超过 10 mm。

10）基础中预留洞口和预埋管道，其位置、标高应准确，以免凿打墙洞；管道上部应预留沉降空隙。基础上铺放地沟盖板的出檐砖需同时砌筑，并应用丁砖砌筑，立缝碰头灰应打严实。

11）基础砌到防潮层时，须用水平仪找平，并按照设计铺设防水砂浆（掺加水泥质量 3% 的防水剂）防潮层。

2. 毛石基础施工

（1）工艺流程。毛石基础施工包括：地基找平、基墙放线、材料见证取样、配置砂浆、立皮数杆挂线、基底找平、盘角、石块砌筑、勾缝等步骤。其工艺流程如图 5.12 所示。

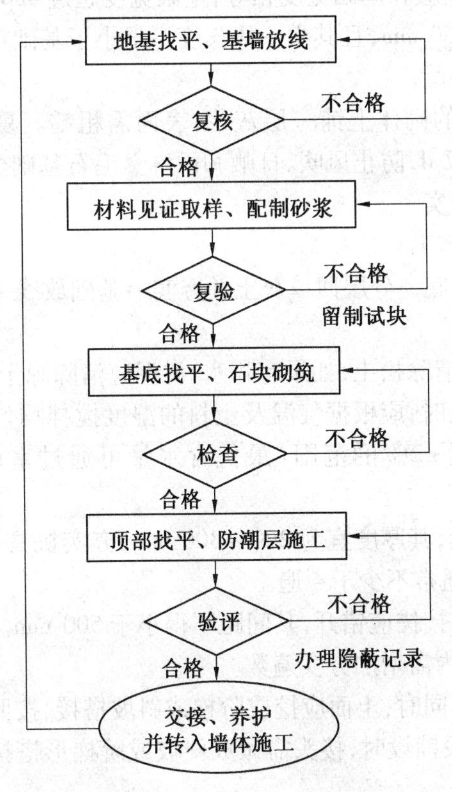

图 5.12　毛石基础工艺流程图

(2)施工要点。

1)砌筑前需检查基槽(坑)的尺寸、标高、土质,清除杂物,夯平槽(坑)底。

2)依据设置的龙门板在槽底放出毛石基础底边线,在基础转角处、交接处立上皮数杆。皮数杆上需标明石块规格及灰缝厚度,砌阶梯形基础还必须标明每一台阶的高度。

3)砌筑时,应先砌转角处和交接处,然后砌中间部分。毛石基础的灰缝厚度应为20~30 mm,砂浆应饱满。石块间较大空隙需先用砂浆填塞后,再用碎石块嵌实,不得先嵌石块后填砂浆或干塞石块。

4)基础的组砌形式需内外搭砌,上下错缝,拉结石、丁砌石交错布置;毛石墙拉结石每0.7 m^2墙面不应少于1块。

5)砌筑毛石基础应双面挂线,挂线方法如图5.13所示。

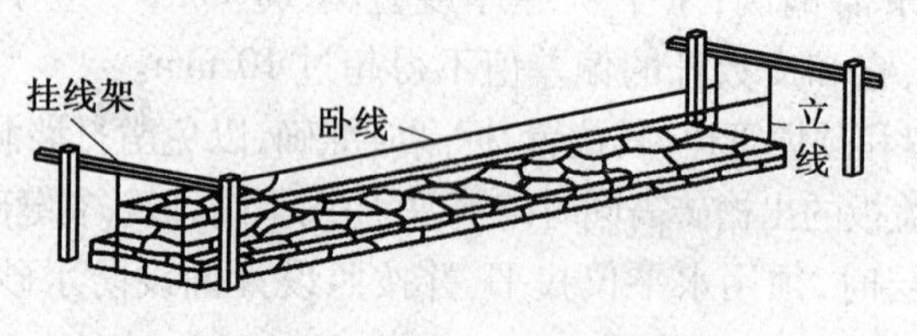

图5.13 毛石基础挂线图

6)基础外墙转角处、纵横墙交接处及基础最上一层,应选择较大的平毛石砌筑。每隔0.7 m须砌一块拉结石,上下两皮拉结石位置需错开,立面形成梅花形。当基础宽度在400 mm以内时,拉结石宽度应和基础宽度相等;基础宽度超过400 mm,可用两块拉结石内外搭砌,搭接长度不得小于150 mm,且其中一块长度不得小于基础宽度的2/3。毛石基础每天的砌筑高度不得超过1.2 m。

7)每天应在当天砌完的砌体上铺一层灰浆,表面需粗糙。夏季施工时,对刚砌完的砌体,应用草袋覆盖养护5~7 d,防止风吹、日晒和雨淋。毛石基础全部砌完后,要及时在基础两边均匀分层回填,分层夯实。

3.灰土与三合土基础施工

施工工艺顺序:清理槽底→分层回填灰土并夯实→基础放线→砌筑放脚、基础墙→回填房心土→防潮层。

(1)施工前应先验槽,清除松土,如果有积水、淤泥应清除晾干,槽底要求平整干净。

(2)灰土基础拌和灰土时,应根据气温及土料的湿度搅拌均匀。灰土的颜色应一致,含水量应控制在最优含水量±2%的范围(最优含水量可通过室内击实试验求得,通常为14%~18%)。

(3)填料时应分层回填,其厚度宜为200~300 mm,夯实机具可根据工程大小以及现场机具条件确定。夯实遍数通常不少于4遍。

(4)灰土上下相邻土层接搓应错开,其间距不得小于500 mm。接搓不得在墙角、柱墩等部位,在接搓500 mm范围内需增加夯实遍数。

(5)当基础底面标高不同时,土面应挖成阶梯或斜坡搭接,按照先深后浅的顺序施工,搭接处应夯压密实。分层分段铺设时,接头需做成斜坡或阶梯形搭接,每层错开0.5~1.0 m,并夯压密实。

4. 混凝土基础施工

施工工艺顺序:基础垫层→基础放线→基础支模→浇筑混凝土→拆模→回填土。

(1)首先清理槽底,验槽并且做好记录。按设计要求打好垫层,垫层的强度等级不宜低于 C15。

(2)在基础垫层上放出基础轴线和边线,按线支立预先配制好的模板。模板可采用木模,也可采用钢模。模板支立要求牢固,以免浇筑混凝土时跑浆、变形,如图 5.14 所示。

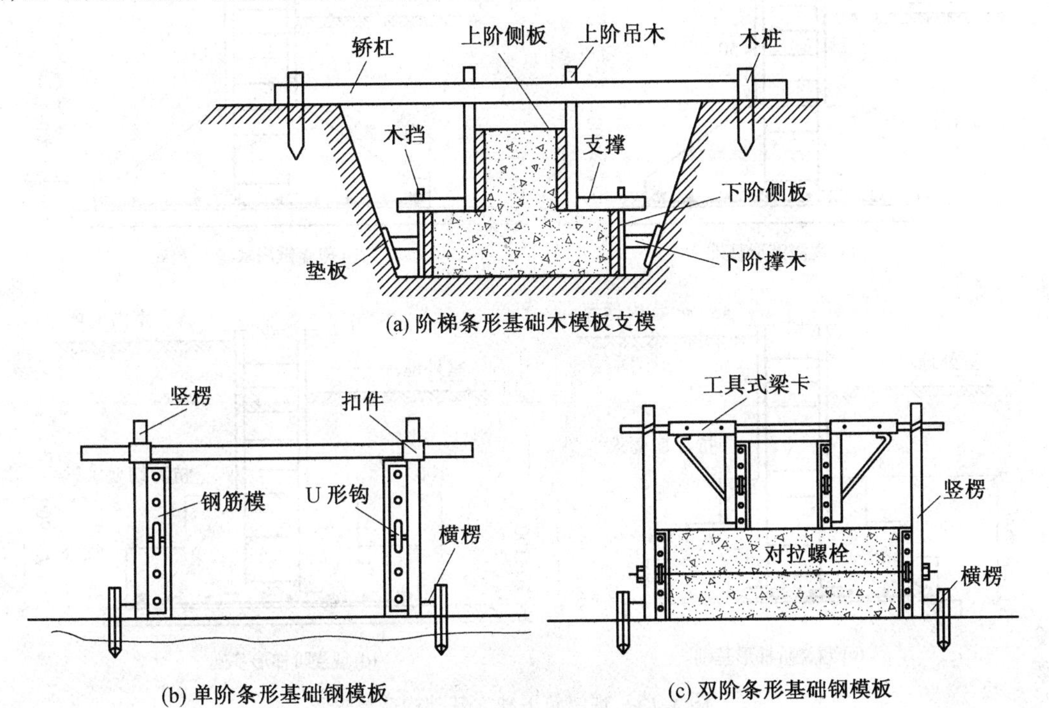

图 5.14　基础模板示意图

(3)台阶式基础宜按照台阶分层浇筑混凝土,每层可先浇筑边角后浇筑中间。第一层浇筑完工后,可停 0.5 ~ 1.0 h,等到下部密实后再浇筑上一层。

(4)基础截面为锥形,斜坡较陡时,斜面部分需支模浇筑,并防止模板上浮;斜坡比较平缓时,可不支模板,但应将边角部位振捣密实,人工修整斜面。

(5)混凝土初凝后,外露部分应覆盖并浇水养护,等到混凝土达到一定强度后方可拆除模板。

5.2　钢筋混凝土基础施工细部做法

第 104 讲　钢筋混凝土基础构造

1. 钢筋混凝土独立基础构造

现浇筑下独立基础构造要求如图 5.15 所示。

(1)基础垫层厚度不应小于 70 mm,混凝土强度等级为 C15。

(2)基础混凝土强度等级不应小于C20。

(3)锥形基础边缘的高度不应小于200 mm;阶梯形基础每阶高度为300～500 mm。

(4)底板受力钢筋直径不应小于10 mm,间距不应大于200 mm,也不应小于100 mm。

(5)当有垫层时,底板钢筋保护层厚度为40 mm,无垫层时为70 mm。

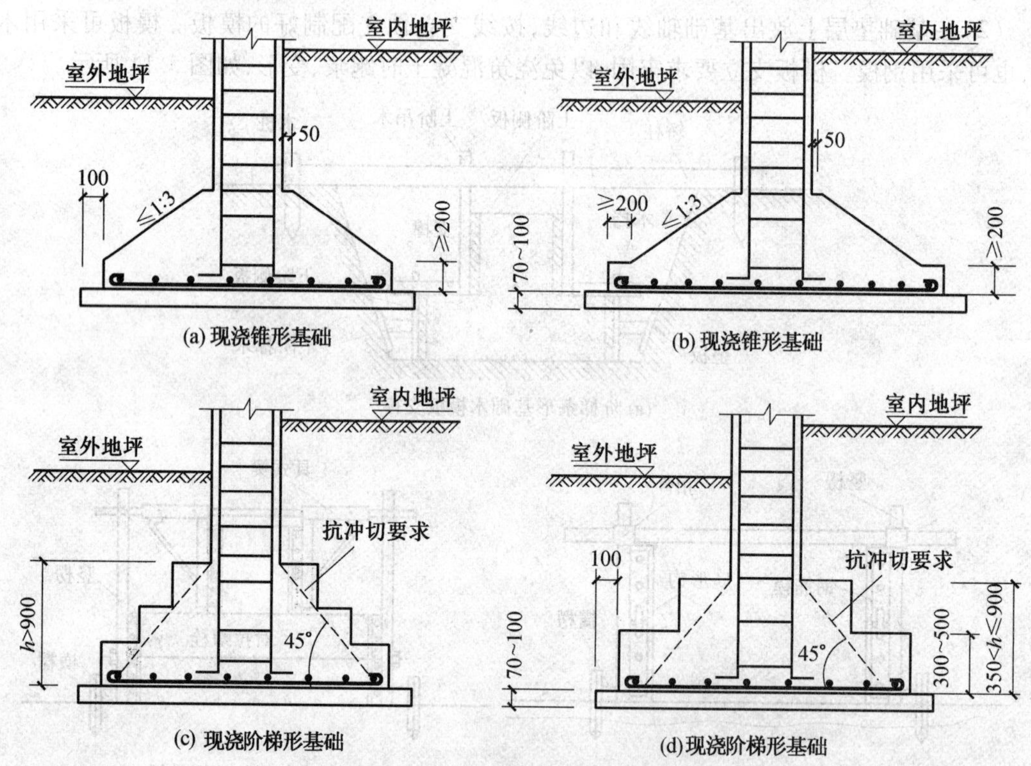

图5.15　现浇筑下独立基础构造要求

(6)当基础的边长尺寸大于2.5 m时,受力钢筋的长度可以缩短10%,钢筋应交错布置,如图5.16所示。

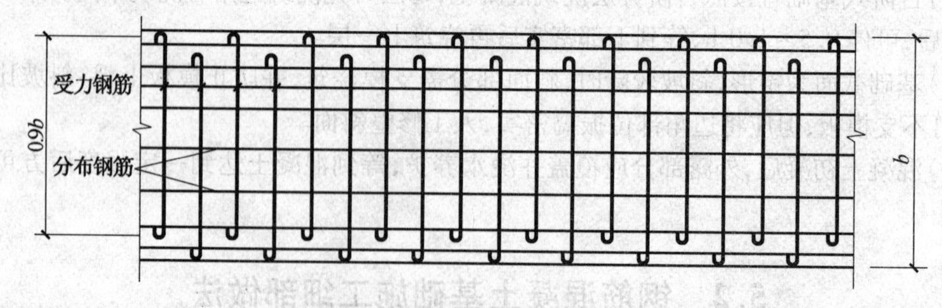

图5.16　受力钢筋缩短后纵向布置图

(7)现浇筑的插筋数目和直径同柱内要求,插筋的锚固长度以及与柱的搭接长度应满足《混凝土结构设计规范》(GB 50010—2010)的规定。插筋的下端应做成直钩,放在底板钢筋上面。

2. 墙下钢筋混凝土条形基础构造

墙下条形基础构造详图如图5.17(a)所示。图5.17(b),(c),(d)分别是条形基础交接处的构造处理要求。

(1)基础垫层的厚度不应小于70 mm,混凝土强度等级应为C15。

(2)基础底板混凝土强度等级不应低于C20。

(3)钢筋混凝土底板的厚度不应小于200 mm时,底板应做成平板。

(4)基础底板的受力钢筋直径不应小于10 mm,间距不应大于200 mm,也不应小于100 mm。

(5)基础底板的分布钢筋直径不应小于8 mm,间距不应大于300 mm。

(6)基础底板内每延米的分布钢筋截面积不应小于受力钢筋面积的1/10。

(7)底板钢筋保护层厚度,当有垫层时为40 mm,当无垫层时为70 mm。

(8)当条形基础底板的宽度不小于2.5 m时,受力钢筋的长度可取基础宽度的0.9倍,并应交错布置。

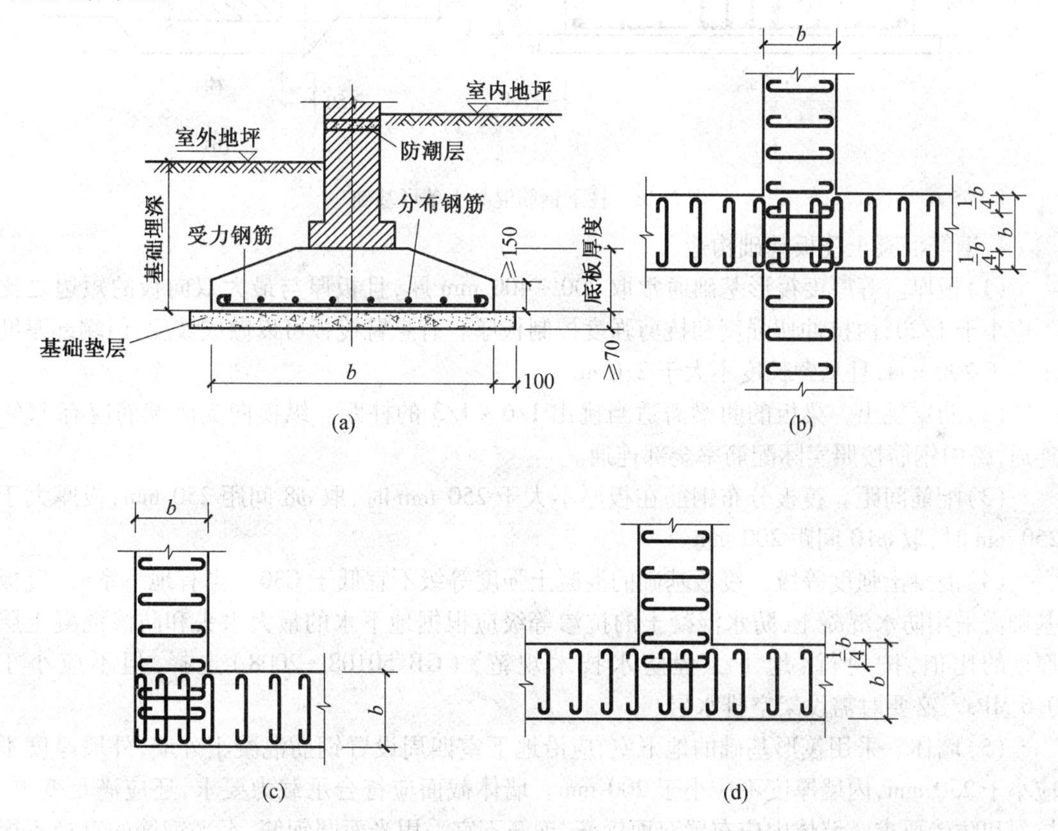

图5.17　墙下条形基础构造示意图

3.柱下钢筋混凝土条形基础构造

柱下条形基础除需满足墙下条形基础构造外,还应满足图5.18所示条件。

(1)柱下条形基础梁端部应向外挑出,其长度应为第一跨柱距的0.25倍。

(2)柱下条形基础梁高度,应为柱距的1/8~1/4,翼板的厚度不应小于200 mm。当翼板的厚度不大于250 mm时做成平板;当翼板的厚度大于250 mm时,宜采用变截面,其坡度不宜大于1∶3,如图5.18(a)所示。

(3)当梁高大于700 mm时,在梁的两侧沿高度间隔300~400 mm布置一根直径不小于10 mm的腰筋,并设置构造拉筋,如图5.18(a)所示。

(4)当柱截面尺寸不小于基础梁宽时,应满足图5.18(b)的规定。

(5)基础梁顶部按照计算所配纵向受力钢筋应贯通全梁,底部通长钢筋不应少于底部受力钢筋总面积的1/3。

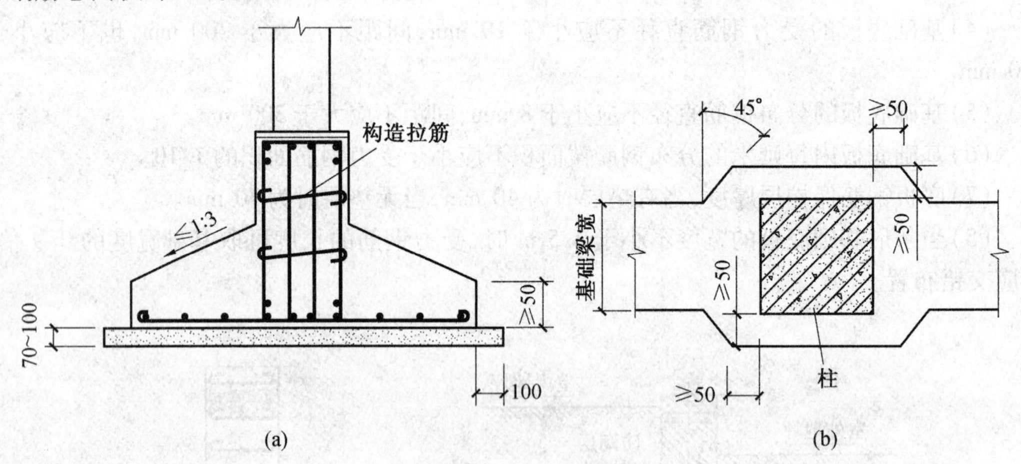

图5.18 柱下钢筋混凝土条形基础

4. 钢筋混凝土筏板基础构造

(1)板厚。等厚度筏形基础通常取200~400 mm厚,且板厚与最大双向板的短边之比不应小于1/20,由抗冲切强度和抗剪强度控制板厚。有悬臂筏板可以做成坡度,但端部厚度不小于200 mm,且悬臂长度不大于2.0 m。

(2)肋梁挑出。梁板的肋梁需适当挑出1/6~1/3的柱距。纵横向支座配筋应有15%连通,跨中钢筋按照实际配筋率全部连通。

(3)配筋间距。筏板分布钢筋在板厚不大于250 mm时,取$\phi 8$间距250 mm;板厚大于250 mm时,取$\phi 10$间距200 mm。

(4)混凝土强度等级。筏板基础的混凝土强度等级不宜低于C30。当有地下室时,筏板基础需采用防水混凝土,防水混凝土的抗渗等级应根据地下水的最大水头和防渗混凝土层厚度的比值,按现行《地下工程防水技术规范》(GB 50108—2008)选择,但不应小于0.6 MPa。必要时需设架空排水层。

(5)墙体。采用筏形基础的地下室,应沿地下室四周设置钢筋混凝土外墙,外墙厚度不应小于250 mm,内墙厚度不应小于200 mm。墙体截面应符合承载力要求,还应满足变形、抗裂和防渗要求。墙体内应布置双面钢筋,钢筋不宜采用光面圆钢筋,水平钢筋的直径不得小于12 mm,竖向钢筋的直径不得小于10 mm,间距不得大于200 mm。

(6)施工缝。筏板和地下室外墙的连接缝、地下室外墙沿高度的水平接缝应严格按照施工缝要求采取措施,必要时设通长止水带。

(7)柱、梁连接。柱与肋梁交接处构造处理应满足图5.19的要求。

第105讲 钢筋混凝土基础施工

1. 钢筋混凝土独立基础施工要点

施工工艺顺序:基础垫层→基础放线→绑扎钢筋→支基础模板→浇筑混凝土→拆模。

(1)首先清理槽底,然后验槽并且做好记录。按设计要求打好垫层,垫层混凝土的强度

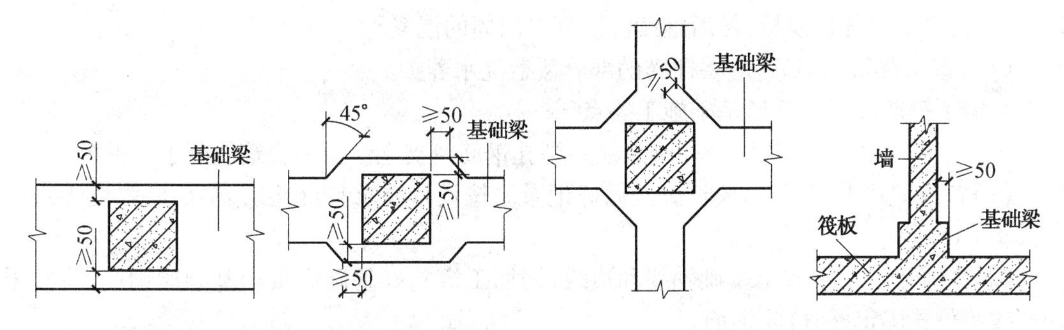

图5.19　柱与肋梁交接处构造处理

等级不应低于C15。

(2)在基础垫层上放出基础轴线和边线,钢筋工绑扎好基础底板钢筋网片。

(3)按线支立事先配制好的模板。模板可采用木模(图5.20a),也可采用钢模(图5.20b)。先将下阶模板支好,然后支好上阶模板,再支放杯心模板。模板支立要求牢固,以免浇筑混凝土时跑浆、变形。

如为现浇筑基础,模板支完后要将插筋按照位置固定好,并进行复线检查。现浇混凝土独立基础,轴线位置偏差不得大于10 mm。

(4)基础在浇筑前,应先清除模板内以及钢筋上的垃圾杂物,避免堵塞模板的缝隙和孔洞。木模板需浇水湿润。

(5)对阶梯形基础,基础混凝土应分层连续浇筑完成。每一台阶高度范围内的混凝土可分为一个浇筑层。每浇完一个台阶可停顿0.5~1.0 h,等到下层密实后再浇筑上一层。

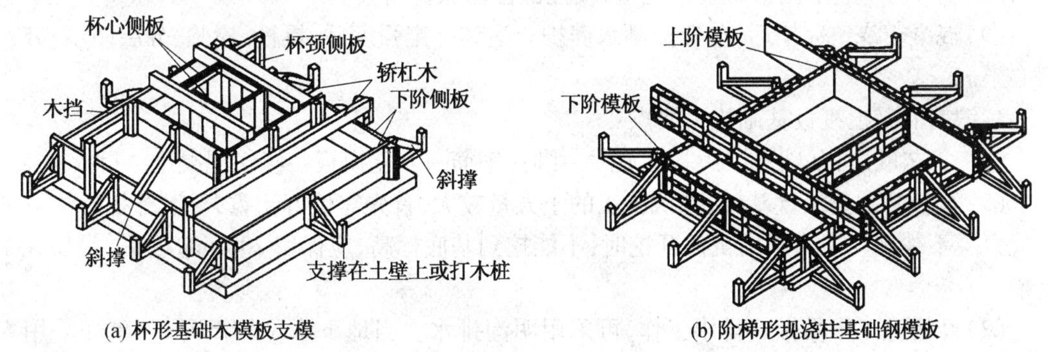

(a)杯形基础木模板支模　(b)阶梯形现浇柱基础钢模板

图5.20　现浇独立钢筋混凝土基础模板示意图

(6)对于锥形基础,应注意确保锥体斜面的准确,斜面可随浇筑随支模板,分段支撑加固防止模板上浮。

(7)对杯形基础,浇筑杯口混凝土时,应避免杯口模板位置移动,应从杯口两侧对称浇捣混凝土。

(8)在浇筑杯形基础时,如杯心模板使用无底模板,应控制杯口底部的标高位置,先将杯底混凝土捣实,然后采用低流动性混凝土浇筑杯口四周;或杯底混凝土浇筑完后停顿0.5~1.0 h,等到混凝土密实再浇筑杯口四周的混凝土。混凝土浇筑完成后,应将杯口底部多余的混凝土掏出,以保证杯底的标高。

(9)基础浇筑完成后,等到混凝土终凝前应将杯口模板取出,并将混凝土内表面凿毛。

(10)高杯口基础施工时,杯口距基底具有一定的距离,可先浇筑基础底板与短柱至杯口底面位置,再安装杯口模板,然后继续浇筑杯口四周的混凝土。

(11)基础浇筑完毕后,应将裸露的部分覆盖浇水养护。

2. 墙下钢筋混凝土条形基础施工要点

施工工艺顺序:基础垫层→基础放线→绑扎钢筋→支立模板→浇筑混凝土→拆模。

(1)首先清理槽底,然后验槽并且做好记录。按设计要求打好垫层,垫层的强度等级不应低于 C15。

(2)在基础垫层上放出基础轴线和边线,钢筋工绑扎好基础底板和基础梁钢筋,将柱子插筋按照位置固定好,检验钢筋。

(3)钢筋检验合格后,按线支立预先配制好的模板。模板可以采用木模,也可采用钢模。先将下阶模板支好,然后支好上阶模板。模板支立要求牢固,以免浇筑混凝土时跑浆、变形。

(4)基础在浇筑前,应先清除模板内以及钢筋上的垃圾杂物,避免堵塞模板的缝隙和孔洞。木模板需浇水湿润。

(5)混凝土的浇筑,高度在 2 m 以内时,可直接将混凝土卸入基槽;当混凝土的浇筑高度大于 2 m 时,应采用漏斗、串筒将混凝土溜入槽内,避免混凝土产生离析分层现象。

(6)混凝土宜分段分层浇筑,每层厚度宜为 200 ~ 250 mm,每段长度宜为 2 ~ 3 m,各段各层之间需相互搭接,使逐段逐层呈阶梯形推进,振捣要密实不能漏振。

(7)混凝土要连续浇筑不宜间断,如果间断,其间隔时间不应超过规范规定的时间。

(8)当需要间歇的时间超过规范规定时,应布置施工缝。再次浇筑应等到混凝土强度达到 1.2 N/mm^2 以上时才能进行。浇筑前进行施工缝处理,应将施工缝松动的石子清除,并用水清洗干净,浇一层水泥浆再继续浇筑,接搓部位需振捣密实。

(9)混凝土浇筑完毕后,应覆盖洒水养护。达到一定强度后,拆模、检验、分层回填、夯实房心土。

3. 钢筋混凝土筏板基础施工要点

施工工艺顺序:基础垫层→基础放线→绑扎钢筋→支立模板→浇筑混凝土→拆模。

(1)筏板基础是满堂基础,基坑施工的土方量较大,首先需做好土方开挖,开挖时注意基底持力层不被扰动。当采用机械开挖时,不能挖到基底标高,应保留 200 mm 左右,最后人工清槽。

(2)开槽施工中需做好排水工作,可采用明沟排水。当地下水位较高时,可事先采用人工降水措施,使地下水位降至基底 500 mm 以下,确保基坑在无水的条件下进行开挖和基础施工。

(3)基坑施工完成后应及时进行验槽。验槽后清理槽底,进行垫层施工。垫层的厚度通常取 100 mm,混凝土强度等级不应低于 C15。

(4)当垫层混凝土达到一定强度后,使用引桩与龙门架在垫层上进行基础放线、绑扎钢筋、支设模板、固定柱或墙的插筋。

(5)筏板基础在浇筑前需搭建脚手架,以便运灰送料,并应清除模板内及钢筋上的垃圾、泥土、污物,木模板应浇水湿润。

(6)混凝土浇筑方向应平行于次梁方向。对于平板式筏形基础而言,则应平行于基础的长边方向。筏板基础混凝土浇筑需连续施工,如果不能整体浇筑完成,应设置竖直施工缝。施工缝的预留位置,当平行于次梁长度方向浇筑时,需在次梁中间 1/3 跨度范围内。平板式筏形基础的施工缝可设置在平行于短边方向的任何位置。

(7)当继续开始浇筑时应进行施工缝清理,在施工缝处将活动的石子清除,用水清洗干净,浇撒一层水泥浆,然后继续浇筑混凝土。

(8)对于梁板式筏形基础,梁高出地板部分的混凝土可分层浇筑,每层浇筑厚度不应大于200 mm。

(9)基础浇筑完毕后,基础表面需覆盖并洒水养护。当混凝土强度达到设计强度的25%以上时即可拆模,等到基础验收合格后即可回填土。

第106讲 大体积混凝土浇筑

1. 工艺流程

施工工艺顺序为:混凝土配置→混凝土搅拌→混凝土浇筑→混凝土振捣→混凝土养护→混凝土测温。

大体积混凝土防裂措施:采用中低热水泥,掺加粉煤灰或高效缓凝型减水剂,都可以延迟水化热释放速度,降低热峰值。掺入适量的U形混凝土膨胀剂,避免或减少混凝土收缩开裂,并使混凝土致密化,使混凝土抗渗性升高。在满足混凝土泵送的条件下,尽可能选用粒径较大、级配良好的石子;尽可能降低砂率,一般宜控制在42% ~45%。在基础内预埋冷却水管,通入循环低温水降温。控制混凝土的出机温度与浇筑温度,冬季在不冻结的前提下,采用冷骨料、冷水搅拌混凝土;夏季如果当时气温较高,还应对砂石进行保温,砂石料场布置简易遮阳装置,必要时向骨料喷冷水。

2. 大体积混凝土搅拌、运输操作工艺

混凝土搅拌要按照配合比严格计量,要求车车过磅。装料顺序:石子→水泥→砂子。如有添加剂时,应与水泥同时加入;粉沫状的外加剂与水泥同时加入,液体状的与水同时加入。为使混凝土搅拌均匀,搅拌时间不能少于90 s,当冬季施工或加有添加剂时应延长30 s。

混凝土自搅拌机卸出后需及时运送到浇筑地点。在运输过程中,要避免混凝土的“离析”,水泥浆流失、塌落度变化及产生初凝等现象,如有发生应立即报告技术部门采取措施。混凝土从搅拌机中卸出后直至浇筑完毕的延续时间,不能超过《混凝土质量控制标准》(GB 50164—2011)规定的时间。混凝土水平运输使用混凝土搅拌罐车或装载机,垂直运输使用混凝土泵车。

泵送混凝土必须确保混凝土泵能连续工作,如发生故障停歇时间超过45 min或混凝土已产生“离析”现象,应立刻用压力水或其他方法冲洗净管内残留的混凝土。

3. 大体积混凝土浇筑

大体积混凝土的浇筑方法分为三种类型,如图5.21所示。

斜面分层法:混凝土浇筑采取“分段定点,循序推进、一个坡度、一次到顶”的方法——自然流淌形成斜坡混凝土的浇筑方法,可以较好地适应泵送工艺,提高泵送效率,简化混凝土的泌水处理,确保了上下层混凝土不超过初凝时间,一次连续完成。当混凝土大坡面的坡角接近端部模板时,变换混凝土的浇筑方向,即从顶端往回浇筑。分段分层法:混凝土浇筑时采取分层分段进行时,每段浇筑高度应根据结构特点、钢筋疏密程度决定,通常分层高度为振捣器作用半径的1.25倍,最大不能超过500 mm。混凝土浇筑时,严格掌握控制下灰厚度、混凝土振捣时间,浇筑分为数个单元,每个浇筑单元间隔时间不超过3 h。

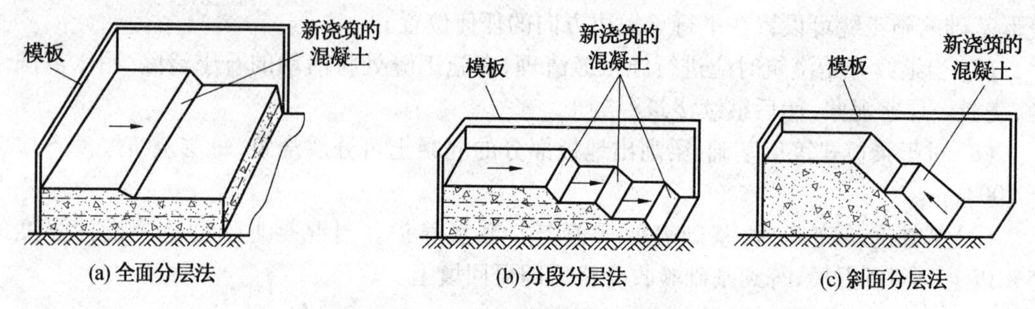

图5.21 大体积混凝土浇筑方案

大体积混凝土浇筑时每浇筑一层混凝土均应及时均匀振捣,确保混凝土的密实性。混凝土振捣采用赶浆法,以保证上下层混凝土接槎部位结合良好,避免漏振,确保混凝土密实。振捣上一层时需插入下层约50 mm,以消除两层之间的接槎。平板振动器移动的间距,应能确保振动器的平板覆盖范围,以振实振动部位的周边。

在混凝土初凝之前,适当的时间内进行两次振捣,可以排除混凝土由于泌水在粗骨料、水平钢筋下部生成的水分及空隙,提高混凝土与钢筋的握裹力。两次振捣时间间隔宜控制在2 h左右。

混凝土应连续浇筑,特殊情况下如需间歇,其间歇时间应尽可能缩短,并应在前一层混凝土凝固以前将下一层混凝土浇筑完毕。间歇的最长时间,按照水泥的品种及混凝土的凝固条件确定,通常超过2 h就应按“施工缝”处理。

混凝土的强度不小于1.2 MPa,方可浇筑下层混凝土;在继续浇筑混凝土以前,应将施工缝界面处的混凝土表面凿毛,剔除浮动石子,并且用清水冲洗干净后再浇一遍高标号水泥砂浆,然后继续浇筑混凝土并振捣密实,使新老混凝土紧密结合。

斜面分层法浇筑混凝土采取泵送时,在浇筑、振捣过程中,上涌的泌水以及浮浆将顺坡向集中在坡面下,应在侧模适宜部位设置排水孔,使大量泌水顺利排出。采取全面分层法时,每层浇筑均须将泌水逐渐往前赶,在模板处开设排水孔使泌水排出或将泌水排到施工缝处,设水泵将水抽走,直到整个层次浇筑完。

大体积混凝土养护采用保湿法及保温法。保湿法,即在混凝土浇筑成型后,用蓄水、洒水或喷水养护;保温法是在混凝土成型后,覆盖塑料薄膜与保温材料养护或采用薄膜养生液养护。

在混凝土结构内部有代表性的部位设置测温点。测温点应在边缘与中间,按十字交叉设置,间距为3~5 m,沿浇筑高度应设置在底部中间和表面,测点距离底板四周边缘要超过1 m。通过测温全面掌握混凝土养护期间其内部的温度分布状况和温度梯度变化情况,以便定量、定性地指导控制降温速率。测温可以使用信息化预埋传感器先进测温方法,也可以应用埋设测温管、玻璃棒温度计测温方法。每日测量不少于4次(早晨、中午、傍晚、半夜)。

第6章　地基基础工程季节性施工细部做法

6.1　冬期施工细部做法

第107讲　土方工程的冬期施工

土在结冻时其机械强度显著提高,使土方工程冬期施工造价增高、工效降低。寒冷地区土方工程施工通常宜在入冬前完成。如果必须在冬期施工时,其施工方法应根据本地区气候、土质以及冻结情况并结合施工条件进行技术经济比较后确定。施工前需周密计划,做好准备,以便连续施工。

1. 土壤的防冻保温

土壤的防冻保温是在冬季来临时,土层没有冻结之前,采取一定的措施使得基础土层免遭冻结或减少冻结的一种方法。在土方冬期开挖中,土的保温防冻法属于最经济的方法之一,常用的做法包括翻松耙平防冻、雪覆盖防冻和保温材料防冻等。

(1)翻松耙平法。翻松耙平法是在土壤冻结以前,将预先确定的冬期土方作业地段上的表层土翻松耙平,利用松土中很多充满空气的孔隙来降低土壤的导热性,达到防冻的目的。翻耕的深度通常在25~30 cm,其宽度宜为开挖时冻结深度的2倍加基槽(坑)底宽。

(2)雪覆盖防冻法。在初冬积雪量较大的地区,可以利用雪的覆盖作为保温层来避免土的冻结。雪覆盖防冻的方法可根据土方作业的特点而定。对大面积的土方工程可在地面上设置篱笆或筑雪堤,其高度 h 为50~100 cm,其间距宜为10~15 m,安装时应使其长边垂直于主导风向,如图6.1所示。对面积较小的基槽(坑)土方开挖,可以在土冻结前、初次降雪后在地面上挖积雪沟,沟深30~50 cm,宽度是预计深度的2倍加槽(坑)底宽。施工时在挖好的沟内应快速用雪填满,以防止未挖土层的冻结,如图6.2所示。

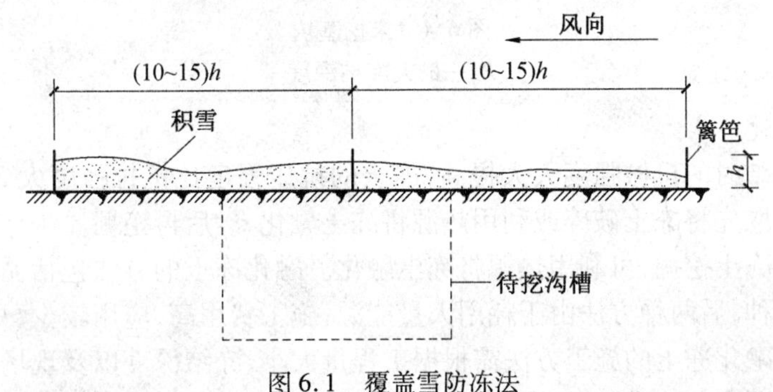

图6.1　覆盖雪防冻法

(3)保温材料覆盖法。面积较小的基槽(坑)的防冻,可直接利用保温材料覆盖。常用保温材料包括炉渣、锯末、膨胀珍珠岩、草袋、树叶等,再加盖一层塑料布。在已开挖的基槽(坑)中,靠近基槽(坑)壁处覆盖的保温材料应加厚,以使土壤不致受冻或冻结轻微,如图

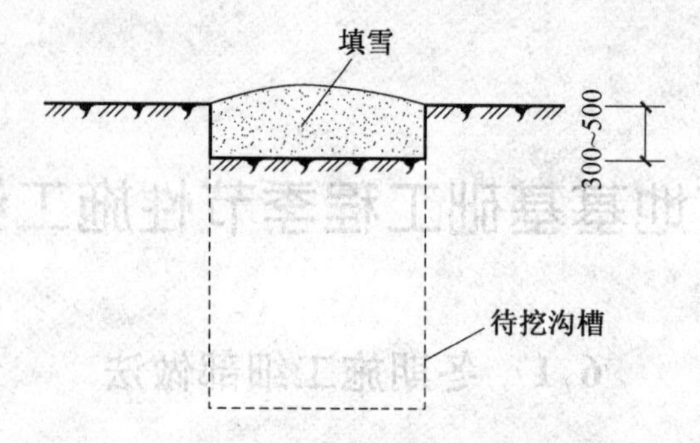

图 6.2　挖沟填雪防冻法

6.3所示。对于没有开挖的基坑,保温材料铺设宽度为 2 倍的土层冻结深度加基槽(坑)底宽度,如图 6.4 所示。

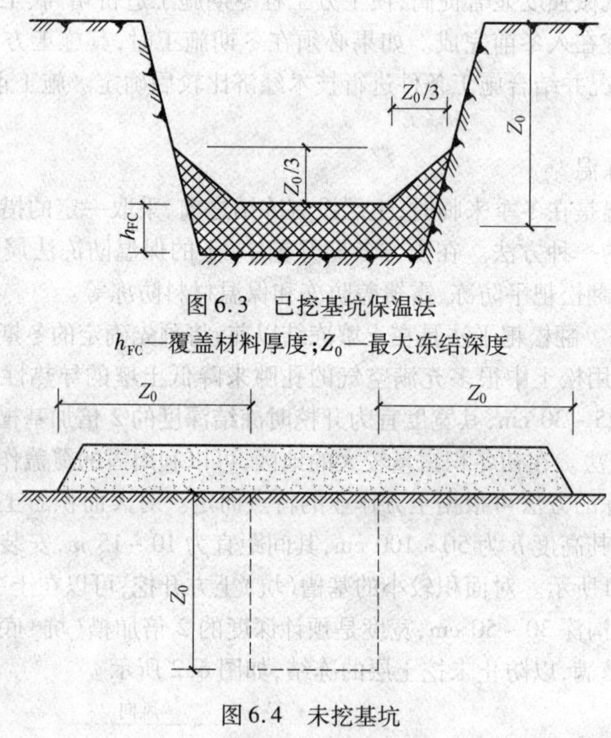

图 6.3　已挖基坑保温法

h_{FC}—覆盖材料厚度;Z_0—最大冻结深度

图 6.4　未挖基坑

Z_0—最大冻结深度

2. 冻土的融化

因为土在冻结时的机械强度大大提高,冻土的抗压强度比抗拉强度大 2 ~ 3 倍,所以冬期土方施工可采取先将冻土破碎或利用热源将冻土融化,然后再挖掘。

为了有助于冻土挖掘,可利用热源将冻土融化。融化冻土的方法包括循环针法、烟火烘烤法和电热法三种,后两种方法由于耗用大量能源,施工费用高,应用较少,只用在面积不大的工程施工中。融化冻土的施工方法需根据工程量大小、冻结深度以及现场条件综合选用。融化时应按开挖顺序分段进行,每段大小应适合当天挖土的工程量。冻土融化后,挖土工作应昼夜连续进行,防止因间歇而使地基土重新冻结。

(1)循环针法。循环针分为蒸汽循环针与热水循环针两种,如图 6.5 所示。

蒸汽循环针法是将管壁钻有孔眼的蒸汽管插入预先钻好的冻土孔内。蒸汽管直径 D 通

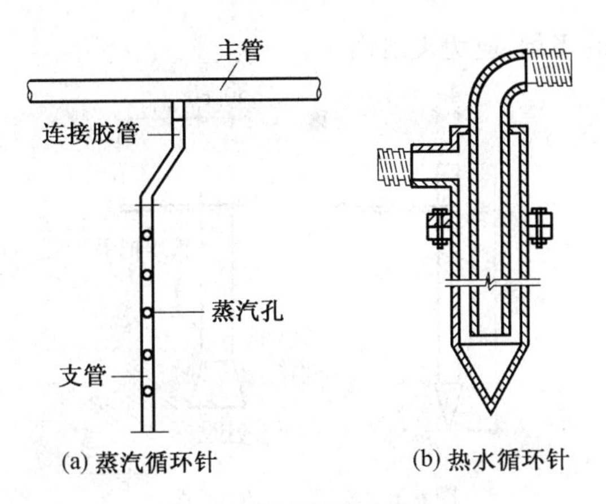

图6.5　循环针融化冻土法

常为20～25 mm,其下端应封死,冻土孔径宜为30～70 mm,间距不超过1 m,插入深度视土的冻结深度确定。然后通入低压蒸汽,借助蒸汽的热量来融化冻土。由于蒸汽融化冻土会破坏土的结构、减小地基承载力,因此此法不宜用于开挖基槽(坑)。

热水循环针法是用直径60～150 mm的双层循环热水管按照梅花形布置,间距不超过1.5 m,管内采用40～50 ℃的热水循环供热。

(2)烟火烘烤法。烟火烘烤法适用于面积较小、冻土较浅,且燃料便宜的地区。常用锯末、谷壳以及刨花等作燃料。在冻土上铺杂草、木柴等引火材料,燃烧后撒上锯末,然后在上面压数厘米的土,让它不起火苗地燃烧(250 mm厚的锯末,其热量经过一夜可融化约300 mm厚的冻土)。开挖时分层分段进行,烘烤时应做到有火就有人,防止引起火灾。

(3)电热法。电热法一般用直径16～25 mm的下端带尖钢筋作电极,将电极钢筋打入冻土层以下150～200 mm的深度,并露出地面100～150 mm,做梅花形设置,其间距见表6.1。加热时间根据冻土厚度、土的温度、电压高低等条件而定。通电加热时,可在冻土上撒上100～250 mm厚的锯末,用质量分数为1%～2%的氯盐溶液浸湿,以加速表层冻土的融化。电热法效果最好,但能源消耗量大、费用高,只在土方工程量不大时或紧急工程中采用。

表6.1　电极间距

电压/V	冻结深度/mm			
	500	1 000	1 500	2 000
380	600	600	500	500
220	500	500	400	400

采用此法时,必须具有周密的安全措施,应由电气专业人员担任通电工作,工作地点必须设置警戒区,通电时严禁人员靠近,以免触电。

3. 冻土的开挖

冻土的开挖宜采用剪切法,具体的开挖方法通常有人工法、机械法和爆破法三种。

(1)人工法开挖。人工法开挖冻土适用于开挖面积较小以及场地狭窄,不具备用其他方法进行土方破碎、开挖的工程。开挖时通常用大铁锤和铁楔子劈冻土(图6.6)。施工中1人掌楔,2或3人轮流打大锤,一个组通常用几个铁楔,当一个铁楔打入土中而冻土尚未脱离时,再将第二个铁楔在旁边的裂缝上加进去,直到冻土剥离为止。为防止震手或误伤,铁楔宜用粗铁丝制成把手。施工时掌铁楔的人和掌锤的人不能脸对着脸,必须互成90°,同时要随时注意去掉楔头打出的飞刺，避免飞出伤人。

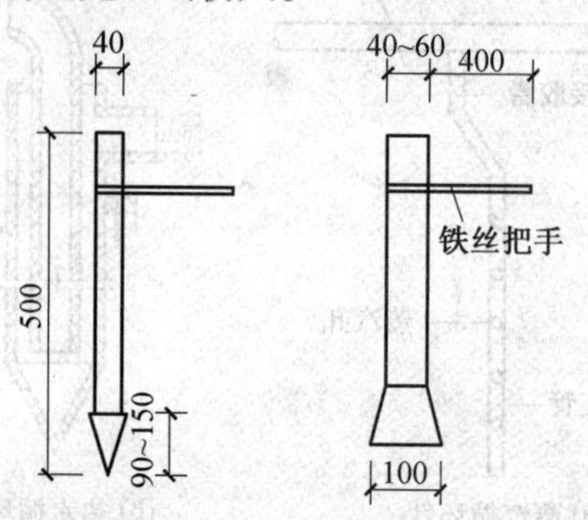

图6.6　破冻土的铁楔子

(2)机械法开挖。当冻土层厚度在0.5 m以内时，可采用推土机、铲运机或中等动力的普通挖掘机施工开挖；当冻土层厚度在0.5~1.0 m时，可采用大功率推土机、拖拉机牵引的专用松土机破碎冻土；当冻土层厚度在1.0~1.5 m时，可采用重锤冲击破碎冻土，重锤为铸铁制成楔形或球形，质量宜为2~3 t，如图6.7所示。

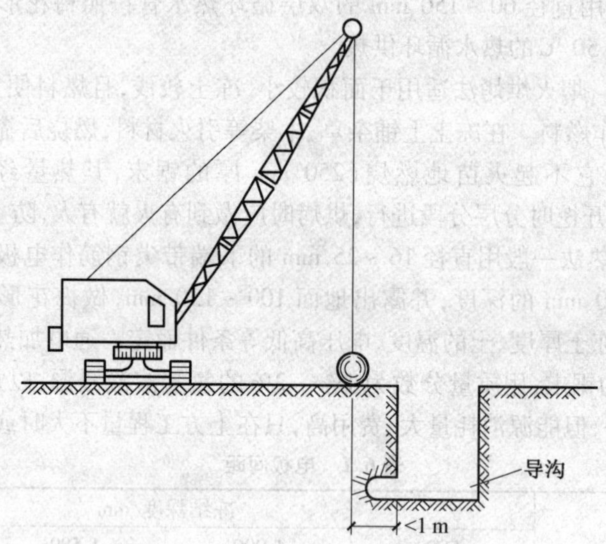

图6.7　重锤冲击破碎冻土示意图

最简单的施工方法是用风镐将冻土破碎，然后用人工与机械挖掘运输。

(3)爆破法开挖。爆破法多用于冻土层较厚、面积较大的土方工程。这种方法是将炸药放进直立爆破孔中或水平爆破孔中进行爆破，冻土破碎后使用挖土机挖出，或借爆破的力量向四周崩出，得到需要的沟槽。

冻土深度在2 m以内时，可选用直立爆破孔，如图6.8(a)所示；冻土深度超过2 m时，可选用水平爆破孔，如图6.8(b)所示。

爆破孔断面的形状通常是圆形，直径为50~70 mm，排列成梅花形，爆破孔的深度是冻土厚度的0.6~0.85倍。爆破孔的间距是1~2倍最小抵抗线长度(药包中心到地面最短距离)，排距是1.5倍最小抵抗线长度。爆破孔可用电钻、风钻、钢钎钻打形成。

爆破冻土所用炸药包括黑色炸药、硝铵炸药及TNT炸药等。工地上通常使用的硝铵炸

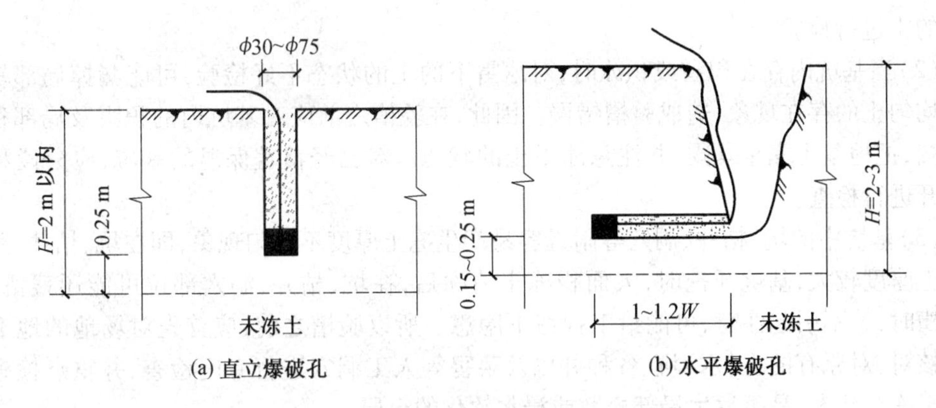

(a) 直立爆破孔
(b) 水平爆破孔

图6.8 爆破法和土层冻结深度的关系

H—冻土层厚度;W—最小抵抗线

药呈淡黄色,燃点在270 ℃以上,比较安全。

冻土爆破必须在专业技术人员指导下进行,严格遵循雷管、炸药的管理规定和爆破操作规程。距爆破点50 m以内需无建筑物,200 m以内应无高压线。当爆破现场附近有居民或有精密仪表等怕振动的设备时,应提前做好疏散和保护工作。冬期施工严禁使用任何甘油类炸药,由于其在低温凝固时稍受振动即会爆炸,因此十分危险。

4. 冬期回填土施工

冬期回填土应尽可能选用未受冻的、不冻胀的土壤进行回填施工。填土前,需清除基础上的冰雪及保温材料;填方边坡表层1 m以内不得用冻土填筑;填方上层应用未冻的、不冻胀的或透水性好的土料填筑。冬期填方每层铺土厚度需比常温施工时减少20% ~25%,预留沉降量应当比常温施工时适当增加。用含有冻土块的土料当作回填土时,冻土块粒径不得大于150 mm,其含量(按体积计)不能超过30%;铺填时,冻土块应均匀分布、逐层压实。

冬期施工室外平均气温在-5 ℃以上时,填方高度不受限;平均气温在-5 ℃以下时,填方高度不得超过表6.2的规定。用石块及不含冰块的砂土(不包括粉砂)、碎石类土填筑时,填方高度不受限。

表6.2 冬期填方高度限制

平均气温/℃	填方高度/m
-10 ~ -5	4.5
-15 ~ -11	3.5
-20 ~ -16	2.5

室外的基槽(坑)或管沟可使用含有冻土块的土回填,但冻土块体积不能超过填土总体积的15%,而且冻土块的粒径需小于150 mm;室内的基槽(坑)或管沟的回填土不能含有冻土块;管沟底至管顶0.5 m范围内禁止用含有冻土块的土回填。回填工作应连续进行,避免基土或已填土层受冻。

第108讲 基槽(坑)冬期验槽

(1)冬期进行验槽时,应先了解基坑完成时间,若基坑完成时间和验槽时间间隔较大,需怀疑基坑表层土的冻结现象。在现场检查时,需对土的状态进行鉴别判断,认真观察土的温度、强度和土样温度升高后的强度变化等情况,如果有冻结现象,可将冻结层清除,对冻结层以下的土进行检验。

(2)当基坑内存在积雪或积冰时,对冰雪下的土的状态不好检验,可能漏掉局部软土或是不均匀土的存在现象,造成验槽错误。因此,在验槽之前应对基坑内的积雪及局部积冰进行清扫,把地基土完全暴露,并注意冰下土的状态。对已经覆盖保温的基坑,应分段将保温层揭开进行检查。

(3)基坑中的坑、枯井、洞穴等附近容易产生冻土厚度不均匀现象,即在坑、枯井、洞穴位置冻土厚度较大,基坑开挖时,大面积冻土清除后,在坑、枯井、洞穴部位可能还残留冻土。在验槽时,若不引起注意,可能给工程留下隐患。所以验槽之前,应首先对场地的地下工程进行核对,对原有的土(水)坑、各种井以及菜窖等人工洞穴进行专门检查,并重点检查土是否处于冻结状态、是否发生局部松散或浸水软化的土层。

(4)对于春融期开挖的基坑,若基底容许留有残留冻土层,为了防止残留冻土层融化后产生不均匀融沉现象,在基础施工以前应对基底的残留冻土层进行检查,对其融沉性进行评价,必要时对土的融沉性进行试验,确定冻土层厚度均匀、冻土实际状态与勘察资料一致后,再进行基础施工。

(5)在验槽时,若发现局部基坑表面已冻结,应对土的结构及冰晶结构进行观察,对土的冻胀性及融化后的强度进行判断,发现软土和冻胀性较强的土受冻后,必须清理干净,然后再进行基础施工。

(6)在基础施工前,应认真检查基坑开挖深度是否符合设计要求,如果基础埋深小于基础周围地基土的冻结深度,当基底土作用在基础底面的法向冻胀力大于基础上部荷载时,基础将在基底土的法向冻胀力作用下产生位移(图6.9)。当基底土的冻结深度、冻胀性、上部荷载分布等产生不均匀现象时,基础将在不均匀冻胀作用下产生破坏现象。

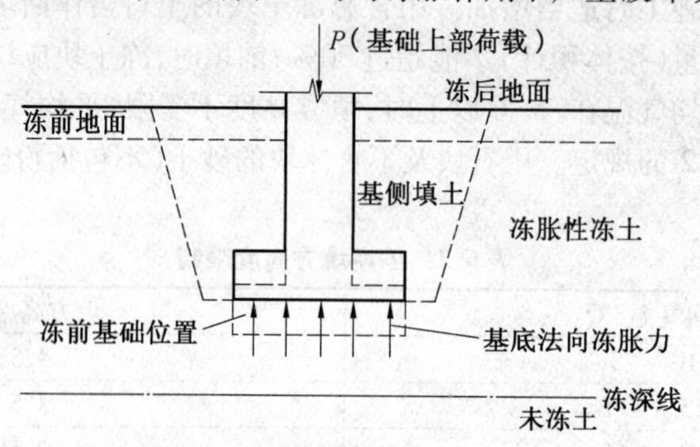

图6.9 基底法向冻胀力示意图

第109讲 地基处理冬期施工

1.灰土与砂石地基

(1)冬期需避免大面积砂石换填施工,若必须进行施工,应控制施工速度,确保每层砂石不出现冻结现象,可对填完的砂石层采取保温措施,或确保已出现冻结的砂石层表面不出现扰动现象。

(2)当基坑底排水条件不好或基坑位于斜坡上方向时,应尽可能在夏季进行水撼法换填施工,使浸入相邻建筑地基的水具有足够的时间渗入地基深层,避免相邻建筑发生冻害。

(3)在严冬季节应禁止采用水撼法进行换填施工,可采用压密法或夯实法进行施工。若必须采用水撼法施工,应控制砂石料填入基坑时的温度及水的温度,必要时通过现场简易试验或热工计算确认不会出现冻结现象后才能施工。

(4)在冬期进行大量基坑水撼法换填砂石施工时,可能产生单个基坑施工不连续的现象,若基坑数量较多,应控制同时施工的基坑数量,确保每个基坑在下一层施工结束后,立即进行上一层的回填,以免冻结现象发生。

(5)在第一层灰土回填前,需对基坑进行清理,将基坑底部堆积的冰雪、局部软土、浮土、冻土清除干净。施工期间出现降雪天气时,应对已经施工的地面进行覆盖保护,若没有采取覆盖措施,应将表层积雪清除干净后才能继续施工。

(6)灰土换填冬期施工时,为了确保施工质量,遇到大风天气或降雪天气应停工,并对现场堆积的材料以及没有施工完的基坑进行覆盖保温,防止冰雪混入材料中,同时避免已填完的灰土层冻结。

(7)分层施工的灰土层应随铺随压。当气温较低或压实机械发生故障时,土层铺完后如果无法及时碾压,应将新铺的土层覆盖保温,重新施工时,机械压到哪里,覆盖层揭到哪里。若发现未压实的土已经冻结,应将其挖掉重新铺筑压实。

(8)冬期施工灰土换填工程,特别是要重视质量检验工作。应安排专人现场跟踪检验,压实一块检验一块,发现不合格部位立刻返工。对于工程量较大或较重要工程,可在现场成立简易试验室,其含水量试验可采用快速水分测定方法进行现场试验,既能保障检验工作的及时、可靠,又可避免因等待检验结果使填土层表层冻结。

(9)无论是压实机械还是夯实机具,当其表面出现黏结现象时,应立即采取措施进行清理,必要时在土层表面撒一层薄砂,进而防止填料与压实设备冻结或黏结。

在寒冷地区,为了保证工程质量,应尽可能避免在严冬季节施工。当必须进行施工时,对于大面积换填工程,可使用大能量压实(夯实)机械,加大每层土的填筑厚度,例如采用重锤夯实法,每层处理厚度可达到1 m;采用强夯法,每层处理厚度可以更大。这时,即使填土表层有冻结现象,也可以在本层夯实工作结束后,再将表层冻结料清除掉,然后再进行下一层土的回填夯实施工。

2. 强夯地基

(1)适用条件。

1)强夯法冬期施工适合各种条件的碎石土、砂土、粉土、黏性土、湿陷性土、人工填土等。

2)当建筑场地地下水位距地表面在2 m以下时,可以直接施夯。当地下水位较高不利施工或表层是饱和黏土时,可在地表铺填0.5~2 m的中(粗)砂、片石;也可以视地区情况,回填含水量较低的黏性土、建筑垃圾以及工业废料等后再进行施夯。

3)当日平均温度低于-10 ℃,大雪天或冻土厚度大于1.0 m时,不宜进行强夯施工。

(2)强夯法冬期施工的施工期。冬季气温低于0 ℃,土壤开始冻结到第二年春季冻土全部融化(季节冻土层)为止的整个冻结期叫做强夯法冬期施工期。

因为强夯法冬期施工的施工期长,特别是严寒地区,包括冬季、春季和夏初季节,气候差异非常大,地基土处在反复冻融状态,不但其厚度不同,强度也不相同,直接影响强夯施工工艺及参数。所以,按照气候条件、基土状态,将冬期施工分为三个阶段(或三期)。

1)初冬期:日平均气温不低于-10 ℃、冻土厚度不大于1 m的月份划为初冬期。

2)严冬期:日平均气温低于-10 ℃到日最高气温达0 ℃,同时冻土厚度超过1 m的月份划为严冬期。

3)春融期:日最高气温在0 ℃以上至冻土全部融化之前的月份叫做春融期。

(3)强夯法冬期施工特点。

1)强夯法冬期施工包括地基土从冻结至全部融化的全过程,这一过程中地基土处在多层状态。如冬期表层是冻结土,下层是暖土;春融期表层是融土,中间层是冻结土,下层是暖土。地基处于多层状态的情况下进行施工,这是冬期强夯施工的主要特征。在冬期强夯时,应根据各地气候条件,土壤冻结、融化厚度,不同的施工期(阶段),制订相应的施工方案及工艺组织施工。

2)强夯法冬期施工实际上是在冻土地基上进行强夯法施工。所以,首先要根据施工时的气候、地基的土质、冻胀类别、冻层厚度和地基处理要求,决定对冻土层的处理原则。在冻土上施夯,一部分能量用来破碎处理冻土,因此,冬期强夯总需夯击能中应包括处理冻土与加固地基两项夯击能,通常把实际起加固作用的部分夯击能称为有效夯击能。

3)冬期强夯法施工通常需要回填(或换填)材料,且用量较大,所以,要在入冬前作好储料准备,并做好防冻处理。

4)冬期因为地表干燥、地下水位低、地表土冻结、各种机械运行方便,是强夯法施工的好季节,尤其是在低洼沼泽、湖塘地带施工。但因为在负温下施工,所以应注意设备保温防冻和保养。另外,由于地基土冻结,夯击震动影响范围大,必须要加强防震措施。防震措施一般是设防震沟。对于重要工程或有条件的地方,可进行测震试验,确定施工方案。根据既往经验,在中小能量强夯时,一般建筑物的震动影响安全距离是15~20 m;冬季有冻层时,可适当增加安全距离,一般为30~50 m,当冻深很大时还需要增大。

(4)施工要点。

1)当地面有冻土时,选用施工设备时应考虑破碎冻土的需要。用常温强夯使用的能量与夯锤破碎冻土,不但施工效率低,冻土破碎后块径也较大。破碎冻土使用的夯锤,锤底静压力应不大于正常施工时的锤底静压力,并应依据地区经验以及冻土的厚度和冻结强度进行选择。当没有地区经验时,可参考表6.3进行选择。

表6.3 强夯法破碎冻土夯锤及夯击能量选择参考表

冻土层厚度/cm	<20	20~50	50~100	>100
锤底静压力/kPa	20~25	25~30	30~50	>50
单击夯击能/(kN·m)	800~1 000	1 000~1 200	1 200~1 500	>500
夯锤材料	钢板混凝土	钢板混凝土内加铁锭	钢板混凝土内加铁锭或铸铁	铸铁

2)在冻土上强夯施工,相邻建筑的安全距离一定要大于常温强夯施工允许距离。普通强夯相邻建筑安全距离通常应大于15 m;当地面有较厚的冻土时,应在强夯场地和相邻建筑之间设置隔震沟,隔震沟的深度通常在3 m左右,相邻建筑的安全距离应大于25 m;对于能量超过2 000 kN·m的强夯施工,或对震动有特殊要求的建筑,安全距离还需要加大。必要时,应通过现场振动测试确定施工安全距离。

3)当地表积有冰雪时,应将冰雪清除后再开始强夯。若地表有冻土,应确定冻土的厚度、含水量、密度等指标,同时估算冻土的夯后位置。对于厚度较大、含水量较高以及密度较差的冻土,在施工时需严格控制夯坑深度,避免将其送入基底标高以下,必要时夯前应将冻土清除。

4)强夯施工时,一旦出现锤底黏结现象,应立即进行清理,保证夯锤底部的平整。必要时,可以在施工场地表面铺一层松散材料,例如砂土或碎石,避免锤底黏结现象的发生。

5)强夯时,夯坑之间的土因为强夯的振动、提升夯锤时的摩擦碰撞以及夯锤底部土的侧向挤出作用,该部分土已经出现松动现象。常温情况下,通过满夯处理,该部分土可以重新得以加固。但若是在冬期施工,夯坑不及时填平并满夯,导致该部分土冻结后满夯时无法将其加固夯实。因此,在冬季施工时,当天的夯坑最好当天填平,填平后及时满夯;若不能及时填平,应采取保温措施,避免夯坑之间已经松动土的冻结现象发生。

6)回填材料如果是用土,则应在入冬前或初冬采集堆放,采取一定保温措施以免冻结。如果是春季施工,在冻深较大的地上取土是非常困难的,所以在有条件时,可将挖出的冻土适当晾晒,融化后再回填。在有工业废料、砂石等的地方,应考虑采用粗粒的不冻结材料和建筑垃圾等。

7)基土的换回填。强夯冬期施工中,回填时严格控制土及其他填料质量,凡夹杂的冰块必须清除。填方之前地基表层存在冻层时也需清除,回填通常用推土机分层推填压实。回填厚度按设计要求填够,并适当加厚,便于保护地基土不受冻。

3.预压地基

(1)在加载前应检查地面是否已经冻结,若有冻土层存在,应将冻土层清除干净,然后进行加载施工;也可在地面冻结前将加载部位保温,或将冻土层融化,以免将冻土压在堆载下。

(2)冬期进行砂井施工时,应防止使用冷砂直接进行砂井施工,砂料堆表层冻结后,在灌砂袋或砂井时,应将料堆表层冻结层去掉,使用未冻砂石灌装砂袋或砂井,施工时注意筛选冻块,或对冷砂或冻结砂块进行加热处理,确保砂井排水畅通。

(3)冬期施工袋装砂井工程,若灌袋用的砂不是干砂,应及时将湿砂灌完的砂袋送进井孔中,防止砂袋冻结。如果不能及时送入井孔中,应将灌完的砂袋放在室内或暖棚中,以免冻结。如果发现砂袋已经冻结,应将其融化后再应用。

(4)堆载坡脚处常常有较多的排水通道,如排水垫层或排水盲沟、排水管等,而堆载坡脚处的堆载覆盖层较薄或是没有覆盖层,排水通道可能直接暴露在地面,冬期气温降低后这个部位可能出现冻结现象,使排水通道冻死。所以,在进入冬期之前,应对堆载坡脚处进行保温,如图6.10所示。其中保温宽度在排水垫层外侧外延需大于1倍冻深,保温层厚度应根据当地施工期的气温以及所使用的保温材料确定。

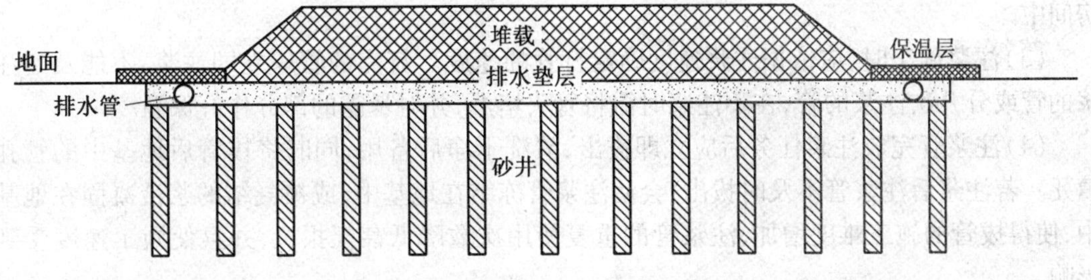

图6.10　堆载坡脚保温示意图

4. 振冲地基

(1)冬期进行振冲施工时,应首先检查地面是否冻结。若地面有冻土层,对于较薄的冻土,可以采取人工挖除的方法处理;对于较厚的冻土,需采用冻土钻孔机引孔,将冻土层钻透后再用振冲器冲孔。

(2)对于黏性土及排水条件不好的地基土,冬期施工振冲碎石桩时,需考虑施工用水对地基的浸泡作用,确保排水系统的畅通。当施工出现地基冻结现象时,应对冻土层进行可靠的判断,对于冻胀性较强的土应在基础施工之前将其清理干净,并用砂石换填压实后再进行基础施工。

(3)施工前,应使用蒸汽管对振冲器进行预温加热,避免泥水在振冲器上冻结。对射水孔应经常检查,发现有泥砂立即清理,防止堵管。一旦发生堵管或振冲器外冻结现象,可使用蒸汽管进行清扫,不能用大锤敲击或用喷灯烘烤。

(4)冬期进行振冲施工时,在施工间歇需将供水管、水泵内积水排净,对水箱进行保温,必要时对供水设备进行保温并对水进行加热,以免出现冻结现象。场地内排水沟积水表层冻结时,应及时清除,确保排水畅通。

(5)振冲地基地表常常有50~100 cm厚的松动土层,一般在振冲施工后要将其挖除。对于需过冬的地基,振冲施工后不需立即清理基槽,将地表松动土层保留到基础施工之前再清理,使其发挥一定的覆盖保温作用。如果松动土层覆盖保温作用不够,还需考虑其他保温措施。

(6)寒冷地区的严冬季节不应进行振冲碎石桩施工。必须进行时,应尽可能避开寒流和降雪天气。

5. 高压喷射注浆地基

(1)冬期在进行水泥浆注浆加固地基时,应控制浆液的温度,确保浆液在注入地基前的温度不低于20 ℃,通常采用加热水的方法达到目的,同时在使用水泥之前,将备用的水泥提前放入暖棚中,避免直接使用低温露天存放的水泥。必要时在配置浆液以前,测量水和水泥的温度,经过热工计算,确定水的加热温度。在确定水的加热温度时,必须注意水温不能超过60 ℃,以免发生水泥假凝现象。为了加快浆液的凝结,可在浆液中加入早强型外加剂,常见的外加剂有氯化钙、三乙醇胺、硫酸钠及其他复合型早强剂。

(2)冬期进行注浆施工时,应尽可能减少室外敷设的输浆管道的长度,或是采取管道保温措施。而且应注意提高浆液的温度,经常检查管道内壁是否存在冻结现象,间歇施工时应将管道内的浆液清理干净后将管道内的存水排净。间歇时间较长时,应将管道放在采暖的房间中。

(3)注浆施工时,应依据注浆速度确定打管的速度。打完的管应立即注浆,不能及时注浆的管或分几次注浆的管,在不注浆时需将管头堵严,并对暴露的部分作好保温。

(4)注浆管完成注浆任务后应立即拔出,清洗干净后备用,同时将拔管后地基中的管孔填死。若注浆后注浆管不及时拔出,会使注浆管冻结在地基中,或被凝结的浆液凝固在地基中,使得拔管的施工难度增加,注浆管的重复使用次数降低甚至报废,并且使施工速度受到影响。

(5)冬期因为地表冻土的收缩,基础侧壁的土与基础之间可能产生缝隙,冻土层也可能出现地裂缝。注浆进行时,在压力的作用下,浆液可能沿基础和基侧土之间的缝隙或地裂处挤出(图6.11),造成注浆压力不能达到设计压力,浆液大量流失,达不到预计注浆加固效果。所以,冬期在原有建筑基础附近注浆时,应首先检查基础侧壁是否存在裂隙。如果有裂隙,应先用水泥浆将裂隙灌满,等到这些浆液冻结或凝结后再进行基底的灌浆施工。当施工时发现有压力上不去时,需检查基侧是否存在漏浆现象,如有应及时进行封堵。

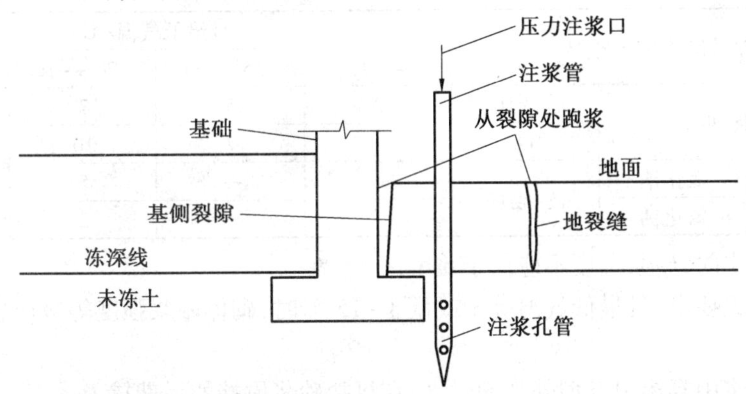

图6.11　高压注浆时沿基侧与地裂处跑浆示意图

第110讲　砖基础冬期施工

1.冬期施工方法

冬期砌筑基础工程施工方法可分为外加剂法和暖棚法等。

(1)一般规定。

1)冬期施工所用材料应符合下列规定:

①砖、砌块在砌筑前,应清除表面污物、冰雪等,不得使用遭水浸和受冻后表面结冰、污染的砖或砌块。

②砌筑砂浆宜采用普通硅酸盐水泥配制,不得使用无水泥拌制的砂浆。

③现场拌制砂浆所用砂中不得含有直径大于10 mm的冻结块或冰块。

④石灰膏、电石渣膏等材料应有保温措施,遭冻结时应经融化后方可使用。

⑤砂浆拌和水温度不宜超过80 ℃,砂加热温度不宜超过40 ℃,且水泥不得与80 ℃以上热水直接接触;砂浆稠度宜较常温适当增大,且不得二次加水调整砂浆和易性。

2)砌筑间歇期间,宜及时在砌体表面进行保护性覆盖,砌体面层不得留有砂浆。继续砌筑前,应将砌体表面清理干净。

3)砌体工程宜选用外加剂法进行施工,对绝缘、装饰等有特殊要求的工程,应采用其他方法。

4)施工日记中应记录大气温度、暖棚内温度、砌筑时砂浆温度、外加剂掺量等有关资料。

5)砂浆试块的留置,除应按常温规定要求外,尚应增设一组与砌体同条件养护的试块,用于检验转入常温28 d的强度。如有特殊需要,可另外增加相应龄期的同条件试块。

(2)外加剂法。外加剂法是在砌筑砂浆内掺进一定数量的抗冻化学剂来降低水溶液的冰点,以确保砂浆中有液态水存在,使水化反应在一定负温下不间断进行,使砂浆强度在负温下可以继续缓慢增长。同时,因为降低了砂浆中水的冰点,砌体表面不会立即结冰而形成冰膜,所以砂浆和砌体能较好地黏结。

外加剂法施工要点如下：

1)采用外加剂法配制砂浆时，可采用氯盐或亚硝酸盐等外加剂。氯盐应以氯化钠为主，当气温低于-15 ℃时，可与氯化钙复合使用。氯盐掺量可按表 6.4 选用。

表 6.4　氯盐外加剂掺量

氯盐及砌体材料种类			日最低气温/℃			
			≥-10	-15 ~ -11	-20 ~ -16	-25 ~ -21
单掺氯化钠/%		砖、砌块	3	5	7	—
		石材	4	7	10	—
复掺/%	氯化钠	砖、砌块	—	—	5	7
	氯化钙		—	—	2	3

2)砌筑施工时，砂浆温度不应低于 5 ℃。

3)当设计无要求，且最低气温等于或低于-15 ℃时，砌体砂浆强度等级应较常温施工提高一级。

4)氯盐砂浆中复掺引气型外加剂时，应在氯盐砂浆搅拌的后期掺入。

5)采用氯盐砂浆时，应对砌体中配置的钢筋及钢预埋件进行防腐处理。

6)砌体采用氯盐砂浆施工，每日砌筑高度不宜超过 1.2 m，墙体留置的洞口距交接墙处不应小于 500 mm。

7)下列情况不得采用掺氯盐的砂浆砌筑砌体：对装饰工程有特殊要求的建筑物；使用环境湿度大于 80% 的建筑物；配筋、钢埋件无可靠的防腐处理措施的砌体；接近高压电线的建筑物(如变电所、发电站等)；经常处于地下水位变化范围内，以及在地下未设防水层的结构。

(3)暖棚法。暖棚法是在结构物周围利用廉价保温材料搭设简易暖棚，在棚内装热风机或者生火炉，使其在+5 ℃以上的条件下砌筑，并且养护时间不少于 3 d。暖棚法施工主要适用于寒冷地区的地下工程以及基础工程的砌体砌筑。由于较费工料，需一定加热设备或燃料，热效低，通常应用较少。暖棚法施工要点如下：

1)采用暖棚法施工时，可优先选择装热风机。采用生火炉时，要防火、防煤气中毒。

2)砌筑时，要求砖石与砂浆砌筑时的温度均不低于 5 ℃，且距所砌的结构底面 0.5 m 处的气温也不能低于 5 ℃。

3)暖棚内砌筑的砌体，其养护时间需根据暖棚内的温度按表 6.5 采用。

表 6.5　暖棚法砌体的养护期限

暖棚温度/℃	5	10	15	20
养护时间/d	≥6	≥5	≥4	≥3

4)砌筑条形基础时，所搭设的暖棚形式如图 6.12 所示。

2. 施工要点

(1)冬期施工砖砌体应按照“三一”砖砌法，平铺压茬施工，以确保良好黏结，不得大面积铺灰砌筑。砂浆要随拌随用，不要在灰槽中存灰过多防止冻结。砖缝应控制在 8 ~ 10 mm，禁止用灌注法砌筑。

(2)基础砌筑时，应随砌随用，未冻土在其两侧回填一定高度；砌完后需用未冻土及时回填，以免砌体和地基遭受冻结。

(3)每天砌筑后，应在砖(石)砌体上覆盖保温材料，砌体表面不能留有砂浆，防止表面

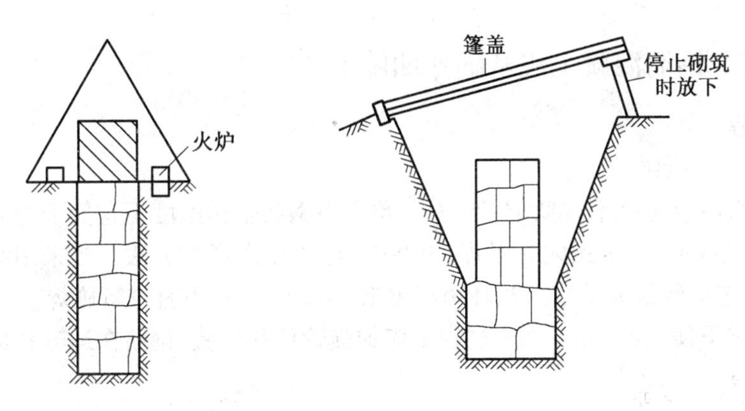

图6.12　暖棚法施工示意图

冻结。

(4)砌筑工程的冬期施工需优先选用掺盐砂浆法。

(5)春融期在残留冻土层上施工基础时,基础砌筑施工应当同步进行,并避免基坑局部晾晒,确保冻土层的温度状态基本相同,融化可缓慢同步进行。如果因为特殊情况基础施工不能同步进行,应对后施工的基底采取一定的保温措施。

(6)春融期进行基础施工,若基坑外侧边缘堆积有冰雪,应将清理出的积雪立即运出施工现场,防止堆积在基坑外侧边缘,造成春季积雪融化时,融化水沿基坑侧壁流入基坑中。若发现残留雪水已流入基坑,应检查基底土是否有浸水软化现象。对于浸水软化的土,应采取恰当的方法进行处理,以防地基浸水软化造成基础不均匀沉降事故。

第111讲　毛石基础冬期施工

毛石基础的冬期施工需优先采用掺盐砂浆法,不能采用冻结法施工。采用掺盐砂浆法砌筑毛石基础,最好不要在平均气温低于-10 ℃或最低气温低于-20 ℃时砌筑,当气温更低时需采用暖棚法施工。当地基为不冻胀性土时,毛石可以在冻结的地基上进行砌筑;当地基为冻胀性土时,毛石必须在未冻结的地基上砌筑,并且随砌随用暖土回填。

毛石基础的砌筑要点如下:

(1)砌筑毛石基础的第一皮石块时需坐浆,并将大面向下。

(2)毛石砌体应分皮卧砌,并上、下错缝,内外搭砌。

(3)每皮石块砌筑时,每隔1~1.5 m的距离需砌一块拉结石,且上下皮错开形成梅花形。墙过厚时,可使用两块拉结石内外搭接,搭接长度不小于15 cm,其中一块需大于墙厚度的2/3。

(4)基础扩大部分如果做成阶梯形,上级阶梯的石块应最少压砌下级阶梯的1/2,相邻阶梯的毛石应相互错缝搭砌。

(5)毛石砌体的灰缝厚度为20~30 mm,砂浆需饱满,石块间较大的空隙应先填塞砂浆,然后用碎石块嵌实。

(6)基础的预留孔洞口施工时应按照要求设置,不得在毛石砌筑完后凿孔开洞。

第112讲　钢筋混凝土浅基础冬期施工

1. 钢筋工程

(1)钢筋工程冬期施工一般规定。

1)钢筋调直冷拉温度不宜低于-20 ℃。预应力钢筋张拉温度不宜低于-15 ℃。

2)钢筋负温焊接,可采用闪光对焊、电弧焊、电渣压力焊等方法。当采用细晶粒热轧钢筋时,其焊接工艺应经试验确定。当环境温度低于-20 ℃时,不宜进行施焊。

3)负温条件下使用的钢筋,施工过程中应加强管理和检验,钢筋在运输和加工过程中应防止撞击和刻痕。

4)钢筋张拉与冷拉设备、仪表和液压工作系统油液应根据环境温度选用,并应在使用温度条件下进行配套校验。

5)当环境温度低于-20 ℃时,不得对HRB335级、HRB400级钢筋进行冷弯加工。

(2)钢筋负温焊接。

1)雪天或施焊现场风速超过三级风焊接时,应采取遮蔽措施,焊接后未冷却的接头应避免碰到冰雪。

2)热轧钢筋负温闪光对焊,宜采用预热→闪光焊或闪光→预热→闪光焊工艺。钢筋端面比较平整时,宜采用预热→闪光焊;端面不平整时,宜采用闪光→预热→闪光焊。

3)钢筋负温闪光对焊工艺应控制热影响区长度。焊接参数应根据当地气温按常温参数调整。采用较低变压器级数,宜增加调整长度、预热留量、预热次数、预热间歇时间和预热接触压力,并宜减慢烧化过程的中期速度。

4)钢筋负温电弧焊宜采取分层控温施焊。热轧钢筋焊接的层间温度宜控制在150 ~ 350 ℃。

5)钢筋负温电弧焊可根据钢筋牌号、直径、接头形式和焊接位置选择焊条和焊接电流。焊接时应采取防止产生过热、烧伤、咬肉和裂缝等措施。

6)钢筋负温帮条焊或搭接焊的焊接工艺应符合:

①帮条与主筋之间应采用四点定位焊固定,搭接焊时应采用两点固定;定位焊缝与帮条或搭接端部的距离不应小于20 mm。

②帮条焊的引弧应在帮条钢筋的一端开始,收弧应在帮条钢筋端头上,弧坑应填满。

③焊接时,第一层焊缝应具有足够的熔深,主焊缝或定位焊缝应熔合良好;平焊时,第一层焊缝应先从中间引弧,再向两端运弧;立焊时,应先从中间向上方运弧,再从下端向中间运弧;在以后各层焊缝焊接时,应采用分层控温施焊。

④帮条接头或搭接接头的焊缝厚度不应小于钢筋直径的30%。焊缝宽度不应小于钢筋直径的70%。

7)钢筋负温坡口焊的工艺应符合:

①焊缝根部、坡口端面以及钢筋与钢垫板之间均应熔合,焊接过程中应经常除渣。

②焊接时,宜采用几个接头轮流施焊。

③加强焊缝的宽度应超出V形坡口边缘3 mm,高度应超出V形坡口上下边缘3 mm,并应平缓过渡至钢筋表面。

④加强焊缝的焊接,应分两层控温施焊。

8)HRB335 级和 HRB400 级钢筋多层施焊时,焊后可采用回火焊道施焊,其回火焊道的长度应比前一层焊道的两端缩短 4 ~6 mm。

9)钢筋负温电渣压力焊应符合:

①电渣压力焊宜用于 HRB335 级、HRB400 级热轧带肋钢筋。

②电渣压力焊机容量应根据所焊钢筋直径选定。

③焊剂应存放于干燥库房内,在使用前经 250 ~300 ℃烘焙 2 h 以上。

④焊接前,应进行现场负温条件下的焊接工艺试验,经检验满足要求后方可正式作业。

⑤焊接完毕,应停歇 20 s 以上方可卸下夹具回收焊剂,回收的焊剂内不得混入冰雪,接头渣壳应待冷却后清理。

2. 混凝土工程

(1)冬期浇筑的混凝土,其受冻临界强度应符合的规定。

1)采用蓄热法、暖棚法、加热法等施工的普通混凝土,采用硅酸盐水泥、普通硅酸盐水泥配制时,其受冻临界强度不应小于设计混凝土强度等级值的 30%;采用矿渣硅酸盐水泥、粉煤灰硅酸盐水泥、火山灰质硅酸盐水泥、复合硅酸盐水泥时,不应小于设计混凝土强度等级值的 40%。

2)当室外最低气温不低于-15 ℃时,采用综合蓄热法、负温养护法施工的混凝土受冻临界强度不应小于 4.0 MPa;当室外最低气温不低于-30 ℃时,采用负温养护法施工的混凝土受冻临界强度不应小于 5.0 MPa。

3)对强度等级等于或高于 C50 的混凝土,不宜小于设计混凝土强度等级值的 30%。

4)对有抗渗要求的混凝土,不宜小于设计混凝土强度等级值的 50%。

5)对有抗冻耐久性要求的混凝土,不宜小于设计混凝土强度等级值的 70%。

6)当采用暖棚法施工的混凝土中渗入早强剂时,可按综合蓄热法受冻临界强度取值。

7)当施工需要提高混凝土强度等级时,应按提高后的强度等级确定受冻临界强度。

(2)对原材料的要求。

1)水泥。在冬期施工时,应优先采用硅酸盐水泥或普通硅酸盐水泥。当采用蒸汽养护时,宜采用矿渣硅酸盐水泥;混凝土最小水泥用量不宜低于 280 kg/m^3,水胶比不宜大于 0.55;大体积混凝土的最小水泥用量,可依据实际情况决定;强度等级不大于 C15 的混凝土,其水胶比以及最小水泥用量可不受以上限制。

2)粗、细骨料。因为骨料是混凝土的基本材料,其用量大、产地广,所以在冬期施工中,对于混凝土所用骨料除要求清洁、级配良好、质地坚硬外,还要求没有冰块、雪团等冻结物,不能含有易冻裂的矿物质。骨料中不得含有机物质,如腐植酸能延缓混凝土的硬化,特别是当采用不加热的施工方法时,危害性更大。因为要中和骨料中所包含的有机物质,就要消耗大量的水化产物,进而延缓水泥的水化速度和强度的增长过程。这些杂质不但影响混凝土的早期硬化速度,还会降低后期强度。掺加含有钾、钠离子的防冻剂混凝土,不得使用活性骨料或在骨料中混有此类物质的材料。

冬期施工中,砂子选用中砂或粗砂,其加热温度控制在 20 ℃以上。砂加热需在开盘前进行,加热应均匀。当采用保温加热料斗时,应配备两个,交替加热使用。每个料斗容积可根据机械可装高度以及侧壁厚度等要求进行设计,每一个斗的容量不宜小于 3.5 m^3。预拌混凝土用砂,需提前备足料,运到有加热设施的保温封闭储料棚(室)或仓内备用。

3)拌和水。拌和水中不得含有造成延缓水泥正常凝结硬化及引起钢筋和混凝土腐蚀的离子。一般饮用的自来水及洁净的天然水均可作为拌和水。

4)外加剂。在混凝土中掺入适量外加剂,可以改善混凝土的工艺性能,提高混凝土的耐久性,并确保其在低温下的早强及负温下的硬化,防止早期受冻。目前冬期施工常用的外加剂大多是定型产品,其组分中包括防冻、早强、减水、引气以及阻锈等。非加热养护法混凝土施工,所选用的外加剂应含有引气组分或掺入引气剂,含气量宜控制在3.0%~5.0%。钢筋混凝土掺用氯盐类防冻剂时,其氯盐掺量不得大于水泥质量的1.0%,掺用氯盐的混凝土应振捣密实,且不宜采用蒸汽养护。

在下列情况下,不得在钢筋混凝土结构中掺用氯盐:

①排出大量蒸汽的车间、浴池、游泳馆、洗衣房和经常处于空气相对湿度大于80%的房间以及有顶盖的钢筋混凝土蓄水池等在高湿度空气环境中使用的结构;

②处于水位升降部位的结构;

③露天结构或经常受雨、水淋的结构;

④有镀锌钢材或铝铁相接触部位的结构,和有外露钢筋、预埋件而无防护措施的结构;

⑤与含有酸、碱或硫酸盐等侵蚀介质相接触的结构;

⑥使用过程中经常处于环境温度为60 ℃以上的结构;

⑦使用冷拉钢筋或冷拔低碳钢丝的结构;

⑧薄壁结构,中级和重级工作制吊车梁、屋架、落锤或锻锤基础结构;

⑨电解车间和直接靠近直流电源的结构;

⑩直接靠近高压电源(发电站、变电所)的结构;

⑪预应力混凝土结构。

(3)混凝土冬期施工工艺及要点。

1)混凝土的搅拌。冬期施工混凝土的原材料通常都需要加热,加热时应优先考虑添加热水的方法,这是因为水的比热比砂石大4倍,而且加热设备简单,加热效果好。当外界气温较低,仅加热拌和水还不能满足拌和物出机温度的要求时,对砂子以及石子等骨料也可加热。水和骨料的加热温度应根据热工计算确定,但不能超过表6.6的规定。如果骨料不加热时,水可加热到100 ℃,但水泥不得与80 ℃以上的水直接接触。投料顺序应先投入骨料与已加热的水,然后再投入水泥。水泥则不得直接加热,使用前应先运入暖棚内存放。

表6.6 拌和水及骨料加热最高温度

水泥强度等级	拌和水/℃	骨料/℃
小于42.5	80	60
42.5,42.5R及以上	60	40

投料前需先用热水或蒸汽冲洗搅拌机。冬期搅拌混凝土的投料顺序应和材料加热条件相适应,一般是先投入骨料和加热的水,等到搅拌一定时间,水温下降到40 ℃左右时,再投入水泥继续搅拌到规定的时间(比常温搅拌时间延长50%)。混凝土搅拌的最短时间应按照表6.7采用。

表6.7　混凝土搅拌的最短时间

混凝土坍落度/cm	搅拌机容积/L	混凝土搅拌最短时间/s
≤80	<250	90
	250～500	135
	>500	180
>80	<250	90
	250～500	90
	>500	135

注：采用自落式搅拌机时，应较上表搅拌时间延长30～60 s；采用预拌混凝土时，应较常温下预拌混凝土搅拌时间延长15～30 s。

严格控制混凝土的水灰比(0.45～0.55)和坍落度(14～16 cm)。因为混凝土的水灰比和坍落度不仅反映拌和物的流动性、可塑性、稳定性和易密实，而且影响到混凝土硬化后的强度。

混凝土拌和物的温度应作热工计算予以确定。混凝土出机温度不宜低于15 ℃，经运输、泵送等入模温度不得低于5 ℃。

2)混凝土运输。

①合理选择放置搅拌机的地点，尽可能缩短运距，选择最佳运输路线，缩短运输时间。

②正确选择运输容器的形式、大小以及保温材料，改善运输条件，加强运输工具的保温覆盖。混凝土运输和物送机具应进行保温或具有加热装置。泵送混凝土在浇筑前需对泵管进行保温，并应采用与施工混凝土相同配比的砂浆进行预热。

③尽可能减少装卸次数并合理组织装入、运输和卸出混凝土的工作，避免混凝土热量散失。

④如混凝土从运输到浇筑过程中产生冻结现象，必须在浇筑前进行人工二次加热拌和。

3)混凝土浇筑。

①在浇筑前，应先清除模板及钢筋上的冰雪和污垢，做好必要的准备工作。

②冬期混凝土浇筑应控制入模温度，通常为15～20 ℃；采用机械振捣，振捣要快速。

③基础底板通常为大体积钢筋混凝土结构。由于结构表面系数小、体积大，水泥的水化热量高，水化热聚积在内部不容易散发，混凝土内部温度将逐渐增高，而表面散热非常快，形成较大的温差，使混凝土结构产生温度应力而形成裂缝。为避免裂缝的产生，必须减小混凝土的内外温差以及与介质间的温差，采取必要的技术措施。大体积混凝土分层浇筑时，已浇筑层的混凝土在没有被上一层混凝土覆盖前，温度不应低于2 ℃。采取加热法养护混凝土时，养护前的混凝土温度也不得低于2 ℃。

④冬期不能在强冻胀性地基土上浇筑混凝土。在弱冻胀性地基土上浇筑混凝土时，基土不能受冻；在非冻胀性地基土上浇筑混凝土时，混凝土受冻临界强度应符合上述相关规定。

4)冬期混凝土养护。冬期基础混凝土浇筑后的养护主要包括暖棚法、蓄热法、综合蓄热法、蒸汽养护法、电加热法以及负温养护法等几种。

①暖棚法：将被养护的基础结构放到棚中，内部设置热源，以保持棚内正温环境，使混凝土在正温下养护。暖棚法施工适用于地下结构工程以及混凝土构件比较集中的工程。暖棚法施工应设专人监测混凝土及暖棚内温度，暖棚内各测点温度不得低于5 ℃。测温点应选

择具有代表性位置进行布置，在离地面500 mm高度处应设点，每昼夜测温不应少于4次。养护期间应监测暖棚内的相对湿度，混凝土不得有失水现象，否则应及时采取增湿措施或在混凝土表面洒水养护。暖棚的出入口应设专人管理，并应采取防止棚内温度下降或引起风口处混凝土受冻的措施。在混凝土养护期间应将烟或燃烧气体排至棚外，并应采取防止烟气中毒和防火的措施。

②蓄热法：将混凝土组成材料（水泥除外）加热搅拌和水泥水化释放的热量，使用保温材料严密覆盖，使混凝土缓慢冷却，确保混凝土在正温条件下逐渐硬化并达到预期强度的方法。当室外最低温度不低于-15 ℃时，地面以下的工程，或表面系数不大于5 m^{-1}的结构，宜采用蓄热法养护。对结构易受冻的部位，应采取加强保温措施。蓄热法混凝土养护的关键是需要设计计算和确定混凝土冷却到0 ℃时所需的保温材料、冷却时间以及所要达到的强度。

③综合蓄热法：通过高性能的保温围护结构，使加热拌制的混凝土慢慢冷却，并利用水泥产生的热量与掺入的抗冻早强减水复合外加剂或采取短时加热等综合措施，使混凝土温度在降到冰点前达到预期要求的强度。当室外最低温度不低于-15 ℃时，对于表面系数为5～15 m^{-1}的结构，宜采用综合蓄热法养护，围护层散热系数宜控制在50～200 kJ/(m^3·h·K)。综合蓄热法施工的混凝土中需掺入早强剂或早强型复合外加剂，并应具有减水、引气作用。

根据施工条件的不同，分为低蓄热养护与高蓄热养护两种。低蓄热养护即原材料加热，掺入低温早强剂或防冻剂，再覆盖高效能的保温材料的养护方法；高蓄热养护即原材料加热，掺入低温早强剂或防冻剂，再覆盖高效能保温材料，最后采取短时加热的养护方法。低蓄热养护以冷却法为主，使混凝土在慢慢冷却至冰点前达到允许受冻时的临界强度；高蓄热养护以短时加热为主，使得混凝土在养护期间达到要求的受荷强度。当日平均气温不低于-15 ℃时，适宜采用低蓄热养护；当日平均气温低于-15 ℃时，适宜采用高蓄热养护。

④蒸汽养护法：让蒸汽和混凝土直接接触，利用蒸汽的湿热养护混凝土，或将蒸汽当作热载体，通过散热器将热量传递给混凝土使混凝土升温养护的方法。混凝土经过70～80 ℃蒸汽养护，第一天可达60%左右强度，第二天可以增加20%，第三天增加8%左右强度。混凝土蒸汽养护法可采取棚罩法、蒸汽套法、热模法、内部通汽法等方法进行。对于地下基础，一般采用棚罩法。棚罩法是使用帆布、油毡或特殊罩子将新浇筑混凝土就地覆盖或扣罩，通入蒸汽来加热混凝土进行养护。如在地槽上部盖简单的盖子（图6.13），这种临时性设施简单，但保温性能差、蒸汽消耗大，每立方米混凝土耗汽多达600～900 kg，且温度也很难保持均匀。

蒸汽养护法应采用低压饱和蒸汽（气压小于0.07 MPa，相对湿度90%～95%）。采用普通硅酸盐水泥时，混凝土最高养护加热温度不宜超过80 ℃；采用矿渣硅酸盐水泥时，加热温度可提高到85 ℃。但采用内部通汽法时，最高加热温度不应超过60 ℃。混凝土在加热养护通汽前，自身温度不低于5 ℃，加热完毕冷却至5 ℃后才能拆模。

⑤电加热法：是在混凝土结构的内部或外表设置电极，通常以低压电流，使电能变为热能加热养护混凝土的方法。电加热法设备简单、施工便捷、热量损失小、容易控制，但耗电量大，多用于局部混凝土养护。根据电能转换为热能的方式不同，电加热法可分为电极加热法（它又分为内部电极加热与表面电极加热两种形式）、电热毯法、电磁感应加热法以及远红外

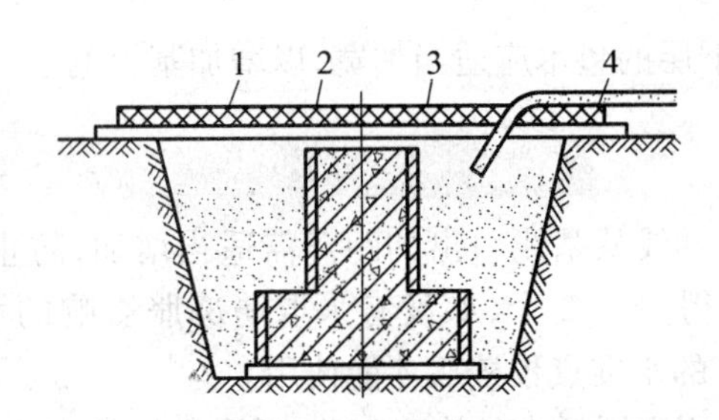

图6.13　棚罩法养护示意

1—脚手杆;2—脚手板;3—帆布、油毡或特殊罩子;4—蒸汽管

线养护法。电加热法养护混凝土的温度应符合表6.8的规定。

⑥负温养护法:此法适用于不易加热保温,且对强度增长要求不高的一般混凝土结构工程。负温养护法施工的混凝土,应以浇筑后5 d内的预计日最低气温来选用防冻剂,起始养护温度不应低于5 ℃。混凝土浇筑后,裸露表面应采取保湿措施,同时应根据需要采取必要的保温覆盖措施。负温养护法施工应按相关规定加强测温;混凝土内部温度降到防冻剂规定温度之前,混凝土的抗压强度不应小于5.0 MPa。

表6.8　电加热法养护混凝土的温度　单位:℃

水泥强度等级	结构表面系数/m^{-1}		
	<10	10~15	>15
32.5	70	50	45
42.5	40	40	35

注:采用红外线辐射加热时,其辐射表面温度可采用70~90 ℃。

(4)混凝土冬期施工可采取的措施。

1)选用高活性的水泥,如高强度等级水泥、快硬水泥等。

2)降低水灰比,应用低流动性混凝土或干硬性混凝土。

3)在灌筑前使混凝土或其组成材料升高温度,使混凝土既能早强,又不容易冻结。

4)灌筑后,对混凝土进行保温或加热,人为地形成一个温湿条件,对混凝土进行养护。

5)搅拌时,加入一定的外加剂,加快混凝土硬化,提早达到临界强度;或降低水的冰点,使混凝土中的水在负温环境下不会冻结。

第113讲　桩基础冬期施工

1.钢筋混凝土预制桩

(1)施工准备。

1)在受冻前,对施工场地内的高空及地下障碍物进行处理,桩机移动范围内的场地进行平整,以确保桩机垂直度的要求。在春融期间,施工场地需保持排水畅通。

2)预制桩的混凝土应达到设计强度的75%才能起吊,混凝土强度达到100%方可运输和打桩。如需提前吊运,必须采取措施并经过验算后方可进行。

3)桩在起吊和搬运时,必须做到平稳轻放,桩身不得有裂纹或碰坏棱角,吊点应符合设计规定,现场需要改变吊点时,需经过计算确定。

4)桩堆放位置应按照桩机行走路线和打桩顺序确定。桩的堆放场地需平整坚实,并清除场地表层的冰雪,防止产生不均匀的沉陷;垫木与吊点的位置应相同,各层桩的垫木需保持在同一个垂直线内，最下层的垫木应适当加宽，以增加基土的承压面；桩的堆放层数，一般不宜超过4层。

(2)冬期施工要点。

1)冬期施工桩基础的轴线从基线引出的距离需适当增加，防止在打桩时受冻土硬壳层的影响。水准点的数量不得少于2个，如没有采取防冻胀影响的水准点，应每天和永久性(不受冻胀影响的水准点)的水准点校核后才能使用。

2)冬期打锤应考虑采用重锤低击的施工工艺，锤重的选择需根据工程地质条件、桩的类型、结构、密集程度以及施工条件等情况选用。

3)冻土层厚度大于0.5 m时，应先钻孔去除冻土层，在现场附近先行试打，以确认打桩的参数。

4)桩在打入前，应在桩的侧面或桩架上安装标尺，以便能准确地掌握打桩的深度。

5)开始打桩时，落距应小，入土一定深度，等到桩稳定后，再按要求落距。用落锤或单动汽锤打桩时，最大落距不应大于1 m，用柴油锤时应使锤跳动正常。

6)当遇到贯入度剧变，桩身骤然发生倾斜、移位或有严重回弹，桩顶或桩身产生严重裂缝或破碎时，需停止打桩，并及时与有关单位研究处理。

7)对于温度较高(-2～0 ℃)、厚度不大(不超过20 cm)的冻土，经试打后可以直接在冻土上施工；若冻土厚度较大、温度较低，应在打桩之前，将桩位地面的冻土用人工挖除，或局部融化，或用钻孔机引孔，然后再进行打桩施工。当采用钻机引孔时，孔径需小于桩径50 mm。

8)寒冷地区的严冬季节，气温可能降到-20 ℃以下，这时将低温预制桩桩体直接打入软土中，桩身混凝土温度非常低，土中含水量又很大，土中水分会向桩侧表面聚集结冰，构成桩侧表面冰膜，当冰膜融化后，将降低桩的侧摩阻力。所以，在严寒气候条件下，在软土地基上一般不宜进行预制桩打桩施工。对于一定要进行施工的工程，桩基施工后应有一段时间使桩侧冰膜融化后水分慢慢排除，桩周土重新固结，使桩的侧摩阻力得到恢复。

9)打桩施工应连续进行，尽可能不要中途停止。如果由于设备故障等因素打桩施工不得不停止，应对没有打到设计深度的桩和桩周土采取保温措施，避免桩土冻结在一起。否则，当继续打桩时，可能出现桩无法打入或出现将桩头打碎的现象。

10)在寒冷的气候下，桩的运输、堆放、吊装等环节均可能使桩的接头部位粘有冰雪。当使用硫磺胶泥、环氧树脂砂浆等材料进行接桩时，若不将其清理干净，桩的接头强度会受到影响，接桩质量无法得到保障。因此在接桩前，应对每个接头进行清理，桩表面残留冰雪时可用喷灯将冰雪融化并将接头表面烤干预热，然后接桩。

2. 干作业成孔灌注桩

(1)适用条件。

1)干作业成孔灌注桩适用于地下水位以上的一般黏性土、砂土和人工填土地基，不适用地下水位以下的上述各类土和碎石土、淤泥及淤泥质土地基。

2)在冻胀土、膨胀土地区施工灌注桩时，需做好防冻胀、防膨胀的处理。

(2)施工设备。冬期施工应选用螺旋钻成孔。

(3)螺旋钻钻头选用。平底钻头适于松散土层；耙式钻头适于土层中含有砖头、瓦块的杂填土层；筒式钻头适于黏性填土中含混凝土碎块、碎石等障碍物，每次钻取厚度均小于筒身高度，钻进时宜适当加水冷却；尖底钻头适于黏性土层，在冬期钻冻土时需在刃口上镶焊硬质合金刀头。

(4)成孔。

1)钻孔前应调整机架，保持钻杆垂直、位置正确，以免钻杆晃动扩大孔径及增加孔底虚土。

2)钻进速度应根据电流变化随时调整，遇到超过额定电流值时要立即提钻杆，并缓慢进尺。

3)钻进过程中，应及时清理孔口周围积土。在冬期施工时，因为气温严寒使暖土在出土筒内壁冻结，这时可摘除出土筒。所以，及时清理孔口周围积土尤为重要。

4)安装有筒式出土器的钻机，为方便钻头迅速、准确地对准桩位，可在桩位上设置定位圆环或在桩中心点用3～4寸(10～13 cm)铁钉插入土层内。为方便明确桩的不同设计深度，可在铁钉端部插带不同颜色的塑料布条帮助区别。

5)开始钻进冻土层时，应确保钻杆垂直，放松起重绳，加大钻杆对土层的压力，慢速进尺。在含有砖头、瓦块等杂填土或含水量较大的软塑黏土层中钻进时，也应减慢进尺速度，减少钻杆晃动，防止扩大孔径。

6)当进尺深度达到设计标高时，可以在原处正向空转数圈，以甩掉螺杆上的积土，然后停止回转，提升钻杆。如黏性土含水量较大时，可以将螺旋钻杆提升超过地表面后，用铁板将桩孔盖好，反向空转清除螺旋钻杆上的积土。

7)当发生钻杆跳动、机架摇晃、钻不进尺等异常情况时，应立刻停车检查。钻砂土层时，钻深不得超过地下水位标高处，防止坍孔。

8)成孔深度达到设计标高后，桩底虚土需夯实处理。采用步履式螺旋钻孔机成形的桩孔内，应加入30 L左右的碎石，用直径250 mm、重20～25 kg的铁锤人工夯实孔底；当使用长螺旋钻机成孔时，利用履带吊车上的双筒卷扬机的附绳，提升夯实铁锤(300 mm，锤重100 kg左右)距底部1 m进行夯实(依据土层含水情况，以夯击时桩孔底部基土不产生塑化为度，判定孔内碎石加入量)。当孔底是砂质土时，宜用纯水泥浆灌入孔底，厚约10 cm，再浇灌桩身混凝土。

9)桩孔底部处理后，经过质量检查合格的桩，应及时灌注混凝土。来不及浇筑混凝土时，需以铁板覆盖桩孔，并用珍珠岩袋盖严以保温防冻。

(5)混凝土灌注。

1)在灌注混凝土前，必须对孔深、孔径、孔壁、垂直度等进行复查，不合格时需及时采取处理措施。

2)振实混凝土时，宜用长轴振捣器，持续灌注，分层振实，分层高度通常不大于1.5 m。

3)桩身灌注混凝土前，应先安装铁漏斗，以避免地面虚土掉进孔内。

3. 沉管灌注桩

(1)适用条件。

1)锤击沉管灌注桩适用于一般黏性土、淤泥质土、砂土及人工填土地基，但无法在密实的砂砾石、漂石层中应用。振动沉管灌注桩与锤击沉管灌注桩相比，更适合稍密和中密的砂土地基施工。

2)对于饱和淤泥的软弱地基，必须采取防止缩颈、断桩等保证质量措施，并经工艺试验后才能施工。

(2)沉管构造。沉管成孔可使用预制钢筋混凝土桩尖或钢板制成的活瓣桩尖。预制桩尖的混凝土强度等级不宜低于C30,桩管下端与预制桩尖接触处应垫缓冲材料,桩尖中心应和桩管中心线重合。活瓣桩尖应具有足够的强度和刚度,活瓣之间的缝隙应紧密,避免水或泥浆渗进管内;也可在成孔前管内装入适量混凝土堵塞活瓣,防止其缝隙因成孔时穿越饱和淤泥软弱层可能渗进管内水或泥浆。

(3)沉管要点。

1)沉管施工前,应检查地表是否已经冻结。若地表冻结层厚度小于500 mm,可采取人工开孔的方式,用锹镐等工具将桩位处的冻土层挖出略大于桩管直径的孔,然后将桩管桩尖置于孔中后再开始沉管施工。若冻土层厚度大于500 mm,且冻结强度较高,人工开孔比较困难,可采用机械引孔的方法,用冻土钻机将冻土层钻透,然后开始沉管施工。

2)在地面冻结以前(或施工前)应查阅场地地质资料,了解场地填土情况及土层冻结情况。如果场地原有建筑未拆除到基底,应在地面冻结以前先将地面下的旧基础清除,再开始沉管施工。对于地表杂填土中的混凝土块、石块等障碍物,应在场地回填时就进行控制,避免大块砖石填入地基中。沉管施工时一旦遇到大块混凝土或块石,可采取冲击破碎法将其穿透。

3)冬期沉管灌注桩施工,直接将负温桩管置于地基中,地基土中的泥水以及管中的混凝土可能冻结在桩管的内、外表面,产生“挂蜡”现象,影响沉管、下钢筋笼、灌注混凝土的正常施工。若施工时气温过低,在开始沉管之前,应采取蒸汽加热法加热桩管,同时用压力蒸汽清扫管壁冻结的冰水及砂浆,保证沉管、下钢筋笼和灌注混凝土的顺利进行。施工期间需经常用蒸汽加热、清扫管壁,以免“挂蜡”现象发生。

4)套管成孔宜按照桩基施工流水顺序依次向后退打。对于群桩基础,或桩的中心距小于3～3.5倍桩径时,应制订确保不影响邻桩质量的技术措施。

5)混凝土预制桩尖埋设位置应和设计位置相符,桩管应垂直套入桩尖,二者的轴线需一致。

6)锤击不能偏心,如采用预制桩尖,在锤击过程中应检查桩尖是否有损坏。

7)在沉管时,应在桩管内灌入高1.5 m左右的封底混凝土后才能开始沉管,以避免土层内的水或泥浆进入套管,混进混凝土内,影响混凝土质量。

8)必须严格控制最后二阵十击的贯入度,其值可依照设计要求定。如设计没有具体要求时,应根据试桩及施工经验确定。

4. 人工挖孔桩

1)在寒冷季节进行挖孔桩施工,每个桩孔挖完后需及时灌注混凝土。当天没有挖完的桩孔,晚上停工或施工间歇时,需将孔口用防寒毡或塑料布盖严,以免孔内外空气形成对流散热使孔口附近的孔壁冻结;也可以在孔口部位安装局部护筒,防止孔口部分孔壁土冻融片帮现象出现。

2)对于没有护壁的桩孔,当孔壁冻土融化时,就会产生片帮现象,桩侧土的冻融酥松,还会引起桩侧摩阻力的降低;对于有混凝土护壁的桩孔,过量通风时,输入的冷空气可能造成孔内新浇筑的护壁混凝土早期受冻。对于挖孔深度大于10 m的桩,可采用机械通风的方法维持孔底空气的新鲜,但通风量应适宜,通常保证通风量在25～30 L/s即可。当孔底无人施工时,应停止送风;施工人员入孔时,需提前向孔中送风,并尽可能加快挖孔的施工速度,防止长时间大量通风引起孔壁土或护壁混凝土受冻。

3)对于有混凝土护壁的人工挖孔桩,孔口附近的几节护圈混凝土若不注意保温防冻,容易因为早期受冻,使混凝土强度不足或出现混凝土酥松现象。由于护壁混凝土一般较薄,一旦受冻即冻透,直接影响护壁效果,而且有可能影响桩身质量。因此在孔口附近,护壁混凝土浇筑后,需对孔内温度进行监测,发现温度过低时应立即采取保温防护措施。混凝土内可加入防冻剂,在护壁混凝土拆模以前应将孔口覆盖,防止混凝土的早期受冻,一旦发生混凝土早期受冻现象,应将受冻混凝土清理干净重新浇筑。

4)冬期进行人工挖孔桩施工,散落在孔口地面的残土应清理干净,防止残土在孔口冻结,如果不及时清理,冻结后孔口地面凸凹不平,孔口操作人员可能滑倒。一旦在孔口地面滑倒,容易跌入孔中,引发重大安全事故。冬期挖孔施工时,孔口地面积雪积水应立即清理,并在上面撒些炉灰。为安全起见,必要时可在孔口安装安全护栏。

5. 桩身与基础梁混凝土冬期施工

(1)负温条件下进行沉管灌注桩施工,若混凝土拌和物温度过低,容易在桩管内壁冻结,也就是“挂蜡”现象,导致混凝土灌注和下钢筋笼困难;同时因为地温较低,混凝土温度过低可能导致混凝土在地下强度增长过慢,甚至在冻土层中发生混凝土早期受冻现象。当气温低于0 ℃以下灌注混凝土时,需采取保温防冻措施。灌注时,混凝土的温度不能低于5 ℃。当气温在-10 ℃以下时,采取水和砂加热措施,经由计算确定材料加热温度,混凝土的入管温度不得低于15 ℃。在桩身混凝土没有达到设计要求强度50%以前不得受冻。

(2)冬期施工的灌注桩,对在冻土层内的桩身混凝土的养护,应采用防冻剂和珍珠岩袋覆盖蓄热保温,或在桩顶平面内插入棒式电极进行混凝土养护。

(3)冬期桩基地梁灌注混凝土时需埋设铁皮管(管沿墙纵向坡度1%,以利于冷凝水从溢水孔内流出)进行内部通蒸汽养护,梁表面采用珍珠岩袋保温,或在梁的上表面内插入电极进行电加热养护。

(4)冬期混凝土电加热养护时的升温速度,每小时不超过10 ℃;降温速度,每小时不超过5 ℃。电加热养护的最高温度最好控制在40 ℃左右。当混凝土采用电加热养护时,电极的设置应保证混凝土内的温度均匀,同时应符合以下规定:

1)应在混凝土的外露表面覆盖后进行。

2)电压通常采用50～110 V,在有安全措施的条件下,也可采用120～220 V的电压。

3)混凝土在养护过程中,应随时注意观察其外露表面的湿度。当混凝土表面开始干燥时,应先停电,切断电源后,用热水(温度在50～60 ℃)湿润混凝土表面,当混凝土养护至终凝后,要适时测定电加热养护线路的电流。湿润混凝土表面的热水可适当加入氯化钠,以调节电流。

(5)加强冬期施工中的测温工作。混凝土内的白铁预埋测温孔管,接缝要密切,以免水泥浆浸入管内发生堵塞,影响测温。测温孔要选择在有代表性的部位。测温管口应用保温材料(棉花、纱布等)临时堵塞,测温时再拔出,避免冷空气侵入管内,影响测温值的准确性。

电加热或蒸汽养护时,在升、降温阶段每小时测温一次,在恒温期间每两小时测温一次。在同一个构件内,全部测温孔需统一编号,并同时绘制测温孔布置图,仔细做好温度检测记录。

6.2 雨期施工细部做法

第114讲 雨期施工准备工作

(1)雨期到来前要做好排水系统的综合考虑,对已经建成的排水设施必须进行清理和疏浚。在低洼地形的工程,应在雨期到来之前安装正式的排水设施,确保水流畅通。

(2)已经开挖的基坑,雨期无法回填时,应在基坑轴线或放坡线外侧开挖排水沟或围土堤,以免地面及邻近高处的雨水流入坑内。

(3)回填中的取土、运土、铺筑、压实等各道工序应连续作业,如果是雨前已回填的土方应将表面压成一定坡度,便于排除雨水。

(4)纵向排水沟的排水坡度,平坦地区不得小于0.2%,沼泽地区可降到1%。边坡坡度的确定应根据土质和排水沟的深度确定,黏性土通常为1:0.7~1:1.5。

(5)进入雨期应备好必要的防潮、防雨、排涝器材,同时做好人员组织工作。

(6)对于工人宿舍、办公室、食堂、仓库等应进行全面检查,对于危险建筑物应进行全面翻修、加固或拆除。

第115讲 雨期施工注意事项

1.施工场地及边坡

(1)做好场地周围防洪排水措施,疏通现场排水沟道,做好低洼地面的挡水堤,准备好排水机具,防止雨水淹泡地基。

(2)雨期土方开挖所放边坡坡度可以缓一些,如土质、施工环境和边坡削坡均有困难时,应增设挡土墙。

(3)坑、沟边上部不能堆积过多的材料,雨期前应清除沟边多余的弃土,缓解坡顶压力。

(4)雨期雨水不断向土壤内部渗透,如填方在填土和原状土的附近,该处土壤由于含水量增大,黏聚力急剧下降,土壤抗剪强度降低极易造成土方塌方。因此,凡雨水量大、持续时间长、地面土壤已饱和的情况下,要尽早加强对边坡坡角、支撑等的处理。

2.施工道路

(1)对路面坑洼处应铺设炉渣、砂砾石材料,道路两侧应做好排水,低洼处加设涵管,尽快排除积水。

(2)道路两旁要做好排水沟,确保雨期道路的正常使用。

3.施工材料及机电设备防护

(1)水泥应堆放在地形较高处,并设置水泥仓库,垛底应高出地面0.5 m。坚持及时收、发的原则,不积压水泥,防止久存受潮。对散装水泥应设金属封闭料仓,如无料仓时,水泥需放在地势高、防雨、防潮条件好的仓库内,其底部垫以油毛毡,四周做好排水工作。

(2)对木门、木窗、石膏板、轻钢龙骨等怕雨淋的材料,需采取有效措施,可放入棚内或屋内,要垫高码放并保持良好通风,以防受潮。应避免混凝土、砂浆受到雨淋使其含水过多,进而影响工程质量。

(3)机电设备的电闸要采取防雨、防潮等措施,并应安装接地保护装置,防止漏电、触电。

(4)塔式起重机的接地装置需进行全面检查,其接地装置、接地体的深度、距离、棒径、地线截面应达到规程要求,并进行遥测。

4. 基础砌筑工程

(1)雨期用砖不宜再洒水湿润,砌筑时湿度较大的砌块禁止上墙,砌筑高度不得超过1.2 m。

(2)砌体施工如果遭遇大雨必须停工,受雨水冲刷后的墙体应翻砌最上面的两皮砖。

(3)稳定性较差的窗间墙、砖柱应立即浇筑圈梁或加临时支撑,以增强墙体的稳定性。

(4)砌体施工时,纵、横墙最好同时砌筑,雨后要立即检查墙体的质量。

5. 基础混凝土工程

(1)进入雨期,要对砂、石材料含水率进行测定,并及时调整搅拌混凝土的用水量。

(2)雨期浇筑混凝土时,一般遇到小雨可连续作业,遇大雨应立即停止施工。遇暴雨袭击时应注意:

1)已入模的混凝土必须继续振捣,浇筑完毕加以覆盖后才能停工。

2)如混凝土表面已经受到冲刷,雨后混凝土已超过终凝时,应按照施工缝处理。对于必须保证连续施工、不允许出现施工缝的工程,需采取一定的防雨措施,保证施工的连续性。

3)模板下的支撑底和土基的接触面要夯实,并加垫板,避免产生较大的变形。

第116讲　雨期施工要点

(1)雨期施工的工作面不能过大,应逐段、逐片地分期施工。

(2)雨期施工前,应对施工场地原有排水系统进行检查、疏通以及加固,必要时应增加排水措施,确保水流畅通。另外还应防止地面水流入场内。在傍山、沿河地区施工,应采取有效的防洪措施。

(3)深基础坑边要设挡水埂,避免地面水流入。基坑内设集水井并配足水泵。坡道部分应准备临时挡水措施(草袋挡水)。

(4)基槽(坑)挖完后,应立即浇筑好混凝土垫层,以免雨水泡槽。

(5)深基础护坡桩距既有建筑物较近者,应经常测定位移情况。

(6)钻孔灌注桩需做到当天钻孔当天灌注混凝土,基底四周要挖排水沟。

(7)深基础工程雨后应将模板和钢筋上淤泥、积水清除掉。

(8)箱形基础大体积混凝土施工需采取综合措施,如掺外加剂、控制水泥单方用量、选择合理砂率、加强水封养护等,以免混凝土雨期施工坍落度偏大而影响混凝土质量,降温不利于形成混凝土收缩裂缝。

参考文献

[1]国家标准. 建设用砂(GB/T 14684—2011)[S]. 中国标准出版社,2012.
[2]国家标准. 建设用卵石、碎石(GB/T 14685—2011)[S]. 中国标准出版社,2012.
[3]国家标准. 岩土工程勘察规范(2009 年版)(GB 50021—2001)[S]. 北京:中国建筑工业出版社,2002.
[4]国家标准. 湿陷性黄土地区建筑规范(GB 50025—2004)[S]. 北京:中国建筑工业出版社,2004.
[5]国家标准. 建筑边坡工程技术规范(GB 50330—2013)[S]. 北京:中国建筑工业出版社,2014.
[6]行业标准. 高层建筑筏形与箱形基础技术规范(JGJ 6—2011)[S]. 北京:中国建筑工业出版社,2011.
[7]行业标准. 混凝土用水标准(JGJ 63—2006)[S]. 北京:中国建筑工业出版社,2006.
[8]行业标准. 高层建筑岩土工程勘察规程(JGJ 72—2004)[S]. 北京:中国建筑工业出版社,2004.
[9]行业标准. 建筑地基处理技术规范(JGJ 79—2012)[S]. 北京:中国建筑工业出版社,2013.
[10]行业标准. 建筑桩基技术规范(JGJ 94—2008)[S]. 北京:中国建筑工业出版社,2008.
[11]行业标准. 建筑基坑支护技术规程(JGJ 120—2012)[S]. 北京:中国建筑工业出版社,2012.